I0001154

Robert Collet, John Hazeland

Zoology

Fiske

Robert Collet, John Hazeland

Zoology
Fiske

ISBN/EAN: 9783337329037

Printed in Europe, USA, Canada, Australia, Japan

Cover: Foto ©berggeist007 / pixelio.de

More available books at **www.hansebooks.com**

THE NORWEGIAN NORTH-ATLANTIC EXPEDITION

1876—1878.

ZOOLOGY.

FISHES,

BY

ROBERT COLLETT.

WITH 5 PLATES, 3 WOODCUTS, AND 1 MAP.

CHRISTIANIA.
PRINTED BY GRONDAHL & SON.
1880.

Ifølge Planen for Bearbejdelsen af det videnskabelige Udbytte, der erhvervedes under den norske Nordhavs-Expeditions 3 Togter i Aarene 1876—78, har der i forskjellige Brancher i inden- og udenlandske Tidsskrifter været leveret foreløbige Oversigter, der kortelig have refereret de væsentligste Resultater, enten saaledes, som disse have foreligget efter Slutningen af hvert enkelt Togt, eller som et samlet Resumé af dem alle.

For de under Expeditionen erhvervede Dybvandsfiskes Vedkommende ere to saadanne foreløbige Oversigter udkomne, begge trykte i „Forhandlinger i Videnskabs-Selskabet i Christiania Aar 1878“.[1] Af disse Oversigter, der ikke vare ledsagede af Figurer, udgjør denne General-Beretning en udførligere, og i flere Henseender suppleret og corrigeret Bearbeidelse.

Medens Udbyttet af Evertebraterne allerede under de 2 første Togter, i 1876 og 1877, viste sig at være ganske betydeligt, og frembød Former af den største Interesse, vare de samtligt indsamlede Fiske forholdsvis faatallige. Dette havde væsentlig sin Grund deri, at de Apparater, der i de nævnte Aar anvendtes til Skrabning eller Optagelse af Bundprøver, ikke vare synderlig tjenlige til disse Dyrs Erhvervelse. Især var dette Tilfældet under det første Togt; Undersøgelserne foregik desuden dette Aar næsten udelukkende paa de store Dybder i den iskolde Area mellem Norge og Island, hvor maaske idethele-taget Fiske-Faunaen er fattigere, end paa flere nordligere Localiteter, hvor Strømningsforholdene bevirke en rigeligere Adgang til Føde, skjønt Bundtemperaturen kan være ligesaa lav. Noget større blev Udbyttet Sommeren 1877, da Undersøgelserne bleve drevne paa det noget grundere Vand, dels paa Bankerne udenfor de norske Kyster, dels i Trakterne af Jan Mayen.

[1] Collett. „Fiske, indsamlede under den norske Nordhavs-Expeditions 2 første Togter, 1876 og 1877“. (No. 4, pp. 1—24; foredraget i Mødet den 22de Febr. 1878.)

Collett. „Fiske fra Nordhavs-Expeditionens sidste Togt Sommeren 1878“. (No. 14, pp. 1—106; foredraget i Mødet d. 13de Dec. 1878.)

Pursuant to the resolution for arranging and publishing the fruits of the Norwegian North-Atlantic Expedition, from voyages undertaken in the years 1876, 1877, and 1878, preliminary papers, connected with divers branches of scientific research, have appeared in Norse and foreign journals, giving a summary of the chief results attained, either progressively, as set forth at the termination of each separate voyage, or comprehensively, as a brief *résumé* of them all.

The deepsea fishes collected on the Expedition form the subject-matter of two such preliminary memoirs, both of which will be found in "Forhandlinger i Videnskabs-Selskabet i Christiania Aar 1878."[1] These synoptical papers — which were not furnished with figures — have been subjected to a careful revision, and, with the aid of additional data, expanded into the present section of the General Report.

For the invertebrate animals, the results even of the two first voyages, in 1876 and 1877, proved very considerable, yielding forms of the greatest interest, whereas the number of fishes obtained was comparatively small. The chief reason of this, however, lay in the fact of the dredging-apparatus then employed not having been well adapted for securing specimens of these animals. Such showed itself the case more particularly on the first voyage; the investigations, too, in 1876 were carried on almost exclusively at great depths, in the cold area between Norway and the shores of Iceland, where the marine fauna is less rich perhaps than in some localities further north, which the effect of ocean currents has secured a more abundant influx of food, though the temperature at the bottom may be equally low. In the summer of 1877 the results were somewhat greater, the Expedition extending its investigations to shallower water, partly on the banks off the Norwegian coast, and partly in the region adjoining Jan Mayen.

[1] Collett. "Fiske, indsamlede under den norske Nordhavs-Expeditions to første Togter, 1876 og 1877." (No. 4, pp. 1—24; read at Meeting held Feb. 22nd 1878.)

Collett. "Fiske fra Nordhavs-Expeditionens sidste Togt Sommeren 1878." (No. 14, pp. 1—106; read at Meeting held Dec. 13th 1878.)

Naar intet Hensyn tages til en Del almindelige Arter, der indsamledes paa ringe Dyb under Opholdet ved de norske Kyster, udgjør Antallet af de erholdte Dybvandsfiske under disse 2 første Aar: i 1876 1 Art (1 Individ), i 1877 10 Arter (17 Individer). Uagtet sin Faatallighed havde disse dog indeholdt Former af ikke ubetydelig Interesse. Dette havde ikke alene sin Grund deri, at de tildels stammede fra Dele af Nordhavet, der i ichthyologisk Henseende vare saagodtsom ubekjendte (saaledes Trakterne omkring Jan Mayen); men af de indsamlede Specimina fandtes Arter, der i det Hele vare kun lidet bekjendte, saaledes som Ungerne af *Lycodes esmarkii*, Coll., og af den senere som ny beskrevne *Lycodes frigidus*; fremdeles *Careproctus reinhardi*, Kr. og *Onus septentrionalis*, (Coll.). Endelig var en enkelt, *Lycodes muraena*, tidligere ubeskreven.

Da det ichthyologiske Udbytte saaledes under de 2 første Togter havde i det Hele været mindre, end paaregnet, blev der under Udrustningen til det sidste Togt, i 1878, lagt speciel Vægt paa Anskaffelsen af saadanne Apparater, der ikke blot vare skikkede til at ophente de forskjellige Evertebrater fra de største Dybder, men tillige kunde medbringe Dybvandsfiske, som det maatte antages heller ikke her ganske manglede, naar blot Apparaterne vare istand til at opbringe dem. Et Trawlnet af ganske betydelige Dimensioner blev derfor indrettet væsentlig til dette Brug, og ved en sindrig Mechanisme ombord paa Skibet blev Linens Spending modereret under Skrabningen; men da et Fangeapparat af denne Construction neppe med Fordel kan benyttes, uden hvor Bunden er flad, og bestaar af Ler eller Sand, blev dets Anvendelse i det Hele indskrænket til et mindre Antal Kast, hvor Bundforholdene tillode dette. Var Bunden stenet eller ujevn, blev Trawlnettet ikke benyttet; ikke destomindre kom det flere Gange op sønderflænget eller knækket, naar det tilfældigvis var kommen til at berøre et klippefuldt Strøg af Bunden; ved én Leilighed tabtes den hele Trawl tilligemed et Par Tusinde Favne Tougværk.

Denne Anvendelse af Trawlnettet paa de dertil egnede Localiteter kronedes med et uventet Held. Neppe nogensinde gik Trawlen ned, uden at medbringe Fiske, undertiden blot enkelte, men oftest flere. Den Dybde, hvori den nedsendtes, var forskjellig, men gik lige ned til mellem 1300 og 1400 Favne. Aldeles uventet var det at finde Slægten *Lycodes*, hvoraf hidtil, som bekjendt, et kun ganske indskrænket Antal Individer ere kjendte, skjønt Slægten er repræsenteret ved forholdsvis ikke faa Arter, udbredt paa de fleste undersøgte Localiteter, hvor Dybden var nogenlunde betydelig; saaledes erholdtes alene af en enkelt Art (*L. frigidus*, n. sp.) ikke mindre end 15 Individer, de fleste fra en Dybde af mellem 600 og 1300 Favne, eller derover, og næsten alene paa Steder, hvor Vandets Temperatur gik ned til under 0°.

Ialt erholdtes denne Gang af Lycoder 25 Individer, tilhørende 6 Arter, hvoraf 3 vare tidligere ubeskrevne, og 1 beskreven under Beretningen om foregaaende Aars Togt.

Exclusive of a few of the commoner forms taken at a trifling depth off the coast of Norway, the number of deep-sea fishes obtained on the two first voyages was 18, comprising 11 species; in 1876, 1 species (1 individual), in 1877, 10 species (17 individuals). But this result, though comparatively meagre, afforded forms of very considerable interest, — a circumstance to be explained not only by the habitat of several among them lying in tracts of the Northern Ocean hitherto unexplored by ichthyologists, certain of the species secured were likewise of rare occurrence, and in themselves but little known; for instance, the young of *Lycodes esmarkii*, Coll., and of *Lycodes frigidus*, since described as a new species; moreover, *Careproctus reinhardi*, Kr., and *Onus septentrionalis*, (Coll.); finally, *Lycodes muraena*, a species not previously described.

Thus, the ichthyological results from the two first voyages having on the whole proved less satisfactory than anticipated, great importance was attached, when fitting out the Expedition for the final voyage, in 1878, to the possibility of procuring apparatus which should be adapted not only for securing the various species of invertebrate animals there met with, but also for bringing up deep-sea fishes, which there was reason to believe would be found to occur, were suitable apparatus employed for taking them. A trawl-net of very considerable dimensions was therefore constructed, principally with the above object in view, an ingenious piece of mechanism regulating from the deck of the vessel the strain on the line. But fishing-apparatus of this character could not however be employed except for traversing a smooth bottom of clay or sand, and its use was accordingly confined to some few hauls in specially favourable localities. Wheresoever the bottom proved rugged or uneven, recourse was not had to the trawl-net; but notwithstanding the care thus displayed to prevent accidents, it came up several times in a damaged state, with the meshes torn or the beam broken, having chanced to strike against some rocky projection; nay, on one occasion the entire trawl was lost, together with a couple of thousand fathoms of rope.

The use of the trawl-net in localities for which it is adapted met with eminent and unlooked-for success. Fishes were brought up at well-nigh every haul, sometimes indeed two or three only, but more frequently a larger number. The net was worked at various depths, the greatest to which it was sunk being close upon 1400 fathoms. It occasioned no little surprise to find the genus *Lycodes*, — of which but a very limited number of individuals are as yet known, notwithstanding this genus is represented comparatively by a good many species, — throughout most of the localities investigated where the depth was considerable; thus, for instance, 15 examples were obtained of a single species (*L. frigidus*, n. sp.), the majority at depths ranging from 600 to upwards of 1300 fathoms, and almost exclusively in spots where the temperature of the water was below zero.

The total number of *Lycodes* specimens was 25, comprising 6 species, 3 of which had not previously been described, and 1 for the first time in the Report of the

Denne Slægt, der endnu hører til de i Museerne allersparsomst repræsenterede Former af den arctiske Fauna, synes saaledes i Virkeligheden af alle Dybvandsfiske at være blandt de talrigste i Ishavets Dyb paa jevn Lerbund, og maa forekomme her i store Mængder; maaske udgjøre de her Hovednæringen for flere andre Rovfiske (*Somniosus*, *Rajae*, etc.) paa Grund af deres noget træge Væsen, hvilken sidste Egenskab det sandsynligvis væsentlig skyldtes, at de saa ofte erholdtes i Trawlnettet.

Det samlede Udbytte under dette sidste Aars Togt udgjorde ialt 33 Arter, hvoraf 6 vare nye for Videnskaben; af de under de 2 foregaaende Togter erhvervede 11 Arter gjenfandtes de 10, hvoriblandt ogsaa den ny opstillede *Lycodes muraena*. De 6 Arter, der maa ansees som tidligere ubeskrevne, ere *Raja hyperborea*, *Liparis (Paraliparis) bathybii*, *Lycodes frigidus*, *Lycodes pallidus*, *Lycodes lütkeni*, samt *Rhodichthys regina*, den sidstnævnte tillige repræsenterende en ny Slægt. Ialt har saaledes Expeditionen bragt 7 nye Arter (og 1 ny Slægt) for Dagen, alle udprægede Dybvandsfiske.

Flere af de øvrige Arter vare kun ufuldstændigt kjendte eller beskrevne, hvilket saaledes var Tilfældet med flere af Lycoderne. En Art, *Onos reinhardti*, (Kr.), havde aldrig været tildelt endog den korteste Diagnose eller Beskrivelse, men dens Benævnelse er alene grundet paa en haandskreven Etikette, og dennes Indførelse i en Catalog. Flere vare ikke tidligere paaviste i den europæiske Fauna, men blot fundne, tildels for længere Tid tilbage, og blot i enkelte Exemplarer, ved de grønlandske Kyster. Vil man saaledes udstrække et Lands eller en Landsdels faunistiske Omraade indtil i omkring 100 Kilometers Afstand fra Kysterne, kan der til Spitsbergens Fauna føjes næsten et Dusin Arter, som tidligere ikke have været omtalte fra denne Øgruppe.

Det i 1878 undersøgte Areal omfattede Strækningen mellem Hammerfest og Varangerfjorden i Syd, Havet henimod Novaja Zemlja i Øst og Jan Mayen i Vest, samt i Nord til Spitsbergens Nordvest-Spidse.

preceding voyage. Hence this genus, which must still be regarded as one of the Arctic forms most sparingly represented in museums, would appear to be more numerous than any other of the deep-sea fishes inhabiting the depths of the Polar Sea over a smooth clay bottom; and it occurs no doubt in very considerable quantities. There, perhaps, it constitutes the chief food of other predatory fishes (*Somniosus*, *Rajae*), owing to its somewhat sluggish movements, a circumstance which probably to a great extent accounts for this fish having been so often captured in the trawl-net.

The number of species secured on this voyage, the last undertaken by the Expedition, amounted in all to 33, 6 of which proved new to science. Of the 11 species obtained on the two preceding voyages, 10 were again met with, including the new species *Lycodes muraena*. The 6 species that must be regarded as not previously known are: — *Raja hyperborea*, *Liparis bathybii*, *Lycodes frigidus*, *Lycodes pallidus*, *Lycodes lütkeni* and *Rhodichthys regina*, the last-mentioned also representing a new genus. The Expedition has thus brought to light 7 new species, (and 1 new genus), all of them true forms of deep-sea fishes.

Several of the remaining species were but imperfectly known and described; this, for instance, was the case with divers of the genus *Lycodes*. One species, *Onos reinhardti*, (Kr.), had not even been made the subject of the briefest diagnosis or description; its designation is traceable to a manuscript label, copied into a catalogue. Several had not previously been shown to occur in the European fauna, but merely found, in some cases years ago and as solitary examples, on the coast of Greenland. Hence, if the area inhabited by the fauna of a country or region be assumed to extend to about 100 kilometres from its shores, we may add to the fauna of Spitzbergen nearly a dozen species of fishes not previously mentioned as occurring off that group of islands.

The region investigated in 1878 comprised, southward, the tract between Hammerfest and the Varanger Fjord, eastward and westward, the expanse of ocean stretching towards Novaja Zemlja and Jan Mayen, and northward, that extending to the north-western extremity of Spitzbergen.

Af de fleste Arter har jeg hos et eller flere Individer undersøgt Ventrikelens Indhold, og til Bestemmelsen af de her forefundne Dyrelevninger har jeg havt en beredvillig Hjælp af Prof. G. O. Sars, hvis Navn er den bedste Garanti for Bestemmelsernes Rigtighed. Denne Undersøgelse af Maveindholdet har desuden havt Interesse ikke blot af den Grund, at den har givet Bidrag til vor Kundskab om visse Evertebraters Udbredelse mod Nord, men ogsaa fordi derved er bleven constateret det ret mærkelige Factum, at flere af disse pelagiske Dyreformer, der væsentlig have været ansete for at have sit Tilhold i Overfladen, formaa at trænge ned til de største Dybder, hvorfra Dybvandsfiskene

In most of the individuals I have examined the contents of the stomach, and in determining the animal remains found there, Professor G. O. Sars, whose name is a sufficient guarantee for accuracy, has kindly favoured me with his valuable assistance. Moreover, an examination of the stomach and its contents has proved of considerable interest, not only by contributing to our knowledge of the distribution of divers invertebrate species in northern latitudes, but also from its having substantiated the very remarkable fact, that several of these pelagic forms of animal life, whose habitat was generally believed to be near the surface, possess the power of descending to the greatest depths

erhververdes, og de have her vist sig at kunne opnaa en endog betydeligere Størrelse, end de, der ere kjendte fra de øvre Vandlag. Maaske bør alle disse opfattes som væsentligt beboende de dybere Vandlag, men naar visse gunstige Betingelser ere tilstede, formaa de ogsaa at stige op til Overfladen. Til disse Dyreformer hører fremfor alle Amphipoden *Themisto libellula*, Mandt (af Hyperidernes Familie), der i store Mængder forekommer paa de fleste Steder i Ishavet; denne Art udgjorde Hovedbestanddelen af de undersøgte Arters Føde, og manglede neppe ganske hos nogen af dem, skjønt disse kunde tilhøre Arter, der beboede omkring 1000 Favnes Dyb, og paa Grund af sin Legemsbygning med Vished kunde antages ikke at være istand til at hæve sig synderligt fra Bunden. Det samme var Tilfældet med enkelte Calanider, og flere andre pelagiske Crustaceer.

Nedenfor meddeles en Fortegnelse over alle de Stationer, paa hvilke Dybvandsfiske erholdtes, tilligemed det paa hver enkelt Station erholdte Udbytte[1].

1876.

Station 33. Storeggen, 174 Kilom. vestenfor Aalesund, Norge (63° 5' N. B., 3° 0' Ø. L. f. Gr.), 30te Juni.

1 *Scopelus mülleri*, (Gmel.), i Overfladen.

1877.

Station 124. Banken udenfor Trænen, Helgeland i Norge, 325 Kilom. V.S.V. for Bodø (66° 41' N. B., 6° 59' Ø. L.), 19de Juni. Dybden 350 Favne (640m). Bundtemperaturen − 0,9° C. Bunden Ler.

1 *Lycodes frigidus*, juv. (beskreves først senere).

1 *Lycodes esmarkii*, Coll.

1 *Lycodes muraena* n. sp.

Station 164. Banken udenfor Lofoten, Norge, 117 Kilom. vestenfor Røst (68° 21' N. B., 10° 40' Ø. L.), 29de Juni. Dybden 457 Favne (836m). Bundtemperaturen − 0,7° C. Bunden graa Sandler.

1 *Lycodes frigidus*, juv. (beskreves først senere).

Røst. Lofoten (67° 31' N. B., 12° 12' Ø. L.), 26de Juni. 50—150 Favne (100—280m). Bundtemperaturen + 5° C. Bunden Sandbund.

1 *Onus septentrionalis*, (Coll.).

1 *Glyptocephalus cynoglossus*, (Lin.).

Station 183. Havet nordvest for Lofoten, 354 Kilom. fra Land (69° 59' N. B., 6° 15' Ø. L.), 5te Juli. I Overfladen.

4 *Sebastes marinus*, (Lin.). Yngel.

[1] En Del almindelige Former, optagne fra ringe Dyb under Opholdet ved de norske Kyster, ere ikke nærmere omtalte.

in which deep-sea fishes were met with, where they attain even a larger size than those taken in the upper strata of the water. All of these forms should, perhaps, be regarded as occurring chiefly at great depths, but gifted with the faculty of ascending, under certain favourable conditions, to the surface. Among such forms must be ranked above all the Amphipod *Themisto libellula*, Mandt (of the family *Hyperidæ*), which is found in enormous quantities in most parts of the Polar Sea; this animal had constituted the chief food of the species examined, and traces of its presence were probably not altogether wanting in any one of the examples, though belonging even to species that occur at a depth of about 1000 fathoms, and which from their bodily structure may with certainty be assumed not to ascend far from the bottom. Such, too, was the case with the Calanids and other species.

List of stations at which deep-sea fishes were taken, together with a specification of the results for each station.[1]

1876.

Station 33. — Storeggen, 174 kilom. west of Aalesund, Norway (lat. 63° 5' N., long. 3° 0' E.), 30th June.

1 *Scopelus mülleri*, (Gmel.); at the surface.

1877.

Station 124. — The bank off Trænen, Helgeland in Norway, 325 kilom. WSW. of Bodø (lat. 66° 41' N., long. 6° 59' E.), 19th June; depth 350 fathoms (640m); temperature at bottom − 0.9° C.; clay bottom.

1 *Lycodes frigidus*, juv. (not described till later).

1 *Lycodes esmarkii*, Coll.

1 *Lycodes muraena*, n. sp.

Station 164. — The bank off the Lofoten Islands, Norway, 117 kilom. west of Røst (lat. 68° 21' N., long. 10° 40' E.), 29th June; depth 457 fathoms (836m); temperature at bottom − 0.7° C.; bottom: grey sabulous clay.

1 *Lycodes frigidus*, juv. (not described till later).

Røst. Lofoten Islands (lat. 67° 31' N., long. 12° 12' E.), 26th June; depth 50—150 fathoms (100—280m); temperature at bottom + 5° C.; sandy bottom.

1 *Onus septentrionalis*, (Coll.).

1 *Glyptocephalus cynoglossus*, (Lin.).

Station 183. — The open sea, north-west of the Lofoten Islands, 354 kilom. from land (lat. 69° 59' N., long. 6° 15' E.), 5th July; at the surface.

4 *Sebastes marinus*, (Lin.); fry.

[1] The commoner forms obtained at a trifling depth off the Norwegian coast are not included in this report.

Station 223. Østsiden af Jan Mayen (70° 54′ N. B., 8° 24′ V. L.). 1ste August. Dybden 70 Favne (128^{m}). Bundtemperaturen — 0,6° C. Bunden sort (vulkansk) Sand og Ler.

1 *Icelus hamatus*, Kr.

1 *Triglops pingelii*, Reinh.

Station 224. Østsiden af Jan Mayen (70° 51′ N. B., 8° 20′ V. L.). 1ste August. Dybden 95 Favne (174^{m}). Bundtemperaturen — 0,6° C. Bunden sort (vulkansk) Sand og Ler.

1 *Icelus hamatus*, Kr.

Station 237. Sydsiden af Jan Mayen (70° 41′ N. B., 10° 10′ V. L.). 3die August. Dybden 263 Favne (481^{m}). Bundtemperaturen — 0,3° C. Bunden grovt Grus og Smaastene, især af Lava.

1 *Triglops pingelii*, Reinh.

1 *Careproctus reinhardti*, Kr.

1 *Gymnelis viridis*, (Fabr.).

Station 248. Havet vestenfor Lofoten, 364 Kilom. fra Land (67° 56,5′ N. B., 4° 11′ O. L.). 8de August. I Overfladen.

1 *Sebastes marinus*, (Lin.). Yngel.

1878.

Station 261. Tanafjord i Øst-Finmarken (70° 47,5′ N. B., 28° 30′ O. L.). 25de Juni. Dybden 127 Favne (232^{m}). Bundtemperaturen ÷ 2,8° C. Bunden Mudder og Ler.

5 *Raja radiata*, Donov.

2 *Sebastes marinus*, (Lin.).

1 *Glyptocephalus cynoglossus*, (Lin.).

6 *Hippoglossoides platessoides*, (Fabr.).

Station 262. Havet østenfor Vardø, 63 Kilom. fra Land (70° 36′ N. B., 32° 35′ O. L.). 27de Juni. Dybden 148 Favne (271^{m}). Bundtemperaturen ÷ 1,9° C. Bunden Ler.

1 *Centridermichthys uncinatus*, (Reinh.).

Station 275. Havet østenfor Beeren Eiland, 360 Kilom. fra Land (74° 8′ N. B., 31° 12′ O. L.). 2den Juli. Dybden 147 Favne (269^{m}). Bundtemperaturen — 0,4° C. Bunden grønligt Ler.

1 *Sebastes marinus*, (Lin.).

3 *Centridermichthys uncinatus*, (Reinh.).

Station 286. Havet sydvest for Beeren Eiland, 215 Kilom. fra Land (72° 57′ N. B., 14° 32′ O. L.). 6te Juli. Dybden 447 Favne (817^{m}). Bundtemperaturen — 0,8° C. Bunden graagrønt Ler.

18 *Sebastes marinus*, (Lin.). Yngel, i Overfladen.

1 *Platysomatichthys hippoglossoides*, (Walb.).

Station 223. — Eastern shore of Jan Mayen (lat. 70° 54′ N., long. 8° 24′ W.). 1st August: depth 70 fathoms (128^{m}): temperature at bottom — 0,6° C.; bottom: black (volcanic) sand and clay.

1 *Icelus hamatus*, Kr.

1 *Triglops pingelii*, Reinh.

Station 224. — Eastern shore of Jan Mayen (lat. 70° 51′ N., long. 8° 20′ W.). 1st August: depth 95 fathoms (174^{m}): temperature at bottom — 0,6° C.; bottom: black (volcanic) sand and clay.

1 *Icelus hamatus*, Kr.

Station 237. — Southern shore of Jan Mayen (lat. 70° 41′ N., long. 10° 10′ W.), 3rd August: depth 263 fathoms (481^{m}): temperature at bottom — 0,3° C.; bottom: coarse sand and shingle, consisting to a great extent of lava.

1 *Triglops pingelii*, Reinh.

1 *Careproctus reinhardti*, Kr.

1 *Gymnelis viridis*, (Fabr.).

Station 248. — The open sea, west of the Lofoten Islands, 364 kilom. from land (lat. 67° 56,5′ N., long 4° 11′ E.), 8th August; at the surface.

1 *Sebastes marinus*, (Lin.); fry-specimen.

1878.

Station 261. — The Tana Fjord, East Finmark (lat. 70° 47,5′ N., long. 28° 30′ E.), 25th June: depth 127 fathoms (232^{m}): temperature at bottom ÷ 2,8° C.; bottom: mud and clay.

5 *Raja radiata*, Donov.

2 *Sebastes marinus*, (Lin.).

1 *Glyptocephalus cynoglossus*, (Lin.).

6 *Hippoglossoides platessoides*, (Fabr.).

Station 262. — The open sea, east of Vardø, 63 kilom. from land (lat. 70° 36′ N., long. 32° 35′ E.), 27th June: depth 148 fathoms (271^{m}): temperature at bottom ÷ 1,9° C.; bottom: clay.

1 *Centridermichthys uncinatus*, (Reinh.).

Station 275. — The open sea, east of Beeren Eiland, 360 kilom. from land (lat. 74° 8′, long. 31° 12′ E.), 2nd July; depth 147 fathoms (269^{m}): temperature at bottom — 0,4° C.; bottom: greenish clay.

1 *Sebastes marinus*, (Lin.).

3 *Centridermichthys uncinatus*, (Reinh.).

Station 286. — The open sea, south-west of Beeren Eiland, 215 kilom. from land (lat. 72° 57′ N., long. 14° 32′ E.), 6th July: depth 447 fathoms (349^{m}): temperature at bottom — 0,8° C.; bottom: grey-green sand.

18 *Sebastes marinus*, (Lin.). fry; at the surface.

1 *Platysomatichthys hippoglossoides*, (Walb.).

Station 290. Havet midt mellem Beeren Eiland og Hammerfest, 216 Kilom. fra Land (72° 27' N. B., 20° 51' Ö. L.) 7de Juli. Dybden 191 Favne (349m). Bundtemperaturen + 3,5° C. Bunden sandholdigt Ler.

4 *Centridermichthys uncinatus*, (Reinh.).
1 *Cottunculus microps*, Coll.

Station 295. Havet vestenfor Hammerfest, 453 Kilom. fra Land (71° 59' N. B., 11° 40' Ö. L.). 14de Juli. Dybden 1110 Favne (2030m). Bundtemperaturen — 1,3° C. Bunden *Biloculina*-Ler.

5 *Lycodes frigidus*, n. sp.
3 *Scopelus mülleri*, (Gmel.).

Station 297. Havet midt mellem Nordcap, Jan Mayen og Spitsbergen, 465 Kilometer fra nærmeste Land (72° 36' N. B., 5° 12' Ö. L.). 16de Juli. Dybden 1280 Favne (2341m). Bundtemperaturen — 1,4° C. Bunden gulbrun *Biloculina*-Ler.

1 *Rhodichthys regina*, n. gen. & sp.

Station 303. Havet vestenfor Beeren Eiland, 450 Kilom. fra Land (75° 12' N. B., 3° 2' Ö. L.), 19de Juli. Dybden 1200 Favne (2195m). Bundtemperaturen — 1,6° C. Bunden brunt Ler.

1 *Lycodes frigidus*, Coll.

Station 312. Havet vestenfor Beeren Eiland, 108 Kilom. fra Land (74° 54' N. B., 14° 53' Ö. L.), 22de Juli. Dybden 658 Favne (1203m). Bundtemperaturen — 1,2° C. Bunden brunt og grønt Ler.

1 *Liparis bathybii*, n. sp.
2 *Careproctus reinhardti*, Kr.
2 *Onus reinhardti*, (Kr.)
1 *Lycodes muraena*, Coll.
5 *Lycodes frigidus*, Coll.

Station 323. Havet midt mellem Nordcap og Beeren Eiland, 180 Kilom. fra Land (72° 53,5' N. B., 21° 51' Ö. L.), 30te Juli. Dybden 223 Favne (408m). Bundtemperaturen + 1,5° C. Bunden brungraat Ler.

1 *Centridermichthys uncinatus*, (Reinh.).
1 *Agonus decagonus*, Schn.
1 *Hippoglossoides platessoides*, (Fabr.).

Station 326. Havet midt mellem Spitsbergen og Beeren Eiland, 105 Kilom. fra Land (75° 31' N. B., 17° 50' Ö. L.). 3die August. Dybden 123 Favne (225m). Bundtemperaturen + 1,6° C. Bunden mørkt Ler.

1 *Raja radiata*, Donov.
2 *Sebastes marinus*, (Lin.).
3 *Centridermichthys uncinatus*, (Reinh.).
6 *Agonus decagonus*, Schn.
1 *Gadus saida*, Lepech.
15 *Hippoglossoides platessoides*, (Fabr.).

Station 290. The open sea, midway between Beeren Eiland and Hammerfest, 216 kilom. from land (lat. 72° 27' N., long. 20° 51' E.), 7th July: depth 191 fathoms (349m); temperature at bottom + 3,5° C.; bottom: sabulous clay.

4 *Centridermichthys uncinatus*, (Reinh.).
1 *Cottunculus microps*, Coll.

Station 295. — The open sea, west of Hammerfest, 453 kilom. from land (lat. 71° 59' N., long. 11° 40' E.), 14th July: depth 1110 fathoms (2030m); temperature at bottom — 1,3° C.; bottom: *Biloculina*-clay.

5 *Lycodes frigidus*, Coll.
3 *Scopelus mülleri*, (Gmel.).

Station 297. — The open sea, midway between the North Cape, Jan Mayen and Spitzbergen, 465 kilom. from land (lat. 72° 36' N., long. 5° 12' E.), 16th July: depth 1280 fathoms (2341m); temperature at bottom — 1,4° C.; bottom: yellowish brown *Biloculina*-clay.

1 *Rhodichthys regina*, n. gen. & sp.

Station 303. — The open sea, west of Beeren Eiland, 450 kilom. from land (lat. 75° 12' N., long. 3° 2' E.), 19th July: depth 1200 fathoms (2195m); temperature at bottom — 1,6° C.; bottom: brown clay.

1 *Lycodes frigidus*, Coll.

Station 312. — The open sea, west of Beeren Eiland, 108 kilom. from land (lat. 74° 54' N., long. 14° 53' E.), 22nd July; depth 658 fathoms (1203m); temperature at bottom — 1,2° C.; bottom: brown and green clay.

1 *Liparis bathybii*, n. sp.
2 *Careproctus reinhardti*, Kr.
2 *Onus reinhardti*, (Kr.).
1 *Lycodes muraena*, Coll.
5 *Lycodes frigidus*, Coll.

Station 323. — The open sea, midway between the North Cape and Beeren Eiland, 180 kilom. from land (lat. 72° 53'. 5" N., long. 31° 51' E.), 30th July: depth 223 fathoms (408m); temperature at bottom + 1,5° C.; bottom: brownish grey clay.

1 *Centridermichthys uncinatus*, (Reinh.).
1 *Agonus decagonus*, Schn.
1 *Hippoglossoides platessoides*, (Fabr.).

Station 326. — The open sea, midway between Spitzbergen and Beeren Eiland, 105 kilom. from land (lat. 75° 31' N., long. 17° 50' E.), 3rd August; depth 123 fathoms (225m); temperature at bottom + 1,6° C.; bottom: dark clay.

1 *Raja radiata*, Donov.
2 *Sebastes marinus*, (Lin.).
3 *Centridermichthys uncinatus*, (Reinh.).
6 *Agonus decagonus*, Schn.
1 *Gadus saida*, Lepech.
15 *Hippoglossoides platessoides*, (Fabr.).

Station 338. Udenfor Sydcap, Spitsbergen (76° 22' N. B., 17° 13' O. L.). 6te August. Dybden 146 Favne (267 m). Bundtemperaturen — 1,1° C. Bunden Stenbund.

1 *Agonus decagonus*, Schn.

Station 353. Havet vestenfor Isfjorden, Vest-Spitsbergen, 230 Kilom. fra Land (77° 59' N. B., 5° 10' O. L.). 10de August. Dybden 1333 Favne (2438 m). Bundtemperaturen — 1,4° C. Bunden *Biloculina*-Ler og Smaasten.

3 *Lycodes frigidus*, Coll.

Station 362. Havet vestenfor Norsk-Øerne, Nordvest-Spitsbergen, 115 Kilom. fra Land (79° 59' N. B., 5° 40' O. L.). 14de August. Dybden 459 Favne (839 m). Bundtemperaturen — 1,0° C. Bunden blaagraat Ler.

1 *Raja hyperborea*, n. sp.
2 *Raja radiata*, Donov.
1 *Cottunculus microps*, Coll.
2 *Lycodes esmarkii*, Coll.
1 *Lycodes lütkeni*, n. sp.
1 *Lycodes pallidus*, n. sp.
2 *Lycodes muraena*, Coll.

Station 363. Havet vestenfor Norsk-Øerne, Nordvest-Spitsbergen, 60 Kilom. fra Land (80° 3' N. B., 8° 28' O. L.). 14de August. Dybden 260 Favne (475 m). Bundtemperaturen ÷ 1,1° C. Bunden Blaaler.

1 *Agonus decagonus*, Schn.
1 *Cottunculus microps*, Coll.
1 *Lycodes frigidus*, Coll.
1 *Lycodes esmarkii*, Coll.
1 *Lycodes pallidus*, Coll.
1 *Lycodes seminudus*, Reinh.

Norsk-Øerne, Nordvest-Spitsbergen (79° 51' N. B., 11° 45' O. L.). 15de August. Dybden ubetydelig.

1 *Cottus scorpius*, Lin.
3 *Liparis lineatus*, (Lepech.).
1 *Gadus saida*, Lepech.
3 *Gymnelis viridis*, (Fabr.).

Station 366. Magdalenebay, Nord-Spitsbergen (79° 35' N. B., 11° 17' O. L.). 17de August. Dybden 37—61 Favne (75—112 m). Bundtemperat. fra — 0,2° indtil — 2,1° C. Bunden morkgraat Ler med løsrevne Alger og Smaasten.

1 *Icelus hamatus*, Kr.
1 *Triglops pingelii*, Reinh.
8 *Gymnacanthus pistilliger*, (Pall.).
1 *Liparis lineatus*, (Lepech.).
1 *Lumpenus maculatus*, (Fries).
4 *Lumpenus medius*, Reinh.
1 *Lumpenus lampetraeformis*, (Walb.).
72 *Gadus saida*, Lepech.

Station 338. — Off the South Cape, Spitzbergen (lat. 76° 22' N., long. 17° 13' E.), 6th August; depth 146 fathoms (267 m); temperature at bottom — 1,1° C.; rocky bottom.

1 *Agonus decagonus*, Schn.

Station 353. — The open sea, west of the Isfjord, western coast of Spitzbergen, 230 kilom. from land (lat. 77° 59' N., long. 5° 10' E.), 10th August; depth 1333 fathoms (2438 m); temperature at bottom — 1,4° C.; bottom: *Biloculina*-clay and shingle.

3 *Lycodes frigidus*, Coll.

Station 362. — The open sea, west of the Norsk Islands, north-western coast of Spitzbergen, 115 kilom. from land (lat. 79° 59' N., long. 5° 40' E.), 14th August; depth 459 fathoms (839 m); temperature at bottom — 1,0° C.; bottom: bluish grey clay.

1 *Raja hyperborea*, n. sp.
2 *Raja radiata*, Donov.
1 *Cottunculus microps*, Coll.
2 *Lycodes esmarkii*, Coll.
1 *Lycodes lütkeni*, n. sp.
1 *Lycodes pallidus*, n. sp.
2 *Lycodes muraena*, Coll.

Station 363. — The open sea, west of the Norsk Islands, north-western coast of Spitzbergen, 60 kilom. from land (lat. 80° 3' N., long. 8° 28' E.), 14th August; depth 260 fathoms (475 m); temperature at bottom + 1,1° C.; bottom: blue clay.

1 *Agonus decagonus*, Schn.
1 *Cottunculus microps*, Coll.
1 *Lycodes frigidus*, Coll.
1 *Lycodes esmarkii*, Coll.
1 *Lycodes pallidus*, Coll.
1 *Lycodes seminudus*, Reinh.

Norsk Islands, north-western coast of Spitzbergen (lat. 79° 51' N., long. 11° 45' E.), 15th August; depth trifling.

1 *Cottus scorpius* (Lin.).
3 *Liparis lineatus*, (Lepech.).
1 *Gadus saida*, Lepech.
3 *Gymnelis viridis*, (Fabr.).

Station 366. — Magdalena Bay, north coast of Spitzbergen (lat. 79° 35' N., long. 11° 17' E.), 17th August; depth 37—61 fathoms (75—112 m); temperature at bottom as low as — 2,1° C.; bottom: dark-grey clay and shingle.

1 *Icelus hamatus*, Kr.
1 *Triglops pingelii*, (Reinh.).
8 *Gymnacanthus pistilliger*, (Pall.).
1 *Liparis lineatus*, (Lepech.).
1 *Lumpenus maculatus*, (Fries).
4 *Lumpenus medius*, Reinh.
1 *Lumpenus lampetraeformis*, (Walb.).
72 *Gadus saida*, Lepech.

Isfjorden, Vest-Spitsbergen (78° 9' N. B., 14° 12' Ø. L.), 19de August. Dybden 129 Favne (236m). Bundtemperaturen ÷ 1.2° C. Bunden Stenbund.

1 *Eumicrotremus spinosus*, (Müll.).

Station 374. Advent Bay, Isfjorden, Vest-Spitsbergen (78° 16' N. B., 15° 38' Ø. L.), 22de August. Dybden 60 Favne (110m). Bundtemperaturen + 0.7° C. Bunden mørkt Ler.

3 *Lumpenus medius*, Reinh.

Det samlede Antal har saaledes tilhørt følgende 32 Arter:

Rajidae.

Raja hyperborea, n. sp. 1878. *Raja radiata*, Donov. 1808.

Scorpaenidae.

Sebastes marinus, (Lin.) 1766.

Cottidae.

Cottunculus microps, Coll. 1874. *Cottus scorpius*, Lin. 1766. *Gymnacanthus pistilliger*, (Pall.) 1811. *Centridermichthys uncinatus*, (Reinh.) 1833—34. *Icelus hamatus*, Kr. 1844. *Triglops pingelii*, Reinh. 1838.

Agonidae.

Agonus decagonus, Schn. 1801.

Cyclopteridae.

Eumicrotremus spinosus, (Müll.) 1776.

Liparididae.

Liparis lineatus, (Lepech.) 1774. *Liparis bathybii*, n. sp. 1878. *Careproctus reinhardti*, Kr. 1862.

Blenniidae.

Lumpenus medius, Reinh. 1838. *Lumpenus maculatus*, (Fries) 1837. *Lumpenus lampetraeformis*, (Walb.) 1792.

Lycodidae.

Lycodes esmarkii, Coll. 1874. *Lycodes frigidus*, n. sp. 1878. *Lycodes lütkeni*, n. sp. 1880. *Lycodes pallidus*, n. sp. 1878. *Lycodes seminudus*, Reinh. 1838. *Lycodes muraena*, n. sp. 1878. *Gymnelis viridis*, (Fabr.) 1780.

Gadidae.

Gadus saida, Lepech. 1774. *Onus reinhardti*, (Kr.) MS. 1852. *Onus septentrionalis*, (Coll.) 1874.

Pleuronectidae.

Platysomatichthys hippoglossoides, (Walb.) 1792. *Hippoglossoides platessoides*, (Fabr.) 1780. *Glyptocephalus cynoglossus*, (Lin.) 1766.

Ophidiidae.

Rhodichthys regina, n. gen. & sp. 1878.

Scopelidae.

Scopelus mülleri, (Gmel.) 1788.

The Isfjord, western coast of Spitzbergen (lat. 78° 9' N., long. 14° 12' E.). 19th August; depth 129 fathoms (236m); temperature at bottom ÷ 1.2° C.; bottom rocky.

1 *Eumicrotremus spinosus*, (Müll.).

Station 374. — Advent Bay, west coast of Spitzbergen (lat. 78° 16' N., long. 15° 38' E.). 22nd August; depth 60 fathoms (110m); temperature at bottom + 0.7° C.; bottom: dark clay.

3 *Lumpenus medius*, Reinh.

The individuals collected on the Expedition comprised accordingly the following species, 32 in number: —

Rajidæ.

Raja hyperborea, n. sp. 1878. *Raja radiata*, Donov. 1808.

Scorpaenidæ.

Sebastes marinus, (Lin.) 1766.

Cottidæ.

Cottunculus microps, Coll. 1874. *Cottus scorpius*, Lin. 1766. *Gymnacanthus pistilliger*, (Pall.) 1811. *Centridermichthys uncinatus*, (Reinh.) 1833—34. *Icelus hamatus*, Kr. 1844. *Triglops pingelii*, Reinh. 1838.

Agonidæ.

Agonus decagonus, Schn. 1801.

Cyclopteridæ.

Eumicrotremus spinosus, (Müll.) 1776.

Liparididæ.

Liparis lineatus, (Lepech.) 1774. *Liparis bathybii*, n. sp. 1878. *Careproctus reinhardti*, Kr. 1862.

Blenniidæ.

Lumpenus medius, Reinh. 1838. *Lumpenus maculatus*, (Fries) 1837. *Lumpenus lampetraeformis*, (Walb.) 1792.

Lycodidæ.

Lycodes esmarkii, Coll. 1874. *Lycodes frigidus*, n. sp. 1878. *Lycodes lütkeni*, n. sp. 1880. *Lycodes pallidus*, n. sp. 1878. *Lycodes seminudus*, Reinh. 1838. *Lycodes muraena*, n. sp. 1878. *Gymnelis viridis*, (Fabr.) 1780.

Gadidæ.

Gadus saida, Lepech. 1774. *Onus reinhardti*, (Kr.) MS. 1852. *Onus septentrionalis*, (Coll.) 1874.

Pleuronectidæ.

Platysomatichthys hippoglossoides, (Walb.) 1792. *Hippoglossoides platessoides*, (Fabr.) 1780. *Glyptocephalus cynoglossus*, (Lin.) 1766.

Ophidiidæ.

Rhodichthys regina, n. gen. & sp. 1878.

Scopelidæ.

Scopelus mülleri, (Gmel.) 1788.

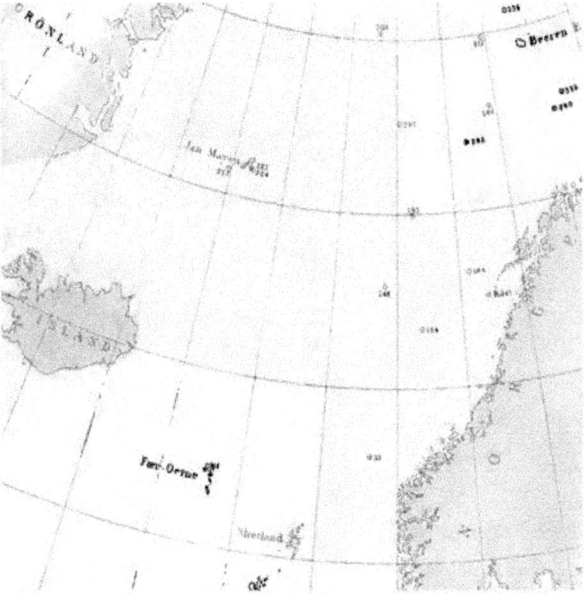

ISLAND

A. Palaeichthyes.

Subord. Plagiostomata.

Fam. Rajidae.

Gen. Raja, Lin.

Syst. Nat. ed. 12, tom. 1, p. 395 (1766).

1. Raja hyperborea, Coll. 1878 (n. sp.).

Pl. I, fig. 1–2.

Raja hyperborea, Coll. Forh. Vid. Selsk. Chra. 1878, No. 14, p. 7.

Diagn. *Snuden tilspidset, af middels Længde; Snudespidsens Afstand fra Øiet udgjør ikke fuldt det dobbelte af Interorbitalrummets Bredde. Legemet noget bredere, end dets Længde fra Snudespidsen til Enden af de accessoriske Generationsorganer. Halen forholdsvis kort, indeholdes 3 Gange i Totallængden. Tænderne (hos Hannen) spidse og slanke, dannende i Overkjæven omtrent 36, i Underkjæven 42 Tværrækker. Oversiden er ru, samt bedækket med større Torne; Undersiden er glat. De større Rygtorne ere 6 i Antal; Haletornene, der danne en enkelt Række, ere 17. Mellem de 2 Dorsaler sidder en liden Torn. Farven ovenpaa mørkt graabrun. Undersiden hvid med store, lateralt-symmetriske Felter af Oversidens Farve.*

Localit. fra Nordh.-Exped. Havet vestenfor Nord-Spitsbergen.

	Stat. 362.
Fangested.	115 Kilom. V. Norskøerne, Spitsbergen.
Dybde.	459 Favne (839m).
Temp. paa Bunden.	−1,0° C.
Bunden.	Blaagraat Ler.
Datum.	14de August 1878.
Antal Individer.	1 Ind. (en Han).

Udmaalinger.

Totallængde (Han) 518mm

Legemets Længde til Spidsen af Hjælpegenitalierne . . . . 390 -

A. Palæichthyes.

Subord. Plagiostomata.

Fam. Rajidæ.

Gen. Raja, Lin.

Syst. Nat. ed. 12, tom. 1, p. 395 (1766).

1. Raja hyperborea, Coll. 1878 (n. sp.).

Pl. I, fig. 1–2.

Raja hyperborea, Coll. Forh. Vid. Selsk. Chra. 1878, No. 14, p. 7.

Diagnosis. — *Snout pointed, of moderate length; distance from end of snout to the orbit not quite double the width of the interorbital space. The transverse diameter of the disk somewhat greater than its length from the snout to the termination of the accessory sexual appendages. The tail comparatively short, one-third of the total length. Teeth (in the male) sharp and slender, about 36 transverse rows in the upper and 42 in the lower jaw. The upper surface rough, and armed with spines; under surface smooth. The larger dorsal spines are 6 in number; the tail is furnished with 17, in a single row; and a small spine occurs between the 2 dorsal fins. The colour of the upper surface is a dark greyish brown, that of the under plain white, with large, laterally-symmetrical brown patches.*

Locality (North Atl. Exped.): — The open sea, west of the northern coast of Spitzbergen.

	Stat. 362.
Exact Locality.	115 Kilom. W. of the Norsk Islands, Spitzbergen.
Depth.	459 Fathoms (839m).
Temp. at Bottom.	−1,0° C.
Bottom.	Bluish-grey Clay.
Date.	14th August 1878.
Numb. of Specim.	1 Indiv. (a male).

Measurements.

Total length (male) 518mm

Length of body to the termination of the accessory sexual appendages . . . . 390 -

Største Bredde mellem Pectoralernes Spidse	405 mm
Halens Længde	168 -
Snudespidsen til Øjets Forrand	90 -
Bredden mellem Øjnene	49 -
Snudespidsen til Pectoralens Spidse (Legemets forreste Profil-Linie)	305 -
Pectoralspidsen til Ventralens bagre Spidse (Legemets bagre Profil-Linie)	175 -
Hjælpegenitaliernes Længde	48 -
Snudespidsen til Næseborene	77 -
Afstanden mellem Næseborene	64 -
Bredden af Mundspalten	66 -
Ventralernes Grundlinie	86 -
Ventralernes største Længde	110 -
Halens Bredde ved Roden	26 -
Halens Bredde ved Begyndelsen af 1ste Dorsal	15 -
Halens Højde ved Roden	12 -
Halens Højde ved Begyndelsen af 1ste Dorsal	5 -
Fra Dorsalernes Begyndelse til Halespidsen	59 -
1ste Dorsals Grundlinie	19 -
1ste Dorsals Højde	15 -
2den Dorsals Grundlinie	21 -
2den Dorsals Højde	13 -
Øjets Længdediameter	14 -
Tverdiameter af Spiracula	11 -
Snudespidsen til 1ste Gjællespalte	148 -
Bredden mellem 1ste Gjællespalte paa hver Side	110 -

Beskrivelse. *Legemsbygning.* Snuden er tilspidset, dog ikke særdeles udtrukken; dens Længde indtil Øjets forreste Rand er knapt dobbelt saa stor, som Pandens Bredde mellem Øjnene.

Legemets største Bredde mellem Pectoralernes Spidse er større, end Legemets Længde fra Snudespidsen til Enden af Hjælpegenitalierne. Legemets forreste Profillinie er næsten ret indtil i Højde med Kjæverne; derpaa er den noget concav, indtil ud med Spidsen af Pectoralerne, der paa hver Side danne en temmelig afrundet Vinkel. Legemets bagre Profillinie, der kun har noget over den forreste Linies halve Længde, er næsten ret, kun i sit bagre Hjørne noget afrundet, og idethele parallel med den modsatte forreste Linie, saaledes at Legemet næsten danner et Parallelogram.

Halen er paa Undersiden fuldkommen flad, men har oventil afrundede Sider; den er dog idethele fladtrykt, idet Bredden overalt er betydelig større, end Højden (ved Roden dobbelt, ved Begyndelsen af 1ste Dorsal tredobbelt større). En distinct afsat Hudfold løber langs Halens hele Længde paa hver Side af Underfladen. I Forhold til Legemet er Halen kort, idet den blot udgjør 1 Trediedel af Totallængden.

De accessoriske Generationsorganer ere hos det eneste undersøgte Individ ikke særdeles lange; deres Længde omtrent lig Pandens Bredde mellem Øjnene.

Tænderne ere forholdsvis lange og spinkle, med særdeles liden Grundflade. Sandsynligvis har dog Hunnen kortere, og ved Grunden bredere Tænder. I hver Kjævehalvdel findes oventil 18, nedentil 21 Tverrækker, saaledes

Greatest distance between the pectorals	405 mm
Length of tail	168 -
From point of snout to the eye	90 -
Interorbital space	49 -
From point of snout to the extremity of the pectoral fin	305 -
From the extremity of the pectoral fin to the posterior extremity of the ventral	175 -
Length of sexual appendages	48 -
From point of snout to nostrils	77 -
Distance between the nostrils	64 -
Width of mouth	66 -
Ventrals at base	86 -
Extreme length of ventrals	110 -
Breadth of tail at base	26 -
Breadth of tail at commencement of first dorsal fin	15 -
Depth of tail at base	12 -
Depth of tail at commencement of first dorsal fin	5 -
From the first dorsal to the tip of the tail	59 -
First dorsal at base	19 -
Height of first dorsal	15 -
Second dorsal at base	21 -
Height of second dorsal	13 -
Longitudinal diameter of orbit	14 -
Transverse diameter of spiracles	11 -
From point of snout to first branchial aperture	148 -
Width between first branchial aperture on each side	110 -

Description. *Structure of the Body.* — The snout terminates in a point, without however being greatly produced. Length from tip to the anterior margin of the orbit a trifle less than twice the interorbital space.

The diameter of the disk across the pectorals exceeds the distance from the point of the snout to the termination of the sexual appendages. The anterior free margin almost straight up to the jaws; from thence slightly concave to the tips of the pectorals, the extreme lateral angle of each being rather convex. The posterior free margin, but little more than half the length of the anterior marginal line, is almost straight — the hindmost part only being slightly convex — and running as it does nearly parallel to the anterior margin, the disk closely resembles a rhomboid.

The under surface of the tail is perfectly flat, the sides of the upper are rounded; its general appearance is depressed, the breadth greatly exceeding the vertical thickness (at the origin twice, at the commencement of the first dorsal three times as great). A cutaneous flap, distinctly developed, extends along the entire length of the tail on each side of the under surface. Tail short in proportion to the body, being only one-third of the total length.

The accessory sexual appendages are not particularly long in the specimen examined, their length being about equal to the width of the interorbital space.

The teeth are comparatively long and slender, and exceedingly narrow at the base. Probably the females have shorter teeth with broader bases. The upper jaw is furnished with 18, the lower with 21 transverse rows in each

ialt $\frac{44}{44}$ Tværrækker. Mundspaltens Bredde udgjør ikke fuldt Halvdelen af Afstanden fra Snudespidsen til 1ste Gjællespalte.

Den forreste af de 5 Gjællespalter ligger i en Afstand fra Mundvinkelen, der omtrent er lig dens egen Afstand fra den bagerste Gjællespalte.

Spiracula er forholdsvis vid, idet dets Tverdiameter er omtrent lig den ubedækkede Del af Øjet; det er stillet ikke skraat bagenfor dette, men fuldkommen tvers mod Øjets Længdediameter.

Finnerne. Ventralerne have henimod Spidsen et dybt Indsnit, der fortil lader frit et kegleformigt, noget udspærret Parti, der dog er af forholdsvis ringere Højde, idet det blot udgjør Halvdelen af den hele Finnes Grundlinie, eller omtrent Trediedelen af Finnens hele Længde til den bagre Spidse.

1ste Dorsal begynder i en Afstand fra Halespidsen, der indeholdes $2\frac{5}{16}$ Gange i Halens hele Længde. Dens Grundlinie er ubetydelig større, end dens Højde; den bagre Spidse er noget tilspidset, og den lodrette Bagrand lidt concav.

2den Dorsal er adskilt fra 1ste gjennem et ubetydeligt Mellemrum (opfyldt af en mindre Torn). Den er lavere, end 1ste Dorsal, idet Højden er kun lidt over Halvdelen af Grundlinien. Dens bagre Spidse er stærkt nedadbøjet, dog tilspidset, saaledes, at dens lodrette Bagrand er temmelig kort.

En Antydning til en Caudal findes i Form af en kort og lav, vertical Hudlig, der rager ubetydeligt udenfor Halespidsen, og har paa Halespidsens Underside en kort Kjøl.

Halens Beklædning. Oversiden er ru, samt tildels beklædt med større Torne; Undersiden er glat.

De større Torne findes blot 1) over Øjnene, 2) paa Skulderpartiet, samt 3) midt nedad Ryggen og Halen; de ere alle riflede fra Grunden udad mod Spidsen, der er yderst skarp, og noget bagudbøjet; de ere ikke synderlig høje, undtagen paa Halens øvre Del. Deres samlede Antal er hos det undersøgte Individ 37.

Øjentornene ere ialt 6 i Antal, og danne paa hver Side en fuldkommen ret Linie (bestaaende af 3 Torne) indenfor Øjeranden, saaledes, at Afstanden mellem begge Linier bliver mindre, end Pandens Bredde mellem Øjnene. 1ste Torn er stillet foran, 2den bagenfor Øjets øvre Rand, 3die umiddelbart bagenfor Spiracula. 1ste Torn ligger i en Afstand fra Snudespidsen, der omtrent er dobbelt saa stor, som Rækkernes indbyrdes Afstand; 1ste og 3die Torn danne med de tilsvarende i den modsatte Række et næsten fuldkomment Qvadrat.

Skulderpartiet bærer i Midten en Række af 3, og paa hver Side en Række af 2, tilsammen 7 Torne. Sidetornene sidde tættere sammen, end Midtrækkens Torne, og have idethele samme Afstand indbyrdes, som mellem 2den og 3die Øjentorn (14^{mm}), eller noget over en Øjediameter. Den bagerste Torn i Midtrækken danner med den bagerste Torn i hver af Siderækkerne en næsten ret Linie. Afstanden mellem 1ste og 3die Torn i Midtrækken er næsten saa

half, the total number of transverse series being thus $\frac{44}{44}$. Width of mouth not quite equal to half the distance from point of snout to first branchial aperture.

The foremost of the five branchial apertures is about the same distance from the angle of the mouth as it is from the hindmost aperture.

The spiracles are comparatively large, their transverse diameter being nearly equal to the width of the uncovered portion of the eye; their position is not oblique, but strictly vertical to the longitudinal diameter of the orbit.

Fins. — Towards their extremity, the ventrals are distinguished by a deep incision, exposing to view a cuneiform and somewhat expanded part, the height of which however is inconsiderable, being not more than half of the base of the fin, and but one-third of its entire length to the posterior extremity.

The first dorsal commences at a distance from the tip of the tail which is to the entire length of the tail as 1 to $2\frac{5}{8}$; basal line a trifle longer than the vertical height; posterior extremity pointed, posterior perpendicular margin slightly concave.

Second dorsal nearly contiguous to first, the intervening space being occupied by a diminutive spine. Height less than that of the first dorsal, hardly exceeding half the length of the basal line; the posterior extremity directed downwards and terminating in a point; the posterior perpendicular margin is consequently somewhat short.

Caudal fin rudimentary, having the appearance of a vertical membraneous lappet, furnished on the under surface of the extremity of the tail with a keelshaped ridge, projecting but slightly beyond the tip.

Armature of the skin. — Upper surface rough and partially studded with powerful spines; under surface smooth.

The large spines occur: — 1) above the eyes; 2) on the humeral region; 3) along the mesial line of the disk and the central ridge of the tail. All the spines are grooved from the base up to the point, which is exceedingly sharp and slightly hooked; the longest are in the row on the upper part of the tail. Total number in the specimen examined 37.

The spines about the eyes are 6 in number, arranged in two lines, perfectly straight (three spines in each), one on either side within the margin of the eye, making the distance between them a trifle less than the width of the interorbital space. The first spine is placed before, the second above the upper margin of the eye, the third immediately behind the spiracles. Distance of first spine from point of snout about double that between the rows; the first and third spines form with the corresponding spines on the opposite side an almost perfect square.

The humeral region is furnished with 7 spines, a row of 3 along the dorsal ridge and 2 on either side. The lateral spines are more closely set than those disposed along the mesial line, their relative distance being nearly equal to that between the second and third spines in the series above the eyes (14^{mm}), or slightly exceeding the longitudinal diameter of the eye. The hindmost spine in the central series is almost in a line with the hindmost spine in each

stor, som mellem 1ste og 3die Øjentorn; noget større er derimod Afstanden mellem Midtrækken og hver af Siderækkerne.

Rygtornene ere 6 i Antal, der danne en enkelt Række, hvori Mellemrummet mellem hver Torn har omtrent samme Længde, som mellem 1ste og 2den Torn i Øjenrækkerne (25^{mm}), eller mellem 1ste og 2den Torn i Skulderpartiets Midtrække. Rygtornenes Række ophører et kort Stykke foran Halen.

Haletornene danne en enkelt Række, bestaaende af 17 Torne, der staa tættere sammen, end Rygtornene, og tiltage i Størrelse indtil den 6te, men aftage derefter indtil den sidste, der er ganske liden og sidder tæt ind til 1ste Dorsal. Rækken begynder i nogen Afstand fra sidste Rygtorn. Endelig findes en liden Torn mellem de 2 Dorsaler, den 18de.

Hele Oversiden er forøvrigt ru af særdeles smaa og spidse Smaatorne, der intetsteds naa tilnærmelsesvis den samme Størrelse, som de større Torne. Dog er et Parti langs Legemets forreste Siderand (omtrent ret udenfor Øjnene) beklædt med noget større Torne, end de øvrige Smaatorne; disse udgjøre de for Hannerne ejendommelige „Kardetorne" (*carmines maris*, ifølge Fries). Ligeledes findes enkelte noget længere Torne langs Midten af Snuden. Glat er blot den bagre Rand af Pectoralerne, hele Ventralerne, samt et Stykke af Ryggens Sider op imod Skulderpartiets Sidetorne.

Hele Undersiden af saavel Legemet, som Halen, er fuldkommen glat.

Slimporer. Paa bestemte Steder af Oversiden, samt over den forreste Del af Legemets Underside findes Rækker af Slimporer, der idethele ere symmetrisk stillede paa hver Side af Legemets Midtlinie. Paa Oversiden findes en Række af omtr. 29 Porer, der strækker sig fra Spiracula hen under Øjet, og gaar derfra omtrent i ret Linie ud mod Snuden; denne Række løber parallelt med den tilsvarende paa den anden Side. Fra Skulderbæltet udgaa endvidere 2 noget længere Rækker, der efter et noget buet Løb udmunde noget nedenfor Pectoralens Sidevinkel; en kortere tredie løber parallelt med Legemets bagre afrundede Hjørne. Endelig løber paa hver Side af Ryglinien en Række, der fortsætter sig uafbrudt langs Halens Overside til Halespidsen.

Paa Skivens Underside findes talrige længere og kortere Rækker, men disse ere her tilsyneladende mindre ordnede. Paa hele Legemets bagre Del sees her ingen Porer; paa den forreste løber en lang Række parallelt med Siderandens; kortere Rækker løbe fra hver Mundvige hen mod Snudespidsen, og andre kortere Rækker findes bagenfor Mundspalten.

Farven er paa Oversiden temmelig jevnt mørkt graabrun, medens Undersiden er hvid med store symmetriske Pletter og Felter af Oversidens Farve. Paa Oversiden ere Pectoralerne og Ventralerne især mørkt farvede ud mod

of the lateral rows. The distance between the first and third spines in the central series nearly equals that between the first and third spines above the eyes; the distance between the central series and each of the lateral rows is somewhat greater.

The dorsal spines are 6 in number, arranged in a single row, the distance between each spine being about equal to that between the first and second spines in the series above the eyes (25^{mm}), or between the first and second spines in the central humeral row. This series terminates in close proximity to the tail.

The caudal spines, numbering 17, extend in a single row; they are more closely set than the dorsal spines, increasing in size down to the sixth; at this point they gradually decrease, the terminal spine being quite diminutive and close to the first dorsal fin. The caudal row commences at some distance from the terminal dorsal spine. A small spine, the eighteenth, occurs between the two dorsals.

The whole of the upper surface is rough, being everywhere studded with minute spines and denticles, none of which attain to a size approaching that of the large spines. Part of the anterior lateral margin of the disk (almost directly in front of the eyes) is however furnished with spinules somewhat larger than the other denticles; a few spines of greater length occur too along the ridge of the snout. The only smooth parts are the posterior margin of the pectorals, the entire surface of the ventrals, and a strip of skin extending along the sides of the back up towards the lateral spines in the humeral region.

The whole of the under surface, both of the body and of the tail, is perfectly smooth.

Mucous pores. — On certain parts of the upper surface, and the anterior part of the lower, are numerous series of mucous pores, for the most part symmetrically arranged on either side of the mesial line. On the upper surface occurs a series of about 29 pores, extending from the spiracle to the eye, and from thence, nearly in a straight line, towards the snout; this series runs parallel to the corresponding series on the opposite side. Two series of somewhat greater length issue from the humeral zone, and, after a slightly inflected course, terminate a little below the lateral angle of the pectoral fin; a third and shorter series runs parallel to the posterior convex angle of the disk. On either side of the mesial line a series extends uninterruptedly to the tip of the tail.

Numerous series of greater or less extent occur too on the under surface, their arrangement, however, being apparently less regular. On the posterior part of the disk pores are nowhere visible here, on the anterior division a long row runs parallel to the lateral margin; several shorter series extend from each angle of the mouth towards the point of the snout, and short series also occur behind the mouth.

Coloration. — Upper surface almost uniformly dark greyish brown; under surface plain white, relieved with large symmetrical spots and patches. Upper surface of pectorals and ventrals darkest along the edges approximate

Randen, hvor Undersidens Felt af samme Farve støder til. Fremdeles er Snudespidsen mørkt brunsort, ligesom Hovedets hele forreste Rand. Paa Undersiden have de mørkfarvede Partier og den hvide Bundfarve omtrent ligestor Udstrækning. Disse farvede Felter gaa hen imod Randen af Legemet (hos det i nogen Tid paa Spiritus opbevarede Exemplar) over til næsten brunsort. Ingen af disse Felter overskrider Bugens Midtlinie.

Deres Udstrækning hos det forhaandenværende Individ kan kortelig beskrives paa følgende Maade. Et stort sort Felt udbreder sig over den ydre Del af Pectoralen: fra Pectoralvinkelen fortsætter dette sig langs hele den forreste Profilrand (men blot umiddelbart i selve Randen), lige hen til Snudespidsen. Bagtil forener dette Felt sig med et større Parti af samme Farve, der skyder sig op paa Bugens Sider. Foran Mundspalten findes intet farvet Parti (undtagen Randen af Snuden); men mellem Gjællespalterne findes en mindre Samling runde, tildels sammenflydende Pletter. Ventralerne have, ligesom Pectoralerne, brunsorte Rande; de accessoriske Generationsorganer ere ligeledes paa Undersiden sorte, hvilken Farve udbreder sig til en større Plet foran deres Rod. Hele Halens Underside er ensfarvet sort.

Sandsynligvis vil denne Farvefordeling vise sig noget varierende hos Individerne.

Føde. Ventrikelen var fuldproppet af Crustaceer og Fiske. Den væsentligste Del bestod af omkr. 50 kjæmpemæssige Individer af *Themisto libellula*, tildels endnu ganske hele; fremdeles Stykker af den i 1874 af Buchholz i „2te Deutsche Nordpolarfahrt" beskrevne smukt farvede Decapode *Hymenodora glacialis*[1].

Fiskene vare 3 i Antal, hvoraf idetmindste de 2 vare Lycoder. Den største af dem havde en Totallængde af 185 mm, og en Hovedlængde af 41 mm; den yderste Halespids manglede, ligesom Huden og de fleste Finnestraaler, saaledes, at Individet ikke lod sig med Sikkerhed bestemme; men paa Grund af Tandbygningens Styrke, de lange og brede Pectoraler, samt det store Hoved, kan det maaske henføres under *L. lütkeni*. Den anden Unge af en *Lycodes* var stærkere angreben af Fordøjelsen, og ganske ubestemmelig; af et tredie Individ fandtes blot Rygraden i Behold, og denne kan ligeledes have tilhørt en ung *Lycodes*.

Udbredelse. Hidtil er blot kjendt det eneste, ovenfor beskrevne Individ, en Han, optaget omtrent under 80° N. B. i Havet vestenfor Nord-Spitsbergen; dette er tillige det nordligste Punkt paa Jorden, hvor denne Slægt hidtil har været bemærket.

[1] *Pasiphaë glacialis*, Buchholz 1874; *Hymenodora glacialis*, G. O. Sars 1877.

to the similarly coloured patch on the under surface. Extremity of the snout, too, and the entire anterior margin of the head dark-brown, approaching to black. On the under surface, the space occupied by the dark portions of the skin and the white of the ground is about equal in extent. The dark symmetrical patches deepen in colour as they approach the margin of the disk, almost to a brownish black: none of them cross the central abdominal line.

Their distribution in the example obtained may be briefly described as follows. A large black patch occurs on the lateral margin of the pectorals; from the angle of the pectorals it extends along the anterior line of the margin of the body (at the extreme edge however only) to the tip of the snout. Behind, this patch unites with another, similarly coloured, running up the sides of the belly. Anterior to the cleft of the mouth the skin is uniformly white, save the margin of the snout; between the branchial apertures occur a small cluster of round spots, some of which are confluent. Edges of ventrals brownish black like those of pectorals; the accessory sexual appendages on the under surface black, this colour expanding to a large spot opposite their base. Under surface of tail entirely black.

This distribution of colour will probably be found to vary in different individuals.

Food. — The stomach was full of crustaceans and divers fishes. The principal part of the contents consisted of about 50 enormous examples of the Hyperoid *Themisto libellula*, several of them quite entire; and of fragments of the Decapod *Hymenodora glacialis*[1], described in 1874, by Buchholz, in "Zweite Deutsche Nordpolarfahrt."

The fishes were 3 in number, of which two at least were Lycodes. Total length of the largest 185 mm; length of head 41 mm; the tip of the tail, the whole of the skin, and most of the fin-rays were gone; hence this individual could not with certainty be determined; but the structure of the teeth however, the great length and breadth of the pectoral fins, and the size of the head gave reason to regard it as an example of *L. lütkeni*, afterwards described. Another young *Lycodes* was wholly indeterminable, being in still a more advanced stage of the digestive process; of the third, the vertebral column only remained — not improbably, too, that of a young *Lycodes*.

Distribution. — The only example hitherto met with is the male specimen now described, taken in lat. about 80° N., at sea, west of the northern coast of Spitzbergen, the most northerly locality, too, in which this genus is yet known to occur.

[1] *Pasiphaë glacialis*, Buchholz 1874; *Hymenodora glacialis*, G. O. Sars 1877.

2. Raja radiata. Donov. 1808.

† *Raja fullonica*. Fabr. Fauna Groenl. No. 87, p. 125 (1780).
Raja radiata, Donov. Nat. Hist. Brit. Fish., vol. 5, tab. 114 (1808).

Localit. fra Nordh.-Exp. Tanafjord i Finmarken, samt Havet mellem Beeren Eiland og Spitsbergen.

	Stat. 261.	*Stat. 326.*	*Stat. 362.*
Beliggenhed.	Tanafjord. Finmarken.	105 Kilom. N. Beeren Eiland.	115 Kil. V. Norskøerne Spitsb.
Dybde.	127 Favne (232m).	123 Favne (225m).	459 Favne (839m).
Temp. paa Bunden.	+ 2.8° C.	+ 1.0° C.	− 1.0° C.
Bunden.	Ler.	Mørkt Ler.	Blaagraat Ler.
Datum.	25de Juni 1878.	3die Aug. 1878.	14de Aug. 1878.
Antal Individer.	5 Indiv.	1 yngre Ind.	2 yngre Ind.

Alm. Bemærkninger. Ingen Forskjel kunde opdages mellem Individerne fra disse Localiteter, og andre fra Norges sydlige Fjorde. Antallet af de lange Torne nedad Ryggen fra Skulderpartiet til Dorsalerne varierede mellem 12 og 14.

Ved en tidligere Lejlighed[1] har jeg gjort opmærksom paa, at naar der i Diagnoserne for denne Art opgives, at den mangler Torn mellem de 2 Dorsaler, er dette unøjagtigt, idet et ikke ubetydeligt Antal Individer besidde en saadan, medens vistnok Flertallet mangler den. Blandt et stort Antal Individer, som jeg i 1876 og 1878 havde Lejlighed til at undersøge i Porsangerfjorden i Finmarken, havde idetmindste en Fjerdepart en saadan Torn mellem Dorsalerne. Af de under Nordhavs-Expeditionen erholdte 8 Individer fandtes denne Torn ogsaa netop hos de 2.

Føde. I Ventrikelen af et af Individerne fra Tanafjorden fandtes flere Amphipoder, hvoriblandt kunde nogenlunde sikkert kjendes Arterne *Anonyx lagena*, Kr., og *Acros phyllonyx*, (M. Sars).

Udbredelse. *Raja radiata* har en større geographisk Udbredelse, end nogen anden af de europæiske Arter, og forekommer lige fra de engelske Kyster gjennem Nordsøen og Kattegat til den sydlige Del af Østersøen, fremdeles langs hele Norges Vestkyst op til Finmarken, i hvis Fjorde den er yderst talrig; derfra gaar den i Ishavet op til Spitsbergen, hvor den hidindtil ikke var iagttaget, men hvor den forekommer lige op til de nordligste Dele, ligesom den gjennem Faber er kjendt fra Island. Endelig opføres den og beskrives allerede af Fabricius i 1780 fra Grønland under Navn af *Raja fullonica* (Fauna Groenl. No. 87). Ved de amerikanske Kyster gaar den mod Syd idetmindste til New-England under 40° N. B.

[1] Forh. Vid. Selsk. Chra. 1879, No. 1, p. 105.

2. Raja radiata, Donov. 1808.

† *Raja fullonica*. Fabr. Fauna Groenl. No. 87, p. 125 (1780.)
Raja radiata, Donov. Nat. Hist. Brit. Fish., vol. 5, tab. 114 (1808).

Locality (North Atl. Exped.): — The Tana Fjord, in Finmark, and the sea between Beeren Eiland and Spitzbergen.

	Stat. 261.	*Stat. 326.*	*Stat. 362.*
Exact Locality.	The Tana Fjord, Finmark.	105 Kil. N. of Beeren Eiland.	115 Kil. W. of N. Isl., Spitzb.
Depth.	127 Fathoms (232m).	123 Fathoms (225m).	459 Fathoms (839m).
Temp. at Bottom.	+ 2.8° C.	+ 1.0° C.	− 1.0° C.
Bottom.	Clay.	Dark Clay.	Bluish-grey Clay.
Date.	25th June 1878.	3rd Aug. 1878.	18th Aug. 1878.
Numb. of Specim.	5 Indiv.	1 Indiv. (young).	2 Indiv. (young).

General Remarks. — No difference could be detected between the individuals taken in these localities and specimens obtained from the southern fjords of Norway. The number of long spines extending down the dorsal ridge was from 12 to 14.

On a former occasion[1] I called attention to the fact that, contrary to the diagnosis of this species given by some ichthyologists, a spine between the two dorsals *does* occur in a considerable number of individuals, though wanting in most. Opportunity was afforded me in 1876 and 1878 of examining numerous individuals from the Porsanger Fjord, in Finmark, and one-fourth had a spine between the dorsals. Of the 8 examples obtained on the North Atlantic Expedition, this spine occurred in 2.

Food. — In the stomach of one of the specimens from the Tana Fjord were divers Amphipods, amongst which *Anonyx lagena*, Kr., and *Acros phyllonyx*, (M. Sars), could alone be determined with comparative certainty.

Distribution. — *Raja radiata* (Starry Ray) has a wider geographical range than any other of the European species: it is met with on the British coast, in the North Sea, the Cattegat, and the South-Baltic; along the entire line of the coast of Norway, as far north as Finmark, being exceedingly numerous in the fjords of that province; from thence its range extends to the Arctic Ocean as far north as Spitzbergen (where it had not previously been observed); according to Faber, it occurs, too, on the coast of Iceland; and the species was mentioned and described (as *Raja fullonica*) by Fabricius, as far back as 1780, among the fishes of Greenland. The range of this species on the North American coast certainly extends as far south as the New England States, in lat. 40° N.

[1] Forh. Vid. Selsk. Chra. 1879, No. 1, p. 105.

B. Teleostei.

Subord. Acanthopterygii.

Fam. Scorpaenidae.

Gen. Sebastes, Cuv.

Règne Animal, éd. 2, tom. 2, p. 166 (1829).

3. Sebastes marinus, (Lin.) 1766.

Pl. I, Fig. 3—4.

Perca marina, Lin. Syst. Nat. ed. 12, tom. 1, p. 483 (1766).
Perca norvegica, Ascan. Ic. Rer. Nat. pt. 2, p. 7, tab. 16 (1772).
Holocentrus norvegicus, Lacép. Hist. Poiss. tom. 4, p. 327 (1803).
Holocentrus norvegicus, Faber. Naturg. Fische Isl. p. 126 (1829).
Sebastes norvegicus, Cuv. & Val. Hist. Nat. Poiss. tom. 4, p. 327 (1829).
Sebastes marinus, Lütk. Vid. Med. Naturh. Foren. Kjøbhvn. 1876, p. 358 (1876).

Localit. fra Nordh.-Exped. Yngel Indiv. fra Havet udenfor Beeren Eiland og Spitsbergen; Unger fra Tanafjorden i Finmarken, samt fra Havet mellem Beeren Eiland og Spitsbergen.

	Stat. 183.	Stat. 248.	Stat. 290.	Stat. 261.	Stat. 275.	Stat. 326.
Beliggenhed.	354 Kil. NV. Lofoten.	364 Kil. V. Lofoten.	215 Kil. SV. Beeren Eil.	Tanafjorden, Finmarken.	300 Kil. Ø. Beeren Eil.	100 Kil. S. Spitsb.
Dybde.	i Overfladen.	i Overfladen.	i Overfladen.	127 Favne (232 m).	147 Favne (269 m).	123 Favne (225 m).
Temp. paa Bunden.	+ 8.7° C.	+ 10.2° C.	+ 7.2° C.	+ 2.8° C.	÷ 0.4° C.	÷ 1.6° C.
Bunden.				Ler.	Grønl. Ler.	Mørkt Ler.
Datum.	5te Juli 1877.	8de Juli 1877.	6te Juli 1878.	23de Juni 1878.	2den Juli 1878.	3die Aug. 1878.
Antal Individ.	4 Yngel-Ind.	1 Yngel-Ind.	18 Yngel-Ind.	2 Unger.	1 Unge.	2 Unger.

Forplantning etc. Paa flere Stationer erholdtes, saavel under 2det, som 3die Aars Togt, Yngel-Individer svømmende om i Vandskorpen midt ude paa Havet, og i en Afstand fra nærmeste Land, der kunde gaa op til henimod 400 Kilom. De erholdtes altid blot i det fine Overfladenet, blandede med forskjellige pelagiske Crustaceer og Molluskyngel, og dreve øjensynlig om med Strømmen fra den ene Del af Havet til den anden. Da de gjentagne Gange bleve trufne under de samme Forholde, og paa vidt adskilte Localiteter, kunne de ikke antages at være komne

B. Teleostei.

Subord. Acanthopterygii.

Fam. Scorpænidæ.

Gen. Sebastes, Cuv.

Règne Animal, éd. 2, tom. 2, p. 166 (1829).

3. Sebastes marinus, (Lin.) 1766.

Pl. I, fig. 3—4.

Perca marina, Lin. Syst. Nat. ed. 12, tom. 1, p. 483 (1766).
Perca norvegica, Ascan. Ic. Rer. Nat. pt. 2, p. 7, tab. 16 (1772).
Holocentrus norvegicus, Lacép. Hist. Poiss. tom. 4, p. 390 (1803).
Holocentrus norvegicus, Faber. Naturg. Fische Isl. p. 126 (1829).
Sebastes norvegicus, Cuv. & Val. Hist. Nat. Poiss. tom. 4, p. 327 (1829).
Sebastes marinus, Lütk. Vid. Med. Naturh. Foren. Kjøbhvn. 1876, p. 358 (1876).

Locality (North Atl. Exped.): — The open sea, west of Beeren Eiland and Spitzbergen (fry); the Tana Fjord in Finmark; and the expanse of ocean stretching between Beeren Eiland and Spitzbergen (young examples).

	Stat. 183.	Stat. 248.	Stat. 290.	Stat. 261.	Stat. 275.	Stat. 326.
Exact Locality.	354 Kil. N.W. Lofot.	364 Kil. W. Lofoten.	215 Kil. SW. Beeren Eil.	Tana Fj. Finmark.	300 Kil. E. Beeren Eiland.	100 Kil. S. Spitzb.
Depth.	Surface.	Surface.	Surface.	127 Fath. (232 m).	147 Fath. (269 m).	123 Fath. (225 m).
Temp. at Bottom.	+ 8.7° C.	+ 10.2° C.	+ 7.2° C.	+ 2.8° C.	÷ 0.4° C.	÷ 1.6° C.
Bottom.				Clay.	Green Clay.	Dark Clay.
Date.	5th July 1877.	8th Aug. 1877.	6th July 1878.	3rd Aug. 1878.	2nd July 1878.	3rd Aug. 1878.
Number of Species.	4 Ind. (fry).	1 Ind. (fry).	18 Ind. (fry).	2 Indiv. (young).	1 Indiv. (young).	2 Indiv. (young).

Propagation of Species &c. — At several stations on the two last voyages fry-specimens were taken at the surface of the water in mid-ocean, some nearly 400 kilom. from land. They were invariably captured in the surface-net, together with divers pelagic crustaceans and fry of molluscs, and evidently drifted with the current from one part of the sea to the other. Having been repeatedly observed in localities widely distant under precisely similar circumstances, this peculiarity of occurrence can hardly be explained as the result of accident alone.

tilfældigt under disse Omgivelser, men maaske tor man slutte, at denne Art, i Lighed med adskillige andre Dybvandsformer, tilbringer de første Perioder af sit Liv i de øvre Vandlag.

Ved en tidligere Lejlighed har jeg berørt[1], at *S. marinus* (ligesom *S. viviparus*) føder levende Unger, der i Gydningsøjeblikket befinde sig omtrent paa samme lidet udviklede Standpunkt, som det allerede gjennem Krøyer har været bekjendt hos den sidstnævnte, mindre Art[2]. Yngelens Totallængde i udstrakt Stilling hos *S. marinus* er i Gydningsøjeblikket omtrent 6^{mm}; de ere dog strax istand til at svømme om, og føre et selvstændigt Liv.

Yngletiden falder ved de norske Kyster i Vaarmaanederne, i Regelen fra Midten af April til Midten af Maj, medens *S. viviparus* neppe normalt yngler før i Juli eller August. Dog erholdes ogsaa af *S. marinus* gydefærdige Exemplarer endnu langt ud paa Sommeren; under Gydningstiden findes Individerne sjeldnere paa ringere Dyb, end 100 Favne, men de fleste gyde sandsynligvis paa langt større Dybder. Naar den gydefærdige Fisk faaes op i Baaden, rinder ofte en Del af Yngelen ud af sig selv, og flere Fiskere have iagttaget, at den levende Yngel svømmer livligt om i Vandet i Bunden af Baaden; det samme kan man iagttage, om man opfanger den udrindende Yngel i et Øsekar.

Efter Gydningen maa saaledes Yngelen antages at søge op i de højere Vandlag, og først naar de have naaet en Længde af omkring 50—60^{mm}, og faaet Farve og den voxne Fisks almindelige Udseende, søge de atter ned paa Dybet.

Antallet af Rogn hos et noget større Individ (550^{mm}) anslaar jeg til mellem 100,000 og 150,000 St. (Til Sammenligning kan anføres, at jeg hos et Individ af *S. viviparus* med en Totall. af omtr. 300^{mm} fandt blot omkr. 18—20,000 St.)

Hos de mindste af de under Expeditionen erholdte Individer (fra Stat. 183), hvis Totall. var 9,5^{mm}, var hele Legemets Dorsal- og Ventralside endnu omhyllet af Embryonalhinden; Finnestraalerne vare alene i Caudalen tydelige, men manglede i de øvrige Finner; Ventralerne vare neppe antydede. De 2 parallele Kamme paa Baghovedet vare endnu ikke fremkomne, hvorimod Tænderne paa Præoperculum vare tydeligt afsatte.

Hos andre fra samme Station, hvis Totall. var 12^{mm}, vare Straalerne antydede i Pectoralen, ligesom Analens Pigstraaler, medens Dorsalen endnu udgjør en sammenhængende Membran uden Straaler. Nakkekammen var nu ansat, og endte bagtil med en dobbelt Torn.

Hos det største Yngel-Individ (Stat. 248), hvis Totallængde var 19^{mm}, vare alle Finner og deres Straaler

[1] Forh. Vid. Selsk. Chra. 1879, No. 1, p. 7.

[2] Nogen Distinction mellem de 2 Former kan saaledes ikke hentes fra dette Forhold, hvorfor Navnet *viviparus* ikke er synderligt betegnende.

and the species may, perhaps, in common with other deep-sea forms, pass the earliest stages of its existence in the upper strata of the sea.

On a former occasion[1] I alluded to the fact, that *S. marinus* as well as *S. viviparus* brings forth its young alive; they are produced however at the same low stage of development that Krøyer has already pointed out as characterising at birth those of the latter and smaller species.[2] Total length of the fry of *S. marinus* extended in a straight line at moment of birth about 6^{mm}; they are, however, immediately able to swim and provide for themselves.

Off the Norwegian coast the spawning-season is in the spring months, and generally extends from the middle of April to the middle of May; *S. viviparus*, on the contrary, does not, as a rule, produce its young earlier than July or August. Examples of *S. marinus* with fully developed ova are, however, occasionally met with late in summer. During the season in which they bring forth, individuals are seldom taken at a depth less than 100 fathoms, the greater part probably produce their young in far greater depths. When a fish in that stage is taken, mature fry will frequently drop out; and fishermen have observed fry swimming friskly about in the water at the bottom of the boat, which they will continue to do if transferred to a scoop for examination.

It thus appears that the fry of this species rise towards the surface shortly, or perhaps immediately, after they are produced, choosing for their haunts the upper strata of the sea, and do not descend to any considerable depth till they have attained a length of about 50—60^{mm} and are of the colour, form, and general appearance of the adult fish.

The number of ova in a large, full-grown individual (total length 550^{mm}), may be computed at from 100,000 to 150,000 (in an example of *S. viviparus*, total length 300^{mm}, I found only 18—20,000).

In the smallest specimens of the fry obtained on the Expedition (at station 183), total length 9.5^{mm}, the whole of the dorsal and ventral margin was still enveloped in the embryonic membrane; the fin-rays were distinct in the caudal, but wanting in the other fins; of the ventrals there was hardly a rudiment; the two parallel combs on the occiput were not yet developed, but the teeth on the preoperculum were distinctly set.

In other examples, taken at the same station, total length 12^{mm}, the rays of the pectorals and the spines of anal were still rudimentary; the dorsal in this stage of growth still constituted a membranous flap without a trace of rays; the comb on the nape was now partially developed, and terminated behind in a double spine.

The largest individual in the fry stage of growth (station 248), total length 19^{mm}, had all the fins and their

[1] Forh. Vid. Selsk. Chra. 1879, No. 1, p. 7.

[2] This circumstance cannot therefore be regarded as a specific distinction between the two forms, and hence the term *vivipara* does not furnish a very appropriate designation.

ansatte, og med normalt Antal. Skjæl mangle endnu, og hele Legemet er transparent (paa Spiritus hvidagtigt) med en Række sorte Pigmentpuncter langs Dorsalerne. Enkelte Tænder ere fremkomne paa Underkjæven; Nakkekammen er temmelig skarp og tydelig, og ender bagtil i en tredobbelt Pig.

Foruden de nævnte Yngel-Individer erholdtes under Expeditionen flere Unger, der optoges med Bundskraben eller Trawlnettet fra 120 indtil 150 Favnes Dyb paa tildels iskoldt Vand.

Hos den mindste af disse Unger, hvis Totall. er 62mm (Stat. 275), er Legemet allerede bleven livligt farvet med 3—4 brunsorte Tverpletter over Ryggen; tydeligst og bredest er den næstsidste, der stiger ned paa begge Sider af Dorsalens bløde Del; den sidste staar over Halenoden. Dette er den samme Fordeling af Pletter, der er gjennemgaaende hos de yngre Individer af de fleste cottoide Fiske. En Samling Pigmentpunkter danne en utydelig Plet paa Gjællelaagets øvre Del (en Character, der tilkommer de fuldt udvoxede Individer af den deciderede Kystform *Seb. viviparus*, Kr.), men denne Plet forsvinder efterhaanden hos de større Unger næsten ganske. Skjælbeklædningen var fuldt udviklet.

Disse Unger havde følgende Maal, og Straaleantal i Analen:

	Total-længde.	Hovedets Længde.	Øjets Diameter.	Straaler i A.
a.	62mm	18mm	6mm	3,8.
b.	80 -	23 -	7,8 -	3,8.
c.	85 -	25 -	8 -	3,9.
d.	134 -	41 -	15 -	3,8.
e.	143 -	42 -	14 -	3,9.

Udbredelse. *S. marinus* er en nordisk Art, der har sit Tilhold ved Grønland, Island, Spitsbergen, Novaja Zemlja, samt ved Nord-Europas Kyster ned til Stavanger og Lindesnæs; paa den americanske Side gaar den sandsynligvis ned lige til New England, omtrent under 40° N. B. Som en ægte Dybvandsart synes den normalt ikke at trænge ind i Nordsøen, og er derfor blot sporadisk truffen ved Danmarks og Englands Kyster, og den gaar heller ikke ind i Kattegat og Østersøen.

Ved Norges Kyster østenfor Lindesnæs, og i de sydligste Fjorde, samt ved Bohuslen erstattes den af den meget nærstaaende Form *S. viviparus*, Kr., der tillige, ifølge Dr. Lütken, optræder ved Færøerne, men mangler ved Danmark. I Norge gaar denne op idetmindste til Trondhjemsfjorden.

I Nord-America synes Forholdet mellem de 2 Arter endnu ikke at være bragt fuldkommen paa det rene. Medens Gill (Proc. Ac. Nat. Sci. Philad. 1863, p. 335) opfører den ved New Englands Kyster forkommende Form som *S. viviparus*, ganske med Udelukkelse

rays developed, and the number of the latter normal. The scales were as yet wanting; the body was everywhere transparent (preserved in spirits whitish), dotted along the dorsals with a series of black pigmentary points; a few teeth developed in the lower jaw; the comb on the nape was sharply defined, terminating behind in a trifurcate spike.

Exclusive of the individuals described above, in the fry stage of growth, several young specimens were obtained on the Expedition; they were taken when dredging the bottom or trawling, at a depth varying from 120 to 150 fathoms, the water having in places the temperature of ice.

In the smallest of these young examples (station 275), total length 62mm, the body was already brightly coloured with 3—4 brownish-black transverse spots in the dorsal region; the broadest and most distinct is the last but one, which descends down along the soft portion of the dorsal; the terminal spot is immediately above the origin of the tail. This is the common distribution of spots in young examples of most Cottoid fishes. A cluster of pigmentary points gives the appearance of an indistinct spot on the upper portion of the operculum (a characteristic peculiar to full-grown individuals of the coastal form *Seb. viviparus*, Kr.); but this spot gradually disappears with the growth of the fish, leaving hardly a vestige in adult examples. The scales were fully developed.

Measurements of the young specimens, with number of rays in anal: —

	Total Length.	Length of Head.	Diam. of Eye.	Numb. of Rays in A.
a.	62mm	18mm	6mm	3,8.
b.	80 -	23 -	7,8 -	3,8.
c.	85 -	25 -	8 -	3,9.
d.	134 -	41 -	15 -	3,8.
e.	143 -	42	14 -	3,9.

Distribution. — *S. marinus* is a northern species; it occurs off the coasts of Greenland, Iceland, Spitzbergen, Nova Zembla, and the shores of northern Europe, at least as far south as Stavanger and the Naze; in the western hemisphere its range probably extends along the coast of North America, as far south as the New England States, in lat. about 40° N. As a true deep-sea species, it can hardly pass the North Sea; hence it occurs, sporadically, off the coasts of Denmark and Great Britain, and does not frequent the waters of the Cattegat or the Baltic.

On the coast of Norway, east of the Naze, and in the most southern of the fjords, as well as off Bohuslen, this species is replaced by the closely allied *S. viviparus*, Kr., which, according to Dr. Lütken, also occurs off the Faröe Islands; but it is not met with on the coast of Denmark. In Norway it certainly extends as far north as the Trondhjem Fjord.

The distribution of the two species in North America does not appear to have been fully ascertained. Gill (Proc. Ac. Nat. Sci. Philad. 1863, p. 335) describes the form occurring on the coast of New England as *S. viviparus*, and does not even mention *S. marinus*; on the other hand,

af *S. marinus*, opgiver Bean og Goode i sin nyeste Catalog over samme Districts Fiske (Bull. Ess. Inst. vol. 9, 1879), at de af dem undersøgte Individer „correspond most nearly with *S. marinus*".

Bean and Goode, in their latest catalogue of the fishes of that region (Bull. Ess. Inst. vol. 9, 1879), state that all individuals examined by them "correspond most nearly with *S. marinus*."

Fam. Cottidae.

Gen. Cottunculus, Coll.

Norges Fiske, Tillægsh. til Forh. Vid. Selsk. Chra. 1874, p. 20. Chra. 1875 (1874).

Hovedet bredt, ægformigt, forholdsvis stort og højt; Legemet kort og tyndt, beklædt med chagrinartede Benvortegrupper, men uden Skjæl. Gjællelaagene ubevæbnede, men med stumpe Knuder. Tænder i Kjæverne og paa Vomer. Sidelinie tilstede. Dorsalerne fuldstændigt sammenvoxede. Gjællehinderne ere ikke indbyrdes sammenhængende paa Hovedets Underside.

4. Cottunculus microps, Coll. 1874.

Pl. I, fig. 5—6.

Cottunculus microps, Coll. „Norges Fiske", Tillægsh. til Forh. Vid. Selsk. Chra. 1874, p. 20, Pl. 1, Fig. 1—3 (1874).

Diagn. *Hovedet, Legemet og Finnerne tæt chagrinerede. Hovedets Længde indeholdes $2\frac{5}{8}$ Gange i Totallængden. Øjnene forholdsvis smaa, med stor Linse; Interorbitalrummet særdeles bredt. Præoperculum bær 4 stumpe Knuder, men ingen Torne; Operculum er helrandet. Paa Panden 2 Par Tuberkler, der danne et Qvadrat. Gjællespalten vid. Sidelinien ubevæbnet, bær omtr. 10 Porer. Straalerne i Dorsalens forreste Del (Piggstraalerne) særdeles lave, spinkle og svage, næsten 3 Gange kortere, end de bagre Straaler. Pectoralerne brede og lange, naa tilbage forbi Begyndelsen af Analen. Ventralerne korte og spinkle, med stort Mellemrum; Analen er uden Piggstraaler. Anus ligger midt mellem Snudespidsen og sidste Halehvirvel. Farven hvidagtig med 4 brunsorte Tværbaand, hvoraf det forreste gaar tvers over Snuden. Appendices pyloricæ 2. Størrelsen indtil 175 mm.*

M. B. 6; D. 6,13—6,15; A. 10; P. 15—19; V. 3; C. $_4 12_4$.

Localit. fra Nordh. Exped. Havet søndenfor og vestenfor Spitsbergen.

Fam. Cottidæ.

Gen. Cottunculus, Coll.

"Norges Fiske," Appendix to Forh. Vid. Selsk. Chra. 1874, p. 20. Chra. 1875 (1874).

Head broad, ovate, size and height considerable; body short and thin, covered with clusters of rough granulations; scales wanting; gill-covers with obtuse knotty protuberances, but not armed; teeth in maxillaries and on vomer; lateral line obvious; dorsals continuous, forming a single fin; branchial membrane disconnected on the inferior surface of the head.

4. Cottunculus microps, Coll. 1874.

Pl. I, fig. 5—6.

Cottunculus microps, Coll. "Norges Fiske," App. to Forh. Vid. Selsk. Chra. 1874, p. 20, Pl. 1, Fig. 1—3 (1874).

Diagnosis. — *Head, body, and fins thickly covered with rough granulations; length of head to total length as 1 to $2\frac{5}{8}$; eyes comparatively small, with the lenses large; interorbital space exceedingly wide; four obtuse knotty protuberances on the preoperculum, but no spines; margin of operculum entire; two pairs of tubercles on the crown, arranged quadrangularly; gill-openings wide; lateral line smooth, with about 10 pores; the anterior rays of the dorsal (the spiny portion) exceedingly short, slender, and feeble, the rays in the soft portion almost 3 times longer; pectorals broad and long, extending backwards beyond the origin of the anal; ventrals short and slender, far apart; anal without spiny rays. Vent midway between tip of snout and the last caudal vertebra. Colour whitish, with 4 brownish-black bands, the first of which traverses the snout; pyloric appendages 2. Length reaching 175 mm.*

M. B. 6; D. 6,13 or 6,15; A. 10; P. 15—19; V. 3; C. $_4 12_4$.

Locality (North Atl. Exped.): — The open sea, south and west of Spitzbergen.

	Stat. 290.	Stat. 362.	Stat. 363.
Beliggenhed.	216 Kil. N.V. Hammerfest.	115 Kil. V. Norskøerne, Spitsb.	101 Kil. V. Norskøerne, Spitsb.
Dybde.	191 Favne (349m)	459 Favne (839m)	260 Favne (475m)
Temp. paa Bunden.	3,5° C.	1,0° C.	÷ 1,1° C.
Bunden.	Sandholdigt Ler.	Blaagraat Ler.	Blaaler.
Datum.	5te Juli 1878.	14de Aug. 1878.	14de Aug. 1878.
Antal Indiv.	1 yngre Indiv.	1 Indiv.	1 Indiv.

Bemærkninger til Synonymien. Slægten *Cottunculus* er ikke nær beslægtet med nogen af de øvrige arctiske Cottoider. Dens enkelte (sammenvoxede) Dorsal, og de uvæbnede Gjællelaag skiller den vidt fra disse; men Bygningen af Ventraler og Pectoraler, Tandforholdene og Legemets almindelige Habitus er saa overensstemmende med det characteristiske for denne Familie, at den neppe kan udsondres herfra.

Hidtil er blot en enkelt Art kjendt, der opstilledes i 1874 i „Norges Fiske" efter en 15mm lang Unge, optagen paa 200 Favnes Dyb ved Hammerfest i Vestfinmarken i Aug. s. A. Da den oprindelige Beskrivelse maatte affattes efter dette eneste og diminutive Specimen, er det en Selvfølge, at den i flere Puncter maatte blive ufuldstændig, hvad jeg ogsaa har udtalt paa det ovenciterede Sted. Det har derfor været af særdeles Interesse at faa Lejlighed til at undersøge af denne i flere Henseender mærkelige Form 3 større Individer, hvoraf det ene sandsynligvis er fuldvoxent eller nær derved; og skjønt den oprindelige Beskrivelse af det nys udklækkede Individ endnu i alle væsentlige Dele passer paa de udvoxede, meddeles dog her en ny, hvorved især Slægts- og Artsdiagnosen bedre har kunnet fixeres. Allerede Figurerne paa ovennævnte Sted gjengive ganske kjendeligt ogsaa de udvoxede Individer, om de end i flere Punkter have kunnet corrigeres, som det vil sees af de i nærværende Skrift meddelte Figurer.

Udmaalinger.

	a. (St. 290).	b. (St. 362).	c. (St. 363).
Totallængde	93mm	136mm	175mm
Længde uden Caudalen	73 -	103 -	145 -
Længde fra Snudespidsen t. Dorsalen	34 -	45 -	65 -
Længde fra Snudespidsen til Anus	37 -	51 -	69 -
Længde fra Snudespidsen til Analen	45 -	65 -	88 -
Længde fra Anus til Analen	8,5 -	14 -	19 -
Længde fra Anus til sidste Halehvirvel	35 -	57 -	73 -
Hovedets Længde	33 -	48 -	65 -
Hovedets Bredde	28 -	41 -	58 -
Legem. største Højde over Nakken	25 -	31 -	46 -
Legem. Højde over Beg. af Analen	12 -	16 -	25 -
Gjællespaltens Højde	19 -	28 -	38 -
Længde fra Snudespidsen t. Linsen	11 -	14 -	21 -

	Stat. 290.	Stat. 362.	Stat. 363.
Exact Locality.	216 Kil. NW. of Hammerfest.	115 Kil. W. of Norsk Islands.	101 Kil. W. of Norsk Islands.
Depth.	191 Fathoms (349m)	459 Fathoms (839m)	260 Fathoms (475m)
Temp. at Bottom.	+ 3,5° C.	− 1,0° C.	÷ 1,1° C.
Bottom.	Sandy Clay.	Bluish-grey Clay.	Blue Clay.
Date.	5th July 1878.	14th Aug. 1878.	14th Aug. 1878.
Number of Specimens.	1 Indiv. (younger)	1 Indiv.	1 Indiv.

Remarks on the Synonymy. — The genus *Cottunculus* is not closely related to any of the Arctic Cottoids. The dorsals, occurring continuous as a single fin, together with the unarmed opercles, widely distinguish it from the other genera; but, on the other hand, the structure of the ventral and pectoral fins, the teeth, and the general structure of the body correspond so closely with the salient characteristics of the latter family, that we can hardly venture to exclude it from the *Cottidæ*.

Up to the present time one species only has been met with, which was described in 1874, in "Norges Fiske," the specimen being a young fry-individual, 15mm in length, taken at a depth of 200 fathoms, off Hammerfest, West Finmark, in August that year. The only specimen examined having been a diminutive example, it naturally follows that the description itself, to a certain extent, was defective, which I took occasion to point out in the paper cited above. Such being the case, I eagerly availed myself of an opportunity to examine three larger specimens of this, in many respects, remarkable form, one of which, probably, was a full-grown adult or, at least, not far short of maturity. The original description of the very young specimen does not materially differ from the new diagnosis here given, in which the generic and specific characters are, however, set forth with greater precision. As will be seen, the figures in the paper mentioned above closely resemble those of the adult fish given in the present work.

Measurements.

	a. (St. 290.)	b. (St. 362.)	c. (St. 363.)
Total length	93mm	136mm	175mm
Length, exclusive of caudal	73 -	103 -	145 -
Length, from tip of snout to dorsal	34 -	45 -	65 -
Length, from tip of snout to vent	37 -	51 -	69 -
Length, from tip of snout to anal	45 -	65 -	88 -
Length, from vent to anal	8,5 -	14 -	19 -
Length, from vent to last caudal vertebra	35 -	57 -	73 -
Length of head	33 -	48 -	65 -
Breadth of head	28 -	41 -	58 -
Greatest height of body (at the nape)	25 -	31 -	46 -
Height of body above origin of anal	12 -	16 -	25 -
Height of gill-opening	19 -	28 -	38 -
Length, from tip of snout to lens	11 -	14 -	21 -

Linsens Længde	4 mm	5 mm	5 mm
Længden fra Linsen til Gjellespalten	20 -	29 -	39 -
Afstanden mellem Linserne	9 -	13 -	16 -
Overkjævens Længde . .	13 -	22 -	25 -
Underkjævens Længde	15 -	23 -	28 -
Højden af Dorsalens første Afdeling (Pigstraalerne)	3,5 -	5 -	6 -
Højden af Dorsalens anden Afdeling (den bløde Del) . . .	8,6 -	12 -	14,5 -
Længste Dorsalstraale	12 -	20 -	29 -
Dorsalens Grundlinie .	40 -	58 -	70 -
Højden af Analen . .	6 -	9 -	11 -
Længste Analstraale .	10 -	16 -	21 -
Analens Grundlinie	22 -	27 -	37 -
Pectoralens Længde fra dens nedre Rand	27 -	44 -	60 -
Pectoralens Længde fra dens øvre Rand . . .	14 -	29 -	36 -
Ventralens Længde	8 -	15 -	15 -
Ventralernes indbyrdes Afstand	6 -	6 -	9 -
Caudalens Længde . .	20 -	31 -	32 -
Halerodens Højde	5,5 -	6 -	10 -

Longitudinal diameter of lens . .	4 mm	5 mm	5 mm
Distance from lens to branchial aperture	20 -	29 -	39 -
Distance between lenses . . .	9 -	13 -	16 -
Length of upper maxillary .	13 -	22 -	25 -
Length of lower maxillary . . .	15 -	23 -	28 -
Height of first division of dorsal (spiny part)	3,5 -	5 -	6 -
Height of second division of dorsal (soft part)	8,6 -	52 -	14,5 -
Longest ray of dorsal . .	12 -	20 -	29 -
Base of dorsal	40 -	58 -	70 -
Height of anal	6 -	9 -	11 -
Longest ray of anal . .	10 -	16 -	21 -
Base of anal	22 -	27 -	37 -
Length of pectorals from lower margin	27 -	44 -	60 -
Length of pectorals from upper margin	14 -	29 -	36 -
Length of ventrals . . .	8 -	15 -	15 -
Distance between ventrals	6 -	6 -	9 -
Length of caudal .	20 -	31 -	32 -
Height of tail at base . .	5,5 -	6 -	10 -

Beskrivelse. *Legemsbygning.* Det egentlige Legeme er forholdsvis kort og svagt, medens Hovedet er uforholdsmæssigt stort. Den største Højde falder lige over Nakken, og indeholdes omtr. 3 Gange i Legemets Længde indtil Haleroden. Bagenfor Nakken aftager Højden hurtigt, og har ved Haleroden, der er kun lidt over en Hovedlængde fjernet fra Hovedet, omtrent Højden af en Øjendiameter. Samtidig bliver Legemet stærkt sammentrykt fra Siderne; især er Halepartiet temmelig skarpt afsat fra Kroppen, og dets Tykkelse allerede ved Anus betydeligt mindre, end dets Højde. Legemets nedre Profillinie er næsten ret, kun ubetydeligt indknæben bagenfor Anus; den øvre er stærkt nedstigende fra Nakken af, og tildels noget concav. Anus ligger langt foran Analen, næsten ligesaa langt fra denne Finne, som fra Ventralernes Fæste, eller næsten midt mellem Snudespidsen og den sidste Halehvirvel; hos den nyklækkede Yngel (fra Hammerfest) ubetydeligt nærmere den sidste. Analpille er ikke tilstede hos noget af de undersøgte Individer, hvoraf idetmindste det ene var en Han. 2 *Appendices pyloricæ* ere tilstede.

Hovedet er særdeles stort, og seet ovenfra bredt ægformigt; dets Længde indeholdes i Totallængden blot $2^3/_4$ Gange, og dets største Bredde er næsten lig dets Længde.

Gjellelaagene ere uvæbnede, og dækkede af en fælles, tyk Hud, ligesom Gjellespaltens indre Beklædning er særdeles blød og tyk. Praeoperculum har ingen fri Torne, men Huden dækker paa dets nedre Rand 4 stumpe Knuder, der hæve sig kun ubetydeligt, og som svare til de paa dette Sted optrædende Torne eller Pigge hos de fleste øvrige cottoide Fiske. Mellem disse stumpe Knuder danner Huden rundagtige Fordybninger, der ere fuldstændig lukkede i Bunden.

General description. *Structure of the Body.* — The body proper comparatively short and slender, head disproportionately large. The greatest height is across the nape, being contained 3 times in the length of the body to the origin of the caudal. Posterior to the nape, the height rapidly decreases, being at the base of the tail, which is distant from the head but little more than its length, about equal to the diameter of the eye. At the nape, too, the body becomes much depressed; the tail in particular is narrow and thin, projecting distinctly from the body; its thickness even at the vent is considerably less than its height. Ventral line almost straight, but slightly deflected posterior to the vent; dorsal line rapidly descending, and somewhat concave. Vent considerably in advance of the anal, being distant from that fin almost as far as from the base of the ventrals, or nearly mid-way between the point of the snout and the terminal vertebra; in the very young specimen (taken off Hammerfest), a trifle nearer the latter. Anal papilla wanting in the individuals examined, one of which at least was a male. Pyloric appendages two.

Head unusually large, and seen from above broadly ovate; its length is contained $2^3/_4$ times in the total length, and its greatest breath is nearly equal to its length.

The opercles are unarmed, and protected by a thick continuous membrane; the inner integument of the gill-openings, too, is exceedingly soft and thick. Preoperculum without true spines; under the skin however, along the margin, occur four knotty protuberances, but slightly prominent, corresponding with the osseous spines or spikes on that part of the cranium in most of the other Cottoid fishes. Between these obtuse tubercles, the skin exhibits circular depressions, which are completely closed at the bottom.

Over Bagranden af Ojnene staa paa hver Side et Par kegleformige Knuder, der lige til Spidsen ere klædte af Hovedhuden; af disse er den ydre den mindste (hos det mindre Ex. fra Stat. 362 er den næsten umærkelig). I omtrent en Orbitaldiameters Afstand bagenfor disse staa paa hver Side en enkelt Knude, der er af Højde og Form som den største af de forreste. Tilsammen danne disse 4 største Knuder et Qvadrat, hvis Bredde indeholdes omtr. $1^{1}/_{2}$ Gang i deres Længde, og de repræsentere selvfølgelig den samme Anordning af Pandeknuderne, som hos de fleste øvrige Arter af denne Familie. Endelig findes et Par stumpere Knuder paa hver Side af Hovedet i den Linie, der strækker sig mellem Ojets og Gjællespaltens øvre Rand.

Ojnene ere forholdsvis smaa, men have stor Lindse; dog er Ojets ydre Begrændsning vanskelig at drage, da Overhuden er beklædt med de samme spidse Bentorne, som ere strøede ud over hele Hovedet, lige ind mod Lindsen. Navnet *microps* er derfor kun forsaavidt betegnende, som næsten hele Iris er skjult under denne farvede og ru Overhud. Dog maa Orbitas Længde antages at indeholdes over 5 Gange i Hovedets Længde; Afstanden fra Lindse til Lindse indeholdes omtrent $3^{1}/_{2}$ Gange i Hovedlængden, og Interorbitalrummet bliver paa Grund heraf temmelig bredt.

Munden er bred og vid, og Mundspalten gaar tilbage til omtrent Midten af Lindsen. Underkjæven rager ganske ubetydeligt frem foran Overkjæven.

Næseborene ere 2 Par, hvoraf de nederste ere rørformigt forlængede. Overkjævens Rand, det forreste Næsebor, det bageste Næsebor, og Ojet, ligge fjernede i en indbyrdes Afstand fra hinanden af omtr. en Lindsediameter. Tungen er særdeles bred og tyk, og fortil fri.

Gjællehinderne have 6 Straaler; de ere ikke sammenvoxede paa Hovedets Underside, saaledes at de danne en tvers over denne løbende fri Fold, saaledes som hos alle de øvrige Slægter af vore cottoide Fiske (*Cottus, Phobetor, Centridermichthys, Icelus, Triglops*, etc.), men ophører ved den nedre Ende af hver Gjællespalte. Den indbyrdes Afstand mellem Gjællespalterne paa Hovedets Underside er omtrent lig Hovedets postorbitale Del, saaledes forholdsvis betydelig.

Gjællespalten er forholdsvis vid og strækker sig fra Pectoralens nedre Fæste op til ovenfor Legemets Midtlinie. Operculum er særdeles stort og bredt, og dækker et ikke ubetydeligt Parti af Legemet mellem Gjællespalten og Pectoralen; den øvre fri Rand af Operculum danner derfor en næsten ret Linie af Længde som en Ojendiameter. Gjællerne ere af normal Bygning.

Tænderne ere tilstede i Kjæverne og paa Vomer, men mangle paa Palatinbenene. I Over- og Underkjæven danne de flere Rækker; paa Vomer sidde de i 2, neppe sammenhængende Felter.

Finnerne. Straaleantallet i de forskjellige Finner viste sig at være følgende:

	a.	b.	c.
Dorsalen . . .	20 (6 + 14);	21 (6 + 15);	20 (6 + 14).

Above the posterior margin of the eyes, on either side, occur a couple of cuneiform protuberances or tubercles, enveloped up to the point in the skin of the head; the exterior is the smaller of the two (in the small example from Station 362 scarcely obvious). Posterior to these tubercles, on either side, distant about the length of the orbital diameter, is an isolated tubercle, the same in shape and size as the larger of the two anterior ones. The four largest tubercles form a quadrangle, the breadth being to the length as 1 to $1^{1}/_{2}$; hence the disposition of these protuberances is precisely the same as in most of the other species of *Cottidæ*. On either side of the head 2 tubercles, somewhat more obtuse, occur along the line extending between the eye and the upper margin of the gill-opening.

Eyes comparatively small, but with large lenses; the exterior limit of the eye, however, is difficult to determine, the cuticle being studded, nearly to the edge of the lens, with sharp osseous prickles, similar to those dispersed over the entire surface of the head. Hence the name *microps* is not otherwise appropriate than from the circumstance of the iris being almost entirely hidden beneath the rough and coloured cuticle. The diameter of the orbit cannot, however, be much less than one-fifth of the length of the head; the distance between the lenses is to the length of the head as 1 to $3^{1}/_{2}$; interorbital space consequently broad.

Mouth wide, the maxillary extending to the middle of the eye. The lower jaw slightly projecting beyond the upper.

Nostrils double, each of the lower tubular. Distance between the margin of upper jaw, the anterior nostril, the posterior nostril, and the eye in each case about equal to the diameter of the lens. Tongue exceedingly broad and thick, the forepart detached.

Branchiostegous rays 6; the gill membrane not continuous across the isthmus and connecting the gill-openings by a detached cutaneous flap, as is the case in almost all the other genera of our Cottoid fishes (*Cottus, Phobetor, Centridermichthys, Icelus, Triglops*, etc.), but attached to the isthmus, and terminating at the lower extremity of each opening. Distance between the lower margin of the gill-openings about equal to the length of the postorbital region of the head, and hence comparatively great.

The gill-openings are comparatively wide, extending from the base of the pectorals to some distance above the mesian line of the body. Operculum very large and broad, covering a considerable portion of the body between the gill-openings and the pectorals; upper free margin of operculum, in length about equal to the diameter of the eye, consequently almost straight. Structure of gills normal.

Teeth in jaws and on vomer, wanting on the palatine bones. Along the maxillaries they are regularly disposed in several well-defined series; on the vomer, the arrangement is in two quadrangular divisions, probably continuous.

Fins. — The fin-ray formula in the 3 specimens was as follows: —

	a.	b.	c.
Dorsal .	20 (6 + 14);	21 (6 + 15);	20 (6 + 14).

Analen . .	10;	10;	10.
Caudalen . .	12;	12;	12.
Pectoralerne . . .	17—18;	19—19;	18—19.

Dorsalerne ere fuldstændigt sammenvoxede til en enkelt, der udspringer allerede over den bagre Flig af Gjællelaaget, og løber ud til omtrent i en Lindsediameters Afstand fra Halenoden. Dens forreste Del, der svarer til 1ste Dorsal, og som tæller 6 Straaler, er særdeles lav, og neppe over en Lindsediameter hævet over Legemet; Straalerne ere her Pigstraaler, men yderst svage og spinkle. Dorsalens bagre Del, der svarer til 2den Dorsal, er temmelig skarpt afsat fra den første ved sine længere Straaler, der dog ere skraat bagudrettede, saaledes, at de aldrig kunne rejse sig til sin fulde Højde. Antallet er her 14—15; de ere leddede og kløvede, og deres største Længde er omtr. lig Afstanden fra Snudespidsen til Øjets bagre Rand. Begge Partier ere fuldstændigt sammenvoxede, uden større Mellemrum, end mellem de øvrige Straaler, og den forbindende Membran er ligesaa høj, som Finnens forreste Del. Straalerne, hvis samlede Antal saaledes er 20—21, ere indhyllede i den fælles, tykke, med smaa Knuder besatte Hud, der bekleder Legemet; især er dette Tilfældet med Pigstraalerne, hvis Antal og Bygning blot ved Dissection kan undersøges.

Analen er forholdsvis kort, udspringer et betydeligt Stykke bagenfor Anus, og har 10 Straaler, der alle ere leddede, og hvoraf de første ere særdeles spinkle. Disse Straalers Længde naar ikke Længden af de tilsvarende Straaler i Dorsalen; ligesom i denne ere de rettede skraat bagover. Analen ophører i noget større Afstand fra Halenoden, end Dorsalen (Afstanden er næsten 2 Lindsediametre); dens Grundlinie svarer omtrent til Længden af Hovedets postorbitale Del.

Pectoralerne ere i Forhold til det spinkle og korte Legeme forholdsvis lange og brede; de begynde paa Hovedets Underside lidt nedenfor Gjællespaltens nedre Ende, og have en Grundlinie, der omtrent er saa stor, som Snudens Afstand fra Bagranden af Lindsen. Straalernes Antal er 17—19, hvoraf den nederste er temmelig kort. Alle have noget fri Spidser; hos de 4—5 nederste ere disse Spidser temmelig lange. Alle Pectoralstraaler ere leddede, men ikke kløvede mod Spidsen. Finnens Længde, regnet fra dens nederste Rand, indeholdes 3—$3^{1}/_{2}$ Gange i Totallængden; Spidsen naar tilbage til den 3die Straale i Analen, og med næsten Finnens halve Længde forbi Anus.

Ventralerne have 3 Straaler, hvoraf den indre er længst. De ere smale og spinkle, samt temmelig korte, og alle i Spidserne fri. Deres Længde hos de undersøgte Individer er omtrent lig Afstanden mellem de forreste Næsebor; tilbagestrakte ere de en halv Finnelængde fjernede fra Anus. De ere skilte ved et forholdsvis betydeligt Mellemrum, der er omtr. lig $^{2}/_{3}$ af Finnernes egen Længde.

Caudalen er af middels Længde, eller noget derover; den er stumpt afrundet, og har 12 Straaler, der mod Spidsen ere spaltede i 2 tætsluttende Grene.

Anal .	10;	10;	10.
Caudal .	12;	12;	12.
Pectorals	17—18;	19—19;	18—19.

Dorsals continuous, forming a single fin, which commences immediately above the posterior lappet of the gill-cover, terminating in close proximity to the root of the tail, from which it is distant about the length of the diameter of the lens. The anterior division, answering to the first dorsal, and furnished with 6 rays, is much depressed, the greatest height being not more than the length of the lens; here the rays are spiny, but exceedingly slender and feeble. The posterior division, answering to the second dorsal, rather abruptly connected with the anterior part, from the greater length of the rays, which, however, incline backwards, and do not admit of being raised to their full height; they are cleft and articulated, the length of the longest being about equal to the distance from the point of the snout to the posterior margin of the eye; number 14—15. The space between the two divisions, which are continuous, not greater than that between the rays, the connecting membrane being on a level with the anterior part of the fin. The rays (total number 20—21) are enveloped in the thick skin — studded with minute granulations — that covers the body; this is more particularly the case with the spiny portion, for the examination of which dissection is necessary.

Anal comparatively short, commencing at a considerable distance from the vent; it is furnished with 10 rays, all of them articulated, those on the anterior part extremely slender. Length of anal rays less than that of the corresponding rays in the dorsal; like the latter, they incline backwards. The anal terminates at a somewhat greater distance from the root of the tail than the dorsal (about twice the diameter of the lens); basal line nearly equal to the length of the postorbital region of the head.

Pectorals long and broad as compared with the short and slender body; they commence on the under surface of the head, a little below the inferior extremity of the branchial opening; basal line about equal to the distance from the snout to the posterior edge of the lens. Number of rays 17—19, the undermost rather short; all the points detached, and rather long in 4 or 5 of the undermost. All the rays articulated, but not cleft towards the points. The length of the fin, measured from the inferior margin, is to the total length as 1 to 3—$3^{1}/_{2}$; the point extends backwards to the third ray of the anal, and nearly half the length of the fin beyond the vent.

Ventrals furnished with 3 rays, the innermost of which is the longest; they are narrow and slender, rather short, with all the points detached; length in the specimens examined about equal to the distance between the anterior nostrils; their points are half the length of the fin from the vent. Space between these fins considerable, being about two-thirds of the whole length of the fin.

Caudal of moderate length, obtusely convex; it is furnished with 12 rays, cleft towards the points into two close branches.

Hos et noget mindre Individ, hvis Totallængde var 50^{mm}, og som var optaget Høsten 1878 fra 180 Favnes Dyb ved Rissen i Trondhjemsfjorden af Conserv. Storm, og som blev mig tilsendt til Undersøgelse, var Straaleantallet følgende: D. 19 (6 + 13); A. 10; P. 15—17; C. 12. Individet, som opbevares i Videnskabernes Selskabs Samling i Trondhjem, svarede iøvrigt ganske til de øvrige Individer (med Undtagelse af den ringe Afvigelse i Straaleantallet), og er nærmere omtalt i Forh. Vid. Selsk. Chra. 1879, No. 1, p. 11.

Sidelinie. Denne, der var usynlig hos det 15^{mm} lange Typ-Exemplar, er tilstede hos de større, og fremtræder sig som en ophøiet Stribe mellem Hudens tætte Beklædning af Bentorne. Porerne, der blot er 10 i Antal, ere dog saa smaa, at de kun med nogen Vanskelighed lade sig forfølge i deres hele Række. Sidelinien udspringer ved Gjællelaagets øvre Ende, stiger strax i skraa Retning ned mod Legemets Midtlinie, som den naar noget lagenfor Analens Begyndelse, og løber derfra uden yderligere Sænkning ud til Caudalen.

Langs Randen af Underkjæven strækker sig paa hver Side en Række af 3 dybe Porer; en lignende Række løber langs Overranden af Overkjæven, ligesom enkelte Porer findes langs den nedre Rand af Præoperculum. Skjægtraade paa Kjæverne mangle.

Hudens Beklædning. Huden er næsten overalt tæt beklædt med Smaagrupper af yderst fine Bentorne, der især paa Legemets Overside sidde saa tæt, at de næsten ikke lade nogen glat Del af Huden tilsyne. Hver Gruppe har her en rundagtig Omkreds, og er sammensat af omtr. 10 Bentorne, der ere yderst lave, saa at Huden blot faar en ru Overflade. Lige saa tætte og af samme Omfang ere Tornegrupperne paa Gjællelaagene, medens de paa den øvrige Del af Hovedets Overside have mindre Omkreds, og staa mere spredte. Ligeledes ere de noget mindre paa Legemet nedenfor Sidelinien.

Paa det egentlige Bugparti mangle disse Bentornegrupper næsten ganske hos det største Individ (*c*), saavelsom paa hele Hovedets Underside; hos det næststørste Individ (*b*, Totall. 136^{mm}) vare de langt færre og mindre paa Bugsiden, og manglede ganske paa Hovedets Underside; derimod vare Grupperne hos det mindste af de nyerholdte Individer (*a*, Totall. 93^{mm}) tilstede overalt paa disse Legemsdele lige hen til Underkjævespidsen, og lige saa tæt, som ovenfil. Hos det tidligere beskrevne Yngel-Exemplar (Totall. 15^{mm}) vare Bentornene blot komne tilsyne paa Hovedets Overside, og vare i Frembrud paa Bugsiden, men endnu ikke fremkomne paa de øvrige Legemsdele. Heraf synes at kunne udledes, at Ujevnhederne paa Legemets Underside, der fremkomme tidligere, end paa Oversiden, afslides næsten ganske, inden Individerne have naaet sin fulde Størrelse.

Paa Finnerne gaa Bentornene ud langs Straalerne lige til Randen af Dorsalen; paa Pectoralerne beklæde de hovedsagelig de øvre Straaler, ligesom paa Caudalen. Der-

In a comparatively small-sized example (total length 50^{mm}), taken in the autumn of 1878, at a depth of 180 fathoms, near Rissen, in the Drontheim Fjord, by conservator Storm, and kindly sent me for examination, the fin-ray formula may be thus stated: D. 19 (6 + 13); A. 10; P. 15—17; C. 12. This individual, preserved in the collection of the Videnskabernes Selskab in Drontheim, corresponded in every respect with the other individuals (setting aside the slight disagreement in the number of fin-rays), and is more fully described in Forh. Vid. Selsk. Chra. 1879, No. 1, p. 11.

Lateral Line. — The lateral line, of which there was not even a vestige in the typical and very young specimen (total length 15^{mm}), is distinctly obvious in the larger examples, as an elevated series between the osseous denticles of the skin. The pores, not more than 10, are, however, so small that some difficulty is experienced in tracing them throughout the entire length of the series. The lateral line commences at the upper extremity of the gill-cover, strikes off in an oblique direction, and reaches the mesial line a short distance from the commencement of the anal, passing from thence straight to the caudal.

Along the base of the lower jaw, on either side, is a row of three deep pores; a similar series extends along the superior margin of the upper jaw, and a few pores occur too along the inferior margin of the preoperculum. Cirri on jaws wanting.

The Skin. — The skin is almost entirely covered with small clusters of granulations, so closely disposed, more particularly on the upper surface of the body, as hardly to leave any smooth portion visible. Each cluster is circular in form, and composed of about 10 spiculæ, exceedingly depressed, giving to the skin merely a rough, or slightly prickly feel. On the opercles, the clusters or groups are disposed in like manner; on the rest of the surface of the head they present a more scattered appearance, the circumference of each being considerably less. They are somewhat smaller, too, on the body below the lateral line.

In the abdominal region, as well as on the entire surface of the head, there is scarce a vestige of these clusters in the largest specimen (*c*); in the specimen next in size (*b*, total length 136^{mm}) they were smaller and far less numerous in the abdominal region, and altogether wanting on the under surface of the head; on the other hand, in the smallest of the individuals newly obtained (*a*, total length 93^{mm}) they occurred everywhere on those parts of the body, extending to the extremity of the lower jaw, and as closely disposed as on the upper surface. The fry-specimen before described (total length 15^{mm}) had denticles on the upper surface of the head only, they were developing on the abdominal surface; on the rest of the body they had not yet begun to appear. From these data may be inferred that the asperities on the under surface of the body, which develop earlier than on the upper, to a great extent get worn away before the fish has attained its full size.

On the fins, the denticles extend along the rays to the upper margin of the dorsal; on the pectorals, they chiefly cover the rays of the upper part, as also on the caudal. The under

imod ere Pectoralernes Underside. Analen og Ventralerne nøgne, undtagen hos Expl. *a*, hvor ogsaa Analen var ru. Paa Hovedet gaa Bentornene, som allerede nævnt, lige ud paa den Hud, der bedækker Cornea, saa at blot Partiet over Lindsen og en smal Ring omkring denne lades fri. Læberne ere ligeledes altid glatte, selv hos det mindste af de under Expeditionen erholdte Individer, der iøvrigt viser sig at være bekllædt med disse Bentorne saagodtsom overalt.

Farven. Farven er hvidgraa, med mer eller mindre tydelige Pletter og brede Baand. Hos de mindre Exemplarer ere disse Pletter skarpere begrændsede, end hos de større; hos Yngelen (fra Hammerfest) fandtes saaledes blot et enkelt bredt, sort Baand, der steg op fra Bagranden af Kjæverne gjennem Øinene, og udfyldte den mellemste Del af Hovedets Overside; et andet, noget svagere farvet Baand gik over Dorsalens bagre Del tvers over Legemet ikke langt fra Haleroden.

Hos det mindste af de nye Individer (*a*) er tilkommet paa det egentlige Legeme et bredt Baand, der gaar ud fra Roden af Pectoralerne op over Begyndelsen af Dorsalen, ligesom et smalere gaar tvers over Haleroden. Saaledes er den typiske cottoide Tegning med de 3 brede verticale Baand nedad Legemet, som fremtræder især hos de yngre Individer af et Flertal af denne Families Arter, ogsaa her tilstede.

Hos de 2 største ere Baandene noget mere utydelige; hos *b* er saavel Hovedets, som Legemets første Tverbaand næsten ganske forsvundet, medens disse hos det største Individ vel ere tilstede, men opblandede med Felter af Bundfarven.

Pectoralerne og Caudalen ere marmorerede af afbrudte Baand. Ventralerne ere ufarvede, ligesom hele Bugsiden hen til Underkjævespidsen. Derimod er Underkjæven selv, saavelsom Snuden, forsynet med uregelmæssige større Pletter.

Levemaade og Føde. Denne Art har øiensynlig, ligesom de øvrige Cottoider, sit Tilhold umiddelbart paa eller ved Bunden. Den ringeste Dybde, hvori noget af de hidtil fundne Exemplarer ere erholdte, er 191 Favne, den største 459 Favne. Som allerede ovenfor nævnt, ere alle Pectoralens Straaler i Spidsen fri, og skjønt disse fri Spidser ikke ere synderlig lange, tjene de dog utvivlsomt til Understøttelse under Krybningen om paa Bunden. Den Temperatur, som Havbunden har havt paa de Steder, hvor de erholdtes, har vexlet mellem + 3,5° C. og ÷ 1,0° C.

Det største af de erholdte Individer var en Han, hvis Testes dog vare for Tiden lidet udviklede. Hos de yngre Ind. vare Generationsorganerne endnu ganske utydelige.

Ventrikelen af det største Individ, optaget paa 459 Favnes Dyb, fandtes fuldproppet af diverse Dyrelevninger, hvoraf kunde kjendes følgende: Smaastykker af Røret af den mærkelige Annelide *Spiochætopterus typicus*, M. Sars, (beskreven i „Fauna Littoralis Norvegiæ", 2 H. 1856), af

surface of the pectorals, the anal, and the ventrals are naked, except in the specimen *a*, which has also the anal rough. On the head, the denticles, as before observed, encroach on the skin covering the cornea, and thus the skin immediately above the lens, together with a narrow annular edge round it, are the only parts left free from spiculæ. The lips are always smooth; this is the case even with the smaller specimen *a*, which everywhere else appears almost entirely covered with denticles.

Colour. — Whitish-grey, relieved with spots and broad, riband-shaped bands, more or less distinct. In the smaller examples, these spots appear more sharply defined than in the larger specimens; the fry-specimen (from Hammerfest) has only one band, broad and black, which, stretching from the posterior margin of the jaws through the eyes, occupies the whole of the central portion of the upper surface of the head; a similar band traverses the posterior division of the dorsal, extending right across the body, at a short distance from the base of the tail.

In the smallest of the individuals newly obtained (*a*) a broad band has developed on the body, extending from the base of the pectorals towards the commencement of the dorsal; another and narrower band traverses the base of the tail. Thus, the typical Cottoid marking, three broad vertical bands down the body, a salient feature, particularly in young individuals, of most species belonging to this family, is also characteristic of *Collettia microps*.

In the two largest examples, the bands are not so distinct; in specimen *b*, the transverse bands traversing the head and body have become much fainter; in the largest example, though obvious, they are a good deal patched with the ground-colour.

The bands across the pectorals and the caudal are abruptly disconnected, giving to the surface a mottled appearance. Ventrals and abdominal surface to extremity of lower jaw whitish. Lower jaw and snout irregularly marked with large spots.

Habits and Food. — This form, in common with the other species of the family *Cottus*, must have its haunts on, or in close proximity to, the bottom. Of the examples hitherto obtained, not one was taken at a depth less than 191 fathoms, the greatest depth being 459 fathoms. As before observed, the extremities of the pectoral rays are free; and these detached points, though comparatively short, no doubt prove a great support to the fish when moving over the surface of the bottom. The temperature at the bottom of the sea where this species was met with varied from + 3,5° C. to ÷ 1,0° C.

The largest of the individuals was a male, with the testicles however as yet but slightly developed. In the young specimens, the generative organs were quite indistinct.

The stomach of the largest individual, taken at a depth of 459 fathoms, was found distended with the remains of divers species of marine animals, of which the following admitted of being determined; — small fragments of the alimentary canal of the remarkable Annelid species

bidte i Stykker af omtrent 8^{mm} Længde); Laaget og store Stykker af Legemet af *Buccinum hydrophanum*, Hanc., medens intet Spor fandtes af Skallet, som den saaledes maa have itubidt og atter udspyttet, inden Dyret blev slugt; Smaastykker af en af de guldhaarede Annelider, der syntes at være *Lætmonice filicornis*, Kinb.; et helt Expl. af den af G. O. Sars beskrevne Isopode *Ilyarachna hirticeps*; Dele af den i næsten alle Fiskemaver optrædende Hyperide *Themisto libellula*, Mandt, samt endelig Kjæverne af en liden Unge af en Cephalopode, maaske en *Rossia*. Hos det næststørste Individ, optaget fra 459 Favne, var Ventriklen fuldproppet af *Themisto libellula*, men indeholdt ingen andre gjenkjendelige Levninger.

Udbredelse. Ligesom de øvrige arctiske Cottoider synes *C. microps* ikke at have nogen særdeles indskrænket Udbredelse, men forekommer endnu temmelig langt mod Syd paa Dybderne udenfor de norske Kyster. Foruden Nordhavs-Expeditionens 3 Individer fra Havet omkring Spitsbergen, hvoraf det nordligste optoges under 80° N. B., foreligger, som tidligere nævnt, et Yngel-Individ fra Hammerfest i Vestfinmarken, optaget i 1874, samt en noget større Unge, optaget af Conservator Storm fra 180 Favnes Dyb i Trondhjemsfjorden Høsten 1878 (63½° N. B.). Som en ægte Bundfisk forekommer den sandsynligvis stationær paa passende Localiteter langs hele den mellemliggende Del af de norske Kyster, og utvivlsomt ogsaa ved de øvrige arctiske Landsdele eller i Havet mellem dem, idetmindste paa Ishavets europæiske Side; dog bebor den vistnok blot de større Dybder, hvor Apparaterne hidtil ikke have været fuldt hensigtsmæssige til Optagelsen af saadanne Dybvandsformer.

Spiochætopterus typicus, M. Sars (described in "Fauna Littoralis Norvegiæ," Part 2, 1856), about 8^{mm} in length; the operculum, together with large fragments of the body, of *Buccinum hydrophanum*, Hanc. (no vestige could be detected of the shell, which the fish must have crushed and ejected before proceeding to swallow the animal); small fragments of one of the golden haired Annelids, apparently *Lætmonice filicornis*, Kinb.; an entire example of the Isopod *Ilyarachna hirticeps*, G. O. Sars; portions of the Hyperoid *Themisto libellula*, Mandt, occurring in the stomachs of almost all fishes; and finally the jaws of a young Cephalopod, possibly a *Rossia*. In the specimen next in size (459 fathoms) the ventricle was distended with numerous individuals of *Themisto libellula*.

Distribution. — As is the case with the Arctic Cottoids generally, *C. microps* would not appear to have a very limited range, occurring as it does comparatively far south, in deep water off the coast of Norway. Exclusive of the three individuals obtained on the Expedition off Spitzbergen, the most northerly in lat. 80° N., a fry-specimen was, as before mentioned, taken near Hammerfest, West Finmark, in 1874, and a young example, by conservator Storm, at a depth of 180 fathoms, in the Drontheim Fjord, in the autumn of 1878 (lat. 63½° N.). As a true bottom-species, this form probably is met with stationary, in favourable localities, along the entire intermediate line of the Norwegian coast, and no doubt, too, throughout the Arctic regions generally, or the intervening tracts of ocean, at least in the European division of the Polar Sea; without doubt, however, its habitat lies at depths from which the apparatus hitherto devised has not been fully adapted for obtaining specimens.

Gen. Cottus, Lin.

Syst. Nat. ed. 12, tom. 1, p. 451 (1766).

5. Cottus scorpius, Lin. 1766.

Cottus scorpius, Lin. Syst. Nat. ed. 12, tom. 1, p. 452 (1766).
Cottus grœnlandicus, Cuv. & Val. Hist. Nat. Poiss. tom. 4, p. 156 (1829).
Cottus mitchilli, Cuv. & Val. Hist. Nat. Poiss. tom. 4, p. 188 (1829).
Cottus porosus, Cuv. & Val. Hist. Nat. Poiss. tom. 8, p. 498 (1831).
Acanthocottus labradoricus, Gir. Bost. Journ. Nat. Hist. vol. 6, p. 247, tab. 7, fig. 3 (1850).
Acanthocottus [illegible], H. R. Storer, Bost. Journ. Nat. Hist. vol. 6, p. 253 (1850).
Cottus glacialis, Rich. Last Arct. Voy. Belch. vol. 2, p. 349, tab. 23 (1855).

Et yngre Individ med en Totall. af 81^{mm}, en Hovedlængde af 27^{mm}, erholdtes paa ringe Dyb ved Norsk-Øerne paa Spitsbergens Nordside den 16de Aug. 1878. Intet Indiv. optoges paa de øvrige fra Land mere fjernede Stationer, og Arten er utvivlsomt en Kystform blandt Cottoiderne.

Gen. Cottus, Lin.

Syst. Nat. ed. 12, tom. 1, p. 451 (1766).

5. Cottus scorpius, Lin. 1766.

Cottus scorpius, Lin. Syst. Nat. ed. 12, tom. 1, p. 452 (1766).
Cottus grœnlandicus, Cuv. & Val. Hist. Nat. Poiss. tom. 4, p. 156 (1829).
Cottus mitchilli, Cuv. & Val. Hist. Nat. Poiss. tom. 4, p. 188 (1829).
Cottus porosus, Cuv. & Val. Hist. Nat. Poiss. tom. 8, p. 498 (1831).
Acanthocottus labradoricus, Gir. Bost. Journ. Nat. Hist. vol. 6, p. 247, tab. 7, fig. 3 (1850).
Acanthocottus [illegible], H. R. Storer, Bost. Journ. Nat. Hist. vol. 6, p. 253 (1850).
Cottus glacialis, Rich. Last Arct. Voy. Belch. vol. 2, p. 349, tab. 23 (1855).

A young individual, total length 81^{mm}, length of head 27^{mm}, was obtained off the Norsk Islands, northern coast of Spitzbergen, Aug. 16th 1878. No example was taken at any of the other stations farther from land; the species is undoubtedly a littoral form of the family.

Straaleantallet var: 1 D. 9; 2 D. 16; A. 13.

Udbredelse. I Europa forekommer denne Art omtrent uforandret fra Kanalen (48° N. B.) og Østersøen af, og langs Frankrigs, Storbritanniens, Danmarks, Færøernes, Norges og Sveriges Kyster lige op i Østersøen; fremdeles ved Nord-Rusland, Novaja Zemlja, Beeren Eiland og Spitsbergen, hvor den paa flere Steder hører til de hyppigst forekommende littorale Fiske. Fremdeles er den mere eller mindre talrig ved Islands, Grønlands og det arctiske Amerikas Kyster; dog ere de Former, der bebo disse Landsdele, af forskjellige Forfattere blevne udskilte under særegne Navne, hvoraf det tidligste er *C. groenlandicus*, opstillet i 1829 af Cuv. og Val. efter den af Fabr. i hans *Fauna Groenl.* meddelte Beskrivelse. Disse Arter ere dog af Malmgren[1], Lütken[2] o. fl. henviste til Synonymernes Række, idet de samtlige gaa ind under den nævnte vestlig-arctiske Form af denne Art, *C. groenlandicus*, der maaske vil med nogen Ret kunne opføres som en constant Varietet af den normale *C. scorpius*.

Ved Nordamerikas Kyster findes, foruden den nævnte østlige Varietet, der er særdeles talrig, ogsaa Hovedarten. Den førstnævnte gaar ned til Cap Hatteras under 36° N. B.; Hovedarten er fundet, ifølge Goode & Bean (Bull. Ess. Inst. vol. XI, 1879) ved New Englands Kyster (Maine), under 44° N. B.

Gen. Gymnacanthus, Swains.

Nat. Hist. Fish. Amph. Rept. II. p. 181 og 271. (1839.)

***Hovedet** fladtrykt og **bredt**, Kjæverne **korte**. **Legemet** trindt, uden Skjæl. Præoperculum væbnet. **Tænder** i Kjæverne (ingen paa Vomer og Palatinbenene). Sidelinie tilstede. 2 Dorsaler. Gjællehinderne sammenhængende paa **Hovedets Underside**.*

6. G. pistilliger. (Pall.) 1811.

? *Cottus gobio*, Fabr. Fauna Groenl. No. 115, p. 159 (1780).
Cottus pistilliger, Pall. Zoogr. Ross. Asiat. tom. 3, p. 143, pl. 20, 1811, trykt 1831 (1811).
Cottus ventralis, Cuv. & Val. Hist. Nat. Poiss. tom. 4, p. 194 (1829).
Cottus tricuspis, Reinh. Overs. 1829—30, Kgl. D. Vid. Selsk. Naturv. Math. Afh. 5 Del, p. LII. Kbhvn. 1832 (1829—30).
Gymnacanthus ventralis, Sw. Nat. Hist. Fish. Amph. Rept. II. p. 271 (1839).
Phobetor tricuspis, Kr. Naturh. Tidsskr. 2. Række, 1. B. p. 263 (1844).
Cottus intermedius, Temm. & Schleg. Fauna Jap. Poiss. p. 38 (1850).
Acanthocottus patris, H. R. Storer, Bost. Journ. Nat. Hist. vol. 6, p. 250, pl. 7 (1850).
Cottus fabricii, Gir. Proc. Amer. Ass. Adv. Sci. vol. 2, p. 411 (1850); Proc. Bost. Soc. Nat. Hist. vol. 3, p. 189 (1850).

[1] Öfv. Kgl. Vet. Ak. Förh. 1864, p. 495.
[2] Vid. Medd. Nat. Foren. Kbhvn. 1876, p. 370.

Number of rays: — 1 D. 9; 2 D. 16; A. 13.

Distribution. — In Europe the range of this species, as an almost constant form, extends from the British Channel (lat. 48° N.) along the coast of France, the entire coast of Great Britain, the coast of Denmark, the Faröe Islands, the coasts of Norway and Sweden, the shores of northern Russia, Novaja Zemlia, Beeren Eiland, and Spitzbergen, where it occurs, in divers localities, as one of the commonest of the littoral fishes. It is abundant, too, more or less, on the coast of Iceland and Greenland, and the Arctic shores of North America. The forms inhabiting those regions have, by some authors, been excluded as distinct species, the earliest synonym being *C. groenlandicus*, Cuv. & Val. 1829, from the description given by Fabricius in his *Fauna Groenlandica*. Malmgren[1], Lütken[2], however, and other ichthyologists regard these suppositious species as identical with the aforesaid west Arctic form of the species, *C. groenlandicus*, which, perhaps, with some reason may be regarded as a constant variety of the normal *C. scorpius*.

On the shores of North America, exclusive of the aforesaid eastern variety, which occurs in great numbers, the principal species is also met with. The range of the former extends as far south as cape Hatteras, in lat. 36° N.; the principal species, according to Goode and Bean, (Bull. Ess. Inst. Vol. XI, 1879) has been observed on the coast of New England (Maine), in lat. 44° N.

Gen. Gymnacanthus, Swains.

Nat. Hist. Fish. Amph. Rept. II. p. 181 and 271. (1839.)

***Head broad and** depressed; **jaws** short; **body without scales**; praeoperculum armed; teeth in jaws, **wanting on vomer** and palatine bones; lateral line **obvious; two** dorsals; branchial membrane continuous **on under surface of** head.*

6. G. pistilliger. (Pall.) 1811.

? *Cottus gobio*, Fabr. Fauna Groenl. No. 115, p. 159 (1780).
Cottus pistilliger, Pall. Zoogr. Ross. Asiat. tom. 3, p. 143, pl. 20, 1811, printed 1831 (1811).
Cottus ventralis, Cuv. & Val. Hist. Nat. Poiss. tom. 4, p. 194 (1829).
Cottus tricuspis, Reinh. Overs. 1829—30, Kgl. D. Vid. Selsk. Naturv. Math. Afh. 5 Del, p. LII. Kbhvn. 1832 (1829—30).
Gymnacanthus ventralis, Sw. Nat. Hist. Fish. Amph. Rept. II. p. 271 (1839).
Phobetor tricuspis, Kr. Naturh. Tidsskr. 2. Række, 1. B. p. 263 (1844).
Cottus intermedius, Temm. & Schleg. Fauna Jap. Poiss. p. 38 (1850).
Acanthocottus patris, H. R. Storer, Bost. Journ. Nat. Hist. Vol. 6, p. 250, pl. 7 (1850).
Cottus fabricii, Gir. Proc. Amer. Ass. Adv. Sci. vol. 2, p. 411 (1850); Proc. Bost. Soc. Nat. Hist. vol. 3, p. 189 (1850).

[1] Öfv. Kgl. Vet. Ak. Förh. 1864, p. 495.
[2] Vid. Medd. Nat. Foren. Kbhvn. 1876, p. 370.

Gymnacanthus patris, Gill. Proc. Ac. Nat. Sci. Philad. 1861, Suppl. p. 42 (1861).
Phobetor ventralis, Malmgr. Sv. Exped. till Spetsb. och Jan Mayen 1863–64, p. 249 (1867).
Gymnacanthus tricuspis, Gill. Rep. Comm. Fish & Fisheries, 1871–72, p. 800 (1873).
Gymnacanthus pistilliger, Bean. Bull. U. St. Nat. Mus. No. 15, p. 127 (1879).

Diagn. *Hovedets Overside med chagrinartede Benknudegrupper. Legemet næsten glat. Sidelinien glat, retløbende, med en Sænkning ved Slutningen af 2den Dorsal, har omtr. 35 Porer. Hovedet indeholdes nærmere 4 Gange i Totall., har et Par stumpe Knuder over Øinene, ingen paa Panden eller Baghovedet. Praeoperculum har 4 Torne, den øvre lang og stærk, oftest 3tandet, hos yngre bredt 2-delt. Pectoralen lang. Ventralerne hos Hannen lange. Farven graabrun med 3 større Rygpletter, og mere uregelmæssige Pletter nedad Siderne; Finnerne med Tverbaand. Hannen har hvide Pletter paa Bugen, samt Analpapille. Størrelsen indtil 200mm (Hannen), eller 250mm (Hunnen).*

M. B. 6; 1 D. 11 (10 eller 12); 2 D. 15–17; A. 16–18 (19); P. 18 (19); V. 4; C. 7,11,7. Lin. lat. 35.

Localit. fra Nordh. Exped. Spitsbergen.

	Stat. 363.
Beliggenhed.	Magdalenebay, Spitsbergen.
Dybde.	50 Favne (91m).
Temp. paa Bunden.	1,0° C.
Bunden.	Mørkgraat Ler.
Datum.	17de Aug. 1878.
Antal Individer.	8 Indiv.

Bemærkninger til Beskrivelsen. De erholdte Exemplarer havde følgende Maal og Straaleantal:

	Totallængde.	Hovedets Længde.	1 D.	2 D.	A.
a.	75mm	20mm	10	15	17
b.	76 -	21 -	10	16	16
c.	84 -	22,5 -	11	17	18
d.	99 -	26,5 -	11	16	18
e.	115 -	31 -	11	16	18
f.	116 -	29 -	11	16	18
g.	122 -	31 -	11	15	17
h.	123 -	32 -	11	15	17

Straaleantallet varierede saaledes hos de 8 Individer i 1ste Dorsal mellem 10 og 11, i 2den Dorsal mellem 15 og 17, i Analen mellem 16 og 18. De 2 Dorsaler vare hos enkelte fuldstændigt sammenstødende, medens de hos de fleste vare fjernede fra hinanden ved et kort, men tydeligt Mellemrum.

Blot 2 af de erholdte Individer vare Hanner, og havde en forholdsvis lang Analpapille.

Hos de 2 mindste var Hovedet endnu glat, men hos de større fandtes ovenpaa Hovedet og paa Praeoperculum en Samling af indtrykte ru Benkorne, hver omgivne (hos

Diagnosis. – *Upper surface of head with groups of granulations; body almost smooth; lateral line smooth, passing straight to termination of second dorsal, at that point slightly deflected, number of pores 35; length of head one-fourth of total length; two obtuse protuberances above the eyes, none on the sinciput or occiput; preoperculum furnished with four spines, the uppermost long and powerful, generally tridentated, in younger examples broad, bidentate; pectorals long; ventrals long, in the male; colour greyish-brown, with three large dorsal patches and numerous spots down the sides; fins traversed by transverse bands; abdominal surface spotted with white, in the male, which is furnished with an anal papilla. Length reaching 200mm (male) or 250mm (female).*

M. B. 6; 1 D. 11 (10 or 12); 2 D. 15–17; A. 16–18 (19); P. 18 (19); V. 4; C. 7,11,7. Lin. lat. 35.

Locality (North Atl. Exped.): Spitzbergen.

	Stat. 363.
Exact Locality.	Magdalene Bay, Spitzbergen.
Depth.	50 Fathoms (91m).
Temp. at Bottom.	1.0° C.
Bottom.	Dark-grey Loam and Shingle.
Date.	17th Aug. 1878.
Numb. of Specim.	8 Indiv.

Descriptive Observations. — Dimensions of, and number of fin-rays in, specimens obtained.

	Total Length.	Length of Head.	1 D.	2 D.	A.
a.	75mm	20mm	10	15	17
b.	76 -	21 -	10	16	16
c.	84 -	22.5 -	11	17	18
d.	99 -	26.5 -	11	16	18
e.	115 -	31 -	11	16	18
f.	116 -	29 -	11	16	18
g.	122 -	31 -	11	15	17
h.	123 -	32 -	11	15	17

The number of fin-rays in the 8 examples varied accordingly: — 1st dorsal, between 10 and 11; 2nd dorsal, between 15 and 17; anal, between 16 and 18. In one or two of the specimens the dorsals were contiguous, in most however separated, the space between, though short, being distinctly obvious.

Two only of the specimens obtained were males, and had a rather long anal papilla.

In the two smallest individuals the head was as yet perfectly smooth; but the frontal region and the preoperculum of the largest were furnished with a cluster of depressed

det endnu fuldkommen uskadte Individ) af en Ring af Slimporer. Disse Grupper af Beentorne, der omtrent have en Lindsediameters Størrelse, danne oprindelig blot et Par Rækker, hvoraf hver strækker sig fra Øjet skraat bagover til Gjællespalten; men efterhaanden bliver Antallet større, Mellemrummet mellem de 2 Rækker opfyldes, og hos de største er en stor Del af Hovedets Overside bekledt paa denne Maade. Dog kan, ifølge Lütkens Undersøgelser, denne Hovedets Bekledning mangle endog hos udvoxede Individer.

Hos ganske unge Individer er den øvre Torn paa Praeoperculum forholdsvis længere, end hos de ældre, idet den med sin Spidse næsten naar til den bagre Rand af Operculum. Hos Ind. med en Totallængde af indtil 80 mm er den i Spidsen endnu blot grundt tvedelt, medens den først hos de ældre Individer er skarpt og tydeligt tretandet; et udvoxet Individ (fra Vadsø i Finmarken, en Hun) har endog den højre Torn 4-delt, den venstre med 5 tydelige Tænder[1].

Føde. Hos et af de erholdte Individer var Ventrikelen udspændt af Smaastykker af Annelider (*Polynoë*). De Individer, som jeg i 1874 havde Lejlighed til at undersøge i Varangerfjorden i Øst-Finmarken, indeholdt blot Crustaceer, tilhørende forskjellige Arter Gammarider og Idotheer.

Udbredelse. *G. pistilliger* (bedre kjendt som *Phobetor ventralis* eller *Ph. tricuspis*) er sandsynligvis endnu den eneste sikkert bekjendte Art af sin Slægt, der iøvrigt kun ved Mangelen af Vomerintænder adskiller sig fra Slægten *Cottus*. Dens Synonymi er udtømmende behandlet af Dr. Lütken i Vid. Medd. Naturh. Foren. Kbhvn. 1876, p. 363. I sin Udbredelse synes den at være næsten ganske circumpolar, og den vil neppe savnes paa noget nøjere undersøgt Gebet af de til Europas, Asiens og Americas Kyster stødende Dele af Ishavet. Allerede i 1780 blev den af Fabricius beskreven fra Grønland (under Navn af *Cottus gobio*); senere er den bleven bekjendt fra Kamtschatka og Beringshavet lige ned til Japan, samt vestover langs Asiens Nordkyst til Kysterne af Novaja Zemlja, Spitsbergen, Finmarken i Norge, fremdeles ved Island, Grønland og det arctiske America ned til Nova Scotia under 45° N. B. Paa flere af disse Localiteter, saaledes ved Spitsbergen, er den særdeles talrig.

osseous granulations, each (in the specimen exhibiting no trace of mutilation) surrounded by a ring of mucous pores. These clusters of granulations, in size about equal to the diameter of the lens, are first arranged in two rows, extending from the edge of the eye to the branchial opening, but, gradually increasing in number, they encroach upon the intermediate space; and in the largest specimens a very considerable portion of the upper surface of the head is armed in this manner. According to Lütken, however, this spinous covering does not always occur even in full-grown individuals.

Very young examples have the uppermost spine on the preoperculum proportionately longer than individuals in a more advanced stage of growth, the tip of the point almost reaching to the posterior margin of the operculum. In examples with a total length of 80 mm, this spine, at the point, is still obtuse bipartite, maturer individuals only having it sharp and distinctly trifurcate; in an adult specimen (a female, from Vadsø, in Finmark) the spine on the right side was furcated with four, that on the left with five well-defined denticles.[1]

Food. — In one of the specimens examined the stomach was distended with small fragments of Annelids (*Polynoë*). The ventricles of the individuals I had the opportunity of examining in 1874, in the Varanger Fjord, East Finmark, contained only remains of crustaceans, *Gammaridæ* and *Idotheæ*.

Distribution. — Up to the present time *G. pistilliger* (better known as *Phobetor ventralis* or *Ph. tricuspis*) is the only well determined species of its genus, the sole character distinguishing it from the genus *Cottus* being the absence of vomerine teeth. Its synonomy has been exhaustively treated of by Dr. Lütken, in Vid. Medd. Naturh. Foren. Kbhvn. 1876, p. 363. In its distribution it would appear to be almost circumpolar, and will hardly fail to be met with throughout any region of the Arctic Ocean off the shores of Europe, Asia, and America. As far back as 1780, Fabricius described the species (under the name of *Cottus gobio*) as occurring on the coast of Greenland; more recently it has been met with off Kamtschatka and Bering's Straits, as far east as Japan, and, in a westerly direction, along the northern coast of Asia, as far as Novaja Zemlja, Spitzbergen, Finmark, Iceland, Greenland, and Arctic America, and southwards, off Nova Scotia, in lat. 45° N. In many of these localities, e. g. on the coast of Spitzbergen, it is exceedingly numerous.

[1] Norges Fiske, p. 30 (1874).

[1] "Norges Fiske," p. 30 (1874).

Gen. Centridermichthys, Richards.

Zool. Voy. Sulph. Fishes, p. 73 (1843).

Hovedet forholdsvis fladtrykt og bredt, Legemet trindt, glat eller granuleret. Praeoperculum væbnet. Tænder i Kjæverne, paa Vomer og paa Palatinbenene. Sidelinie tilstede. 2 Dorsaler. Gjællebinderne sammenhængende paa Hovedets Underside.

7. Centridermichthys uncinatus, (Reinh.) 1833—34.

(Pl. I. fig. 7).

Cottus uncinatus, Reinh. Overs. 1833—34. Kgl. D. Vid. Selsk. Naturv. Math. Afh. 6. Del. p. XLIV. Kjøbhvn. 1837 (1833—34).
Icelus uncinatus, Kr. Naturh. Tidsskr. 2. Række. 1. B., p. 263 (1844).
Centridermichthys uncinatus, Günth. Cat. Fish. Brit. Mus. Vol. 2, p. 172 (1860).

Diagn. *Legemet overalt glat, tilligemed Sidelinien; den sidste bestaaende af omtr. 18 Porer. Hovedet indeholdes* $3\frac{1}{2}$ *Gange i Totall. Øinene særdeles tætstaaende og store, indeholdes omtrent* $2\frac{1}{3}$ *Gange i Hovedlængden. Praeoperculum har 2 Torne, den øvre kloformig krummet og særdeles skarp. Et Par stumpe Knuder paa Baghovedet. Bundfarven hvidagtig med graabrune Pletter, der hos de Yngre oftest ere 3 nedad Ryggen, men mere uregelmæssige hos de Ældre. Analpapille mangler. Størrelsen indtil 100mm.*

M. B. 6. 1 D. 7—8; 2 D. 13 (12 eller 14); A. 11; P. 18—19 (20—21); V. 4; C. 4/11/4. Lin. lat. 18.

Localit. fra Nordh. Exped. Havet mellem Nordkap og Spitsbergen.

	Stat. 262.	Stat. 275.	Stat. 290.	Stat. 323.	Stat. 326.
Beliggenhed.	50 Kil. Ø. Vardø.	270 Kil. Ø. Beeren Eiland.	210 Kil. NV. Hammerfest.	180 Kil. SØ. Beer. Eiland.	100 Kil. S. Spitsbergen.
Dybde.	148 Favne (271m).	147 Favne (269m).	191 Favne (349m).	223 Favne (408m).	123 Favne (225m).
Temp. p. Bunden.	÷ 1,5° C.	÷ 0,1° C.	÷ 3,5° C.	÷ 1,5° C.	÷ 1,6° C.
Bunden.	Ler.	Grønligt Ler.	Sandholdigt Ler.	Brungraat Ler.	Mørkt Ler.
Datum.	27de Juni 1878.	2den Juli 1878.	7de Juli 1878.	30te Juli 1878.	2den Aug. 1878.
Antal Indiv.	1 Indiv.	3 Indiv.	1 Indiv.	1 Indiv.	3 Indiv.

Bemærkninger til Synonymien. Slægten *Centridermichthys*, opstillet af Richardson i Zool. Voy. Sulph. Fishes p. 73 (1843) for et Antal cottoide Fiske fra det arctiske Nord-America samt Nordost-Asiens Kyster, adskiller sig alene ved Tilstedeværelsen af Tænder paa Palatinbenene fra den typiske Slægt *Cottus*. Hidtil er alene en enkelt Art, *C. uncinatus*, (Reinh.), funden i Europa; denne opstilledes af Reinhardt sen. fra Grønland i 1833 under Navnet *Cottus uncinatus*.

Den korte Diagnose, hvormed Reinhardt ledsagede sin nye Art, er indtil de seneste Aar bleven uden Tillæg gjentaget, saaledes i 1844 af Krøyer (Naturh. Tidsskr. 2den

Gen. Centridermichthys, Richards.

Zool. Voy. Sulph. Fishes, p. 73 (1843).

Head comparatively depressed and broad; body plump, smooth or granulated; praeoperculum armed; teeth in jaws, on vomer, and palatine bones. Lateral line obvious; two dorsal fins; branchial membrane continuous on the under surface of the head.

7. Centridermichthys uncinatus, (Reinh.) 1833—34.

(Pl. I. fig. 7.)

Cottus uncinatus, Reinh. Overs. 1833—34. Kgl. D. Vid. Selsk. Naturv. Math. Afh. 6. Del p. XLIV. Kjøbhvn. 1837 (1833—34).
Icelus uncinatus, Kr. Naturh. Tidssk. 2. Række. 1. B. p. 263 (1844).
Centridermichthys uncinatus, Günth. Cat. Fish. Brit. Mus. Vol. 2. p. 172 (1860).

Diagnosis. — *Body and lateral line smooth; the latter consisting of 18 pores; length of head to total length as 1 to* $3\frac{1}{2}$; *eyes exceedingly close together, and large, longitudinal diameter to length of head as 1 to* $2\frac{1}{3}$; *two spines on praeoperculum, the upper unguical, hooked, and exceedingly sharp; two blunt obtuse protuberances on the occiput; ground colour whitish, with greyish brown spots, generally three in young examples, varying more in adults. Anal papilla wanting; length reaching 100mm.*

M. B. 6. 1 D. 7—8; 2 D. 13 (12 or 14); A. 11; P. 18—19 (20—21); V. 4; C. 4/11/4. Lin. lat. 18.

Locality (North Atl. Exped.): — The open sea between the North Cape and Spitzbergen.

	Stat. 262.	Stat. 275.	Stat. 290.	Stat. 323.	Stat. 326.
Exact Locality.	50 Kil. E. of Vardø.	270 Kil. E. of Beeren Eiland.	210 Kil. N.W. Hammerfest.	180 K. SE. Beeren Eiland.	100 Kil. S. Spitzbergen.
Depth.	148 Fath. (271m).	147 Fath. (269m).	191 Fath. (349m).	223 Fath. (408m).	123 Fath. (225m).
Temp. at Bottom.	÷ 1,5° C.	÷ 0,1° C.	÷ 3,5° C.	÷ 1,5° C.	÷ 1,6° C.
Bottom.	Clay.	Greenish Clay.	Sandy Clay.	Brownish-grey Clay.	Dark Clay.
Date.	27th June 1878.	2nd July 1878.	7th July 1878.	30th July 1878.	2nd Aug. 1878.
Numb. of Specim.	1 Indiv.	3 Indiv.	1 Indiv.	1 Indiv.	3 Indiv.

Remarks on the Synonymy. — The genus *Centridermichthys*, established by Richardson in Zool. Voy. Sulph. Fishes, p. 73 (1843) for divers Cottoid fishes occurring in the Arctic regions of North America and off the north-eastern shores of Asia, is distinguished from the typical genus *Cottus* solely by the presence of teeth on the palatine bones. Up to the present time, but a single species, *C. uncinatus*, (Reinh.), has been met with in Europe; it was first described by Reinhardt sen. from the coast of Greenland, in 1833, under the name of *Cottus uncinatus*.

The brief diagnosis given by Reinhardt has been copied, till but a few years since, without addition, by Krøyer in 1844 (Naturh. Tidsskr. 2. Række. 1. Bind), and by Günther

Række, 1ste B.), og i 1860 af Günther (Cat. Fish. Brit. Mus. vol. 2), hvilke begge ikke kjendte Arten af Autopsi. I 1868 anmeldtes den af Professor Esmark fra Finmarkens Kyster (Forh. Skand. Naturf. 10de Møde), ligesom Dr. Lütken i 1876 gav en Del Bemærkninger om Arten i Medd. Nat. Foren. Kbhvn. for samme Aar. Nogen udførligere Beskrivelse er, saavidt vides, ikke fremkommet, uden i 1874 i Forfatterens Afhandling „Norges Fiske" (efter Exemplarer fra Norge), ligesom den hidtil ikke har været afbildet. Jeg gjengiver derfor her Artens Beskrivelse, sammenholdt med de nytilkomne og vel vedligeholdte Exemplarer fra Nordhavs-Expeditionen.

Beskrivelse. *Legemsbygning.* Fra alle de øvrige nordatlantiske Cottoider kan *C. uncinatus* i Regelen let kjendes ved sin af faatallige og store Porer dannede Sidelinie, der især hos yngre Individer er iøjnefaldende, i Forbindelse med hele Legemets Glathed, idet dette ikke viser Spor af Protuberantser eller Granulationer. Særdeles characteristisk er fremdeles den krogformige Klo paa Praeoperculum, medens Palatintænderne først blive tydelige hos de noget større Unger.

Legemet har iøvrigt den for den nærstaaende Slægt *Cottus* almindelige Form, idet Hovedet er temmelig fladtrykt, og det egentlige Legeme er fortil næsten trindt, bagtil mere sammentrykt.

Hovedet er bredt ægformigt, og indeholdes hos de udvoxede omkring $3^1/_2$ Gange i Totallængden, eller lidt over $2^1/_2$ Gange i Legemets Længde uden Caudal. Øjnene ere særdeles tætstaaende, saaledes, at Benbroen mellem Orbitae blot er en Brøkdel af Lindsens Diameter. De ere tillige overordentlig store; deres Længdediameter er saaledes betydeligt større, end Snudens Længde, og udgjør omtrent $2^1/_3$ af Hovedets Længde.

Størrelsen af Crystallindsen er en mærkelig Variation underkastet, idet denne, som bekjendt, plejer at være constant af samme Størrelse hos ligestore Individer af samme Art. Medens saaledes hos det største af de under Expeditionen erholdte Individer, hvis Totall. var 83^{mm}, Lindsen havde en Diameter af 2,5^{mm}, var den hos et yngre Individ, hvis Totall. var blot 68^{mm}, omtr. 3,5^{mm}; andre udviste Overgange mellem begge. Nogen Forskjel i Legemsbygningen forøvrigt kunde ikke opdages; heller ikke stod denne Variation i noget bestemt Forhold til Dybden, idet netop det største Individ var taget paa det grundeste Vand (123 Favne), og det mindre paa en kun ubetydeligt større Dybde (148 Favne).

Tænderne ere temmelig fine, og tilstede (foruden i Kjæverne) tillige paa Vomer og paa Palatinbenene. Hos Unger med en Totall. af under 20^{mm} ere Vomerin- og Palatintænderne endnu ikke fremkomne. Gjællehinderne ere sammenhængende paa Hovedets Underside; Antallet af Gjællestraaler er 6.

Kjæverne ere omtrent af samme Længde; dog bevirker den tykkere Overlæbe, at Overkjæven synes ubetydeligt længere, end Underkjæven.

ther, in 1860 (Cat. Fish. Brit. Mus. Vol. 2), neither of whom knew the fish from autopsy. In the year 1868 Professor Esmark gave notice of its occurrence on the coast of Finmark (Forh. Skand. Naturf. 10 Møde); and in 1876 Dr. Lütken communicated sundry observations on the species in Medd. Nat. Foren. Kbhvn. for that year. No full description however had, we believe, appeared previous to that given in "Norges Fiske" (1874), from Norwegian specimens; nor has the species yet been figured. The detailed description, supplemented from an examination of the specimens — in an excellent state of preservation — obtained on the North Atlantic Expedition, is given below.

General Description. *Structure of the Body.* — *C. uncinatus* may as a rule be readily distinguished from all other North Atlantic Cottoids by the large size and fewness of the pores constituting its lateral line, a conspicuous character, more particularly in young examples; moreover, by the smoothness of the skin, not a vestige of granulations or protuberances can be detected in any part of the body. Another salient feature is the ungueal spine on the preoperculum; the palatine teeth, on the contrary, are not developed in very young individuals.

In other respects the form and structure of the body corresponds with that of the allied genus *Cottus*, the head being considerably depressed and the body roundish, the posterior part somewhat compressed.

Head broad, ovate; length to total length, in adult examples, about as 1 to $3^1/_2$ or, to length of body, exclusive of caudal, a trifle more than as 1 to $2^1/_2$. Eyes set exceedingly close, the length of the osseous ridge between the orbits being but a fraction of the diameter of the lens; they are also remarkably large, the longitudinal diameter considerably exceeding the length of the snout and nearly equal to $2^1/_3$ of the length of the head.

The size of the crystal lens, generally constant in individuals of equal dimensions belonging to the same species, varies remarkably in *C. uncinatus*. In the largest of the specimens obtained on the Expedition, total length 83^{mm}, the diameter of the lens was 2.5^{mm}, whereas in a younger example, total length not more than 68^{mm}, it reached 3.5^{mm}; others represented the transition stages. No other difference could be detected in the form and structure of the body; nor was this characteristic peculiarity in any way dependent on depth, the largest individual having been taken in the shallowest water (123 fathoms), and the small example at a depth but very little greater (148 fathoms).

Teeth — rather slender — on the vomer and palatine bones, and in the jaws. In young examples, total length less than 20^{mm}, the vomerine and palatine teeth were not yet developed. Branchial membrane continuous on under surface of head; branchiostegals 6.

Jaws equal in length, the upper, however, appearing to be somewhat longer than the lower, from the thickness of the upper lip.

Præoperculum har 2 Torne, den nederste kort, nedadrettet, og lidet fremtrædende; den øverste lang og krogformigt bøjet indad, overordentlig spids og stærk, samt fra oven og neden noget sammentrykt; med sin Spidse naar den ikke tilbage til den øvre Flig af Operculum. I fuldkommen uskadt Stand er denne kloformige Torn lige ud til Spidsen beklædt med Hud, der ganske udfylder dens indre concave Del. Ved Grunden af den store Torn findes paa Forsiden en mindre, der dog hos uskadte Individer neppe lader sig iagttage, uden ved Følelsen. Operculum har en enkelt Torn nedentil, men ender oventil i en blød og afrundet Flig, nedenfor hvilken der skjuler sig en lav, men skarp Torn. Mellem det forreste og bagre Par Næsebor findes et Par korte opstaaende Torne, og paa Baghovedet et Par lignende, der ere bagudrettede, men som alle ere, ligesom de øvrige Torne, lidet fremtrædende af Huden.

Sidelinie, Porer og Hudtraade. En Række af 5–6 Porer strækker sig fra det forreste Par Næsebor paa hver Side bagover under Øjet, og standser omtrent ved Bagkanten af Orbita. Lignende Rækker strække sig paa Undersiden af Underkjæven.

Sidelinien er hos de yngre Ind. dannet af store og aabentstaaende Porer, hvis Antal sjelden overstiger 18, skjønt det ikke altid er det samme paa begge Sider. Hos de ældre Ind. ere Porerne mindre, men deres oprindelige Omkreds kan endnu sees som afbrudte, lidt ophøjede Ringe. Hos Yngel med en Totall. af under 12mm er Sidelinien endnu usynlig, men allerede, hvor Legemet har naaet en Længde af 15mm, ere omtrent 5–6 Porer fremkomne paa Legemets forreste Del.

Af Hudtraade paa Hovedet findes en yderst kort paa Bagranden af Overkjæven, umiddelbart foran Mundvinkelen, altsaa paa samme Punkt, hvor en lignende er tilstede hos *Cottus bubalis* og *C. lilljeborgii*. Hos alle uskadte Individer findes endvidere en enkelt Traad ved den øvre Rand af Orbita, der ikke (som hos *Icelus hamatus*) er baandformig fladtrykt, men tilspidset; denne gaar let tabt ved Berøring.

Finnerne. Straaleantallet synes idethele at være en forholdsvis ringe Variation underkastet, sammenlignet med, hvad der finder Sted hos *Icelus hamatus* og flere andre Cottoider.

1ste Dorsal har 7 eller 8 Straaler, der begynde umiddelbart over Pectoralernes øvre Fæste, og ende noget bagenfor Anus. Den har ingen betydelig Højde, idet denne sjeldent overstiger Hovedets halve Længde.

2den Dorsal har 13 Straaler, hos enkelte Individer 12 eller 14, og begynder uden Interdorsalrum bag 1ste Dorsal; den har noget større Højde, end denne, og naar med Spidsen af sine længste Straaler i omtr. en halv Orbitaldiameters Afstand fra Roden af Caudalen, eller undertiden kortere.

Two spines on preoperculum, the lower short, inclining downwards, and but slightly developed; the upper long, hooked, remarkably sharp and powerful, above and below slightly depressed; the point does not reach back to the upper edge of the operculum. Specimens in perfect preservation have this strong hooked spine protected to the apex by the integument, which fills up and conceals the inner groove. At the base of the large spine, on the anterior side, occurs a smaller one, which, however, in well-preserved examples can hardly be observed, save by the touch. Operculum furnished below with a single spine; above, it terminates in a soft, convex flap, concealing beneath a depressed, but sharp-pointed spine. Between the anterior and posterior pairs of nostrils occur two short spines, and, on the occiput, two others, all of which, however, in common with the other spines, are directed backwards, and project but slightly above the integument.

Lateral Line, Mucous Pores, and Cirri. — A row of 5 or 6 pores extends from the anterior nostrils on each side, backwards under the eye, terminating in close proximity to the posterior edge of the orbita. Similar series occur on the under surface of the lower jaw.

In young examples, the lateral line is composed of large and open pores, seldom exceeding 18, which, however, are not always equal in number on both sides. In more mature individuals the pores are smaller; their original circumference being, however, distinctly obvious, as disrupted and slightly protuberant rings. In fry-specimens (having a total length of less than 12mm), the lateral line cannot yet be distinguished, but so soon as the body has attained a length of 15mm, 5 or 6 pores are obvious in the anterior region.

The head is furnished with one cirrus, exceedingly short, on the posterior margin of the upper jaw, immediately in front of the angle of the mouth, in the exact spot where a similar cirrus occurs in *Cottus bubalis* and *C. lilljeborgii*. In perfect specimens a cirrus is also observed on the superior margin of the orbits, tapering to a point (not thin and riband-shaped as in *Icelus hamatus*); being very slenderly attached to the skin, great care must be taken to preserve it uninjured.

Fins. — In *C. mucronatus* the number of fin-rays is apparently subjected to but slight variation as compared with this feature in *Icelus hamatus* and divers other species of Cottoids.

The first dorsal, furnished with 7 or 8 rays, commences immediately above the upper extremity of the base of the pectorals, and terminates at a short distance behind the anus; its height is not considerable, rarely exceeding half the length of the head.

The 2nd dorsal has 13, in some individuals 12 or 14 rays; it is contiguous to the 1st dorsal, exceeding it however somewhat in height, the tip of the longest rays extending to a distance of about half the diameter of the orbit from the base of the caudal, sometimes not quite so far.

Analen har 11 Straaler, og begynder umiddelbart bag Anus; den har Høide og Udstrækning omtr. som 2den Dorsal, og slutter i en neppe kjendelig større Afstand fra Caudalens Rod, end denne.

Pectoralerne, der tælle 18 Straaler, undertiden 19—21, ere bredt afrundede, som hos Slægten *Cottus*; i Spidsen ere de nedre Straaler fri og noget fortykkede. Tilbageslaaede naa de med Spidserne langt forbi Anus, eller (hos de udvoxede Individer) ved eller noget forbi Begyndelsen af 2den Dorsal.

Ventralerne ere forholdsvis lange, og naa med sine fri Spidser næsten til Anus. De have 4 Straaler.

Caudalen har 11 leddede Straaler, der i sin ydre Fjerdedel ere kløvede. Paa hver Side af de leddede Straaler findes 3—4 uleddede Støttestraaler, der dog kunne være næsten rudimentære.

Farven. Denne viser hos de yngre Individer den sædvanlige Fordeling af 3 graabrune Tverbaand tversover Legemet, hvis Bundfarve er hvidagtig; det mellemste af disse Tverbaand, der udgaar fra Grunden af 2den Dorsal, er bredest, og har omtr. en Orbitaldiameters Bredde. Hos ældre Individer ere Tverbaandene ikke saa skarpt tegnede, idet de ofte indeslutte Felter af den lyse Bundfarve, ligesom ogsaa Mellemrummene mellem dem kunne være saa opfyldte af Smaapletter, at Tverbaandene blive ganske utydelige.

Finnerne, hvis Grundfarve er hvid (især hos de ældre), ere forsynede med skarpttegnede, skraatløbende Tverbaand; svagest tegnet er Analen, hvis Tverbaand ofte ere utydelige. Iøvrigt er saavel Finnernes, som Legemets Farvetegning ikke ubetydeligt varierende hos de forskjellige Individer.

Spæd Yngel, hvoraf jeg har et stort Antal fra Varangerfjorden med en Totall. af indtil 10^{mm}, have en ret characteristisk Farvetegning, idet et sort Baand strækker sig rundt Nakken og Struben som et Halsbaand; paa Siderne af Legemet gaar dette mørke Parti ud som en bred Stribe.

Forplantning, etc. Yngletiden for denne Art falder sandsynligvis i Juli og August, da flere af de erholdte Individer havde Bugen stærkt udspilet af Rogn. Et af disse (fra Stat. 275), der erholdtes den 2den Juli, og som havde en Totall. af 69^{mm}, havde omtr. 32 Rogn i hvert Ovarium; disse Rogn havde en forholdsvis betydelig Størrelse, idet deres Diameter var omtr. 2^{mm}. Foruden disse 64 Rogn, der alle vare jevnstore, og syntes at være fuldmodne, fandtes et Antal yderst fine Rognkorn, der vare forbleyne uudviklede.

Individernes Størrelse varierede hos de fleste mellem 66 og 83^{mm}, og de maa, da de viste sig forplantningsdygtige, have været fuldvoxne eller nær derved. Dr. Lütken har undersøgt et Exemplar fra Grønland (i Museet i Kbhvn.), der havde en Totallængde af 100^{mm}.

The anal, furnished with 11 rays, commences immediately behind the vent; height and extent about that of second dorsal; it terminates, too, very nearly at the same distance from the base of the caudal, as does that fin.

The pectorals, furnished with 18 rays, sometimes 19—21, are broad and rounded, as in the genus *Cottus*; extremities of lower rays free and somewhat thick. Directed backwards, the points extend some distance past the vent; or (in full-grown specimens) a short distance beyond the commencement of the second dorsal.

The ventrals are comparatively long, the free points extending almost to the vent; number of rays 4.

The caudal is furnished with 11 articulated rays, cleft in their outer fourth. On either side of the articulated rays occur 3—4 auxiliary rays without articulation, which, however, in some examples are almost rudimentary.

Colour. — Young individuals exhibit the normal distribution: 3 greyish brown transverse bands across the body, ground-colour whitish; the middle band, commencing at the base of the second dorsal, is the broadest, having a breadth about equal to the diameter of the orbit. In maturer individuals the transverse bands are less distinctly traced, being broken up with patches of the ground-colour; the intermediate space, too, is blurred with such a multitude of spots and macules as to be frequently almost confluent with the bands.

The fins, the ground-colour of which is whitish, are (more particularly in mature examples) marked with well-defined, oblique transverse bands; marking of anal faint, the transverse bands being frequently indistinct. For the rest, both the fins and the body generally display very considerable variation in the distribution of colour.

Fry in the earliest stage of growth, of which I am in possession of a large number of specimens from the Varanger Fjord (total length 10^{mm}), exhibit a most characteristic peculiarity of marking, a black band encircling the throat and nuchal region like a necklace; on the sides, this dark colour stretches posteriorly in the form of a broad stripe.

Propagation &c. — The spawning season of this species is probably in the months of July and August, the abdomen in several of the specimens obtained having been found distended with roe. One (Station 275), taken July 2nd, total length 69^{mm}, had about 32 ova in each ovary; these ova were comparatively of large size, the diameter being about 2^{mm}. Exclusive of these ova, 64 in number, all of which were large and apparently mature, the ovaries contained a number of minute ovarious germs, which had remained undeveloped.

The dimensions varied in most of the individuals between 66 and 83^{mm}, and these specimens, seeing they were about to spawn, must have been full-grown, or very nearly so. Dr. Lütken has examined an individual from the coast of Greenland (preserved in the Zoological Museum, Copenhagen) with a total length of 100^{mm}.

Ventrikelen indeholdt hos de undersøgte Individer følgende: Hos 3 Individer fra en Dybde af 191 Favne (Stat. 290), hvor Bunden bestod af sandholdigt Ler, indeholdt Ventrikelen hos det ene Anneliden *Notomastus latericeus*, M. Sars; hos det andet ligeledes en Annelide, *Chloraemum pellucidum*, M. Sars; det tredie havde Ventrikelen fyldt med smaa Mollusker, som (ifølge Bestemmelse af Dr. Friele) vare *Velutina undata*, Brown, og *Yoldia intermedia*, M. Sars. Et Individ fra Stat. 275 (fra 147 Favnes Dyb) havde Ventrikelen fyldt med forskjellige smaa Annelider, hvoraf kunde kjendes en *Clymene* og en liden *Polynoë*, der dog ikke lod sig nærmere bestemme.

Samtlige disse Dyr ere Bunddyr, og Arten lever utvivlsomt, ligesom de øvrige cottoide Former, umiddelbart paa og ved Bunden, hvad der ogsaa fremgaar af dens Legemsbygning.

Udbredelse. *Centrid. uncinatus* er en arktisk Art, der sandsynligvis optræder paa den noget grundere Havbund paa de fleste Steder mellem Grønland, Spitsbergen, Novaja Zemlja og Norge. Oprindelig blev Arten beskreven af Reinh. sen. i 1833—34 efter Exemplarer fra Grønlands Sydkyst (Nennortalik i Julianehaabs Distrikt). Senere er den fra og til nedsendt til Museet i Kjøbenhavn fra Grønland, uden synes, ifølge Dr. Lütken, ikke at forekomme talrigt her. At den ikke indsamledes under den engelske Nordpol-Expedition i 1875—76 i de nordgrønlandske Farvande mellem 78° og 83°, synes forklarligt, naar man betragter dens forholdsvis sydlige Udbredelse i Europas arktiske Egne. Den er nemlig hidtil ikke fundet under nogen af de talrige Expeditioner omkring Spitsbergen; det nordligste Punkt, hvor den hidtil vides iagttagen, er paa den ovenfor nævnte Stat. 326, under 75° 31', eller omtr. midtveis mellem Beeren Eiland og Spitsbergen; imidlertid tør det med Sikkerhed forudsættes, at den naar op til de sydligste Dele af denne Øgruppe. Mellem Spitsbergen og Norges Kyster synes den at være jevnt udbredt over Havbunden, hvor denne hæver sig op til et Par Hundrede Favnes Dybde, hvorimod den ikke erholdtes paa de vestenfor liggende større Dyb; mod Øst gaar den idetmindste til Novaja Zemlja, hvor et Par Individer erholdtes ved Sælhundbugten, under Heuglins Expedition i 1871, hvilke afgaves til Universitetsmuseet i Christiania af Expeditionens Deltager, Cand. Aagaard.

Ved Jan Mayen erholdtes intet Individ under Nordhavs-Expeditionens (vistnok ikke særdeles talrige) Skrabninger omkring denne Ø i 1877; heller ikke er den hidtil fundet ved Island.

Langs Norges Kyster optræder den paa forskjellige Punkter fra Varangerfjorden og Nordkap af, og ned til Stavangerfjorden, som det synes, ikke særdeles sparsomt. Den sidstnævnte Localitet (59°) er det sydligste Punkt, hvor Arten hidtil er observeret, men den vil sandsynligvis ogsaa vise sig at leve Bankerne udenfor Orknøerne og Shet-

The *ventricles* of the specimens examined were on dissection found to contain marine animals of the following species: — Of 3 individuals taken at a depth of 191 fathoms (Station 290), bottom argillaceous clay, I found a *Notomastus latericeus*, M. Sars, in the stomach of one; in that of the second, an example of another Annelid, *Chloraemum pellucidum*, M. Sars; that of the third was full of small mollusks, belonging (as determined by Dr. Friele) to the species *Velutina undata*, Brown, and *Yoldia intermedia*, M. Sars. An individual taken at Station 275 (depth 147 fathoms) had its ventricle full of divers small Annelids, among which a *Clymene* and a small *Polynoë* admitted of being determined.

These animals are all of them bottom-species, and *C. uncinatus*, in common with the other Cottoid forms, unquestionably has its habitat either directly on, or very near to, the bottom, a circumstance also explained by the structure of its body.

Distribution. — *Centr. uncinatus* is an Arctic species, occurring, where the bottom is comparatively shallow, in most localities between Greenland, Spitzbergen, Nova Zemlja, and Norway. The species was first described by Reinhardt sen., 1833—34, from specimens taken on the south coast of Greenland (Nennortalik, in the district of Julianehaab). More recently it has now and again been sent from Greenland to Copenhagen, but, according to Dr. Lütken, does not seem to be common there. Its not having been taken on the English Polar Expedition (1875—76) off North-Greenland, in lat. between 78° and 83° N., is hardly a matter of surprise, if we consider the comparatively southern range of the species in the Arctic regions of Europe. Hitherto no example has been obtained from the shores of Spitzbergen; the most northerly point at which, up to the present time, it is known to have been observed, is Station 326, mentioned above, in lat. 75° 31' N., or about mid-way between Beeren Eiland and Spitzbergen; we may however safely regard its range as extending to the southern part of that group of islands. Between Spitzbergen and the coast of Norway it would appear to be equably distributed over the surface of the bottom in all localities where the depth of the ocean does not exceed a couple of hundred fathoms; further west, at greater depths, it has not been met with. In an easterly direction the species occurs at least as far as Nova Zemlja, where two examples were taken on Heuglin's Expedition in 1871, in Seal Bay, by Dr. Aagaard.

Off the coast of Jan Mayen no individual of this species was obtained on the Expedition when dredging (not very frequently, it is true) round that island, nor has it as yet been observed on the coast of Iceland.

On the Norwegian coast it occurs in divers localities, from the Varanger Fjord and the North Cape as far south as Stavanger; and apparently not as a rare species. The last-mentioned locality (in lat. 59° N.) is the most southerly point at which the species has been observed; probably, however, it will be found to inhabit the banks

landsøerne, saavel som Færøerne, Island, og mod Øst det kariske Hav.

Ved de amerikanske Kyster synes den atter at forekomme talrigt, og at gaa særdeles langt mod Syd. Den optræder saaledes i stort Antal paa Dybderne i Massachusetts Bay ved New England-Staterne under 41° N. B. (Goode & Bean, 1879).

Gen. Icelus, Kr.

Naturh. Tidsskr. 2 Række, 1 B. p. 261, Kbhvn. 1844—45 (1844).

Hovedet forholdsvis sammentrykt. Legemet fortil trindt, bagtil stærkt sammentrykt. Huden tildels granuleret, og forsynet med en Række Bentorne langs Ryggen; Sidelinien ligeledes med skarpe Bentorne. Tænder (som hos Centridermichthys) tilstede i Kjæverne, paa Vomer, og paa Palatinbenene. Præoperculum væbnet. 2 Dorsaler. Gjællehinderne sammenhængende paa Hovedets Underside.

8. Icelus hamatus, Kr. 1844.

Pl. I. Fig. 8.

? *Cottus bicornis*, Reinh. Overs. 1839, Kgl. D. Vid. Selsk. Naturv. Math. Afh. 8 Del, p. LXXV. Kbhvn. 1841 (1839).
Icelus hamatus, Kr. Naturh. Tidsskr. 2 Række, 1 B. p. 253 og 261 (1844).
? *Centridermichthys bicornis*, Günth. Cat. Fish. Brit. Mus. vol. 2, p. 172 (1860).
? *Icelus bicornis*, Gill, Proc. Acad. Nat. Sci. Philad. 1861, Suppl. p. 42 (1861).
Icelus furciger, Malm, Förh. Skand. Naturf. 9 Möte 1863, p. 410 (1865).

Diagn. *Legemet ovenfra tæt granuleret, ligesaa Hovedet. Tornene langs Ryggen og i Sidelinien fint tandede; ofte findes tillige en kortere Tornrække langs Analen, samt spredte Bentorne langs Siderne. Hovedet indeholdes $3\frac{2}{3}$—4 Gange i Totall. Øinene store og tætstaaende, indeholdes omtr. 3 Gange i Hovedlængden. Præoperculum har 4 Torne, den øverste med kløvet Spidse; 1 Par Knuder over Øinene, 2 Par paa Panden. Sidelinien fortil høitliggende, men bøier skraat nedad over Pectoralen; senere ret. 1ste Dorsalstraale dobbelt. Farven hvidlig gul med uregelmæssige brunsorte Pletter paa Hovedet og Legemets Overside (hos de yngre 3 større Rygpletter); en distinct mørk Plet under Øiet, og en lignende ved Roden af Pectoralen. Hannen med Analpapille. Størrelsen indtil 115mm (Hun).*

M. B. 6. 1 D. 8—9 (7); 2 D. 18—20 (17); A. 13—15 (16); P. 17—19; V. 4; C. $_{5}12_{5}$. Lin. lat. indtil 45.

lying off the Orkney and Shetland Islands, also the shores of the Farōe Islands, the coast of Iceland, and the Kara Sea.

On the coast of North America it would appear to be a common fish, occurring abundantly — and here too far south — in Massachusetts Bay, on the coast of New England, in lat. 41° N. (Goode and Bean, 1879).

Gen. Icelus, Kr.

Naturh. Tidsskr. 2 Række, 1 B. p. 261, Kbhvn. 1844—45 (1844).

Head comparatively compressed; fore part of body plump, hind part compressed; skin granulated in places, armed along the dorsal ridge with a row of osseous spines; sharp spines, too, along the lateral line; teeth (as in Centridermichthys) in jaws, on the vomer, and on the palatine bones; preoperculum armed; 2 dorsal fins; branchial membrane continuous on under surface of head.

8. Icelus hamatus, Kr. 1844.

Pl. I, fig. 8.

? *Cottus bicornis*, Reinh. Overs. 1839, Kgl. D. Vid. Selsk. Naturv. Math. Afh. 8 Del, p. LXXV. Kbhvn. 1841 (1839).
Icelus hamatus, Kr. Naturh. Tidsskr. 2 Række, 1 B. p. 253 and 261 (1844).
? *Centridermichthys bicornis*, Günth. Cat. Fish. Brit. Mus. vol 2, p. 172 (1860).
? *Icelus bicornis*, Gill, Proc. Acad. Nat. Sci. Philad. 1861, Suppl. p. 42 (1861).
Icelus furciger, Malm, Förh. Skand. Naturf. 9 Möte 1863, p. 410 (1865).

Diagnosis. *Upper surface of body and head covered with rough granulations; spines along dorsal ridge and lateral line slightly denticulated; frequently a shorter row occurs along the anal, and spines irregularly disposed on the sides. Length of head to total length as 1 to $3\frac{2}{3}$—4, eyes large and closely set, longitudinal diameter $\frac{1}{3}$ of the length of the head. Preoperculum with 4 spines, point of uppermost bifurcate. One pair of obtuse protuberances above the eyes, two pairs on the front. Lateral line in fore part of body high up the side, deflected downwards over the pectorals, from thence straight, first ray of first dorsal double. Colour whitish-yellow, on the head and upper surface of the body maculated with irregular brownish-black spots (in young examples 3 large dorsal spots); a distinct darkish spot under the eye, another at base of pectorals. The male with an anal papilla. Size reaching 115mm (female).*

M. B. 6; 1 D. 8—9 (7); 2 D. 18—20 (17); A. 13—15 (16); P. 17—19; V. 4; C. $_{5}12_{5}$. Lin. lat. up to 45.

Localit. fra Nordh. Exped. Jan Mayen; Spitsbergen.

	Stat. 223.	Stat. 224.	Stat. 298.
Beliggenhed.	Jan Mayen.	Jan Mayen.	Magdalenebay, Spitsbergen.
Dybde.	70 Favne (128 m).	95 Favne (174 m).	50 Favne (91 m).
Temp. paa Bunden.	÷ 0,0° C.	÷ 0,0° C.	+ 1,0° C.
Bunden.	Sort Sand og Ler.	Sort Sand og Ler.	Mørkegraat Ler.
Datum.	1ste Aug. 1877.	1ste Aug. 1877.	17de Aug. 1878.
Antal Individ.	1 Indiv.	1 Indiv.	1 Indiv.

Bemærkninger til Synonymien. Slægten *Icelus*, opstillet i 1844 af Krøyer (Naturh. Tidsskr. 2 Række, 1ste B.) for ovennævnte, hidtil eneste bekjendte Art, danner ved sine Rækker af skarpe Bentorne langs Ryggen og i Sidelinien blandt de arctiske Cottoider en Tilnærmelse til Slægten *Triglops*, med hvem den ogsaa har tilfælles det noget sammentrykte Hoved; i Tandbygning er den nærmest overensstemmende med *Centridermichthys*. Arten er udførligt beskreven allerede af Krøyer paa ovennævnte Sted, og herefter er dens Diagnose i Günthers Cat. Fish. Brit. Mus. vol. 2 (1860) affattet. Senere ere af flere Forfattere meddelte Bemærkninger vedrørende dens Optræden, saaledes ved Spitsbergen og de norske Kyster af Malmgren (Öfv. Kgl. Vet. Ak. Förh. 1864), af Esmark (Forh. Skand. Naturf. 10de Møde 1868), og af Collett (Norges Fiske 1874), ligesom Dr. Lütken har behandlet dens Synonymi etc. i 1876 (Vid. Medd. Naturh. Foren. Kbhvn. 1876, p. 380). Den er afbildet, (men ikke tilfredsstillende) i Gaimards Plancheværk til Corvetten la Recherche's Reise (Voyage Scand. Lap. etc. pl. 1). Endelig har Malm i 1877 (Göteb. och Boh. Fauna, p. 393) givet udførlig Beskrivelse af sin i 1863 (Forh. Scand. Naturf. 9de Möte 1863, p. 410) under Navn af *I. furciger* opstillede Art fra Bohuslen, der alene ved Tilstedeværelsen af en Række Bentorne ogsaa langs Analen adskiller sig fra *I. hamatus*, en Character, der dog ikke viser sig constant, men synes at være af ganske individuel Natur.

Remarks on the Synonymy. — Among the family of the Arctic Cottoids the genus *Icelus*, established, in 1844, by Kröyer, for the only species then and yet known, approximates the genus *Triglops* in the rows of sharp-pointed osseous spines extending along the dorsal ridge and lateral line, another salient character common to both being the somewhat compressed head. In the structure of the teeth it bears greatest resemblance to *Centridermichthys*. The first to give a full description of the species was Kröyer (with list of synonyms), and from the above description Dr. Günther has compiled a diagnosis in Cat. Fish. Brit. Mus. vol. 2 (1860). Observations have been subsequently furnished by several authors on its occurrence, by Malmgren, off Spitzbergen and the shores of Norway (Öfv. Kgl. Vet. Ak. Förh. 1864); by Esmark (Forh. Skand. Naturf. 10de Møde 1868); and by Collett (Norges Fiske 1874); a paper by Dr. Lütken, treating of the synonymy of the species &c. appeared, too, in 1876 (Vid. Medd. Naturh. Foren. Kbhvn., 1876, p. 380). *Icelus hamatus* is figured, but somewhat imperfectly, in the series of plates to Gaimard's Narrative of the voyage of the "Recherche" (Voyage Scand. Lap. etc. pl. 1). Finally, Malm furnished i 1877 (Göteb. och Boh. Fauna, p. 393) a detailed description of the form, from Bohuslen, described by him as *I. furciger*, which is distinguished from *I. hamatus* chiefly by a series of osseous spines along the anal fin, a character, however, which has not shown itself constant, but would seem to be altogether individual.

Bemærkninger til Beskrivelsen. De under Nordhavs-Expeditionen erholdte Individer havde følgende Maal:

	a. (Hun). Spitsbergen.	b. (Hun). Jan Mayen.	c. (Han). Jan Mayen.
Totallængde	43 mm	49 mm	61 mm
Længde uden Caudal	36 -	40 -	50 -
Hovedets Længde	11,5 -	15 -	19 -
Øjets Længdediameter	4 -	5 -	6 -

Flere af de ydre Characterer ere hos denne Art i en mærkelig Grad varierende, saaledes Hudens mere eller mindre rigelige Beklædning med Bentorne, de sidstes Bygning i Rækkerne langs Ryggen og i Sidelinien, ligesom ogsaa Sideliniens Længde; endelig er Straaleantallet temmelig lidet constant.

Descriptive Observations. The individuals obtained on the Expedition measured as follows: —

	a. (female) Spitzb.	b. (female) Jan Mayen.	c. (male) Jan Mayen.
Total length	43 mm	49 mm	61 mm
Length exclusive of caudal	36 -	40 -	50 -
Length of head	11,5 -	15 -	19 -
Longitudinal diameter of eye	4 -	5 -	6 -

Many of the external characters in this species vary to a remarkable extent in different individuals, for instance, the space furnished with osseous denticles; the form and structure of these spinules in the rows along the dorsal ridge and the lateral line; the length of the lateral line; and the number of fin-rays.

Locality (North Atl. Exped.): — Jan Mayen and Spitzbergen.

	Stat. 223.	Stat. 224.	Stat. 298.
Exact Locality.	Jan Mayen.	Jan Mayen.	Magdalene Bay, Spitzbergen.
Depth.	70 Fathoms (128 m).	95 Fathoms (174 m).	50 Fathoms (91 m).
Temp. of Bottom.	− 0,0° C.	− 0,0° C.	+ 1,0° C.
Bottom.	Black Sand and Clay.	Black Sand and Clay.	Dark-grey Loam.
Date.	1st Aug. 1877.	1st Aug. 1877.	17th Aug. 1878.
Numb. of Specim.	1 Indiv.	1 Indiv.	1 Indiv.

Medens saaledes den Række af disse Bentorne, der løber langs Ryglinien, altid synes at strække sig uafbrudt lige til Roden af Caudalen, og det saaledes her er væsentlig de enkelte Tuberklers Bygning, der varierer med flere eller færre Tænder, med længere eller kortere Spidser, kan Sidelinien undertiden være manglende i sin sidste Del, uden at dette begrundes i Individets unge Alder. Medens 2 unge Hanner fra Stavangerfjorden i Norge (59°), optagne fra 100 Favnes Dyb i 1872, have Sidelinien fuldt udviklet lige til Haleroden med 35—37 Torne, skjønt Individernes Totallængde ikke er over 38^{mm}, er Sidelinien ufuldstændig hos alle de 3 større, der erholdtes under Nordhavs-Expeditionen; hos det mindste standser den lenmod Slutningen af Analen, og har ialt 27 af disse benede Tuberkler; hos de 2 ældre, der have 33 Tuberkler, standser den noget længer for Analens Slutning. Det største Antal fandt Krøyer, der angiver 41—42 for sine Typ-Exemplarer, og Malm, som hos sin *I. furciger*, hvis Totallængde blot var 51^{mm}, fandt 45. I hvilken Grad disse benede Tuberkler selv variere i sin Bygning, har allerede Esmark gjort opmærksom paa i sine ovennævnte Bemærkninger i det 10de Naturforsker-Modes Forhandlinger.

Intet af Nordhavs-Expeditionens 3 Individer havde Spor af den Række benede Tuberkler langs Analen, som ofte er tilstede hos Individer af Middelsstørrelse ved de skandinaviske Kyster, ligesom denne ogsaa fandtes (ifølge Dr. Lütken) hos det ene af Krøyers Typ-Exemplarer fra Grønland. En lignende Række udviste et Exemplar fra Spitsbergen, som jeg i 1879 havde Leilighed til at undersøge i Riks-Museet i Stockholm. Disse Individer repræsentere Malms *I. furciger*.

At ligeledes den øvre gaffeldelte Torn paa Præoperculum kan være ganske eller næsten udelt (hvilket er Regelen hos ganske unge Individer), har tidligere været gjort opmærksom paa. Dette var saaledes Tilfældet paa den ene Side af et af Nordhavs-Expeditionens større Individer.

Straaleantallet findes ligeledes at variere ikke ubetydeligt, hvad der fremgaar af nedenstaaende Fremstilling af de forskjellige Forfatteres Angivelser.

1 *D.*	2 *D.*	*A.*	
9	20	16	Grønland (Kr. 1844): Typ-Expl.
8—9	19—20	15—16	Spitsbergen 1861 (Malmgr. 1864).
8	18—19	14	Grønland (Malmgr. 1864).
9	17	13—14	Norge 1866—72 (flere Expl. C. 1874).
8	19	13	Norge 1866—72 (C. 1874).
9	19—20	14—15	(flere Expl. Lütken 1876).
9	20	15	Bohuslen 1861 (Malmgr. 1877).
8	18	13	Spitsbergen 1868 (C.).
8	20	15	Spitsbergen 1868 (C.).
7	19	13	Spitsbergen 1872 (C.).
8	19	15	Spitsbergen 1872 (C.).

The row of osseous spines along the mesial line invariably appearing to exend as a continuous series to the origin of the caudal fin, and the exceptional character of the armature in this region being chiefly displayed in the structure of the individual tubercles, which vary in the number of the teeth and the length of the points, the terminal part of the lateral line is sometimes wanting altogether, which cannot be accounted for by the immaturity of the individual. Two young male examples from the Stavanger Fjord, in Norway (in lat. 59° N.), taken at a depth of 500 fathoms, in 1872, had the lateral line fully developed to the root of the tail, number of spines 35—37; and yet the total length did not exceed 38^{mm}, whereas in all three of the larger specimens, obtained on the Expedition, the lateral line is more or less imperfect; in the smallest, furnished with 27 osseous spines, it breaks off a short distance from the termination of the anal; in the two maturer examples it has 33 tubercles, and terminates a little beyond the posterior extremity of the anal. The largest number of tubercles yet observed is 41—42, in Krøyer's typical specimens, and 45 in Malm's *I. furciger* (total length only 51^{mm}). The extent to which the tubercles vary in structure has been pointed out by Professor Esmark, in a paper read before the 10th General Meeting of Naturalists.

No one of the three specimens taken on the Expedition exhibited traces of the series of osseous tubercles along the anal fin frequently observed in half-grown examples from the shores of Scandinavia, and which, according to Dr. Lütken, occurs in one of Krøyer's typical specimens from Greenland. An example from Spitzbergen which I had the opportunity of examining in 1879, in the Riks Museum at Stockholm, was furnished with a similar series. These individuals represent *I. furciger*, Malm.

That the upper spine on the preoperculum, commonly bifurcate, in some individuals occurs with little or no appearance of furcation, more particularly in the early stage of growth, has been noticed before. This distinction was observed in a specimen taken on the Expedition.

The very considerable variation in the number of the fin-rays is apparent from the subjoined table, comparing the formulae given by the different authors.

1 *D.*	2 *D.*	*A.*	
9	20	16	Greenland (Kr. 1844): typ. spec.
8—9	19—20	15—16	Spitzbergen, 1861 (Malmgr. 1864).
8	18—19	14	Greenland (Malmgr. 1864).
9	17	13—14	Norw. 1866—72 (sever. spec. C. 1874).
8	19	13	Norway 1866—72 (C. 1874).
9	19—20	14—15	(several specim. Lütken 1876).
9	20	15	Bohuslen 1861 (Malmgr. 1877).
8	18	13	Spitzbergen 1868 (C.).
8	20	15	Spitzbergen 1868 (C.).
7	19	13	Spitzbergen 1872 (C.).
8	19	15	Spitzbergen 1872 (C.).

Nordhavs-Expeditionens Individer havde følgende Straaleantal:

1 *D.* 8; 2 *D.* 19; *A.* 15. Spitsbergen 1878.
1 - 8; 2 - 20; - 15. Jan Mayen 1877.
1 - 8; 2 - 20; - 15. Jan Mayen 1877.

1ste Dorsal har saaledes 8 eller 9, sjelden 7 Straaler; af disse er den første altid kløvet til Grunden, et Forhold, der er ganske mærkeligt, og som jeg ikke hidtil har fundet omtalt. De øvrige ere alle enkelte. 2den Dorsal, der tæller 18—20, sjelden 17 Straaler, er højere end 1ste Dorsal; omtrent den 6te Straale er den længste. Alle Straaler ere her enkelte. Analen, der har 13—15, eller hos enkelte Individer 16 Straaler, har omtrent den 8de Straale længst.

Pectoralerne have alle noget fri Spidser, især de nederste, der tillige, som det er Regelen hos de cottoide Fiske, ere noget fortykkede; den 7de eller 8de Straale fra neden af er den længste. Caudalen er tydeligt emargineret, med afrundede Hjørner.

Til Krøyers og Malmgrens detaillerede Beskrivelser af Arten kan yderligere føjes, at der, hvad allerede af Esmark er bemærket, hos uskadte Individer findes 3 særdeles fine Hudtrevler paa Hovedet. Den største af disse sidder ovenfor Øjets bagre Rand, og er fladtrykt, samt baandformig frynset i Randen; de øvrige ere enkelte, korte Hudtrevler. Alle ere særdeles løstsiddende, og gaa tabte ved den mindste Berøring, hvorfor de i Regelen kun findes hos forholdsvis særdeles faa af de i Museerne opbevarede Individer.

Medens fremdeles Bundfarven hos Individet fra Spitsbergen var temmelig lys, næsten hvidagtig, og viste de regulære 4 Tværpletter over Ryggen særdeles tydeligt, vare de i 1878 ved Jan Mayen erholdte Individer oventil saa rigeligt forsynede med brunsorte Smaapletter og Streger, at Bundfarven var næsten ganske skjult, og Tværpletterne kun utydeligt markerede. Dette tør maaske antages at staa i Forbindelse med de Bundforholde, under hvilke Individerne levede; ved Jan Mayen bestod Bunden af vulkansk sort Mudder, hovedsagelig af Lava; ved Spitsbergen var der Lerbund.

Udbredelse. *I. hamatus* hører til de i den arctiske Zone hyppigt optrædende Arter, og gaar (tilligemed *Cottus quadricornis*) sandsynligvis længere mod Nord, end nogen anden af de hidtil kjendte Cottoider. Fra Grønland er den oftere nedsendt til Museet i Kjøbenhavn; i Vest-Grønland er den af den engelske Nordpol-Exped. (1875—76) fundet at være en af de almindeligste Fiske mellem 80 og 82° N. B., og gydeferdige Individer fandtes her i August. I Fjordene i Øst-Grønland er den af Germania- og Hansa-Expeditionen i 1869 fundet i 2 smaa Individer under 75° N. B.

I et temmelig stort Antal er den fremdeles indsamlet under de svenske Polar-Expeditioner 1861—72 ved Spitsbergen, hvor den neppe har manglet paa noget anders

Number of fin-rays in examples obtained on the North Atlantic Expedition: —

1 *D.* 8; 2 *D.* 19; *A.* 15. Spitzbergen 1878.
1 - 8; 2 - 20; - 15. Jan Mayen 1877.
1 - 8; 2 - 20; - 15. Jan Mayen 1877.

The first dorsal has accordingly, as a rule, 8 or 9 rays, rarely 7; the first ray is invariably furcate to the base, a feature truly remarkable, and which I have not met with mentioned in any description of the species; the rest are all simple. In the 2nd dorsal, the number of rays is 18—20, rarely 17; height greater than that of 1st; the 6th ray generally the longest; all rays in this fin simple. Anal furnished with 13—15, sometimes 16 rays; longest ray about the eighth.

Points of pectoral rays all somewhat detached, in particular the undermost, which, too, as is mostly the case with Cottoid fishes, are somewhat thick; the seventh or eighth counting from below, the longest. Caudal emarginate, with rounded edges.

A specific character not found enumerated in the detailed descriptions by Krøyer and Malmgren, but mentioned for the first time by Esmark, is the occurrence, on the head, of three exceedingly slender membranous filaments, or cirri. The largest of these, thin, compressed, and fringed along the edges, is located above the posterior margin of the eye; the rest are short, simple cirri. They are all of them most slenderly attached to the skin, the slightest touch sufficing to detach them, and hence but rarely observed on specimens preserved in museums.

The ground-colour in the specimen obtained off Spitzbergen was rather light, nay almost whitish, exhibiting with great distinctness the 4 transverse bands across the back, whereas the individuals obtained in 1878 on the coast of Jan Mayen were streaked and maculated to that extent with interjacent brownish-black stripes and spots as to conceal almost entirely the colour of the ground; and the transverse bands were very indistinct. The character of the bottom may possibly have had something to do with this; off the coast of Jan Mayen the bottom consists of black eruptive mud; off Spitzbergen of clay.

Distribution. — *I. hamatus* is a common species in the Arctic zone, and probably occurs (in company with *Cottus quadricornis*) further north than any other of the *Cottidæ* yet known. From Greenland specimens have been frequently sent to the Museum in Copenhagen; off the coast of West Greenland it was found on the English North Pole Expedition (1875—76) to be one of the fishes occurring in greatest abundance between lat. 80°—82° N., and individuals about to spawn were met with here in the month of August. On the eastern coast of Greenland it was taken on the Germania and Hansa Expedition, 1869, in lat. 75° N.

A considerable number, too, were obtained on the Swedish Expeditions in 1861 and 1872, off Spitzbergen; indeed it can hardly fail to have been observed in every

søgt Punkt omkring denne Øgruppe. Ogsaa her fandtes rognfulde Individer i August Maaned. Ved Jan Mayen er den hidtil blot erholdt under Nordhavs-Expeditionen. Den findes ikke omtalt fra Island, men optræder langs Norges Nord- og Vestkyst lige ned i Kattegat under 58° N. B., altid paa det noget dybere Vand (ikke under 20 Favne). Et enkelt Individ (*I. furciger*, Malm) er fundet paa den svenske Kyst (Gullmarfjärden) ved Bohuslen i 1861.

Ved Americas Kyster er den hidtil ikke omtalt sondenfor Grønland.

well investigated locality there. Examples having the abdomen distended with roe also occurred there in August. Off the coast of Jan Mayen, the only individuals hitherto observed were those taken on the Expedition. The species is nowhere mentioned as occurring on the shores of Iceland; it is met with, however, along the entire line of the Norwegian coast, extending as far south as the Cattegat, in lat. 58° N., invariably at some depth (not less than 20 fathoms). A solitary example (*I. furciger*, Malm) was observed off Bohuslen in 1861.

On the shores of North America, it is not mentioned as extending further south than Greenland.

Gen. Triglops. Reinh.

Overs. 1829—30. Kgl. D. Vid. Selsk. Nat. Math. Afh. 5 D. p. LII. Kjøbenhavn. 1832 (1829—30).

Hovedet af middels Størrelse, bedækket af en granuleret Hud; Kjæverne spinkle. Præoperculum svagt væbnet, Operculum uden Torne. Sidelinien med Benplader; Legemet nedenfor denne bedækket af skraatløbende, bagtil tandede Hudfolder. Tænder i Kjæverne og paa Vomer. 2 adskilte Dorsaler. Pectoralernes Straaler ere nedtil næsten frie, og noget forlængede.

Gen. Triglops. Reinh.

Overs. 1829—30. Kgl. D. Vid. Selsk. Nat. Math. Afh. 5 D. p. LII. Kjøbenhavn. 1832 (1829—30).

Head of moderate length, enveloped in a rough, granulated skin; jaws slender, unarmed. Preoperculum slightly armed; operculum without spines. Lateral line with osseous plates. Body covered below with oblique membranous folds, dentate along the posterior margin; dorsals 2, disconnected. Teeth in jaws and on vomer. Pectoral rays in lower part of fin almost free, and somewhat elongated.

9. Triglops pingelii, Reinh. 1838.

Pl. I. Fig. 9—10.

Triglops pingelii, Reinh. Kgl. D. Vid. Selsk. Nat. Math. Afh. 7 Del p. 114 og p. 118 (1838).

Triglops phaeosticus, Cope. Proc. Acad. Nat. Sci. Phil. 1865, p. 81, Noten (1865).

Diagn. *Hovedet indeholdes omtr. $3\frac{1}{4}$ Gange i Totallængden. Snuden kort; Øjnene store, indeholdes ikke fuldt 3 Gange i Hovedlængden. Præoperculum har 4 svage Torne. Legemet ovenfor Sidelinien granuleret, og med en Række Bentorne langs Grunden af Dorsalerne. Sidelinien højtliggende, med en Sænkning under 1ste Dorsal. Sidernes tandede Hudfolder særdeles talrige. Farven blegt hvidgul med brunsorte Tverpletter, hvoraf 4 ere større, eller med afbrudte uregelmæssige Længdepletter. Hannen har en lang Analpapille. Størrelsen indtil 200mm (Hannen).*

M. B. 6. 1 D. 10—12 (13); 2 D. 24—25 (23—26); A. 24—25 (23—26); P. 17—21; V. 4; C. 10 12 10. Lin. lat. 47—49 (45—46).

9. Triglops pingelii. Reinh. 1838.

Pl. I. fig. 9—10.

Triglops pingelii, Reinh.: Kgl. D. Vid. Selsk. Nat. Math. Afh. 7 Del, p. 114 & p. 118 (1838).

Triglops phaeosticus, Cope. Proc. Acad. Nat. Sci. Phil. 1865, p. 81, Note (1865).

Diagnosis. — *Length of head to total length as 1 to $3\frac{1}{4}$; snout short. Eyes large, longitudinal diameter not quite $\frac{1}{3}$ of the length of the head. Preoperculum with four slender spines. Body above lateral line granulated, a series of osseous spines extending along base of dorsals. Lateral line high up the side, bending downwards under first dorsal. The dentate membranous folds exceedingly numerous. Colour pale whitish-yellow, adorned with transverse spots of brownish-black, 4 larger than the rest, or with disrupted longitudinal patches, irregularly disposed. The male has a long anal papilla. Length reaching 200mm (male).*

M. B. 6. 1 D. 10—12 (13); 2 D. 24—25 (23—26); A. 24—25 (23—26); P. 17—21; V. 4; C. 10 12 10. Lin. lat. 47—49 (45—46).

Localit. fra Nordh. Exped. Jan Mayen; Spitsbergen.

	Stat. 223.	Stat. 237.	Stat. 366.
Findested.	Jan Mayen.	Jan Mayen.	Magdalenebay, Spitsbergen.
Dybde.	70 Favne (128 m).	263 Favne (481 m).	50 Favne (91 m).
Temp. paa Bunden.	÷0,6° C.	÷0,3° C.	1,0° C.
Bunden.	Sort Sand og Ler.	Brunt Sand og Ler.	Mørkegraat Ler.
Datum.	1ste Aug. 1877.	3die Aug. 1877.	19de Aug. 1878.
Antal Indiv.	1 Indiv.	1 Indiv.	1 Indiv.

Locality (North Atl. Expedition): — Jan Mayen and Spitzbergen.

	Stat. 223.	Stat. 237.	Stat. 366.
Exact Locality.	Jan Mayen	Jan Mayen.	Magdalene Bay, Spitzbergen.
Depth.	70 Fathoms (128 m).	263 Fathoms (481 m).	50 Fathoms (91 m).
Temp. at Bottom.	÷0,6° C.	÷0,3° C.	1,0° C.
Bottom.	Black Sand and Clay.	Brown Sand and Clay.	Dark-grey Loam.
Date.	1st Aug. 1877.	3rd Aug. 1877.	19th Aug. 1878.
Numb. of Specim.	1 Indiv.	1 Indiv.	1 Indiv.

Bemærkninger til Synonymien. Slægten *Triglops* opstilledes af Reinh. sen. allerede i Overs. for 1829—30, Kgl. D. Vid. Selsk. Nat. Math. Afh. 5 B. p. LII (Kbhvn. 1832) efter et Exemplar fra Grønland; men først i 1838 bliver den i samme Tidsskrifts 7de Bind meddelt sit Artsnavn. Den viser i flere Henseender en Tilnærmelse til Slægten *Trigla*, saaledes i Tandbygningen, Hovedets Form, de finttandede Skraalinier nedad Legemets Sider, og de nedtil stærkt fri Pectoralstraaler.

T. pingelii er den eneste hidtil sikkert bekjendte Art af denne Slægt. Ligesom det var Tilfældet med *Centrid. macinatus*, blev den af Reinh. kun ganske kort characteriseret; derimod gav Krøyer i 1844 (Naturh. Tidsskr. 2den R. 1ste B.) efter det i Kbhvns. Museum foreliggende Materiale en udførligere Diagnose af saavel Slægt, som Art, og efter disse ere Günthers Diagnoser i Cat. Fishes Brit. Mus. vol. 2 (1860) affattede, da endnu intet Indiv. fandtes i British Museum. I 1864 erholdt Malmgren et Individ ved Spitsbergen; senere er den gjentagne Gange bleven kortelig omtalt fra Norge, ligesom Dr. Lütken har nærmere omhandlet de i Museet i Kbhvn. opbevarede Exemplarer fra Grønland i Vid. Medd. Naturh. Foren. Kbhvn. for Aaret 1876.

Af Krøyer er den bleven afbildet i Gaimards Plancheværk (Voy. Scand. Lap. etc. 1838—40, Poiss. pl. 1), men denne Afbildning er i flere Henseender ufuldkommen. En udførligere Beskrivelse af *T. pingelii* er hidtil intetsteds bleven leveret.

Remarks on the Synonymy. — The genus *Triglops* was first established by Reinhardt sen., in Kgl. D. Vid. Selsk. Nat. Math. Afh. Overs. for 1829—30, 5 B. p. LII (Kbhvn. 1832), from a specimen taken on the coast of Greenland; it did not however receive its specific name before 1838, in the 7th volume of the said Journal. This genus approximates in many of its characters the genus *Trigla*; for instance, in the dentition, the form of the head, the oblique serrate lines traversing the sides of the body, and in the pectoral rays being to a great extent free.

T. pingelii is the only species of this genus with certainty known to have been observed. As had been the case with *Centrid. macinatus*, its generic characters were but briefly set forth by Reinhardt sen.; on the other hand, Krøyer, in 1844, from materials in the Zoological Museum at Copenhagen, gave a detailed diagnosis both of the genus and the species, which is the source whence Günther has furnished his diagnosis in Cat. Fishes Brit. Mus. vol. 2 (1860), as the British Museum had no example of the species. In 1864 Malmgren obtained a specimen from the coast of Spitzbergen; since then it has been repeatedly mentioned as occurring off the Norwegian coast; and in 1876 Dr. Lütken treated of the specimens preserved in the Zoological Museum of Copenhagen in Vid. Medd. Naturh. Foren. Kbhvn. for that year.

The species has been figured by Krøyer in one of the plates to Gaimard's work (Voy. Scand. Lap. etc. 1838—40; Poiss. pl. 1); but this representation is in several respects faulty. A detailed description of *T. pingelii* has not as yet been furnished.

Beskrivelse. *Legemsbygning.* Hele Legemet er oventil, ligesom Hovedet, tæt beklædt med fine Granulationer, og nedenfor Sidelinien med tandede Hudfolder; blot Gjællemembranen er nøgen. Pectoralerne og Øjnene ere forholdsvis særdeles store. Hannerne ere kjendelige ved sin overordentlig store Analpapille, der ved Grunden omtrent har en Lindsediameters Tykkelse, og er rettet noget fremad; dens Længde udgjør omtrent en Orbitaldiameters Bredde. Halen er temmelig lang og udtragen, og Haleroden er forholdsvis fin.

General description. *Structure of the Body.* — Body, above, and head, closely studded with minute granulations; dentate membranous folds below the lateral line, branchial membrane only smooth. Pectorals and eyes comparatively large. Male individuals easily distinguished by the remarkable size of the anal papilla, which projects slightly forward; its thickness at base about equal to the transverse diameter of the lens, and its length, to the diameter of the orbit. Tail rather long and elongate, slender at base.

Hovedet har en forholdsvis kort, men temmelig tilspidset Snude, og den tæt chagrinerede Hud er fast beklædende Craniet; tykke Læber, som hos *Cottus*, *Centridermichthys* og *Gymnacanthus*, findes ikke, og Kjæverne synes derfor temmelig spinkle. I Totallængden indeholdes Hovedets Længde omtr. $3^{1}/_{4}$ Gange.

Øjnene ere særdeles store, og Orbita's Diameter længere, end Snudens Længde. Hos det største af de under Expeditionen erholdte Individer (Totall. 108mm) indeholdes Snuden næsten 2 Gange i Længden af Orbita, men hos de yngre er Øjendiameteren noget mindre. I Hovedlængden indeholdes Øjet fra $2^{2}/_{3}$ til 3 Gange. Interorbitalrummet er distinct, og har en Bredde, der omtrent er lig Lindsens Diameter.

Tænder ere tilstede i Mellem- og Underkjæven, samt paa Vomer, men ere yderst fine; Palatinbenene er tandløse.

2 Par Næsebor findes; det øverste Par er beliggende temmelig nær Orbitalranden, det nederste omtrent midt mellem denne og Randen af Overkjæven. Kjæverne ere omtr. af samme Længde; hos enkelte Ind. synes Underkjæven at være ubetydeligt længere, end Overkjæven.

Gjællestraalerne ere 6, eller (ifølge Lütken og Kröyer) undtagelsesvis 7 i Antal.

Huden. Hudtraade paa Hovedet, saaledes som hos flere af de øvrige Cottoider, har jeg ikke kunnet opdage hos denne Art. Derimod strækker sig (tydeligst hos de yngre Individer) rundt Orbita en tæt Række smaa Hudpapiller (omtrent som hos Gobierne); nedtil støder denne Kreds mod en horizontal Række, der strækker sig fra Næseborene til den øvre Rand af Praeoperculum.

Hovedets Væbning er mindre stærkt udviklet, end hos de fleste øvrige beslægtede Former. Praeoperculum er tandet, men Tænderne ere lave, og ikke synderligt fremtrædende af Huden. Deres Antal er 4, og deres Stilling er den hos Cottoiderne almindelige, idet den øverste peger opad og bagud, de øvrige nedad. Operculum er uvæbnet, og ender med en afrundet Flig.

Den skarpe og bagudrettede Torn, der hos de fleste cottoide Fiske findes paa hver Side af Snuden, støttende sig til Næsebenene, er ogsaa tilstede hos *Triglops*; hos en Unge fra den norske Kyst var den ene af dem kløvet i Spidsen. Ungerne have fremdeles paa Panden de sædvanlige 2 Par skarpe Bentorne, men disse ere næsten umærkelige hos de ældre.

Hovedets chagrinartede Beklædning strækker sig hos ældre Individer ud over Øjets øvre Del, men mangler altid paa Hovedets Underside; hos smaa Unger, hvis Totallængde er under 30mm, ere dog endnu Gjællelaagene næsten ganske glatte.

Det egentlige Legeme har alene det ubetydelige Parti af Bugen mellem Ventralerne og Anus glat; ovenfor Laterallinien er Legemet granuleret, ligesom Hovedet, og nedenfor denne, samt paa Struben, forsynet med de ejendommelige skraatløbende, bagtil tandede Hudfolder.

Head furnished with a rather short, but comparatively sharp-pointed snout, and the rough granulous skin firmly attached to the cranium; lips not thick and fleshy (as in *Cottus*, *Centridermichthys*, and *Gymnacanthus*), giving to the jaws a somewhat slender appearance. Length of head to total length about as 1 to $3^{1}/_{4}$.

Eyes remarkably large, the diameter of the orbit exceeding the length of the snout. In the largest specimens obtained on the Expedition (total length 108mm), the diameter of the orbit is to the length of the snout almost as 2 to 1, in the younger examples a trifle less. Diameter of eye to length of head as 1 to $2^{2}/_{3}$—3. Interorbital space distinctly obvious, breadth about equal to diameter of lens.

Teeth in intermaxillary and lower jaw, and on vomer, but exceedingly minute; none on the palatine bones.

Two pairs of nostrils, the upper pair placed in close proximity to the margin of the orbit, the lower about midway between the margin of the orbit and that of the upper jaw. Length of jaws about equal; in some examples the lower jaw appears to protrude slightly beyond the upper.

Branchiostegals 6, or (according to Kröyer and Lütken) exceptionally 7.

Skin. — Of membranous filaments, such as occur in divers of the other *Cottidæ*, I have not been able to detect any vestige; but, encircling the orbits (and most conspicuous in young individuals), is an annular series of minute warty protuberances (much the same as in the Gobioids); below, this ring is met by a horizontal series, extending from the nostrils to the upper margin of the preoperculum.

Armature of head less fully developed than in most of the other allied forms; preoperculum dentate, the teeth however depressed, and but slightly projecting above the skin; number, 4, position and arrangement that common to the Cottoids, the uppermost oblique, pointing upwards and backwards, the rest downwards. No arming is observed on the operculum, which terminates in a membranous flap.

The sharp spine, inclining backwards, which in most Cottoid fishes occurs on either side of the snout, projecting from the nasal bones, is also observed in *Triglops*; a young example, taken on the Norwegian coast, had one of these spines furcated at the point. In young individuals the front is furnished with the normal number of osseous spines (2 pairs); these are hardly perceptible in adults.

The rough, granulous skin of the head extends, in mature individuals, beyond the upper part of the eye, the under surface of the head is invariably smooth; in very young examples (total length under 30mm), however, the opercles occur as yet smooth.

Of the body proper a very small portion comparatively is smooth — that on the abdomen, extending between the ventrals and the anus; above the lateral line, the whole of the body is rough with granulations, as also the head; the region below it, and the throat, furnished with the characteristic oblique and dentate membranous folds.

Sidelinien dannes af en sammenhængende Række tandede Benplader, hvis Antal, der svarer til Hvirvelantallet, er 47—49, eller undertiden et Par færre; den ligger i sit hele Løb noget ovenfor Legemets Midtlinie, gjør en ubetydelig Sænkning ned under 1ste Dorsal, men hæver sig atter, og løber herefter lige ud mod Caudalen. Fra Unger af *Icelus hamatus*, hvor de Udvoxedes Characterer endnu ikke ere fuldt udviklede, kunne ligestore Unger af *Triglops* kjendes ved Sideliniens Løb, idet denne hos *Icelus* danner en opad convex, hos *Triglops* en opad concav Bue under 1ste Dorsal.

Ovenfor Sidelinien strækker sig en Række Bentorne langs hele Grunden af Dorsalerne, der taber sig omtrent ved Midten af 2den Dorsal. Hos de yngre Individer ere disse Bentorne højere og skarpere, end hos de ældre, hvor de tildels ere lidet fremtrædende af Hudens chagrinerede Parti.

De skraatløbende Hudfolder danne oprindelig Fortsættelser af Sideliniens Benplader, og bedække fuldkommen Legemets Sider nedenfor denne. Ikke altid fortsætter den samme Hudfold sig uden Afbrydelse lige ned til Ventrallinien, men nye af forskjellig Længde begynde og ophøre næsten overalt, saaledes at deres Antal nedad bliver langt større, end Benpladernes i Sidelinien. Enhver af disse Hudfolde er i sin bagre Rand fint tandet; de gaa lige ud til Caudalen, og med lignende Hudfolder er ligeledes Struben beklædt.

Det Tidspunkt, da disse characteristiske Tverstriber, samt Tornerækkerne udvikle sig hos Ungerne, synes at være noget varierende. Sandsynligvis blive Hannerne tidligere væbnede, end Hunnerne. Saaledes har jeg undersøgt Unger (fra Norge), der sandsynligvis have været Hanner, hvis Totallængde har været mellem 26 og 30mm, og som allerede havde saavel Tverstriberne, som Tornerækkerne antydede eller i Frembrud; derimod var et andet Individ fra Spitsbergen (erholdt under den svenske Expedition i 1864), hvis Totall. var 37mm, og som jeg i 1879 havde Lejlighed til at undersøge, endnu glat overalt; Sidelinien var her synlig som en Række hvidagtige, parvis stillede Papiller, der standsede før Slutningen af 2den Dorsal, men intet Spor viste sig af Tverstriberne; den øvre Tornerække var ligeledes blot antydet ved bløde Papiller, der endnu knapt vare ossificerede eller væbnede. Dette sidste Individ var sandsynligvis en Hun.

Finnerne. De 2 Dorsaler ere adskilte ved et Mellemrum, der dog ikke plejer at være større, end Lindsens Diameter. Alle Straaler ere spinkle og skjøre som Glas, saaledes at Finnerne ofte ere mere eller mindre defecte. 1ste Dorsal er højere, end 2den, og har 10 til 13 Straaler; 2den Dorsal har 23 til 26 Straaler. Analen, der har den samme Længde og Bygning, som 2den Dorsal, har det samme Straaleantal, som denne sidste Finne; begge disse slutte i betydelig Afstand fra Caudalen. Pectoralernes Straaleantal ligger mellem 17 og 21. Caudalen, der næsten er ret afskaaret i sin bagre Rand, eller svagt emargineret, har, foruden paa hver Side et Antal korte Støttestraaler,

The lateral line consists of a continuous series of dentate osseous plates, corresponding in number (47—49, sometimes one or two fewer) with the vertebræ; it extends, throughout its entire length, a little above the mesial line, bending slightly downwards under the first dorsal, from whence, after regaining its original position, it passes straight to the caudal fin. Young individuals of *Icelus hamatus*, which have not as yet the adult characters fully developed, may be readily distinguished from young examples of *Triglops* by the upward sweep of the lateral line under the first dorsal, which in *Icelus* is convex, in *Triglops* concave.

Above the lateral line is a series of osseous spines, extending along the base of both dorsals; about the middle of the second it ceases however to be obvious. In young examples these spines are longer and sharper than in adults, which have them in some cases but very sligtly elevated above the granulous surface of the skin.

The oblique membranous folds are at first continuations of the osseous plates of the lateral line, covering the whole of both sides of the body beneath it. The same fold does not always extend uninterruptedly to the ventral line, others commencing and breaking off almost everywhere, and hence the total number of folds greatly exceeds that of the osseous plates on the lateral line. Each of these membranous folds is dentate, or rather serrate along its posterior margin; they extend to the caudal fin; similar transverse folds cover the throat.

The exact stage of growth at which these characteristic transverse stripes and series of osseous spines begin to develop would appear to vary. Probably males acquire armature earlier than females. I have examined young individuals (from Norway), most likely males, having a total length of between 26 and 30mm, in which both the transverse stripes and the series of spines were either rudimentary or in course of development, whereas an example from the coast of Spitzbergen (taken on the Swedish Expedition in 1864), total length 37mm, which I had an opportunity of examining in 1879, was as yet perfectly smooth. In that specimen, the lateral line was obvious as a row of whitish papillæ, terminating near the extremity of the 2nd dorsal; but of transverse stripes no vestige was perceptible; also the upper row of spines in the rudimentary stage was marked out with soft and tumid papillæ, which as yet exhibited little or no trace of arming. This individual was probably a female.

Fins. — The two dorsals separate; space between them generally not greater than the diameter of the lens; all the rays slender, and brittle as glass; hence the fins themselves, in the great majority of examples, are in a more or less mutilated condition. Height of first dorsal exceeds that of second; number of rays in former 10—13, in latter 23—26. The anal fin, length and structure corresponding to that of second dorsal, also furnished with 23—26 rays; both these fins placed at a considerable distance from caudal; number of rays in pectorals varying from 17 to 21. Posterior margin of caudal square, furnished on either side with a number of short auxiliary

11, eller oftest 12 ordinære Straaler, der i Spidserne ere kløvede. Ventralstraalernes Tælling er forbunden med nogen Vanskelighed paa Grund af Straalernes Tæthed og dybe Kløvning; Antallet er 4. Hos det største af de under Expeditionen erholdte Han-Individer fortsætter Membranen sig som en bred Bræm langs Ydersiden af denne Finne.

De under Nordhavs-Expeditionen erholdte Individer havde følgende Straaleantal:

a. (Hun) *1 D.* 12; *2 D.* 24; *A.* 24; *C.* $_{10}12_{10}$; *P.* 21; *V.* 4.
b. (Han) — 10; — 24; - 24; - $_{10}12_{8}$; - 18; - 4.
c. (Hun) — 10; — 26; - 26; - $_{10}12_{10}$; - 21; - 4.

Farvetegning. Denne er temmelig varierende, og synes at forandre sig noget under Væxten. Medens de unge Individer oftest have paa den hvide eller svagt gulagtige Bundfarve 4 større, skarpt begrændsede Pletter, hvortil senere støde andre og mindre nedad Legemets Sider, blive disse Pletter hos de større Individer opløste til korte langsløbende eller skraa Baand, der kunne være afbrudte, og delte i mindre Pletter. Denne sidste Farvetegning have begge de under Expeditionen erholdte Hanner, medens Hunnen har den mere overensstemmende med Ungernes. Af Finnerne have Dorsalerne, Pectoralerne og Caudalen tydelige Tverbaand.

Størrelse. De største Individer, der hidtil ere fundne af denne Art, opbevares i Museet i Kjøbenhavn, og ere fra Grønland. Ifølge Dr. Lütken (l. c. p. 378) har af disse en Han naaet en Totallængde af 145^{mm}, en Hun endog 200^{mm}, og denne Forskjel mellem Kjønnene synes at være gjennemgaaende.

De 3 under Expeditionen erholdte Individer havde følgende Maal:

	a. Hun. Jan Mayen.	*b.* Han. Spitsb.	*c.* Hun. Jan Mayen.
Totallængde	70^{mm}	90^{mm}	108^{mm}
Længden uden Caudal	60 -	79 -	93 -
Hovedets Længde . .	20 -	24 -	29 -
Øjets Diameter . . .	7 -	7,5 -	11 -

De ved de norske Kyster hidtil fundne Individer have i Regelen været smaa, og deres Totallængde aldrig overskredet 102^{mm}.

Levemaade og Føde. Som alle Arter af denne Gruppe er *Triglops pingelii* henvist til at leve nærved eller umiddelbart paa Bunden, hvilket allerede fremgaar af Pectoralernes Bygning, hvis nedre Straaler ere mere eller mindre fri. Hos unge Individer er det dog blot Straalernes yderste Spidser, der rage ud over Membranen; men Indsnittet mellem dem tiltager med Alderen, og hos de udvoxede ere de nederste Straaler skilte næsten til Grunden, de nærmest paafølgende noget mindre. Ialt deltage 7—8 Straaler heri, og samtidig ere disse beklædte med en tykkere Hud, og tillige livligere farvede, end de øvrige 13—14, ligesom de øverste af dem ere noget længere, end de tilgrændsende normale Straaler. Herved fremkommer en Tilnærmelse til

spines, exclusive of 11, or more frequently 12 ordinary spines, all of which are cleft at the points. The numbering of the ventral rays is attended with some difficulty, in consequence of the extreme closeness and deep furcation of the rays; they are 4 in number. In the largest of the male specimens obtained on the Expedition the membrane extends as a wide border along the outer margin of this fin.

Number of rays in the specimens taken on the North Atlantic Expedition: —

a. (female) *1 D.* 12; *2 D.* 24; *A.* 24; *C.* $_{10}12_{10}$; *P.* 21; *V.* 4.
b. (male) — 10; — 24; - 24; - $_{10}12_{8}$; - 18; - 4.
c. (female) — 10; — 26; - 24; - $_{10}12_{10}$; - 21; - 4.

Colour. — The marking is subject to considerable variation in different individuals, and changes, too, apparently, as the growth progresses. Young individuals are generally characterised by having on the whitish ground-colour, or rather whitish with a faint tinge of yellow, 4 comparatively large and well-defined spots, meeting other and smaller macules disposed down the sides of the body, whereas in more mature examples these spots break up, appearing as a number of horizontal or oblique bands, sometimes disrupted into smaller spots. The latter marking distinguishes both of the male specimens taken on the Expedition; the female bore in this respect a greater resemblance to the young individuals. Well-defined transverse bands on the dorsals, the pectorals, and the caudal.

Dimensions. — The largest individuals of this species hitherto met with are preserved in the Zoological Museum at Copenhagen; they were sent from Greenland. According to Dr. Lütken, one male has attained a total length of 145^{mm}, a female 200^{mm} even; and this difference in size between the sexes would appear to be characteristic.

Measurements of the three specimens obtained on the Expedition: —

	a. Female. Jan Mayen.	*b.* Male. Spitzb.	*c.* Female. Jan Mayen.
Total length . . .	70^{mm}	90^{mm}	108^{mm}
Length excl. of caudal	60 -	79 -	93 -
Length of head . .	20 -	24 -	29 -
Diameter of eye . .	7 -	7.5 -	11 -

Most of the individuals hitherto observed on the Norwegian coast have been small, their total length not exceeding 102^{mm}.

Habits and Food. In common with all other species of this Arctic group, *Triglops pingelii* occurs immediately on, or in close proximity to, the bottom, a fact necessarily involved in the structure of the pectorals, the lower rays being to a greater or less extent free. In young individuals, however, the extreme points only are found to have pierced the membraneous integument; but the incision continues to deepen with the growth, and in mature examples the lowermost rays are cleft almost to the base, those next above them to a somewhat less extent. This characteristic feature is shared by 7—8 of the rays, which have a thicker integument and a deeper colour than the rest (13—14); moreover, the uppermost are of somewhat

det Krybe- og Føleorgan, som er høiest udviklet hos Slægten *Trigla*, hvor Straalernes absolute Frihed tilsteder en Bevægelse af denne Finnedel i alle Retninger, saaledes at disse Fiske i Virkeligheden kunne krybe henad Havbunden, medens Straalernes Spidser under famlende Bevægelser nedstikkes i Gruset.

Triglops pingelii forekommer blot paa det noget dybere Vand, og gaar neppe høiere op, end til 16—20 Favne. Den største Dybde, hvor denne Art hidtil er fundet, betegnes af den store Han fra Nordhavs-Expeditionen, der optoges paa 263 Favnes Dyb. Alle de under denne Expedition erholdte Individer bleve fundne i den iskolde Area, hvor Temperaturen paa Bunden var under 0° C.

I Ventrikelen af det største Individ, en Han fra Jan Mayen, fandtes blot et middelstort Exemplar af *Themisto libellula*, Mandt; hos den mindre Hun (fra Spitsbergen) Dele af en Annelide (*Polynoë*), samt af en Crustacé. En fuldt udviklet Hun fra Gjæsvær ved Nordkap, med en Totallængde af 102mm, det største Individ af denne Art, der hidtil er fundet ved Norges Kyster, indeholdt blot Levninger af Crustaceer, nemlig Dele af en *Hippolyte* og af en *Pandalus*.

Legetiden foregaar maaske om Vinteren, idet Generationsorganerne hos Expeditionens Individer ikke for Øieblikket befandt sig i fuld Udvikling. Ovarierne hos Hunnen indeholdt saaledes endnu uudviklede Æg; Antallet af disse var i hvert Ovarium mellem 250 og 300, saaledes ialt 5—600.

Udbredelse. *Tr. pingelii* har Udbredelse fælles med de fleste øvrige europæisk-arctiske Cottoider, og forekommer sandsynligvis overalt paa passende Localiteter mellem Grønland, Novaja Zemlja, Island, Færøerne, og Norges Kyster. Ved Grønland synes den ikke at være sjelden, og flere Exemplarer ere herfra indløbne til Museet i Kjøbenhavn, ligesom den i August 1876 erholdtes under den engelske Nordpol-Expedition i Vest-Grønland under 79° 29′ N. B.

I Nord-America gaar den, ligesom et Flertal af rent arctiske Fiske, forholdsvis langt længere mod Syd, end i Europa, og er saaledes erholdt i Massachusetts Bay udenfor New England under 42° N. B. Under de svenske Expeditioner til Spitsbergen er den funden ved denne Øgruppe allerede i 1861; ifølge Dr. Lütken er den ligeledes funden ved Færøerne og Island, og Nordhavs-Expeditionen har, som ovenfor nævnt, erholdt den ved Jan Mayen. Endelig forekommer den langs Norges Kyster fra Varangerfjorden ned til Stat eller Christiansund (61½°), men synes intetsteds her at forekomme i noget betydeligt Antal.

greater length than the adjacent normal rays. In this peculiarity of structure an approximation is shown to the motory and sensory organ, developed most in the genus *Trigla*; the rays in that genus being entirely free, this part of the fin can be moved about in all directions, and, on the points of the rays being pressed into the gravel, the fish appears to creep over the bottom.

Tr. pingelii occurs in comparatively deep water only, never ascending nearer the surface than 16—20 fathoms. The greatest depth at which the species has hitherto been observed is that from which the large-sized male specimen was taken on the North Atlantic Expedition — 263 fathoms. All the examples obtained on the Expedition inhabited the cold area, where the temperature at the bottom was below 0° C.

In the ventricle of the largest specimen, a male from Jan Mayen, was found only a moderate-sized example of *Themisto libellula*, Mandt; in that of the smallest, a female (from Spitzbergen), fragments of an Annelid (*Polynoë*) and of a crustacean. The stomach of a full-grown female, from Gjæsvær, near the North Cape, total length 102mm, the largest example of this species hitherto taken in Norway, contained only fragments of crustaceans, viz. of a *Hippolyte* and of a *Pandalus*.

The spawning-season is perhaps in winter, since the generative organs in the specimens taken on the Expedition were not then in a fully developed condition. The ovaries, too, contained immature ova; the number in each ovary was from 250 to 300, in both together from 500 to 600.

Distribution. — *Triglops pingelii* has the range common to most of the other Arctic *Cottidæ* in Europe, occurring probably in all favourable localities between Greenland, Novaja Zemlja, Iceland, the Faröe Islands, and the coast of Norway. On the coast of Greenland, it would appear to be not a rare species, and examples from that region have repeatedly been sent to the Zoological Museum in Copenhagen; it was taken, too, in 1876, on the English North Pole Expedition, off the west coast of Greenland, in lat. 79° 29′ N.

On the shores of western North America it occurs, in company with a large majority of true Arctic forms, comparatively farther south than in Europe, having been observed in Massachusetts Bay, off the coast of New England, in lat. 42° N. On the Swedish Expeditions to Spitzbergen, in 1861, it was obtained off that group of islands; according to Dr. Lütken, it has also been met with off the shores of the Faröe Islands and the coast of Iceland; and on the North Atlantic Expedition, as previously stated, it was met with on the coast of Jan Mayen. Finally, it occurs along the Norwegian coast, from the Varanger Fjord as far south as Stat or Christiansund (61° 30′ N.), but nowhere, it seems, as a common species.

Fam. Agonidae.

Gen. Agonus, Schneid.

Bloch. Syst. Ichth., (ed. Schneid.), p. 104 (1801).

10. Agonus decagonus, Schneid. 1801.

Pl. II, Fig. 11—12.

? *Cottus cataphractus*, Fabr. Fauna Groenl. No. 112, p. 155 (1780).
Agonus decagonus, Schneid. Bloch. Syst. Ichth. p. 105 (1801).
Aspidophorus decagonus, Cuv. & Val. Hist. Nat. Poiss. tom. 4, p. 223 (1829).
Aspidophorus spinosissimus, Kr. Naturh. Tidsskr. 2 Række, 1 B. p. 250 (1844).
Aspidophorus [illegible], Deslongch. Mém. Soc. Lin. Norm. tom. 9, p. 167 (1853).
Leptagonus spinosissimus, Gill. Proc. Acad. Nat. Sci. Philad. 1861, p. 167 (1861).
Archagonus decagonus, Gill. Proc. Acad. Nat. Sci. Philad. (teste Lütk.)

Diagn. *Legemet smalt, dets største Bredde indeholdes 8, Hovedets Længde 5 Gange i Totall. Det gjennemsnitlige Antal af Skjolde er: mellem Dorsalerne 4 Par; fra Nakken til 1ste Dorsal 5 Par, indtil 2den Dorsal 17 Par; mellem Ventralerne og Analen 12 Par. Foran Ventralerne findes 23—25 Skjolde. Pectoralens Længde ubetydeligt større, end Hovedets. Skjægtraadene 5 paa hver Side, (4 enkelte i Mundvigen, 1 kløvet fortil i Underkjæven). Sidelinien har 23—25 Porer. Et Par korte Torne paa Snuden, et Par Knuder over Øjnene, og et Par større Knuder paa Panden. Farven graagul, med 2—3 større graabrune Tverpletter; Pectoralen og Caudalen henimod Spidsen brunsorte. Hunnen har længere Ventraler, end Hannen. Størrelsen indtil 210mm.*

M. B. 6; 1 D. 6 (5 el. 7); 2 D. 6—7 (8); A. 7 (6 el. 8); P. 14—16; V. 3; C. 2,11/2. Lin. lat. 23—25.

Localit. fra Nordh. Exped.: Havet mellem Nordkap og Spitsbergen.

	Stat. 323.	Stat. 326.	Stat. 338.	Stat. 363.
Beliggenhed.	180 Kil. S. O. Beeren Eiland.	105 Kil. N. Beeren Eiland.	Sydcap, Spitsbergen.	60 Kil. V. Norskøerne, Spitsb.
Dybde.	223 Favne (408 m).	123 Favne (225 m).	146 Favne (267 m).	260 Favne (475 m).
Temp. p. Bunden.	+ 1.5° C.	+ 1.6° C.	1.1° C.	+ 1.1° C.
Bunden.	Brungraat Ler.	Mørkt Ler.	Stenbund.	Blaaler.
Datum.	30te Juli 1878.	3die Aug. 1878.	6te Aug. 1878.	14de Aug. 1878.
Antal Indiv.	1 Indiv.	6 Indiv.	1 Indiv.	1 Indiv.

Bemærkninger til Synonymien. En udførlig Beskrivelse er givet, foruden af Cuvier og Valenc. (Hist. Nat. Poiss. tom. 4), af Krøyer i Naturh. Tidsskr. 2 Række 1 B., som i 1844 beskriver saavel det udvoxede Individ (*Aspidophorus decagonus*), som Ungen (*Aspidophorus spinosissimus*) som separate Arter, og afbilder begge i Gaimards Reise-Værk (Voyage Scand. Lap. etc. 1838—40,

Fam. Agonidæ.

Gen. Agonus, Schneid.

Bloch. Syst. Ichth. (ed. Schneid.), p. 104 (1801).

10. Agonus decagonus, Schneid. 1801.

Pl. II, fig. 11—12.

? *Cottus cataphractus*, Fabr. Fauna Groenl. No. 112, p. 155 (1780).
Agonus decagonus, Schneid. Bloch. Syst. Ichth. p. 105 (1801).
Aspidophorus decagonus, Cuv. & Val. Hist. Nat. Poiss. tom. 4, p. 223 (1829).
Aspidophorus spinosissimus, Kr. Naturh. Tidsskr. 2 Række, 1 B. p. 250 (1844).
Aspidophorus [illegible], Deslongch. Mém. Soc. Lin. Norm. tom. 9, p. 167 (1853).
Leptagonus spinosissimus, Gill. Proc. Acad. Nat. Sci. Philad. 1861, p. 167 (1861).
Archagonus decagonus, Gill. Proc. Acad. Nat. Sci. Philad. (teste Lütk.)

Diagnosis. — *Body slender, greatest breadth to total length as 1 to 8, length of head as 1 to 5. Normal number of shields; between the dorsals 4 pairs, from nuchal region to 1st dorsal 5 pairs; to commencement of 2nd dorsal 17 pairs; between the ventrals and the anal 12 pairs. Anterior to ventrals 23—25 shields. Length of pectorals slightly exceeding that of head. Five cirri on either side (4 at the angle of the mouth, 1 cleft, and on the lower jaw). Lateral line with 23—25 mucous pores. One pair of short spines on snout; above the eyes one pair of knotty protuberances, and a pair, of larger size, on the front. Colour greyish-yellow, relieved with 2—3 large transverse spots of greyish-brown; points of pectorals and caudal brownish-black; ventrals longest in male. Length reaching 210mm.*

M. B. 6. 1 D. 6 (5 or 7); 2 D. 6—7 (8); A. 7 (6 or 8); P. 14—16; V. 3; C. 2,11/2. Lin. lat. 23—25.

Locality (North Atl. Exped.): The open sea, between the North Cape and Spitzbergen.

	Stat. 323.	Stat. 326.	Stat. 338.	Stat. 363.
Exact Locality.	180 Kil. S. E. Beeren Eiland.	105 Kil. N. Beeren Eiland.	South Cape, Spitzbergen.	60 Kil. N. Norsk Isl. Spitzb.
Depth.	223 Fathoms (408 m).	123 Fathoms (225 m).	146 Fathoms (267 m).	260 Fathoms (475 m).
Temp. at Bottom.	+ 1.5° C.	+ 1.6° C.	1.1° C.	+ 1.1° C.
Bottom.	Brownish-grey Loam.	Dark Clay.	Rocky Bottom.	Bluish Clay.
Date.	30th July 1878.	3rd Aug. 1878.	6th Aug. 1878.	14th Aug. 1878.
Numb. of Specim.	1 Indiv.	6 Indiv.	1 Indiv.	1 Indiv.

Remarks on the Synonymy. — A full description of this species has been given by Cuvier and Valenc. (Hist. Nat. Poiss. tom. 4); also by Krøyer (Naturh. Tidsskr. 2 Række, 1 B.), who, in 1844, described the full-grown fish (*Aspidophorus decagonus*) and the immature form (*Aspidophorus spinosissimus*) as two species, both of which he subsequently figured for Gaimard's work (Voyage Scand.

pl.* 5). Yngelen er yderligere beskreven (efter norske Individer) af Forf. i 1874 i „Norges Fiske" p. 40, ligesom Dr. Lütken efter Materiale i Kjøbenhavns Museum har givet værdifulde Bidrag til Kundskaben om denne og de nærstaaende Arters Synonymi og Variabilitet i Vid. Medd. fra Naturh. Foren. Kbhvn 1876, p. 382.

Bemærkninger til Beskrivelsen. Straaleantallet i de verticale Finner var hos Nordhavs-Expeditionens Individer en ikke ubetydelig Variation underkastet, idet dette vexlede i 1ste Dorsal mellem 5 og 7, i 2den Dorsal og i Analen mellem 6 og 8.

	Total-længde.	Hovedets Længde.	*1 D.*	*2 D.*	*A.*	*P.*
a.	140mm	27,5mm	5;	7;	7;	15—15.
b.	141 -	27 -	6;	7;	7;	14—14.
c.	147 -	30 -	5;	6;	7;	15—15.
d.	152 -	29,5 -	6;	5;	7;	14—14.
e.	152 -	29 -	6;	8;	8;	14—15.
f.	156 -	29 -	6;	7;	7;	15—15.
g.	168 -	31 -	6;	7;	7;	14—14.
h.	174 -	33 -	5;	6;	7;	14—14.
i.	178 -	33 -	7;	7;	6;	15—15.

Hos grønlandske Individer har Dr. Lütken, ifølge den ovenfor citerede Afhandling, fundet Straaleantallet at være: 1 D. 6 (5); 2 D. 6—7; A. 7 (5—8); P. 16 (15). Hos 3 Yngel-Individer fra Varangerfjorden fandt jeg: 1 D. 5—6; 2 D. 7; A. 7—8. Maaske have de grønlandske Individer reguları 1 Straale flere i Pectoralerne, end de, der lebo de spitsbergenske Farvande.

Antallet af Legemets Benskjolde varierede hos de 9 Individer inden følgende Grændser: Langs Ryglinien fra Nakken til Halen var oftest 44, undertiden 41—43 Skjolde; langs Buglinien oftest 39—40, undertiden 38 eller 41 Skjolde.

Fra Nakken til 1ste Dorsal fandtes i Regelen 5 Par Skjolde, fra Nakken til 2den Dorsal 17 Par. (2 Expl. havde 6 Par indtil 1ste Dorsal, saaledes ialt 18 Par, og et Individ havde paa den ene Side 5, paa den anden Side 6 Skjolde, saaledes indtil 2den Dorsal 17—18).

Gruppen foran Ventralerne talte 22—25 Skjolde, hvoraf enkelte vare ganske smaa.

Mellem begge Dorsaler vare 4 Par Skjolde. (Hos 1 Individ var der blot 3 Par, hos et andet 3½ Par, hos et tredie 5 Par).

Mellem Ventralerne og Analen var sædvanlig Antallet 12 Par. (Hos 1 findes 13 Par, hos et andet blot 10 Par).

Sidelinien er ganske tydelig efter hele sin Længde. Porernes Antal varierede hos de 9 Individer mellem 23 og 25; i Begyndelsen staa de forholdsvis tæt, omtrent ved hvert Skjold, men bagenfor Spidsen af Pectoralerne ere Afstandene længere.

Lap. etc. 1838—40, pl. 5). The fry of this fish (from the Norwegian coast) have been further treated of by the present author in 1874 (*vide* "Norges Fiske," p. 40); and Dr. Lütken has furnished valuable contributions to our knowledge of the synonomy and relative variability of this and other nearly related species in Vid. Medd. fra Naturh. Foren. Kbhvn. 1876, p. 382.

Descriptive Observations. — The number of rays in the vertical fins varied considerably in the specimens obtained on the North Atlantic Expedition, ranging in 1st dorsal from 5 to 7, in 2nd dorsal from 5 to 8, and in the anal from 6 to 8.

	Total Length.	Length of Head.	*1 D.*	*2 D.*	*A.*	*P.*
a.	140mm	27,5mm	5;	7;	7;	15—15.
b.	141 -	27 -	6;	7;	7;	14—14.
c.	147 -	30 -	5;	6;	7;	15—15.
d.	152 -	29,5 -	6;	5;	7;	14—14.
e.	152 -	29 -	6;	8;	8;	14—15.
f.	156 -	29 -	6;	7;	7;	15—15.
g.	168 -	31 -	6;	7;	7;	14—14.
h.	174 -	33 -	5;	6;	7;	14—14.
i.	178 -	33 -	7;	7;	6;	15—15.

In examples from the coast of Greenland the number of fin-rays, according to Dr. Lütken, was as follows; — 1 D. 6 (5); 2 D. 6—7; A. 7 (5—8); P. 16 (15). In three fry-specimens, from the Varanger Fjord, I found the fin-ray formula to be: 1 D. 5—6; 2 D. 7; A. 7—8; perhaps the additional ray in the pectorals is a peculiarity of structure in which the examples from Greenland differ from individuals inhabiting the shores of Spitzbergen.

The number of osseous shields on the body was found to vary, in the 9 individuals examined, within the following limits: along the dorsal line, from nape to origin of tail, most frequently 44, sometimes 41—43; along the line of the abdomen most frequently 39—40, sometimes 38—41.

From nape to 1st dorsal, in most of the specimens, 5 pairs of shields; from nape to 2nd dorsal 17 pairs (2 examples were furnished with 6 pairs from nape to 1st dorsal, or, in all, with 18 pairs, and one individual had 5 shields on one side and 6 on the other, or, in all, 17—18).

The group situated in front of the ventrals comprised 22—25 shields, some of which were very small.

Between the two dorsals occur 4 pairs of shields (in one individual only 3 pairs, in another 3 pairs and a half, in a third 5 pairs).

Between the ventrals and the anal the number of pairs is commonly 12 (one individual had 13, another only 10 pairs).

Lateral line distinctly obvious in its entire length. The number of pores varied in the 9 individuals from 23 to 25; the first in the series were arranged comparatively close, one at every shield almost, but, posterior to the extremities of the pectorals the interspace is greater.

Legemet er betydeligt slankere og mere langstrakt, end hos *A. cataphractus*; den største Bredde, der falder over Nakken, indeholdes omtr. 8 Gange i Totallængden.

Af Skjægtraade har denne Art paa hver Side 5; i Mundvigerne sidde 2 i Over-, og 2 i Underkjæven; den 5te sidder langt fortil i Underkjæven. Den sidste er altid kløvet, de øvrige ere enkelte. (1 Individ havde ogsaa den indre Traad i Overkjæven kløvet, et andet Individ havde Underkjævens forreste Traad ikke dobbelt, men endog 5-kløvet).

Ligesom det er Tilfældet med flere Cottoider, synes ogsaa hos denne Art Kjønnene at være ganske ulige repræsenterede i Antal. Af de 9 erholdte Individer var nemlig blot det ene (c) en Han, hvad der strax fremgik af de forlængede Ventraler. Medens de 2 Straaler, der danne denne Finne, hos alle de øvrige vare af lige Længde, og saa korte, at Finnens Længde ikke synderlig oversteg en Øiendiameter, havde hos dette ene Individ den ydre Straale, der var betydeligt længere, end de indre, en Længde af 17^{mm}, eller omtrent 2 Øiendiametre.

Farven var i det væsentlige ens hos alle. Bundfarven er gulgraa, og forsynet med 2—3 større Tverpletter, der danne Antydning til Baand, men iøvrigt ikke ere særdeles skarpt markerede. Det forreste af disse ligger over Roden af Pectoralen, det andet (ofte utydeligt) over Slutningen af 1ste Dorsal, det 3die over Midten af 2den Dorsal. Mellem disse findes mindre, utydeligt begrændsede Pletter og Skygninger. Finnerne ere mod Spidsen brunsorte; især er dette Tilfældet med Pectoralen og Caudalen. Undersiden af Legemet er uplettet graagul. Paa Hovedet gaar en temmelig bred, sort Streg fra Spidsen af Snuden gjennem Øiet, og fortsætter sig bagover paa Praeoperculum.

Levemaade og Føde. Den synes at være en afgjort Dybvandsart; de under Expeditionen erholdte Individer optoges fra en Dybde, der laa mellem 123 og 260 Favne, medens et Par Yngel-Individer fra Varangerfjorden (1874) erholdtes fra det noget grundere Vand (50—120 Favne). Som ovenfor nævnt, erholdtes et af Nordhavs-Expeditionens Individer fra den iskolde Area, hvor Vandets Temperatur var under 0° C.

I Ventrikelen af et af Individerne fandtes Amphipoder, væsentlig *Themisto libellula*, Mandt, og enkelte Individer af *Erythrops goësii*, G. O. Sars.

Udbredelse. *A. decagonus* er allerede af Fabricius omtalt fra Grønland i 1780 i hans Fauna Groenl. (under Navn af *A. cataphractus*), og den er senere gjentagne Gange nedsendt fra disse Landsdele til Museet i Kjøbenhavn. Paa samme Side af Atlanterhavet gaar den idetmindste ned til Newfoundland. Fremdeles er den, ifølge Dr. Lütken, erholdt ved Island. Ved Spitsbergen er den maaske ikke

The body is much more slender and elongate in form than is the case with *A. cataphractus*; extreme breadth, across the nape, about one-eighth only of total length.

The cirri in this species number 5 on each side, disposed as follows: 2 on the upper and 2 on the lower jaw, at the angle of the mouth, and the fifth far out on the lower jaw. This barbel is always cleft, the rest consist each of a single filament; in one specimen the posterior barbel on the upper jaw was likewise cleft; another had the anterior cirrus on the lower jaw not doubly, but quintuply cleft.

As is the case with several species of Cottoids, the sexes appear to be very unequally represented in *A. decagonus* with regard to number. Of the 9 individuals obtained, one only (c) was a male, a fact immediately apparent from the elongated ventrals. In all the other examples the 2 rays composing this fin were of equal length, and so short, that the length of the fin hardly exceeded the longitudinal diameter of the eye, whereas in this individual the exterior ray, which was considerably longer than the inner, had a length of 17^{mm}, about equal to twice the diameter of the eye.

The colour was in all these specimens essentially the same. Ground-colour yellowish-grey, relieved with two or three comparatively large transverse spots or bands, not very clearly defined however. The first of these spots occurs immediately above the origin of the pectorals, the second (in many individuals indistinct) above the termination of the 1st dorsal, the third above the central portion of the 2nd dorsal. In between these patches are a number of small indistinct spots and cloudings. The fins brownish-black towards the points; this is the case more especially with the pectorals and the caudal. The under surface of a uniform greyish-yellow. A black streak extends from the point of the snout through the eye, passing from thence backwards over the preoperculum.

Habits and Food. — This species decidedly appears to be a deep-sea fish; the specimens obtained on the Expedition were brought up from a depth of 123—260 fathoms; three individuals in the fry stage of growth, from the Varanger Fjord (1874), were taken in shallower water (50—120 fathoms). As before stated, one of the examples taken on the Expedition was brought up from the cold area, where the temperature was below that of ice.

In the stomach of one of the individuals examined were divers Amphipods, chiefly *Themisto libellula*, Mandt, and examples of *Erythrops goësii*, G. O. Sars.

Distribution. — *A. decagonus* was mentioned, as occurring on the coast of Greenland, as far back as 1780, by Fabricius, in his Fauna Groenl. (the name given it being *A. cataphractus*), and since then specimens have been repeatedly sent from those regions to the Zoological Museum in Copenhagen. On the shores of North America its range extends at least as far south as Newfoundland. According

særdeles sjelden, idetmindste paa Dybderne udenfor denne Øgruppe. Endelig er den fundet ved Finmarkens Kyster saavel ostenfor Nordcap (i Varangerfjorden), som i Vest-Finmarken (Lyngen); den er i Norge hidtil ikke fundet sondenfor 70° N. B.

Fam. Cyclopteridae.

Gen. Eumicrotremus, Gill.

Proc. Ac. Nat. Sci. Philad. 1864, p. 190 (1864).

Legemet næsten kugleformigt, med kort Hale, og bedækket med store, conisk tilspidsede Bentuberkler. 1ste Dorsal distinct, af Bygning som 2den Dorsal; de øvrige Finner, samt Sugeskiven, som hos Cyclopterus. Gjællespalten særdeles liden, dens Højde mindre end Øjets Diameter, beliggende højt ovenfor Pectoralernes Fæste. Sidelinie tilstede. Flere Rækker fine Tænder i Kjæverne.

11. Eumicrotremus spinosus, (Müll.) 1776.

Pl. II. Fig. 13.

Cyclopterus spinosus, Müll. Prodr. Zool. Dan. p. IX (1776).
Eumicrotremus spinosus, Gill. Proc. Acad. Nat. Sci. Philad. Sept. 1864, p. 190 (1864).
Cyclopterus orbis, Günth. Cat. Fish. Brit. Mus. vol. 3, p. 158 (1861).

Diagn. *Hovedet stort, indeholdes $2^1/_2$–3 Gange i Totallængden. 2 Par tubeformige Næsebor. Sugeskiven stor, indeholdes lidt over 4 Gange i Totallængden. Anus ligger nærmere Sugeskiven end Analen. Bentuberklerne have bredt rundagtig Basis, ere fint chagrinerede, og danne 5–6 uregelmæssige Længderækker. Trakten om Anus, samt Finnerne ere nøgne. Sidelinien højtliggende, har omtrent 13 Porer. Halestilken lav, indeholdes blot $^2/_3$ Gange i Øjets Diameter. Størrelse indtil 160mm.*

1 D. 6–7; 2 D. 10–12 (13); A. 10–12; P. 23–25; C. 10–11. Lin. lat. 13.

Localit. fra Nordh.-Exped. Spitsbergen.

Findested.	Isfjorden, Spitsbergen.
Dybde.	120 Favne (226m).
Temp. paa Bunden.	÷ 1,2° C.
Bunden.	Stenbund og Mudder.
Datum.	19de August 1878.
Antal Individer.	1 Indiv.

to Dr. Lütken it has also been met with off the coast of Iceland. On the coast of Spitzbergen it is not, perhaps, very rare, at least in deep water off that group of islands. It occurs, too, on the coast of Finmark, both east of the North Cape (in the Varanger Fjord) and in West Finmark (Lyngen), but has not hitherto been met with farther south than 70° N.

Fam. Cyclopteridæ.

Gen. Eumicrotremus, Gill.

Proc. Ac. Nat. Sci. Philad. 1864, p. 190 (1864).

Body almost globular, studded with large osseous tubercles, cuneiform in shape and pointed. First dorsal distinct, similar in structure to second dorsal; the other fins and the ventral disk as in Cyclopterus. Branchial opening placed high above the base of the pectorals, exceedingly narrow, its depth being less than the diameter of the eye. Lateral line obvious. Several series of minute teeth in the jaws.

11. Eumicrotremus spinosus, (Müll.) 1776.

Pl. II, fig. 13.

Cyclopterus spinosus, Müll. Prodr. Zool. Dan. p. IX (1776).
Eumicrotremus spinosus, Gill. Proc. Acad. Nat. Sci. Philad. Sept. 1864, p. 190 (1864).
Cyclopterus orbis, Günth. Cat. Fish. Brit. Mus. vol. 3, p. 158 (1861).

Diagnosis. — *Head large, length to total length as 1 to $2^1/_2$–3; 2 pairs of tubular nostrils; ventral disk large, its diameter slightly exceeding one-fourth of the extreme length of the body; vent nearer the disk than the anal; the osseous tubercles, disposed in 5–6 irregular longitudinal rows, are closely granulated, and broad at the base; the region encircling the vent and the fins is smooth; lateral line, consisting of about 13 pores, high up the side; root of tail slender, its height being two-thirds only of the diameter of the eye. Length reaching 160mm.*

1 D. 6–7; 2 D. 10–12 (13); A. 10–12; P. 23–25; C. 10–11. Lin. lat. 13.

Locality (North Atl. Exped.): — Spitzbergen.

Exact Locality.	The Isfjord, Spitzbergen.
Depth.	120 Fathoms (226m).
Temp. at Bottom.	— 1.2° C.
Bottom.	Rock and Mud.
Date.	19th August 1878.
Number of Specimens.	1 Indiv.

Bemærkninger til Synonymien. Opførelsen af denne Art under en særegen Slægt synes tilstrækkeligt at kunne begrundes ved Bygningen af Gjællespalten, der er reduceret til en trang Aabning højt over Pectoralernes Rod, samt ved den normalt byggede 1ste Dorsal, der ikke er omhyllet af den tykke Beklædning, der, som hos Slægten *Cyclopterus*, bringer denne Finne til næsten at forsvinde under Legemets almindelige Omrids. *Eumicrotremus* danner en bestemt Overgang til Lipariderne, baade paa Grund af Gjællespaltens Form og Stilling, og fordi Tænderne danne tydelige Rækker i Kjæverne.

Som en anden Art af samme Slægt har Dr. Günther i 1861 opstillet *Cyclopterus orbis*, beskreven efter et enkelt Individ med en Totallængde af 22 eng. Linier (omtr. 57mm) fra Beringshavet. Denne adskiller sig fra *E. spinosus* hovedsagelig blot ved et ringere Antal Straaler i 2den Dorsal og i Analen, idet dette hos Dr. Günthers Individ (Cat. Fish. Brit. Mus. vol. 2 p. 158) var blot 9 i begge de nævnte Finner.

Da Universitets-Museet i Christiania nylig har modtaget et velconserveret Exemplar af denne Form fra samme Trakt (Kamtschatka), har jeg kunnet anstille en nøje Sammenligning mellem begge Former, og tror efter denne ikke at kunne opføre *C. orbis* som en fra *E. spinosus* distinct Art. Totallængden af dette sidste Exemplar var 70mm, hvoraf Hovedets Længde var 22mm; Øjets Diameter 7mm, og udgjorde saaledes 1/3 af Hovedlængden[1]. Interorbitalrummet var 13mm, Sugeskivens Længdediameter 15mm. Straaleantallet var følgende: 1 D. 7; 2 D. 10; A. 10; C. 11; P. 24.

Da *E. spinosus* (ifølge Günther) kan have 10 Straaler i Analen, og 11 i 2den Dorsal, synes sikre Distinctions-Characterer ikke at kunne hentes af dette Forhold, og da heller ikke de øvrige Characterer kunne sees i nogen væsentlig Grad at være forskjellige fra *E. spinosus*, synes det rettest at henføre *C. orbis* som synonym under denne Art, der saaledes er den eneste hidtil kjendte i sin Slægt.

Allerede i 1776 blev Arten af O. F. Müller tildelt sin første foreløbige Diagnose efter et Individ, nedsendt fra Grønland gjennem Fabricius. I 1780 blev den udførligere beskreven af Fabricius selv i Fauna Groenland. (No. 93, p. 134), og senere i 1798 af samme Forf. i Naturhistorie-Selskabets Skrifter (4de B. 2 Afd. p. 77). Fuldstændig Beskrivelse er endvidere givet i 1847 i Naturh. Tidsskrift (2 Række, 2 B. p. 262) af Krøyer, som ligeledes i 1851 har afbildet Arten i Gaimards Planchewærk (Voyage etc. 1838—40. Poiss. pl. 4). Senest er den i 1861 af Dr. Günther beskrevet i Catal. Fish. Brit. Mus. (vol. 3, p. 157); samme Forf. har i 1877 i Proc. Zool.

[1] Naar Dr. Günther i sin Diagnose af *E. spinosus* anfører Øjet som udgjørende 1/4 af Hovedets Længde, er dette ikke Tilfældet hos Nordhavs-Expeditionens Individ, hvis Hovedlængde er 22mm og Øjets Diameter 8mm, saaledes, at den sidste udgjør lidt over 1/3 af Hovedlængden.

Remarks on the Synonymy. — For the establishing of this species under a separate genus there would appear to be sufficient reason in the characteristic form of the branchial opening, reduced as it is to a narrow slit, placed high above the pectoral fin; also in the fact of the 1st dorsal being normal in structure, and not enveloped in the thick, membranous integument which, in the genus *Cyclopterus*, well nigh conceals this fin beneath the contour of the body. *Eumicrotremus*, both from the form and position of the branchial orifices and from the teeth being arranged in distinct series in the jaws, may be regarded as a well-defined transition-genus, approximating the *Liparididæ*.

As a second species of the same genus, Dr. Günther, in 1861, established *Cyclopterus orbis*, describing it from a single specimen, having a total length of 22 English lines (about 57mm), taken in Bering's Straits. *C. orbis* is distinguished from *E. spinosus* chiefly by the smaller number of rays in the second dorsal and in the anal; the individual examined by Günther had, for instance, only 9 rays in each of those fins.

The University Museum in Christiania having lately come into possession of a well-preserved example of this form, taken in the same region (Kamtschatka), I have had an opportunity of closely comparing the two forms, and am of opinion that *C. orbis* can not be classed as a separate species, distinct from *E. spinosus*. The total length of this individual was 70mm; length of head 22mm; diameter of eye 7mm, or about one-third of the length of the head;[1] interorbital space 13mm; longitudinal diameter of ventral disk 15mm. The fin-ray formula was as follows: — 1 D. 7; 2 D. 10; A. 10; C. 11; P. 24.

E. spinosus, can, according to Dr. Günther, have 10 rays in the anal and 11 in the 2nd dorsal fin, and hence the fin-ray formula is of itself hardly sufficient to furnish a distinctive character; and not differing materially in other respects from *E. spinosus*, *C. orbis* may, it would seem, be safely regarded as identical with the former, which, in that case, is the only species hitherto observed of its genus.

As far back as 1776, O. F. Müller gave the first preliminary diagnosis of the species, from a specimen sent from Greenland by Fabricius. In 1780 it was more fully described by Fabricius himself, in his Fauna Groenland. (No. 93, p. 134), and subsequently, in 1798, by the same author (Naturhistorie-Selskabets Skrifter, 4 B. 2 Afd. p. 77). A full description also appeared in 1847, by Krøyer (Naturh. Tidsskr., 2 Række, 2 B. p. 262), who, in 1851, likewise figured the species for the plates to Gaimard's work (Voyage etc. 1838—40, Poiss. pl. 4). The latest diagnosis is that by Dr. Günther, in 1861 (Catal. Fish. Brit. Mus. vol. 3, p. 157); and in 1877 the same

[1] In Dr. Günther's diagnosis of *E. spinosus*, the diameter of the eye is stated to measure one-fourth of the length of the head; this was not the case, however, in the individual obtained on the North Atlantic Expedition, the length of the head having been 22mm, and the diameter of the eye 8mm, or a fraction more than a third.

Soc. of London (p. 294) givet i Træsnit Afbildninger af Yngelen.

Bemærkninger til Beskrivelsen. Totallængden af det under Expeditionen erholdte Individ var 79mm, hvoraf Hovedets Længde var 25mm. De conisk tilspidsede Bentuberkler beklæde Legemet saa tæt, at deres Grundlinier paa Siderne af det egentlige Legeme i Regelen berøre hinanden; paa Halen ere de alle mindre. Paa de 5 første Straaler af 1ste Dorsal sidder paa hver Side hen mod Spidserne en liden, chagrineret Bentorn. Endvidere er Grunden af Pectoralerne paa Ydersiden beklædt paa samme Maade, som Legemet og Hovedet.

Straaleantallet var: 1 D. 7; 2 D. 12; A. 12; P. 23; C. 10.

Tilstedeværelsen af en Sidelinie synes ikke at være omtalt i noget af de ovenfor anførte Skrifter, og Krøyer nævner udtrykkelig, at den mangler. En Sidelinie er ikkedestomindre tilstede, og Porerne ere overalt tydelige, om end ikke særdeles store[1]. Den udspringer ved Gjællespaltens øvre Ende, er i Begyndelsen temmelig højtliggende, men bøjer under 2den Dorsal skraat nedad mod Legemets Midtlinie, som den naar i omtrent $^1/_2$ Hovedlængdes Afstand fra Haleroden, og løber herfra ret ud mod Caudalen. Antallet af Porer er paa den ene Side 13, paa den anden 14.

Udbredelse. I Modsætning til *Cyclopterus lumpus* synes denne at være en Dybvandsart, der blot forekommer paa 60—200 Favnes Dyb (eller derover). Den hører til de Arter Fiske, som ere fundne længst mod Nord. Fra Grønland, hvor den er talrig, er den, som ovenfor nævnt, allerede kjendt fra forrige Aarhundrede gjennem Müller og Fabricius, og fandtes sidst i 1875 af den engelske Nordpol-Expedition paa flere Punkter af Vest-Grønland op til mellem 79 og 80° N. B. Fremdeles er den, ifølge Faber, funden ved Island (Fische Isl. p. 54, 1829); ved Spitsbergen er den ligeledes, som det synes, hyppig, og er her funden af Krøyer allerede i 1838, og senere af alle de efterfølgende Expeditioner i disse Farvande. Den er hidtil ikke fundet ved det europæiske Continent, men forekommer sandsynligvis ogsaa her paa passende Dybder af Ishavet. Da, som ovenfor nævnt, *Cyclopterus orbis* fra Beringshavet neppe kan opstilles som en fra *Eumicrotremus spinosus* skilt Art, er den saaledes i sin Udbredelse maaske circumpolær.

[1] Sandsynligvis er den oftest utydelig hos Individer, der have ligget længe i Spiritus, men vil i Regelen atter vise sig, om Individet opblødes en Tid i Vand.

author figured the fry of the species on wood. (Proc. Zool. Soc. of London, p. 294).

Descriptive Observations. — The total length of the individual taken on the Expedition was 79mm; length of head 25mm. The cuneiform osseous tubercles are so closely disposed over the body that their basal lines, in the lateral region, are as a rule contiguous; on the tail, these tubercles are all considerably smaller. The 5 first rays in the first dorsal are furnished on either side towards the point with a small granulated spine. Moreover, the base of the pectorals, exteriorly, is invested with a tegument similar to that covering the head and the body.

Number of fin-rays: — 1 D. 7; 2 D. 12; A. 12; P. 23; C. 10.

The occurrence of a lateral line does not appear to have been observed by any of the naturalists whose works are cited above; nay, Krøyer emphatically declares it to be wanting. A lateral line nevertheless there is, and the pores, though not particularly large, are distinctly perceptible.[1] It commences at the upper extremity of the branchial opening, extending from thence nearly straight till a little below the 2nd dorsal, where it suddenly bends downwards, striking obliquely to the mesial line, which it meets at a point distant about half the length of the head from the origin of the tail, and then passing straight to the caudal. Number of pores 13—14.

Distribution. — Unlike *Cyclopterus lumpus*, this would appear to be a deep-sea species, occurring at a depth of from 60 to 200 fathoms (or still deeper), and is one of the fishes whose range extends furthest north. On the coast of Greenland, where it is common, it was observed as far back as the last century, by Müller and Fabricius, having been latest met with on the English North Pole Expedition, 1875, in divers localities on the western shores of Greenland, as far north as 79° and 80°. According to Faber, (Fische Isl. p. 54, 1829) it inhabits the coast of Iceland; off Spitzbergen it is likewise said to be numerous, having been observed in those regions by Krøyer, in 1838, and since then on all subsequent Arctic Expeditions. Up to the present time it has not been met with off the continent of Europe, but occurs probably here too at the right depth. *Cyclopterus orbis*, from Bering's Straits, being, as before observed, hardly entitled to rank as a species distinct from *E. spinosus*, it is perhaps circumpolar in its range.

[1] Probably it is more or less obliterated in specimens preserved for any length of time in spirits, but will again become obvious if the skin be sufficiently moistened with water.

Fam. Liparididae.

Gen. Liparis, Cuv.

Règne Anim. éd. 1, tom. 2, p. 227 (1817).

12. Liparis lineatus, (Lepech.) 1774.

Cyclopterus liparis, Lin. Syst. Nat. ed. 12, tom. 1, p. 414 (1766).
Cyclopterus lineatus, Lepech. Nov. Comm. Acad. Petr. tom. 18, p. 522 (1774).
? *Cyclopterus noscolus*, Lacép. Hist. Poiss. tom. 4, p. 685 (1798).
Liparis vulgaris, Flem. Hist. Brit. Anim., p. 190 (1828).
Liparis barbatus, Ekstr. Kgl. Vet. Akad. Handl. 1832, p. 168 (1832).
Liparis lineata, Kr. Naturh. Tidsskr. 2. Række, 2. B., p. 284, 1846—49 (1847).
Liparis stellatus, Malm, Förh. Skand. Naturf. 9de Möte 1863, p. 412 (1865).
? *Liparis arctica*, Gill. Proc. Ac. Nat. Sci. Philad. 1864, p. 191 (1864).

Diagn. *Hovedet mindre, end Legemets største Høide, og indeholdes 4 Gange i Totall. Øinene smaa, indeholdes 5 Gange i Hovedets Længde. Analen bedækker 1/4 (hos Ungerne 1/3) af Caudalens Rod; Dorsalen naar til (hos Ungerne lidt udover) samme. Snuden længere, end Øiets Diameter. Underkjæven kortere, end Overkjæven. Sugeskiven stor, udgjør 1/8 (hos Ungerne 1/7) af Totall., eller Halvdelen af Hovedets Længde. Pectoralen med en dyb Indskjæring, og de nedre Straaler atter forlængede. Caudalen svagt afrundet, indeholdes 8 (hos Ungerne 7) Gange i Totall. Anus beliggende midt mellem Sugeskiven og Analen. Farven varierende; ensfarvet, plettet eller stribet. Længden indtil 130mm (og derover).*

M. B. 7. D. 32—42; A. 26—38; P. 32—42; C. 10—11[1].

Localit. fra Nordh. Exped. Spitsbergen.

	—	Stat. 326.
Findested.	Norskøerne, Nord-Spitsbergen.	Magdalenebay, Nord-Spitsbergen.
Dybde.	Ubetydelig.	50 Favne (91m).
Temp. paa Bunden.		÷ 1,0° C.
Bunden.	—	Mørkegraat Ler.
Datum.	15de Aug. 1878.	17de Aug. 1878.
Antal Indiv.	3 Indiv.	1 Indiv.

Bemærkninger til Beskrivelsen. De 3 først erholdte Individer tilhøre den Farve-Varietet, som jeg i en tidligere Afhandling[2] har benævnt *var. i. arcticus*, og som sandsynligvis gaar ind under den af Gill i Proc. Acad. Nat. Sci. Philad. 1864 opstillede *L. arctica*. Denne Farve-

[1] Østersøen: D. 32—35; A. 28 (Malmgr.).
Norge: D. 34—38; A. 28—31 (C.).
Spitsbergen: D. 36—40; A. 29—34 (Malmgr.).
Spitsbergen: D. 38—42; A. 31—38 (Nordh.-Exped.).
Grønland: D. 41—45; A. 33—37 (Malmgr., Gill).
[2] Forh. Vid. Selsk. Chra. 1879, No. 1, p. 44.

Fam. Liparididæ.

Gen. Liparis, Cuv.

Règne Anim. éd. 1, tom. 2, p. 227 (1817).

12. Liparis lineatus, (Lepech.) 1774.

Cyclopterus liparis, Lin. Syst. Nat., ed. 12, tom. 1, p. 414 (1766).
Cyclopterus lineatus, Lepech. Nov. Comm. Acad. Petr., tom. 18, p. 522 (1774).
? *Cyclopterus noscolus*, Lacép. Hist. Poiss. tom 4, p. 685 (1798).
Liparis vulgaris, Flem. Hist. Brit. Anim. p. 190 (1828).
Liparis barbatus, Ekstr. Kgl. Vet. Akad. Handl. 1832, p. 168 (1832).
Liparis lineata, Kr. Naturh. Tidsskr. 2. Række, 2. B, p. 284, 1846—49 (1847).
Liparis stellatus, Malm, Förh. Skand. Naturf. 9 Möte, 1863, p. 412 (1865).
? *Liparis arctica*, Gill. Proc. Ac. Nat. Sci. Philad. 1864, p. 191 (1864).

Diagnosis. — *Length of head less than depth of body, and equal to one-fourth of total length; eyes small, diameter one-fifth of the length of the head; anal covering one-fourth (in young examples one-third) of the base of the caudal; dorsal extending back to this point (in young examples a little beyond it); length of snout greater than diameter of eye; lower jaw shorter than upper; ventral-disk large, equalling one-eighth (in young examples one-seventh) of total length, or half the length of the head; pectorals with a deep incision, lower rays elongate; caudal slightly convex, length to total length as 1 to 8 (in young examples as 1 to 7); vent placed midway between ventral-disk and anal. Colour varying; uniform, spotted, or striped. Length reaching 130mm.*

M. B. 7; D. 32—42; A. 26—38; P. 32—42; C. 10—11[1].

Locality (North Atl. Exped.): — Spitzbergen.

		Stat. 326.
Exact Locality.	Norsk Øer, North Spitzbergen.	Magdalene Bay, North Spitzbergen.
Depth.	Trifling.	50 Fathoms (91m).
Temp. at Bottom.		÷ 1,0° C.
Bottom.		Dark-grey Clay.
Date.	15th Aug. 1878.	17th Aug. 1878.
Numb. of Specim.	3 Indiv.	1 Indiv.

Descriptive Observations. — The three first of these individuals belong to the variety which I designated in a former paper,[2] *var. i. arcticus*, and which probably is comprised in Gill's *L. arctica* (Proc. Acad. Nat. Sci. Philad. 1864). This variety, more numerous it would appear off

[1] The Baltic: D. 32—35; A. 28 (Malmgr.).
Norway: D. 34—38; A. 28—31 (C.).
Spitzbergen: D. 36—40; A. 29—34 (Malmgr.).
Spitzbergen: D. 38—42; A. 31—38 (North Atl. Exped.).
Greenland: D. 41—45; A. 33—37 (Malmgr., Gill).
[2] Forh. Vid. Selsk. Chra. 1879, No. 1, p. 44.

Varietet, der synes at være den paa Spitsbergen, eller ihetLele i det rent arctiske Gebet hyppigst optrædende Form af Arten, er næsten ensfarvet uden større Pletter eller Striber. Bundfarven, som er graagul, er næsten skjult af yderst fine, tætstillede, brune Punkter; hos de yngre ere disse især udbredte over Finnerne og paa Legemets Sider, som derved erholde en brunlig Afskygning, ligesom hist og her, saaledes som paa Bugen, Bundfarven kan optræde uplettet.

Disse Individers Maal og Straaleantal var følgende:

	Totallængde.	Hovedets Længde.	*D.*	*A.*
a.	45mm	12mm	41;	34.
b.	49 -	13,5 -	38;	31.
c.	104 -	24 -	40;	32.

Det 4de Individ, der er det største, og noget defect, idet Huden tildels er afrevet, ligesom Caudalen mangler, har jeg i min foreløbige Oversigt[1] troet at burde henføre under *L. tæniatus*, Reinh., væsentlig paa Grund af et større Straaleantal i Analen og Pectoralen, samt den sidstnævnte Finnes betydelige Længde, idet Spidsen naar lidt forbi Begyndelsen af Analen. Sandsynligvis udgjør det dog blot et stort Individ af *L. lineatus*, og gaar blandt de i den ovenfor anførte Afhandling nævnte Varieteter nærmest ind under *var. c. subfuscus*. Af denne Varietet har Universitets-Museet allerede flere mindre Exemplarer fra Varangerfjorden i Norge.

Dette sidstnævnte Individ, der var en Hun med et overordentlig stort Antal fine Rogn i Ovarierne, havde følgende Maal: Totall. 122mm (omtr.); Hovedets Længde 33mm. Straaleantallet var: *D.* 42. *A.* 38. *P.* 39–42.

Bundfarven, der er lyst graagul, er omtrent ligesaa sterkt fremtrædende, som de smaa uregelmæssige Pletter (under en Orbitaldiameters Størrelse), der er jevnt fordelte over den. Hist og her ere Pletterne lidt sammenhængende, uden dog at danne Linier; de horizontale Finner ere derimod stribede paa tvers. Huden er overordentlig løst vedhængende, skjønt Individet var vel conserveret.

Paa Gjællerne af dette Individ snyltede et Exemplar af en stor Lernæide (sandsynligvis *Haemobaphes cyclopterina*, Fabr.).

Føde. Ventrikelen af det ene Individ fandtes fyldt med smaa Crustaceer, nemlig en *Caprella septentrionalis*, Kr., samt flere Individer af *Protomedeia fasciata*, Kr.; den sidste Amphipode fandtes ligeledes hos et af de unge Individer. I Ventrikelen af det største Individ fandtes Dele af en større Annelide, *Pectinaria auricoma*, (Müll.).

[1] Forh. Vid. Selsk. Chra. 1878, No. 14, p. 30.

Spitzbergen and throughout the Arctic regions generally than any other form of the species, is of an almost uniform colour, exhibiting no vestige of large spots or stripes. The ground-colour, greyish-yellow, nearly concealed by a multitude of closely disposed minute brown specks; in comparatively young individuals these minute spots are dispersed in particular over the fins and along the lateral region of the body, which they blur with a brownish tinge; and here and there, too, as on the abdominal surface, the ground-colour occurs uniformly spotless.

Principal dimensions, and number of fin-rays: —

	Total Length.	Length of Head.	*D.*	*A.*
a.	45mm	12mm	41;	34.
b.	49 -	13,5 -	38;	31.
c.	104 -	24 -	40;	32.

The fourth specimen is much the largest, but somewhat mutilated, portions of the skin having been torn off; the caudal, too, is wanting; in my preliminary report[1] I have referred it to *L. taeniatus*, Reinh., chiefly by reason of the greater number of fin-rays in the anal and the pectorals, and from the very considerable length of the latter fin, the points of which extend a short distance past the origin of the anal. Probably, however, this specimen was merely a large-sized individual of *L. lineatus*, and should in that case rank under *var. c. subfuscus*, mentioned in the paper cited above. Of this variety the University Museum is already in possession of several smaller specimens from the Varanger Fjord.

This, the last of the individuals, a female, having in the ovaries large quantities of minute ova, measured as follows: — Total length 122mm (about); length of head 33mm; number of fin-rays: — *D.* 42; *A.* 38; *P.* 39–42.

The ground-colour, a uniform light greyish-yellow, and the small irregularly disposed spots (somewhat less in diameter than the length of the orbit) cover about an equal extent of surface. In places, the spots exhibit a tendency to approximate, without however forming lines; the horizontal fins, on the other hand, are distinctly marked with transverse stripes. The skin is remarkably lax, notwithstanding the individual was in all respects a well-preserved specimen.

On the gills of this individual occurred a large example of a Lernæan parasite (possibly *Hæmobaphes cyclopterina*, Fabr.).

Food. — The stomach of this one specimen was found distended with small crustaceans, viz. a *Caprella septentrionalis*, Kr., and divers examples of *Protomedeia fasciata*, Kr.; the latter Amphipod was likewise detected in the ventricle of one of the young specimens. The stomach of the largest individual contained fragments of a large Annelid, *Pectinaria auricoma*, (Müll.).

[1] Forh. Vid. Selsk. Chra. 1878, No. 14, p. 30.

Udbredelse. Da Artsbegrændsningen hos denne Slægt endnu i flere Henseender er usikker, kan Udbredelsen af *L. lineatus* endnu ikke med Nøiagtighed opgives. Flere Omstændigheder tyde dog paa, at den har en forholdsvis vid Udbredelse; foruden at den under en Mangfoldighed af Farvevarieteter forekommer fra Østersøen og England af, og langs den svensk-danske og hele den norske Kyst op til Spitsbergen, hvor den endnu under 80° N. B. naar en frodig Udvikling, forekommer den desuden ved Island, Grønland, og Nordamericas Kyster ned til New England-Staterne, idet den er funden, ifølge Goode & Bean, i Massachusetts Bay. Mod Øst gaar den idetmindste ind i det hvide Hav (hvorfra den beskreves af Lepechin allerede i 1774).

Distribution. — The specific limits of this genus being as yet in many respects undetermined, the exact range of *Liparis lineatus* cannot be given. Divers circumstances lead us however to infer that the species is widely distributed; besides occurring — with regard to colour in numerous varieties — in the Baltic, on the shores of Great Britain, and on the Swedish, Danish, and Norwegian coasts, as far north as Spitzbergen, where, in lat. 80° N., it attains a high degree of development, the species likewise inhabits the shores of Iceland and Greenland, its range extending from thence along the North American coast, as far south as New England, having been observed in Massachusetts Bay. *L. lineatus* has been met with as far east as the White Sea, the first to describe it as occurring there having been Lepechin, in 1774.

13. Liparis bathybii, Coll. 1878. (n. sp.)

Pl. II, Fig. 14.

Liparis (Pseudoliparis) bathybii, Coll. Forh. Vid. Selsk. Chra. 1878, No. 14, p. 32 (1878).

Diagn. *Hovedet kort og rundt; dets Længde lig Legemets største Høide, og indeholdes 3½ Gange i Totall. Øiet (Orbita) stort; dets Længdediameter indeholdes 3½ Gange i Hovedets Længde, og omtrent 1½ Gange i Interorbitalrummets Bredde. Dorsalen og Analen bedække ⅔ af Caudalen. Snuden kort, ubetydeligt længere end Orbita. Pectoralens øvre og nedre Parti adskilte ved et Mellemrum, der er opfyldt af 3—4 rudimentære Straaler. (Øinene, Sugeskiven og Beliggenheden af Anus ubekjendt). Farven ensfarvet overalt brunsort. Størrelsen hos det undersøgte Individ (en Hun) 208mm.*

M. B. 7. D. 39; A. 31; P. 13+4+3; C. 8.

Localit. fra Nordh. Exped. Havet vestenfor Beeren Eiland.

	Stat. 312.
Beliggenhed.	108 Kilom. V. Beeren Eiland.
Dybde.	658 Favne (1203m).
Temp. paa Bunden.	1,2° C.
Bunden.	Brunt og grønt Ler.
Datum.	25de Juli 1878.
Antal Individer.	1 Indiv.

Bemærkninger til Synonymien. Det erholdte Individ fandtes ved Trawlnettets Undersøgelse i en særdeles medtagen Tilstand indeklemt mellem Stene og Ler, saaledes, at det kun med den største Vanskelighed lod sig løsne. Huden, der sandsynligvis har siddet ganske løst, var næsten overalt frareven, eller hængte i løse Frynser; dette har i

13. Liparis bathybii, Coll. 1878. (n. sp.)

Pl. II, fig. 14.

Liparis (Pseudoliparis) bathybii, Coll. Forh. Vid. Selsk. Chra. 1878, No. 14, p. 32 (1878).

Diagnosis. — *Head short and globular; equal in length to the depth of the body, and is to total length as 1 to 3½; eyes (orbits) large, their longitudinal diameter being to the length of the head as 1 to 3½, and to width of interorbital space about as 1 to 1½; the dorsal and anal fins covering two-thirds of the caudal; snout short, but slightly exceeding the diameter of the orbit; the upper and lower divisions of the pectorals are separated by a space furnished with 3—4 rudimentary rays (concerning the eyes, the ventral disk, and the position of the vent nothing is known). Colour brownish-black. Length of body in the specimen examined (female) 208mm.*

M. B. 7; D. 39; A. 31; P. 13+4+3; C. 8.

Locality (North Atl. Exped.): — The open sea, west of Beeren Eiland.

	Stat. 312.
Exact Locality.	108 Kil. W. of Beeren Eiland.
Depth.	658 Fathoms (1203m).
Temp. at Bottom.	1.2° C.
Bottom.	Brown and Green Clay.
Date.	25th July 1878.
Number of Specimens.	1 Indiv.

Observations on the Synonymy. — The specimen obtained was brought up with the trawl-net in a very mutilated condition, being jammed in between stones and clay, in such a manner that the greatest difficulty was experienced in extricating it. The skin, which in all probability was very lax, had been torn off over the whole

flere Henseender været uheldigt, fornemmelig fordi Pectoralerne ere af en seregen Bygning, som det havde været af særdeles Interesse at komme til fuld Klarhed om. Fremdeles manglede hele Sugeskiven, medens dog dens Plads sandsynligvis endnu kan sees; og da Bugen paa Siderne og nærmest Analen var opreven, kan heller ikke Beliggenheden af Anus med Sikkerhed angives. Endelig vare Øjnene udfaldne; derimod vare saagodtsom alle Finnestraaler bibeholdte, ligesom Legemet iøvrigt paa intet Sted var afbrudt eller defect. Den efterfølgende Beskrivelse tiltrænger derfor i høj Grad at suppleres, ihvorvel den maaske i det væsentlige vil vise sig at være correct.

Endskjønt saaledes Individet mangler et af de for Familien væsentligste Organer, nemlig Sugeskiven, kan det dog paa Grund af Legemets almindelige Bygning ikke betvivles, at det tilhører Lipariderness Familie, medens det ikke er klart, hvilken af de hidtil beskrevne Arter det kommer nærmest.

Til Underslægten *Careproctus*, Kr., kan forhaandenværende Art ikke vel henregnes, uagtet den har det hos denne optrædende betydelige Antal Straaler i Dorsalen og Analen, samt det relativt lille Hoved. Hos *Careproctus reinhardi* ere de mellemste Pectoralstraaler vistnok korte, men dog fuldstændig normalt udviklede; Legemet aftager hos denne Art hurtigt i Højde bag Nakken, og ender i en lang og smal Hale. Hos *L. bathybii* ere de nederste Pectoralstraaler næsten af samme Længde, som de øvre, men adskilte fra disse ved et Mellemrum, der er opfyldt af nogle faa og ganske rudimentære Straaler. Legemshøjden er fremdeles den samme omtrent fra Nakken indtil Analens Begyndelse, og senere ligeledes forholdsvis høj lige til henimod Halespidsen, der aftynder jevnt og hurtigt. Endelig findes intet Spor af, at Analaabningen har siddet i kort Afstand fra Sugeskiven, idet Partiet bagenfor det Punkt, hvor denne sidste har siddet, er uskadt indtil henimod Analen; Analaabningen maa saaledes have ligget forholdsvis langt tilbage, maaske næsten henimod Analens Begyndelse.

Det er en Selvfølge, at Characterne for den nye Art ikke med det forhaandenværende Materiale lade sig tilfredsstillende udvikle. Dog synes Pectoralernes Bygning at være saa væsentlig afvigende fra, hvad der finder Sted hos de øvrige kjendte Liparider, at Oprettelsen af en ny Underslægt vistnok alene af Hensynet hertil kunde forsvares; hertil komme andre mindre væsentlige Afvigelser, ligesom det er sandsynligt, at disse yderligere ville forøges med et fuldstændigere Materiale. For det Tilfælde, at et nyt Slægtsnavn skulde blive nødvendigt, har jeg allerede i den foreløbige Oversigt over Expeditionens Fiske (1878) som et saadant foreslaaet Navnet *Paraliparis*.

surface almost, or depended in loose strips. This proved in several respects most unfortunate, chiefly, however, owing to the peculiar structure of the pectoral fins, which it would have been of considerable interest to have determined. The ventral disk, too, was wanting, but the spot where it occurs could, I think, be detected; and the abdomen having been crushed, the position of the vent cannot be given. Both the eyes, too, were gone, whereas the fin-rays were nearly all perfect; nor did the body proper exhibit any other traces of mutilation. The following description, therefore, stands greatly in need of supplementary revision, though, perhaps, in all essential particulars, it will be found correct.

One of the organs characteristic of the family, viz. the ventral disk, is indeed wanting in the specimen acquired, yet from the general structure of the body there can be little doubt that it belongs to the family *Liparididæ*, whereas it is by no means clear to which of the species as yet described it presents the closest resemblance.

Under the sub-genus *Careproctus*, Kr., the species in question cannot be classed, notwithstanding it is characterised, in common with the species of the former, by a large number of rays in the dorsal and anal fins, and a head proportionately small. In *Careproctus reinhardi*, the intermediate rays in the pectorals, though short, exhibit a development in every respect normal; in this genus, too, the body posterior to the nape decreases rapidly in height, terminating in a long and narrow tail. *L. bathybii* has the lowest of the pectoral rays nearly equal in length with the uppermost, but separated from the latter by a space on which are disposed a few rays, quite rudimentary. Moreover, the depth of the body is very nearly the same from the nuchal region to the commencement of the anal, the posterior portion likewise being proportionately deep almost to the tip of the tail, which rapidly becomes slender and tenuous. Finally, there was no trace of the vent having been in close proximity to the ventral disk, the region posterior to the point where the latter was situated having been wholly uninjured to within a short distance from the anal fin; hence the vent must lie comparatively far behind, perhaps in close proximity to the anal.

From a specimen in so mutilated a condition, it is obvious that the characters of the new species cannot all of them be accurately determined. Meanwhile, the structure of the pectoral fins is to that extent divergent from that distinguishing the other known forms of the family of Suckers, that, for this reason alone, the introduction of a new sub-genus may be defended; other less important deviations also occur, the number of which will doubtless be found to increase with further examination of perfect examples. To meet the case of a new generic designation becoming needful, I took occasion, in my preliminary report (1878), to suggest the name *Paraliparis*.

Udmaalinger.

Totallængde	208 mm
Længde til Enden af sidste Halehvirvel	189 -
Største Højde ved Begyndelsen af Dorsalen	37 -
Højde ved Begyndelsen af Analen	33 -
Hovedets Længde	37 -
Hovedets største Højde	30 -
Hovedets Tykkelse over Kinderne	24 -
Overkjævens Længde	17 -
Mellemkjævens Længde	13 -
Snudens Længde	10 -
Længdediameter af Orbita	11 -
Hovedets postorbitale Del	17 -
Interorbitalrummets Bredde	17 -
Snudespidsen til Begyndelsen af Dorsalen	42 -
Snudespidsen til Begyndelsen af Analen	70 -
Analen til Halespidsen	138 -
Længste Straale i Dorsalen	22 -
Længste Straale i Analen	22 -
Pectoralstraalernes største Længde	27 -
Caudalens Længde	19 -
Halerodens Højde	2 -

Beskrivelse. *Legemsbygning.* Legemet er temmelig langstrakt, med kort og rundt Hoved, og særdeles bred Pande; dets Højde er størst over Nakken, hvor denne er lig Hovedlængden. Bagenfor Nakken vedbliver Højden omtrent uforandret, indtil over Begyndelsen af Analen; senere aftager den, især i Halepartiets ydre Dele, successive til Halespidsen.

Hovedet indeholdes i Totallængden $5^{4}/_{12}$ Gange. Fra Nakken af er Hovedets Profillinie stærkt bøjet, og skraaner jevnt nedad indtil foran Øjnene; herfra gaar Profillinien stejlt ned indtil Mundspalten.

I Totallængden indeholdes:

Legemets Højde, samt Hovedets Længde	5.54.
Snudespidsens Afstand fra Dorsalen	4.88.
Snudespidsens Afstand fra Analen	2.92.

Gjællelaagene ere ubevæbnede; Bagranden af Praeoperculum ender i en flad Spidse, der imidlertid neppe har været synlig over Huden. Operculum er yderst lidet, og bestaar (efterat Huden er forsvundet) væsentlig af et kort, noget opadbøjet og krummet Benparti, der er sammensat af 3 smale Benstraaler.

Gjællespalten er beliggende, som hos de øvrige Liparider, højt oppe mod Nakken ovenfor Pectoralerne, og har et Tversnit, der er mindre, end en halv Orbitaldiameter. Gjællehindens Straaler ere 6, der med sine øvre Spidser naa op til Gjællelaagets nedre Rand. De ere forholdsvis lange og krumme, med Spidsen særdeles tynde, og ende her med en næsten umærkelig Fortykkelse.

Blot det ene Par Næsebor kan hos det mutilerede Individ med Sikkerhed paavises. Dette er beliggende nær ved Øjets Rand, i omtrent en halv Øjendiameters Afstand fra Mellemkjæven.

Measurements.

Total length	208 mm
Length to termination of last caudal vertebra	189 -
Greatest height at commencement of dorsal	37 -
Height at commencement of anal	34 -
Length of head	37 -
Greatest depth of head	30 -
Thickness of head across the cheeks	24 -
Length of upper jaw	17 -
Length of intermaxillary	13 -
Length of snout	10 -
Longitudinal diameter of orbit	11 -
Postorbital region of head	17 -
Interorbital space	17 -
From tip of snout to commencement of dorsal	42 -
From tip of snout to commencement of anal	70 -
From anal to tip of tail	138 -
Longest ray in dorsal	22 -
Longest ray in anal	22 -
Greatest length of pectoral rays	27 -
Length of caudal	19 -
Depth of tail at base	2 -

General Description. *Structure of the Body.* — Body rather elongate; head short and globular; front remarkably wide; extreme depth at nape, where it is equal to the length of the head; posterior to the nape, the depth continues the same till a little above the anal, from thence steadily diminishing, more especially in the exterior caudal region, to the tip of the tail.

Length of head to total length as 1 to $5^{4}/_{12}$; from the nuchal region the marginal line of the head extends in a sharp curve, bending gradually downwards till a little in front of the eyes, and from thence striking off abruptly to the cleft of the mouth.

The total length contains —

Depth of body and length of head	5.54
Distance of snout from dorsal	4.88
Distance of snout from anal	2.92

No arming on gill-covers; posterior margin of preoperculum terminating in a flat point, which, however, could hardly have been observable above the skin; operculum exceedingly small, consisting (the skin being entirely gone) chiefly of a curved bony part, composed of three narrow osseous rays.

The gill-opening, as in the other Suckers, placed high up towards the nape, its transverse diameter being less than half the length of the orbit. Branchiostegous rays 6, the uppermost points extending to the inferior margin of the gill-cover; these rays are comparatively long and curved, towards the points exceedingly slender, terminating with a scarcely perceptible inspissation.

One pair of nostrils only could be accurately determined in this mutilated specimen; their position is near the margin of the eye, and distant about half the diameter of the orbit from the intermaxillary.

Pseudobranchier ere ikke tilstede. Gjællernes Antal er det normale $3^1/_2$. Det linieformige Infraorbitalben er normalt udviklet.

Orbitæ ere forholdsvis store, med Høidediameteren ubetydeligt kortere, end Længden; den sidste indeholdes i Hovedlængden næsten $3^1/_2$ Gange. Interorbitalrummet er fladt eller svagt convext, og næsten lig Hovedets halve Længde. (Øinene ere, som ovenfor nævnt, hos det undersøgte Individ udfaldne).

Tænderne ere tilstede i Mellemkjæverne og i Underkjæven. De ere yderst fine, og ordnede i regelmæssige, skraatløbende Tværrækker; fortil i Underkjæven findes omtrent 10 Tænder i hver saadan Række.

Skulderbeltet ender oventil i en temmelig spids Torn, der maaske hos det uskadte Individ har vist sig som en lav Knude over Nakken. Det til den indre Rand af Coracoidbenet fæstede ribbenformede Benstykke (Atlas's Hæmapophyses-Del) er efter sin hele Længde smalt, særdeles langt og spidst, og strækker sig lige ned mod Bugranden, uden dog at danne nogen lukket Bue med det tilsvarende paa den anden Side.

Anus's Beliggenhed kan, som tidligere nævnt, ikke med fuld Sikkerhed angives, da Individet er skadet i Bugen. Dog er det sandsynligt, at det har ligget temmelig nær Analen, idet et forholdsvis langt Parti bagenfor (den manglende) Sugeskive er helt, og uden at vise Spor af Analaabning.

Sugeskiven er, som ovenfor nævnt, afreven. Dog antydes dens Beliggenhed ved et Hul paa Bugen noget bagenfor de nedre Pectoralstraaler. Skiven har ikke været særdeles langt fremrykket (saaledes som hos Slægten *Careproctus*), men den nævnte Aabning er forholdsvis liden, og synes at antyde, at det samme har været Tilfældet med Sugeskiven.

Finnerne. Dorsalen begynder lige bagenfor Nakken: dens Afstand fra Snudespidsen indeholdes næsten 5 Gange i Totall. De forreste Straaler ere ufuldkomne Pigstraaler, og særdeles korte og svage, samt have Ansats til at være dobbelte nedtil. Omtrent fra den 7de Straale af ere de alle kløvede til Grunden, eller fuldkommen dobbelte, samt tydeligt articulerede efter hele sin Længde; midt paa Ryggen er Mellemrummet mellem hver Straales Halvdele saa distinct, at de næsten synes at være stillede parvis. Den største Høide har Finnen paa Midten af Halepartiet, hvor Straalerne have en Længde, der er lig Hovedets Længde indtil Øiets Bagrand; dog har sandsynligvis aldrig Finnen kunnet hæve sig til denne Høide. Bagtil aftage Straalerne kun ubetydeligt i Høide, og de ere ved Haleroden efter hele sin Længde tilvoxede Caudalen, samt ere her tættere stillede, end længere fortil. Straalernes Antal er 59, et Tal der ikke er naaet hos nogen hidtil nøiagtigt undersøgt Art af Lipariderncs Familie.

Analen, der tæller 51 Straaler, er i Bygning temmelig overensstemmende med Dorsalen, og begynder, (som hos

Pseudobranchiæ not present; normal number of gills $3^1/_2$; the linear infraorbital bone normally developed.

Orbitæ comparatively large, the vertical diameter somewhat less than the transverse; the latter is to the length of the head as 1 to $3^1/_2$ almost. Interorbital surface flat or slightly convex, width nearly equal to half the length of the head. (In the specimen examined both the eyes were gone).

Teeth in intermaxillaries and in lower jaw; they are exceedingly slender and minute, regularly arranged in oblique transverse rows; each row in the anterior part of lower jaw composed of about 10 teeth.

The scapulary arch terminates above in a rather sharp-pointed spine, which, in specimens not mutilated perhaps would appear as a depressed protuberance on the nape. The costal-shaped bone (the hæmapophysis of Atlas) attached to the inner margin of the coracoid is narrow throughout its entire length, and very long and sharp at the point, extending straight down to the margin of the abdomen, without however meeting that on the opposite side and forming a perfect arch with it.

As before observed, the exact position of the vent cannot be given, the specimen examined having been mutilated in the abdominal region. Probably, however, it is in close proximity to the anal fin, a comparatively extensive portion of the surface posterior to the ventral-disk (wanting in this individual) exhibiting no vestige whatever of an anus.

The ventral disk, as mentioned above, had been torn off. Its position however was clearly indicated by an orifice in the abdominal surface somewhat posterior to the lower pectoral rays. The disk cannot therefore have been very far back (as in the genus *Careproctus*); but the said orifice was comparatively small, denoting apparently that such, too, is the case with the ventral disk.

Fins. — Dorsal commencing in close proximity to the nape; its distance from tip of snout is to total length nearly as 1 to 5. The foremost rays spinous, but exceedingly short and fragile, towards the base inclining to branch. From the 7th ray about, they are all of them double, being cleft to the base, and distinctly articulated throughout their entire length; in the middle of the back the interspace between the halves of each ray is so conspicuous as almost to give these rays the appearance of being arranged in pairs. Greatest depth of the fin in the middle of the tail, where the length of the rays equals the length of the head measured to the posterior margin of the eye; it is not probable however that the fin can be elevated to that extent. The posterior rays, which diminish but slightly in height, are at the base of the tail attached to the caudal throughout their entire length; these terminal rays, too, are more closely arranged. Number of rays 59, — hence exceeding that in any accurately determined species of the family *Liparididæ*.

The anal, furnished with 51 rays, very similar in structure to the dorsal, having at the commencement (as

andre Liparider) med længere Straaler, end de tilsvarende i den nævnte Finne. Straalerne have sin største Længde noget bagenfor Midten, hvor denne er lig de længste Dorsalstraalers. Alle Straaler ere kløvede til Grunden, saa de næsten synes parvis stillede; i Begyndelsen ere de utydeligt, men senere tydeligt articulerede. De ere bagtil tætstillede, samt efter hele sin Længde tilvoxede Caudalen, og ere her omtrent af samme Længde, som de tilsvarende Straaler i Dorsalen.

Caudalen bestaar af 8 Straaler, hvoraf maaske det yderste Par ere enkelte, men alle de øvrige kløvede lige til Grunden. De ere alle yderst spinkle, tætstillede, samt fint articulerede. Af Form er denne Finne noget tilspidset; de mellemste Straaler, (der ere noget kortere, end de længste Dorsal- eller Analstraaler), rage med omtrent $^1/_3$ af sin Længde ud over sin Forbindelse med Dorsalen og Analen.

Pectoralens Bygning er ganske ejendommelig, idet dens øverste og nederste Parti, som tidligere nævnt, ere adskilte ved et Mellemrum, der blot bærer nogle faa rudimentære Straaler. Øverst sidde 13 Straaler, der ere tætstillede, smale, dobbelte og articulerede; deres største Længde er ubetydeligt større, end de længste Dorsalstraaler, men de tør maaske have været afbrudte i Spidsen, og have derfor havt større Længde. Efter disse Straaler følge 3, paa den anden Side 4, rudimentære Straaler, der ende som fine Traade, og hvis Længde ikke overskrider $^2/_3$ af en Orbitaldiameter. Den indbyrdes Afstand mellem hver af disse Straaler er omtrent lig Halvdelen af deres Længde. Nedenfor disse følger Pectoralens nederste Parti, der bestaar af 3 tætstillede, lange Straaler af Bygning ganske som de øverste, og omtrent af disses Længde; alene den nederste er noget kortere, end de øvrige. Overgange fra de rudimentære til de normalt byggede Straaler findes ikke, ligesom Finnen idethele ikke bærer Spor af at være defect i anden Henseende, end at de lange Straaler maaske kunne have været afbrudte i Spidsen.

Forbindelsen mellem disse 3 Partier kan paa Grund af den fuldkommen afrevne Membran ikke angives. Sandsynligvis have de mellemste rudimentære Straaler blot ved Roden været særdeles kort forbundne indbyrdes, ligesom med det øvre og nedre Parti, saaledes at de fine og korte Traade have raget frem over Membranen. Pectoralen faar saaledes et Udseende af at være delt i 2 Dele, hvoraf dets nederste Del, der er nedadrettet og særdeles bevægelig i alle Retninger, har virket som et Par Ventraler, hvis Plads de næsten have indtaget.

Farve, etc. Legemet var særdeles blødt og halvt gjennemsigtigt; Huden overalt graasort, ligesom Mundhulen og Gjællespaltens indre Beklædning; Bughinden gjennemskinnende blaasort. En Række af 3—4 dybe Porer kan sees at strække sig langs Underkjæven.

in all the other genera of the family) somewhat longer rays than the corresponding ones in the latter fin. Greatest length of rays occurring slightly posterior to the medial part, where it equals that of the longest in the dorsal. All the rays cleft to the base, giving them the appearance almost of being arranged in pairs; articulation, indistinct at first, becoming gradually obvious and well-defined. The terminal posterior rays attached to the caudal in their entire length, which is about equal to that of the corresponding rays in the dorsal.

Caudal composed of 8 rays, the two outermost perhaps undivided, all the rest cleft to the base. They are exceedingly slender, close, and finely articulated. Form of the fin somewhat tapering; the medial rays (a trifle shorter than the longest in the dorsal or anal) project to a distance equalling about one-third of their length beyond the tips of the dorsal and anal.

The structure of the pectorals is highly characteristic, the upper and lower parts of these fins, as mentioned above, being separated by a space over which are dispersed a few rudimentary rays only. The upper division furnished with 13 rays, closely arranged, slender, branched, and articulated; greatest length slightly exceeding that of the longest in the dorsal; possibly, however, the points were broken off, in which case the actual length would be somewhat greater. Next to these rays occur 3 — on the opposite side 4 — rudimentary, terminating in membranous filaments, their length not exceeding two-thirds of the diameter of the orbit. The relative distance between these rays about equal to half their length. Immediately beneath them extends the lower division of the pectoral, composed of 3 long and closely arranged rays, in structure precisely similar to the uppermost, and of about the same length, the lowest ray being a trifle shorter than the other two. No transition stages from the rudimentary rays to those of normal structure, nor did the fin itself exhibit the slightest trace of mutilation other than that the points of the long rays might possibly have been broken off.

The exact connexion between these three divisions of the fin could not be determined, the membrane uniting them having been torn off. Probably, however, the medial rudimentary rays are connected with one another, as also with the upper and lower divisions, at the base alone, in such manner that the short and slender connective filaments project beyond the membrane. Hence the pectorals have the appearance of being divided in two, of which the lower half, inclining downwards and having great freedom of motion, performs the office of ventrals, indeed almost supplying the place of those fins.

Colour &c. — The body, in the specimen examined, was exceedingly soft, and semi-transparent; skin greyish-black, also that covering the cavity of the mouth, and the inner branchial integument; abdominal membrane a translucent bluish black. Three or four deep pores, distinctly obvious, extending along the lower jaw.

Individet var en Hun, med Ovarierne fulde af moden Rogn. Rognkornene, hvis Antal var omtr. 100, have en betydelig Størrelse, næsten som en Linsediameter (deres Tværsnit er 4.5mm). Foruden disse Æg, der sandsynligvis vare gydeferdige, fandtes som sædvanligt et stort Antal, der vare forblevne uudviklede. Artens Gydetid falder saaledes i Sommermaanederne.

Føde. Ventrikelen var særdeles stærk og musculøs, og indeholdt Levninger af *Themisto libellula*, Mandt, samt Dele af en stor Myside; desuden fandtes Laaget og Dele af Kappen af en liden Gasteropode, der synes at have været en *Natica*.

Udbredelse. Individet optoges, som ovenfor nævnt, fra det iskolde Vand (Temperaturen — 1.2° C.), og fra en betydelig Dybde (658 Favne, eller 1203m) i Havet vestenfor Beeren Eiland, og er det eneste hidtil bekjendte Exemplar af sin Art.

Gen. Careproctus, Kr.

Naturh. Tidsskr. 3 R. 1 B. p. 252. Kbhvn. 1861—63 (1862).

Som Slægten Liparis, men Legemet har langt og tyndt Haleparti, og særdeles spinkle Straaler. Sugeskiven særdeles liden, ligger langt fortil, lige under Øjets forreste Del. Anus langt fremrykket, ligger i kort Afstand fra Sugeskiven. Pectoralerne strække sig fremad indtil hen imod Underkjævens Spidse. Tænderne danne uregelmæssige Rækker, ere svagt krummede, og uden Flige.

14. Careproctus reinhardi, Kr. 1862.

Pl. II. Fig. 15—16.

Liparis gelatinosus, Reinh. (ex Pall.) Overs. 1842, Kgl. D. Vid. Selsk. Nat. Math. Afh. p. LXXVII, Kbhvn. 1843 (1842).
? *Liparis gelatinosus*, Günth. Cat. Fish. Brit. Mus. vol. 3, p. 163 (1861).
Liparis (Careproctus) reinhardi, Kr. Naturh. Tidsskr. 3 Række, 1 B. p. 252. Kbhvn. 1861—63 (1862).
Careproctus reinhardi, Gill, Proc. Acad. Nat. Sci. Philad. 1864, p. 194 (1864).

Diagn. *Hovedet kort og rundt, indeholdes 4—5 Gange i Totallængden. Øjnene indeholdes hos unge Individer 4—5, hos de ældre omtrent 6 Gange i Hovedets Længde. Caudalen særdeles spinkel, ved Roden bedækket af Dorsalen og Analen. Overkjæven næsten af samme Længde som Underkjæven. Sugeskiven har en Størrelse af blot lidt over en*

This individual was a female, with the ovaries full of mature roe; the ova, in number about 100, were of considerable size, their longitudinal diameter being equal to that of the lens (transverse diameter 4.5mm). Exclusive of these ova — probably ready for depositing — the ovaries likewise contained a large quantity of undeveloped roe. Hence the species spawns in the summer months.

Food. In the ventricle, exceedingly strong and muscular, were divers remains of *Themisto libellula*, Mandt, together with fragments of a large Myside; also the operculum and parts of the mantle of a small Gasteropod, apparently belonging to the genus *Natica*.

Distribution. As before stated, this individual was taken at a considerable depth (658 fathoms = 1203m), in the open sea, west of Beeren Eiland, the temperature of the water being — 1.2° C., and is the only example of its species yet obtained.

Gen. Careproctus, Kr.

Naturh. Tidsskr. 3 R. 1 B. p. 252. Kbhvn. 1861—63 (1862).

Closely resembling the genus Liparis, but with the caudal region long and tenuous, and the fin-rays exceedingly slender. The ventral disk exceedingly small, placed far in front, immediately beneath the anterior portion of the eye. The vent far in advance, in close proximity to the ventral disk. The pectorals extending forwards to the symphysis of the lower jaw. The teeth, arranged in irregular rows, are slightly curved, and simple.

14. Careproctus reinhardi, Kr. 1862.

Pl. II. fig. 15—16.

Liparis gelatinosus, Reinh. (ex Pall.) Overs. 1842, Kgl. D. Vid. Selsk. Nat. Math. Afh. p. LXXVII, Kbhvn. 1843 (1842).
? *Liparis gelatinosus*, Günth. Cat. Fish. Brit. Mus. vol. 3, p. 163 (1861).
Liparis (Careproctus) reinhardi, Kr. Naturh. Tidsskr. 3 Række, 1 B. p. 252. Kbhvn. 1861—63 (1862).
Careproctus reinhardi, Gill, Proc. Acad. Nat. Sci. Philad. 1864, p. 194 (1864).

Diagnosis. — *Head short and globular, its length compared to total length being as 1 to 4—5. The diameter of the eye, in young individuals, is to the length of the head as 1 to 4—5, in adults, about as 1 to 6. The caudal fin exceedingly slender, covered at the base by the dorsal and anal. The upper jaw nearly equal in length to the lower.*

Øjendiameter. Pectoralen indtil indskaaren; de nedre Straaler i Spidsen fri, og danne (hos yngre) korte, snoede Traade. Anus i en Øjendiameters Afstand (eller mindre) bag Sugeskiven. Huden tynd og gelatinøs. Legemet halvt gjennemsigtigt. Farven rødgraa eller hvidlig. Størrelsen indtil 79mm (Nordh. Exped.), eller 150mm (Mus. Hafn.).

M. B. 6. D. 54—55; A. 45—46; C. 11—14; P. 32—33.

Localit. fra Nordh.-Exped. Jan Mayen: Havet vestenfor Beeren Eiland.

	Stat. 237.	Stat. 312.
Beliggenhed.	Jan Mayen.	18 Kilom. V. Beeren Eiland.
Dybde.	263 Favne (481 m).	70 Favne (128 m).
Temp. paa Bunden.	−0,3° C.	−1,2° C.
Bunden.	Vulkansk Grus. Lava.	Brunt og graat Ler.
Datum.	3die Aug. 1877.	22de Juli 1878.
Antal Indiv.	1 Indiv.	2 Indiv.

Bemærkninger til Synonymien. Hvorvel denne Art i sit ydre Habitus har den typiske Slægt *Liparis'* almindelige Bygning, vil den dog med nogen Ret kunne udsondres fra denne paa Grund af Afvigelser saavel i den indre, som ydre Bygning. Dette har allerede Krøyer paa ovenanførte Sted (1862) antydet; og skjønt han ikke endnu har villet gjennemføre denne Forandring i sin Helhed, opstiller han dog det nye Slægtsnavn *Careproctus* som en Benævnelse, der vil kunne anvendes, naar senere Undersøgelser have fundet dette nødvendigt.

Disse Afvigelser fra den typiske Slægt *Liparis* ere væsentlig, som ovenfor angivet, den stærkt reducerede Sugeskive og dennes Stilling, Pectoralernes Bygning, samt Beliggenheden af Anus. Idethele vil *C. reinhardti* i de Stadier, hvori Arten hidtil er kjendt, ikke let kunne forvexles med nogen af de nordeuropæiske eller hidtil bekjendte grønlandske Liparider.

Hvorvidt imidlertid forhaandenværende Art er specifik skilt fra den af Pallas allerede i forrige Aarhundrede beskrevne kjæmpemæssige *Cyclopterus gelatinosus* fra Kamtschatka, der, ifølge Beskrivelsen, har en lignende ubetydeligt udviklet Sugeskive, og langt fremrykket Anus, er endnu ikke bleven positivt bekræftet, men flere Grunde tale for begge Formers Adskillelse.

Da Reinhardt i 1842 for Videnskabs-Selskabet i Kjøbenhavn omtalte de fra Grønland nedsendte Individer, der udgjøre Typerne for den senere *Careproctus reinhardti*, og som efter hans Mening besad de af Pallas omtalte Ejendommeligheder, antog han dem for synonyme, og opførte Arten som *Liparis gelatinosus*, Pall.; men Krøyer har, som det synes med Rette, betvivlet deres Identitet, og opstillede

The diameter of the ventral disk but slightly exceeding that of the eye. The pectorals deeply notched; their inferior rays free at the points, constituting (in young examples) a series of short, twisted filaments. The vent placed one eye-diameter (or less) behind the ventral disk. Skin viscid and gelatinous; body semi-transparent. Colour reddish-grey or whitish. Length reaching 79mm (North Atl. Exped.); 150mm (Mus. Hafn.).

M. B. 6. D. 54—55; A. 45—46; C. 11—14; P. 32—33.

Locality (North Atl. Exped.): Jan Mayen; the open sea west of Beeren Eiland.

	Stat. 237.	Stat. 312.
Exact Locality.	Jan Mayen.	18 Kilom. W. Beeren Eiland.
Depth.	263 Fathoms (481 m).	70 Fathoms (128 m).
Temp. at Bottom.	−0.3° C.	−1.2° C.
Bottom.	Volcanic Rubble.	Brown and Grey Clay.
Date.	3rd Aug. 1877.	22nd July 1878.
Numb. of Specim.	1 Indiv.	2 Indiv.

Remarks on the Synonymy. — This species, notwithstanding its striking resemblance to the typical genus *Liparis*, may, by reason of divers peculiarities of structure, both external and internal, be safely regarded as distinct. To this fact Krøyer, as stated above, has already drawn attention, in the Naturh. Tidsskr. 3rd Series (1862); he has not, however, as yet wholly adopted the change, but suggests the generic name of *Careproctus*, which, when subsequent researches shall have shown the need of a new designation, will, he opines, prove appropriate.

The salient characters distinguishing *Careproctus* from the typical genus *Liparis* are, as enumerated above, chiefly the greatly reduced dimensions of the ventral disk, and its position, the structure of the pectorals, and the position of the vent. Indeed there is little probability of confounding this species with any one of the various forms inhabiting the shores of Northern Europe, or of those as yet met with in the Greenland seas.

Meanwhile, whether the form in question be specifically distinct from the gigantic *Cyclopterus gelatinosus* inhabiting the coast of Kamtschatka, described in the last century by Pallas, according to whose diagnosis it is similarly characterised by the slight development of the ventral disk and the advanced position of the vent, has not yet been finally determined; but there is much to urge in favour of specific distinction.

Reinhardt, who, in 1842, at a Meeting of the "Videnskabs-Selskabet" of Copenhagen, called attention to the individuals sent from Greenland, — the types of *Careproctus reinhardti*, afterwards established, and which, as he conceived, exhibit the characteristic features mentioned by Pallas, — regarded them as identical, and referred the species to *Liparis gelatinosus*, Pall.; but Krøyer has seen fit, and

derfor i 1862 de samme Individer, der iøvrigt vare yderst slet vedligeholdte, som ovenfor nævnt under Navnet *Liparis (Careproctus) reinhardi*. Indtil nye og authentiske Undersøgelser af Pallas' Art foreligge, vælger jeg derfor, ligesom Krøyer, at betegne vor Art med den af den sidstnævnte Naturforsker givne Benævnelse, der er den første, der utvivlsomt vedrører denne Art.

Det kan i denne Forbindelse nævnes, at Prof. Peters i Pallas's *Liparis gelatinosus*, (der iøvrigt er opstillet efter et slet og tørret Exemplar), ser blot de senere Forfatteres *L. fabricii*, og han opstillede derfor alle de under Germania- og Hansa-Expeditionen ved Øst-Grønland i 1870 og 71 indsamlede Individer under denne Pallas's Art, under hvilken som Synonym opføres baade *L. tunicatus*, Reinh., og *L. fabricii*, Kr. (2te Deutsche Nord-Polarfahrt. II, Säugeth. und Fische, p. 171).

Blandt de atlantiske Liparider kommer idethele Slægten *Careproctus* vistnok nærmest denne saakaldte *Liparis fabricii*, der synes at have tilfælles med *Careproctus* det høje og stumpe Hoved, og den i Størrelse noget reducerede Sugeskive. *L. fabricii*, der maaske blot vil vise sig at udgjøre Ungformen af de senere Forfatteres *L. tunicatus*, er imidlertid fuldstændig adskilt ved sin forholdsvis korte og plumpe Form, og fremfor alt ved Stillingen af Anus, der hos denne Art ikke afviger væsentlig fra det typiske hos Slægten *Liparis*. (Denne Art erholdtes ikke under Nordhavs-Expeditionen).

Bemærkninger til Beskrivelsen. Arten er af Krøyer (Naturh. Tidsskr. 3 Række. 1 B. 1862) udførligt bleven beskrevet, saaledes at der nedenfor blot meddeles et Par supplerende Bemærkninger. Det characteristiske for denne mærkelige Form er Sugeskiven, der er saa overordentlig reduceret i Størrelse, at den kun bliver ubetydeligt større, end Øjendiameteren. Den er fremdeles saa langt fremrykket, at den har sit Leje lige mellem Pectoralernes forreste Ende, og næsten skjult af disses Straaler.

Umiddelbart bagenfor Sugeskiven, i neppe over en Øjendiameters Afstand fra denne, ligger Analaabningen, der er fjernet omtrent ligesaa langt fra Analfinnen, som fra Snudespidsen. Denne abnorme Stilling har selvfølgelig ogsaa sin Indflydelse paa Anordningen af Indvoldenes Leje og deres Form.

Halen er særdeles lang og tynd. Ved Sammenligning af alle Nordhavs-Expeditionens 3 Individer, hvis Størrelse ligger mellem 56 og 79mm, fremgaar det, at Halepartiet tiltager stærkere under Legemets fremadskridende Vext, end de øvrige Legemsdele. Saaledes indeholdes Hovedlængden hos det mindste Individ ikke fuldt 4 Gange, hos det største næsten 5 Gange i Totallængden, Legemshøjden hos det mindste noget over $4\frac{1}{2}$ Gange, hos det største over 6 Gange i Totallængden.

Øjnene ere forholdsvis store, og indeholdes knapt 4 Gange i Hovedets Længde. Blot 1 Par Næsebor kan sees paa de foreliggende Exemplarer; disse ere ikke forsynede med Tuber.

apparently with good reason, to question their identity, and hence he classed, as previously stated, in 1862, the same specimens (in a bad state) under the name of *Liparis (Careproctus) reinhardi*. Till new individuals of Pallas's species shall have been procured and carefully examined, I prefer, with Krøyer, to designate the species in question by the appellation that naturalist suggests, — the first unquestionably referring to this species.

In connexion with this subject it may not be out of place to remark that Professor Peters regards Pallas's *Liparis gelatinosus* (which was established from a dried and defective specimen) as identical with the *L. fabricii* of later authors, and he has therefore referred all of the individuals collected on the "Germania" and "Hansa" Expeditions off the east coast of Greenland to that species, including both *L. tunicatus*, Reinh. and *L. fabricii*, Kr. as synonyms (Zweite Deutsche Nord-Polarfahrt. II, p. 171).

Of the Atlantic Liparides, the genus *Careproctus* resembles on the whole the so-called *Liparis fabricii*, having in common with that species the head deep and obtuse and the ventral disk somewhat reduced in size. But *L. fabricii*, which possibly will prove to be merely the immature form of the *L. tunicatus* of subsequent authors, is nevertheless perfectly distinct, as seen by its comparatively short and clumsy body, more especially however by the position of the anus, which in this species deviates but little from that typically characteristic of the genus *Liparis*. (No specimen of this species was taken on the Expedition).

Descriptive Observations. — Of this species, a detailed description has been furnished by Krøyer (Naturh. Tidsskr. 3 Række. 1 B. 1862), and hence but a few supplementary observations are here subjoined. The characteristic feature distinguishing this very peculiar form is the ventral disk, of so reduced dimensions that its diameter scarcely exceeds that of the eye. Moreover, it is placed so far in advance as to give it a position between the anterior extremities of the pectorals, by the rays of which it is almost hidden.

Not more than an eye-diameter posterior to the ventral disk is the vent, at about the same distance from the anal fin as from the point of the snout. This abnormal position, too, cannot but influence the arrangement and form of the intestines.

Tail very long and tenuous. On comparing together the three specimens obtained on the North Atlantic Expedition, of dimensions ranging from 56mm to 79mm, it was manifest that, as the growth of the body progresses, the caudal region develops more rapidly than do the other parts. Thus, the length of the head, in the smallest example, was not quite one-fourth, in the largest, nearly one-fifth of the total length; the proportion of the depth of the body to the total length, in the smallest example, slightly exceeded that of 1 to $4\frac{1}{2}$, in the largest that of 1 to 6.

Eyes comparatively large, rather more than one-fourth of the length of the head. Only one pair of nostrils can be discerned in the specimens examined; they are not furnished with tubes.

De erholdte Individer havde følgende Maal:

	Total-længde.	L. uden Caudal.	Hovedets Længde.	Legemets Højde.
a. (*Stat.* 237)	56mm	52mm	15mm	12mm
b. (*Stat.* 312)	62 -	56 -	15 -	12,5 -
c. (*Stat.* 312)	79 -	73 -	16 -	13 -

I Totallængden indeholdes saaledes:

a.	Hovedets Længde	3,73;	Legemets største Højde	4,66.
b.	— —	4,13;	— — —	4,96.
c.	— —	4,93;	— — —	6,07.

Finnestraalerne ere særdeles bløde og spinkle, temmelig fast medtrykte mod Legemet, og kunne neppe nogensinde rejses til sin fulde Højde. De ere tillige saaledes indhyllede i den bløde og slimede Hud, der bedækker Legemet, at de ikke, uden at Exemplaret delvis ødelægges, kunne tælles, og selv da kun med Vanskelighed. Straaleantallet hos Individ *a* syntes at være følgende: D. 55; A. 45; P. 33; C. 14. Hos Individ *c* var der mindst 52 Straaler i Dorsalen.

Analen og Dorsalen bedække lagtil omtrent det halve af den temmelig korte og spinke Caudal, og uden at Analen rager længere tilbage, end Dorsalen.

Pectoralerne have sit Udspring lige foran paa Struben, umiddelbart mellem Underkjævernes Symphyse, og stode her ganske tæt sammen, uden dog, som det synes, at være helt sammenvoxne hertil. De forreste 8—10 Straaler ere lidt forlængede, og rage som korte snoede Traade ud over Membranen; herved dannes maaske et mere udviklet Føleorgan, end hos de øvrige Liparider. Finnens mellemste og største Del har lave Straaler, den øvre Del atter forlængede. Den hele Finne danner en halvcirkelformig Bue langs Hovedets Underside, og følger næsten nøjagtigt den Linie, som den nedre Rand af Operculum og Suboperculum danne.

Farven er blegt rødgraa eller hvidagtig, uden Tegninger eller Baand; under Forstørrelse viser den sig at være dannet af yderst smaa, sorte Punkter, der dog staa saa jevnt fordelte, at de blot tildels give Rygsiden en ubetydeligt mørkere Skygning, men ikke danne Pletter. Iris var i levende Live violet.

Hele Legemet er iøvrigt indhyllet i en løs, klæbrig, næsten gelatinøs Hud, ligesom hele Legemet er af en løs og halvt transparent Consistents, skjønt alle Individer bleve satte levende paa stærk Alcohol.

Føde. I Ventrikelen af det mindste Exemplar (fra Jan Mayen) fandtes blot et Stykke af en Kalksvamp; sandsynligvis har der paa det afbidte Stykke siddet et eller andet lidet Dyr.

Udbredelse. Idet vi altsaa gaa ud fra, at Nordhavs-Expeditionens Individer ere identiske med de 2 Typ-Exemplarer fra Grønland, der ere beskrevne under Navnet *Careproctus reinhardti*, foreligger Arten, fraregnet alle usikre Synonymer, for det første fra de rent arctiske

The examples measured as follows: —

	Total Length.	L. excl. Caudal.	Length of Head.	Depth of Body.
a. (*Stat.* 237)	56mm	52mm	15mm	12mm
b. (*Stat.* 312)	62 -	56 -	15 -	12.5 -
c. (*Stat.* 312)	79 -	73 -	16 -	13 -

Hence the total length contains —

a.	Length of Head	3,73;	Greatest D. of Bdy.	4.66.
b.	— „ —	4.13;	— „ „ —	4.96.
c.	— „ —	4.93;	„ „ —	6.07.

Fin-rays exceedingly soft and slender, rather firmly pressed against the body, and rarely if ever admitting of being raised to their full height. Moreover, wholly enveloped as they are in the soft and viscid membrane covering the body, they cannot be counted, except by mutilating the specimen, nor even then without difficulty. The number of fin-rays in example *a* was apparently as follows: — D. 55; A. 45; P. 33; C. 14. In example *c*, the dorsal was furnished with at least 52 rays.

The anterior half of the somewhat short and slender caudal is almost covered by the anal and dorsal, — and without the anal extending farther back than the latter fin.

The pectorals commence far forwards on the throat, immediately between the symphysis of the lower jaw, approximating, but without, it seems, being strictly contiguous at their origin. The foremost 8 or 10 rays slightly elongated, projecting beyond the membrane, as short, spiral-shaped filaments; by this peculiarity of structure the species, perhaps, is furnished with a more delicate organ of touch than are any of the other Liparides. The intermediate and largest portion of the fin has short rays, the upper is elongated. The entire fin, semi-circular in form, extends along the under surface of the head, and almost exactly in a line with the lower margin of the operculum and suboperculum.

Colour pale reddish-grey or whitish, no bands or markings of any kind; a microscopic examination shows it to be produced by a multitude of exceedingly minute black maculæ, in distribution, however, so uniform as merely to give the upper surface a slightly darker shade; spots there are none. Irides, in the living specimen, violet.

For the rest, the whole body is enveloped in a lax, viscid, almost glutinous membrane, the body itself being semi-transparent, and of a jelly-like consistency, notwithstanding the specimens were all of them, while yet living, immersed in proof-spirits.

Food. — The ventricle of the smallest example (from Jan Mayen) contained only a small portion of a calcareous sponge; probably there had been some small animal on the fragment bitten off.

Distribution. — Assuming, therefore, the individuals taken on the North Atl. Expedition to be identical with the two typical specimens from Greenland, described under the name *Careproctus reinhardti*, this species — disregarding all doubtful synonyms — is known to inhabit the Arctic waters

Farvande, nemlig Grønland, Jan Mayen, og Beeren Eiland. Men sandsynligvis er dens Udbredelse betydeligt større, endskjønt den paa Grund af sine Finners Bygning maa antages at have en ringe Bevægelighed, og saaledes idethele at være særdeles stationær, og den optræder derfor utvivlsomt ogsaa paa Havbunden overalt paa passende Localiteter imellem de nævnte Landsdele.

I afvigte Høst (1879) havde jeg, ved Prof. Smitts Imødekommen, Lejlighed til at undersøge de under „Gunhild"s Expedition Sommeren 1879 udenfor Arendal i Norge optagne Fiske, der, uden endnu at være nøjere undersøgte, opbevaredes i Riks-Museum i Stockholm. Blandt disse fandtes 4 særdeles vel conserverede Exemplarer af denne Art, optagne fra 350—370 Favnes Dyb (under 58° N. B.); det maa derfor antages, at den heller ikke vil savnes paa Dybderne udenfor den øvrige Del af den norske Kyst. De sidstnævnte Individer, hvis Totallængde varierede mellem 56 og 63mm, afvege i ingen Henseende fra Individerne fra Jan Mayen og Beeren Eiland (cfr. Forh. Vid. Selsk. Chra. 1880, No. 8).

Arten er utvivlsomt blandt Lipariderne en Dybvandsform, og kan, som ovenfor nævnt, trænge ned idetmindste til mellem 6 og 700 Favnes Dyb, hvor den i Regelen lever i det iskolde Vand, hvis Temperatur kan gaa ned til — 1° C. og derunder. Flere end de Individer, der ere omtalte i de ovennævnte Bemærkninger, synes ikke at være hidtil erholdte.

of the globe, viz. the coasts of Greenland, Jan Mayen, and Beeren Eiland. Probably, however, it has a more extended range of distribution, although, by reason of the structure of the fins, it may be regarded as possessing but limited powers of locomotion, and in consequence, on the whole, as stationary in its habits; it occurs, too, no doubt at the bottom of the ocean in all favourable localities between the aforesaid regions.

Last autumn (1879) Professor Smitt kindly afforded me an opportunity of examining the fishes taken on the "Gunhild" Expedition, in the summer of 1879, off Arendal, in Norway, which, without having been specially examined, were preserved in the Riks Museum at Stockholm. Amongst the fishes obtained on that occasion were 4 good examples of this species, brought up from a depth of 350—370 fathoms (lat. 58° N.); and hence we may safely assume, that it will not be found wanting in the depths off the remainder of the Norwegian coast. The specimens in question, whose extreme length ranged between 56mm and 73mm, differed in no wise from the individuals obtained from the shores of Jan Mayen and Beeren Eiland.

This species is unquestionably a deep-sea form of the *Liparididæ*, and, as stated above, can descend at least 600—700 fathoms below the surface, inhabiting as a rule the frigid depths, where the temperature of the water can be as low as, and even lower than, — 1° C. The specimens mentioned here would appear to be the only examples of the species as yet obtained.

Fam. Blenniidae.

Gen. Lumpenus. Reinh.

Overs. 1835—36, Kgl. D. Vid. Selsk. Nat. Math. Afh. 6te Del, p. CX, Kbhvn. 1837 (1835—36).

Legemet særdeles langstrakt, beklædt med smaa Skjæl. Sidelinie tilstede, men utydelig. Tænder altid i Kjæverne, undertiden tillige paa Vomer og paa Palatinbenene, eller paa et enkelt af disse Ben. Snuden kort. Dorsalen lang, ligesom Analen; den første dannet udelukkende af Pigstraaler. Caudalen distinct (undertiden ved en Membran delvis forenet med Dorsalen og Analen). Ventralerne temmelig korte og spinkle, siddende foran Pectoralerne. Gjellespalten vid; Gjellehinderne ere sammenvoxede over Isthmus, uden dog at danne nogen fri Fold. Gjellestraalerne 6. Pseudobranchier tilstede, ligesom Appendices pyloricae; Svømmeblære mangler.

Fam. Blenniidæ.

Gen. Lumpenus. Reinh.

Overs. 1835—36, Kgl. D. Vid. Selsk. Nat. Math. Afh. 6te Del, p. CX, Kbhvn. 1837 (1835—36).

Body exceedingly elongated, covered with minute scales. Lateral line present, but indistinct. Teeth in jaws; sometimes on the vomer and the palatine bones, or on one of these bones only. Snout short. Dorsal, like the anal, long; the former composed exclusively of spinous rays. Caudal distinct, sometimes united to dorsal and anal by a connective membrane. Ventrals short and slender, anterior to the pectorals. Gill-aperture wide, branchial membranes continuous across the isthmus, without however producing a free fold. Branchiostegous rays 6. Pseudobranchiæ and pyloric appendages present; swimming-bladder wanting.

15. Lumpenus medius, Reinh. 1838.

Pl. II, Fig. 17.

Lumpenus medius. Reinh. Overs. 1835—36, Kgl. D. Vid. Selsk. Naturv. Math. Afh. 6. Del p. CX (Kbhvn. 1837). Uden Beskrivelse eller Diagnose.

Clinus medius. Reinh. Kgl. D. Vid. Selsk. Naturv. Math. Afh. 7. Del, p. 111 og 121 (Kbhvn. 1838).

Stichaeus medius. Günth. Cat. Fish. Brit. Mus. vol. 3, p. 284 (1861).

Anisarchus medius. Gill. Proc. Acad. Nat. Sci. Philad. 1864, p. 210 (1864).

Lumpenus medius. Malmgr. Öfv. Kgl. Vet. Akad. Förh. 1864, p. 517 (1864).

Diagn. *Tænder i Kjæverne og paa Palatinbenene, ingen paa Vomer. Hovedet indeholdes hos de yngre 5¼, hos de ældre indtil 6 Gange i Totall. Kjæverne omtrent lige lange, naa tilbage til Øjets Forrand. Pectoralerne afrundede, kortere end Hovedet, indeholdes 8 Gange i Totall. Caudalen ægformig afrundet, ved Roden forbundet ved en Membran med Analen og Dorsalen. Analen tiltager i Højde bagover. Legemets Længde foran Anus forholder sig til Halepartiet, som 1:1,4. Farven gulagtig, næsten uden Pletter, eller med enkelte utydeligt begrændsede Pletter paa Legemet og paa Dorsalen. Appendices pyloricae 4. Størrelsen indtil 140mm.*

M. B. 6. D. 61—62 (60 eller 63); A. 41—42 (40 eller 43); P. 14 (13 eller 15); V. 4; C. 2/17/2.

Localit. fra Nordh. Exped. Spitsbergen.

	Stat. 366.	*Stat. 374.*
Beliggenhed.	Magdalenabay, Nord-Spitsbergen.	Adventbay, Vest-Spitsbergen.
Dybde.	50 Favne (91m).	60 Favne (110m).
Temp. paa Bunden.	1,0° C.	÷ 0,7° C.
Bunden.	Mørkegraat Ler.	Mørkt Ler.
Datum.	17de Aug. 1878.	22de Aug. 1878.
Antal Indiv.	4 Indiv.	3 Indiv.

Bemærkninger til Synonymien. I Aarsoversigten for 1835—36 af Forhandlingerne i Det kgl. D. Vid. Selsk. (aftrykt i 5te Del, 1837) blev Slægtsnavnet *Lumpenus* tildelt en Gruppe af Blenniider fra de grønlandske Have, for hvilken Müller's *Blennius lumpenus* (Zool. Dan. Prodr. p. IX, 1776, senere af Fabricius nøjagtigt beskreven i hans Fauna Groenl. 1780), var Typen, og som af Reinhardt paa det anførte Sted benævnedes *Lumpenus fabricii;* til samme Gruppe henførte han yderligere 2 nye, i Kjøbenhavns Museum opbevarede Arter, nemlig *L. medius* og *L. aculeatus*, dog uden paa dette Sted at anføre disse nye Arters Diagnoser.

Den vigtigste af de paa det anførte Sted meddelte Characterer for denne Slægt var den utydelige Sidelinie, den paa Struben „fri“ Gjællehud, hvori fandtes 6 Straaler, foruden Tilstedeværelsen af Tænder paa „Plovskjærbenet“,

15. Lumpenus medius, Reinh. 1838.

Pl. II, fig. 17.

Lumpenus medius. Reinh. Overs. 1835—36, Kgl. D. Vid. Selsk. Naturv. Math. Afh. 6. Del p. CX (Kbhvn. 1837). No description or diagnosis.

Clinus medius. Reinh. Kgl. D. Vid. Selsk. Naturv. Math. Afh. 7. Del, p. 111 and 121 (Kbhvn. 1838).

Stichaeus medius. Günth. Cat. Fish. Brit. Mus. vol. 3, p. 284 (1861).

Anisarchus medius. Gill. Proc. Acad. Nat. Sci. Philad. 1864, p. 210 (1864).

Lumpenus medius. Malmgr. Öfv. Kgl. Vet. Akad. Förh. 1864, p. 517 (1864).

Diagnosis. — *Teeth in jaws and on palatine bones, wanting on vomer. Length of head to total length, in young examples, as 1 to 5¼, in adults, as 1 to 6. Jaws about equal in length, reaching back to the anterior margin of the eye. Pectorals rounded, shorter than head, length to total length as 1 to 8. Caudal truncate, at base united by a connective membrane to the anal and dorsal. The anal increases in depth towards the posterior extremity. Length of body anterior to vent is to that of the tail as 1 to 1.4. Colour yellowish, almost without spots, a few only, faintly defined, occurring on the body and the dorsal fin. Pyloric appendages 4. Length reaching 140mm.*

M. B. 6. D. 61—62 (60 or 63); A. 41—42 (40 or 43); P. 14 (13 or 15); V. 1; C. 2/17/2.

Locality (North Atl. Exped.): — Spitzbergen.

	Stat. 366.	*Stat. 374.*
Exact Locality.	Magdalena Bay, North Spitzbergen.	Advent Bay, West Spitzbergen.
Depth.	50 Fathoms (91m).	60 Fathoms (110m).
Temp. at Bottom.	1,0° C.	÷ 0,7° C.
Bottom.	Dark-grey Clay.	Dark Clay.
Date.	17th Aug. 1878.	22th Aug. 1878.
Numb. of Specim.	4 Indiv.	3 Indiv.

Remarks on the Synonymy. — In the annual review of Danske Videnskabernes Selskab for 1835—36 (printed in Part 5, 1837), the generic name of *Lumpenus* was given to a group of *Blenniidæ* occurring on the coast of Greenland and in the waters adjacent, Müller's *Blennius lumpenus* (Zool. Dan. Prodr. p. IX, 1776), of which Fabricius a few years afterwards (1780) furnished a full description, in his Fauna Groenlandica, serving as the typical form; by Reinhardt this species is designated *Lumpenus fabricii*. In the same group he further comprised *L. medius* and *L. aculeatus*, two new species, examples of which were preserved in the Zoological Museum at Copenhagen, without however giving any diagnosis of the species.

The chief generic characters enumerated by the author were as follows: — lateral line indistinct; branchiostegous membrane "free" on the throat, and furnished with 6 rays; teeth on the "Plovskjærbenet" (ploughshare-bone, i. e.

hvilket Udtryk Reinhardt senere i sin Afhandling om de grønlandske Fiske (1838) rettede som en Tryk- eller Skrivfejl til „Ganebenene". Paa dette sidste Sted omhandler han atter Grupperingen af denne Slægt, og samler Arterne i 3 Grupper eller Underslægter, der dog ikke gives særskilte Benævnelser, under Cuviers Slægtsnavn *Clinus*. Denne Gruppering, der er baseret udelukkende paa Tandforholdene, bør vistnok ogsaa bibeholdes, saafremt man i Virkeligheden finder det fornødent yderligere at inddele denne Slægt.

I den første Afdeling sammenstiller Reinh. (i 1838) fremdeles de 2 Arter *Clinus lumpenus (ɔ: Lumpenus fabricii)*, og *Clinus medius*; da det derimod havde vist sig, at *Clinus aculeatus* tillige havde Tænder paa Vomer, blev denne Art stillet i 2den Gruppe; den 3die Gruppe dannedes endelig af *Clinus gracilis*, en ny Art, der blot havde Kjævetænder, men ingen Tænder paa Vomer og Palatinbenene.

Udskillelsen af de til *Lumpenus*-Gruppen henhørende Arter under serskilt benævnede Slægter er først bleven gjennemført af Gill, der i sin Catal. over Fiskene paa Nord-Americas Nordostkyst (Proc. Acad. Nat. Sci. Philad. 1861), og senere i sin Oversigt over Familien *Stichaeidae* (samme Tidsskr. for 1864) henførte de 6 af ham nævnte Arter fra dette Gebet under ikke mindre end 5 forskjellige Slægter. Af disse bør dog utvivlsomt idetmindste de 2, nemlig *Anisarchus* og *Centroblennius*, inddrages, da de Characterer, hvorpaa de er grundede, maa ansees for at være af udelukkende specifik Natur. Det samme er Tilfældet med den af Ayres i 1855 opstillede Slægt *Leptogunellus*, for hvilken Pallas's *Blennius anguillaris* fra det Stille Hav er Typen (Proc. Acad. Calif. Nat. Sci. 1855).

Disse Underslægter vilde saaledes efter Tandforholdene kunne characteriseres saaledes:

A. Subg. **Lumpenus,** Reinh. 1835—36. *Tænder i Kjæverne og paa Palatinbenene.*

1. *L. fabricii*, Reinh. 1835—36. (Grønland, Spitsbergen).
2. *L. medius*, Reinh. 1838. (Grønland, Spitsbergen).
3. *L. anguillaris*, (Pall.) 1811. (Nord-Americas Vestkyst).

B. Subg. **Leptoclinus,** Gill (1861) 1864. *Tænder i Kjæverne, paa Palatinbenene, og paa Vomer.*

1. *L. aculeatus*, (Fries) 1837. (Grønland, Nord-Americas Østkyst, Spitsbergen, Nord-Europas Vestkyst).

C. Subg. **Leptoblennius,** Gill 1860. *Tænder blot i Kjæverne.*

1. *L. lampetræformis*, (Walb.) 1792. (Grønland, Island, Spitsbergen, Nord-Europas Vestkyst).
2. *L. nubilus*, (Richards.) 1855. (Arctisk Nord-America, Spitsbergen?).
3. *L. serpentinus*, (Storer) 1848—51. (Nord-Americas Østkyst).

vomer), corrected by Reinhardt in his treatise on the fishes of Greenland (1838), as a misprint or an error in the manuscript, to "Ganebenene" (palatine bones). In this paper the author again discusses the genus, distributing its several species among three groups or sub-genera — not however with a separate nomenclature — under the common generic name of *Clinus*, given by Cuvier. This classification, based wholly on the arrangement of the teeth, should doubtless be retained, in the event of further subdivision of the genus proving needful.

In the first group, or sub-genus, Reinhardt classes together (1838) the two species *Clinus lumpenus (Lumpenus fabricii)* and *Clinus medius*; whereas *Clinus aculeatus*, since found to be furnished with teeth on the vomer also, is assigned a place in the second group; the third subdivision comprises *Clinus gracilis*, a new species, having teeth in the jaws only, none on the vomer and the palatine bones.

The first to arrange the different species of *Lumpenus* among distinct genera was Gill, who, in his catalogue of fishes occurring on the north-western shores of North America (Proc. Acad. Nat. Sci. Philad. 1861), and subsequently in his synoptical review of the family *Stichaeidae* (ibid 1864), refers the 6 species there mentioned as inhabiting that wide region to no less than 5 different genera. Of these, however, 2 at least, viz. *Anisarchus* and *Centroblennius*, should unquestionably be excluded, the characters on which they are based being wholly specific. The same, too, is the case with the genus *Leptogunellus*, established by Ayres in 1855, typical form Pallas's *Blennius anguillaris*, inhabiting the Pacific Ocean (Proc. Acad. Calif. Nat. Sci. 1855).

These subgenera, based accordingly on peculiarities connected with the teeth, may be characterised as follows: —

A. Subg. **Lumpenus,** Reinh. 1835—36. *Teeth in jaws and on the palatine bones.*

1. *L. fabricii*, Reinh. 1835—36 (Greenland, Spitzbergen).
2. *L. medius*, Reinh. 1838 (Greenland, Spitzbergen).
3. *L. anguillaris*, (Pall.) 1811 (Western coast of North America).

B. Subg. **Leptoclinus,** Gill (1861) 1864. *Teeth in jaws, on the palatine bones, and on the vomer.*

1. *L. aculeatus*, (Fries) 1837 (Greenland, east coast of North America, Spitzbergen, west coast of Northern Europe).

C. Subg. **Leptoblennius,** Gill (1860). *Teeth in jaws only.*

1. *L. lampetræformis*, (Walb.) 1792 (Greenland, Iceland, Spitzbergen, west coast of Northern Europe).
2. *L. nubilus*, (Richards) 1855, (Arctic regions of North America, Spitzbergen?).
3. *L. serpentinus*, (Storer) 1848—51 (Eastern shores of North America).

Uagtet det maa erkjendes, at en Optræden eller Mangel af Tænder paa Craniets tandbærende Ben hos Fiskene i Regelen kunne afgive Characterer af en afgjørende Betydning ved Slægternes Adskillelse, maa dette Forhold hos *Lumpenus*-Gruppen utvivlsomt ansees for at være af mindre Vægt, idet Tandsættet idetheele baade er lidet constant, og uden samtidig at være ledsaget af tilsvarende Forskjelligheder i den øvrige Legemsbygning, der er særdeles overeensstemmende hos alle Arter.

Hertil kommer, at de Tænder, der kunne optræde paa Vomer og Palatinbenene, ere uden Undtagelse yderst fine, og i mange Tilfælde er det først efter nøie Undersøgelser muligt at paavise deres Tilstedeværelse, selv hos de større Individer. At de paa disse Ben forekommende Tænder ikke kunne være af nogen særdeles Betydning for Individet, fremgaar alene af den Omstændighed, at de først udvikles længe efter Kjævetænderne (der aldrig mangle), saaledes at Characterer, hentede af dette Forhold, hos yngre Individer ganske tabe sin Anvendelse. Hos *L. medius* ere saaledes Palatintænderne endnu umærkelige hos Individer, der ere halvvoxne (eller hvor Totallængden er under 70^{mm}); hos *L. maculatus* er netop det samme Tilfældet med Vomerin- og Palatintænderne. Det synes saaledes ikke hensigtsmæssigt at tillægge de paa disse Tandforholde byggede Characterer hos denne Slægt en videre Vægt, end i det høieste til Adskillelse af Underslægter.

L. medius tilhører saaledes Slægten *Lumpenus* i begrændset Forstand, ligesom *L. fabricii* fra Spitsbergen og Grønland, samt Pallas's *Blennius anguillaris* fra det stille Hav. Overeensstemmelsen mellem disse Arter er visselig saa gjennemgaaende, at det bliver ganske unaturligt at henføre dem under forskjellige Slægter, saaledes som af Gill og Ayres er forsøgt. For *L. medius* har Gill, som ovenfor nævnt, i 1864 opstillet Slægten *Anisarchus*; men den eneste af de Characterer, der skulde kunne have Værdi som Slægtsmærke, nemlig Antallet af Gjællestraaler, hvilket opgives at være 7 hos *Lumpenus*, 6 hos *Anisarchus*, er ikke fuldkommen constant. Vistnok har Krøyer altid hos sine Exemplarer af *L. fabricii* fundet 7 Gjællestraaler; derimod opgiver baade Fabricius (for sin *Blennius lumpenus*) 6, og Malmgren har fundet samme Antal idetmindste hos 3 af sine 4 spitsbergenske Exemplarer. Hos denne Art synes saaledes Gjællestraalernes Antal at variere, og er følgelig ikke skikket til at opstilles som eneste Slægtscharacter.

Den første korte Diagnose af *L. medius* meddeler Reinhardt i 1838 i sin ovennævnte Afhandling om Grønlands Fiskefauna. I Günthers Diagnose i Cat. Fish. Brit. Mus. vol. 3 (1861), der var affattet efter et grønlandsk Individ i Leydner-Museet, angaves Arten at mangle Palatintænder, hvilket sandsynligvis har havt sin Grund deri, at det undersøgte Individ var ungt, og endnu ikke havde faaet disse udviklede. Udførligere Beskrivelse er dog først i 1862 meddelt af Krøyer i Naturhistorisk Tidsskrift (3die Række, 1ste Bind 1861—63), og til denne Beskrivelse føier Malmgren i sin Afhandling om Spitsbergens Fiske

It cannot indeed be denied that, as a rule, the arrangement of the teeth on the dental bones of the cranium does furnish characters of very great importance in distinguishing between allied genera of fishes; but, in the case of the *Lumpenus* group, less weight must decidedly be attached to the dental characters, which, on the whole, prove anything but constant; nor does the structure of the body in other respects exhibit any corresponding distinction, being remarkably uniform in all the species.

Besides, the teeth that can occur on the vomer and the palatine bones are without exception exceedingly small, so minute, indeed, that considerable difficulty is often experienced in detecting them, even in large-sized adults. Moreover, it is obvious that the teeth on these bones cannot be essential, or of much importance even, to the individual, seeing that they do not appear till long after those on the maxillaries (never wanting) are fully developed; and hence such distinctive dental characters do not apply to young individuals. In *L. medius*, the palatine teeth are therefore scarcely perceptible in half-grown individuals (with a total length under 70^{mm}); in *L. maculatus*, precisely the same is the case with the vomerine and palatine teeth. Hence it is hardly advisable to attach much weight to characters based on such dental divergences, otherwise than as a means of distinguishment between sub-genera.

Accordingly *L. medius* belongs, in a limited sense, to the genus *Lumpenus*; also *L. fabricii*, occurring on the shores of Spitzbergen and Greenland, and Pallas's *Blennius anguillaris*, inhabiting the Pacific Ocean. These species exhibit *inter se* a uniformity so general and striking, that classification under separate genera, as suggested by Gill and Ayres, seems quite out of the question. For *L. medius*, Gill, in 1864, established the genus *Anisarchus*, as mentioned above; but the sole character of any real value as a generic distinction, viz. the number of branchiostegous rays — 7 in *Lumpenus*, 6 in *Anisarchus* — is not strictly constant. True, Krøyer has found 7 branchiostegals in all his specimens of *L. fabricii*; but Fabricius (in his description of *Blennius lumpenus*) gives 6, and Malmgren observed the same number in at least 3 of the 4 specimens he obtained on the coast of Spitzbergen. Thus, to some extent the number of branchiostegous rays does vary in this species, and cannot therefore be appropriately regarded as the sole generic character.

The first brief diagnosis of *L. medius* was furnished by Reinhardt, 1838, in his treatise — cited above — on the Fauna of Greenland. Günther's diagnosis in Cat. Fish. Brit. Mus. vol. 3 (1861), from a Greenland specimen, preserved in the Museum at Leyden, describes the species as not having palatine teeth; probably, however, the specimen examined was a young individual, and the teeth on the palatine bones accordingly as yet obsolete. The first detailed description was given, in 1862, by Krøyer (Naturh. Tidsskr. 3 Række, 1 B. 1861—63); and this description has been since supplemented by Malmgren in his treatise

i 1864 dere Tillæg. Saavidt vides, er Arten tidligere ikke bleven afbildet.

Udmaalinger. Af de under Nordhavs-Expeditionen erholdte Individer var alene et enkelt Individ sandsynligvis nærved at være fuldvoxent (122mm); de øvrige vare mindre.

	Totallængde.	Hovedets Længde.
a. (Advent Bay) . .	62mm	11,5mm
b. (Advent Bay)	66 -	12,5 -
c. (*Stat.* 366)	68 -	13 -
d. (*Stat.* 366) . .	84 -	16 -
e. (Advent Bay)	89 -	16,5 -
f. (*Stat.* 366)	89 -	16,5 -
g. (*Stat.* 366) . .	122 -	22 -

Beskrivelse. *Legemsbygning.* Legemets Høide over Nakken indeholdes hos alle de erholdte Individer omtrent 11 Gange i Totallængden; bagenfor Nakken er Legemet jevnhøjt indtil Anus, eller hæver sig ganske ubetydeligt, især hos enkelte mindre Individer, indtil Begyndelsen af Dorsalen.

Anus er beliggende forholdsvis langt tilbage, saaledes, at Legemets Længde foran Anus forholder sig til Partiet bag Anus (Halen) som 1 til 1,4.

Hovedet er relativt noget mindre hos de udvoxede Individer, end hos de yngre; hos de sidste indeholdes det 5,2 til 5,4 i Totallængden, hos de ældre 5,5 til 5,9, eller endog 6 Gange i denne. Kjæverne ere omtrent lige lange fortil, og naa tilbage til Øjets forreste Rand.

Øjnene ere temmelig tætstaaende og store, samt længere end Snuden, og indeholdes $3\frac{1}{2}$ til 4 Gange i Hovedlængden. Næseborene ere 1 Par, endende i korte Tuber; i Nærheden af hvert af dem findes en større Pore, der maaske kunne opfattes som et andet Par Næsebor.

Gjællespalten er vid, og naar nedtil frem under Midten af Øjet (saaledes længere frem, end hos de øvrige Lumpener). Gjællehinderne, der have hver 6 Straaler, ere nedtil sammenstødende, uden egentlig at danne nogen fri Fold paa Struben.

Tænderne, der ere tilstede i Kjæverne og paa Palatinbenene, ere samtlige smaa og svage; hos alle Nordhavs-Expeditionens yngre Individer ere Tænderne paa disse sidste Ben endnu umærkelige, og selv hos det største ere de særdeles svage, skjønt fuldt udviklede.

Finnerne. Straaleantallet viste sig idethele temmelig constant hos de erholdte Individer.

a.	D. 61;	A. 40;	P. 14—14.
b.	- 61;	- 40;	- 14—14.
c.	- 62;	- 40;	- 14—14.
d.	- 63;	- 41;	- 14—15.
e.	- 61;	- 41;	- 15—15.
f.	- 60;	- 41;	- 15—15.
g.	- 61;	- 41;	- 14—15.

on the fishes of Spitzbergen. The species is not known to have been previously figured.

Measurements. Of the specimens obtained on the North Atlantic Expedition, one only appeared to have nearly reached the adult stage of growth (122mm); all the rest were immature individuals.

	Total Length.	L. of Head.
a. (Advent Bay)	62mm	11,5mm
b. (Advent Bay)	66 -	12,5 -
c. (*Stat.* 366) .	68 -	13 -
d. (*Stat.* 366) .	84 -	16 -
e. (Advent Bay)	89 -	16,5 -
f. (*Stat.* 366) . . .	89 -	16,5 -
g. (*Stat.* 366) .	122 -	22 -

General Description. *Structure of the Body.* — Depth of body at nape, in all the specimens obtained, is to total length about as 1 to 11; posterior to the nuchal region, the depth continues uniform as far as the vent, or, in the smaller examples, slightly increases up to the commencement of the dorsal.

The vent placed comparatively far back, the length of the body anterior to the orifice being to the length of the postanal region (the tail) as 1 to 1,4.

Head somewhat smaller in adults than in young examples; in the latter, the length is to the total length as 1 to 5,2—5,4; in the former, as 1 to 5,5—5,9 (or even 6). Jaws about equal in length, reaching back to the anterior margin of the eye.

Eyes rather close and large; their longitudinal diameter, exceeding the length of snout, is to length of head as 1 to $3\frac{1}{2}$—4. Nostrils — one pair only — terminating in short tubes; in close proximity to each occurs a large pore, which, perhaps, may be regarded as forming together a second pair of nostsils.

Branchial opening wide, extending forwards under the middle of the eye (farther accordingly than in any of the other *Lumpenus* species). Branchiostegous membranes, each furnished with 6 rays, contiguous on the isthmus, without however producing a free fold on the throat.

Teeth, small and feeble, in the jaws and on the palatine bones. In all the younger examples taken on the Expedition, the palatine teeth were as yet obsolete, and in the largest even, exceedingly feeble, though fully developed.

Fins. — The number of fin-rays was comparatively constant in all the specimens obtained.

a.	D. 61;	A. 40;	P. 14—14.
b.	- 61;	- 40;	- 14—14.
c.	- 62;	- 40;	- 14—14.
d.	- 63;	- 41;	- 14—15.
e.	- 61;	- 41;	- 15—15.
f.	- 60;	- 41;	- 15—15.
g.	- 61;	- 41;	- 14—15.

Dorsalen begynder over Pectoralernes Rod; dens Straaler, der ere 61 eller 62, sjeldnere 60 eller 63 i Antal, ere i Begyndelsen korte, og 1 eller et Par af dem ere ved Roden næsten fri; den har omtrent fra Midten af en jevn Høide lagover, og den sidste Straale er ved en Membran forbunden med Caudalen.

Analen har 41—42 Straaler (sjeldnere 40 eller 43); den første, der er ganske kort, er en Pigstraale, de øvrige leddede, og i Spidsen kløvede. Den er fortil lav, men tiltager i Høide bagtil, saaledes at dens sidste Straale er $^1/_5$ længere, end den tilsvarende i Dorsalen. Denne sidste Analstraale er (ligesom Dorsalens) efter sin hele Længde ved en Membran forenet med Caudalen, og lægger sig længere ud over dennes Rod, end det er Tilfældet med den tilsvarende Straale i Dorsalen.

Caudalen er jevnt ægformigt afrundet, hos de yngre noget stumpere; som ovenfor nævnt er den ved Grunden forbundet ved en Membran med Dorsalens og Analens sidste Straale. Den bestaar af omkring 17 længere Straaler, der alle ere leddede (og med Undtagelse af et Par paa hver af Siderne, tillige delte), foruden af et Par korte og uleddede Støttestraaler.

Pectoralerne ere jevnt afrundede, noget kortere, end Hovedet, eller omtrent af Caudalens Længde, samt relativt noget længere hos de yngre, end hos de ældre Individer; de indeholdes i Totallængden omtrent 8 Gange. Straalernes Antal er typisk 14, sjeldnere 13 eller 15; alle ere leddede, og de øverste og mellemste tillige kløvede. Hos de nederste Straaler rager Spidsen et kort Stykke udenfor Membranen.

Ventralerne ere forholdsvis smaa, indeholdes hos det største af de erholdte Individer (Totall. 122^{mm}) 24 Gange i Totallængden, hos de mindre omtr. 22 Gange i denne. De bestaa af en særdeles kort Pigstraale, og 3 leddede Straaler, alle yderst spinkle.

Sidelinien. Som hos alle Arter er Sidelinien utydelig, men kan dog overalt forfølges i sin Helhed. Den udspringer ved Gjællespaltens øvre Ende, og gaar derfra ret ud mod Caudalen i den Fure, som danner Legemets Midtlinie. Porerne ere overalt ganske smaa og tætstaaende, saaledes, at der i det Hele kommer omtrent 2 Porer for hver Hvirvel.

Skjællene. Disse ere smaa og lidet fremtrædende; de ere særdeles fastsiddende, og ordnede i tætstillede Rækker. De strække sig frem paa Hovedet, hvor de bedække Kinderne, men ere her cycloide, medens de paa Legemet ere imbricate.

Farven er afvigende fra de øvrige Arters derved, at Pletterne ere faa og utydelige. Bundfarven er graagul; Krøyer og Reinhardt beskrive sine Individer som ganske ensfarvede; Malmgren paaviser derimod, at Pletter ere tilstede hos det friske Individ, men forsvinde efterhaanden mere, naar dette en Tid har været opbevaret paa Spiritus. Hos de fleste af de under Nordhavs-Expeditionen erholdte Individer ere endnu disse Pletter delvis i Behold, skjønt de ofte ere svage og næsten usynlige. Hos det største af

Dorsal commencing immediately above the origin of the pectorals; number of rays 61 or 62, more rarely 60 or 63, the first in the series short, 1, or sometimes 2, almost free at the base; from about the middle of the fin, the depth continues uniform, the terminal ray being connected with the base of the caudal by a thin membrane.

Anal furnished with 41—42 rays (more rarely 40 or 43), the first, which is spinous, being quite short, the rest articulated and branched at the points. In the anterior part depressed, this fin gradually increases in depth, its terminal ray being one-fifth longer than that corresponding with it in the dorsal. The last of the anal rays (in common with that of the dorsal), attached throughout its entire length by a connective membrane to the base of the caudal, and extending farther beyond it than does the terminal ray in the dorsal.

Caudal rounded (subtruncate), in younger individuals somewhat more obtuse; at the base connected by a membrane with the terminal rays in the dorsal and anal. This fin consists of about 17 long rays, all of them articulated, and, saving one or two on either side, bipartite also, exclusive of a couple of short rudimentary rays without articulation.

Pectorals uniform convex, in length somewhat shorter than than the head, or about equal to the caudal, and relatively a trifle longer in young than in adult individuals; their length is to total length nearly as 1 to 8. Typical number of rays 14, — 13 or 15 more rarely observed; they are all articulated, the uppermost and the medial likewise cleft. In the lowermost rays, the points slightly projecting above the membrane.

Ventrals comparatively small; length in the largest of the specimens obtained (total length 122^{mm}) is to total length as 1 to 24, in the smaller examples, about as 1 to 22. They consist of one exceedingly short spinous ray, and 3 articulated rays, all extremely slender.

Lateral Line. — As in all the other species, the lateral line is indistinct, but can be traced throughout its entire length. It commences at the upper extremity of the branchial opening, passing from thence straight to the caudal, along the furrow forming the mesial line. The pores are exceedingly minute and close, about 2 to each vertebra.

Scales. — Small, and not plainly visible, firmly attached to the skin, and closely arranged in regular series. They extend out on the head, where they cover the cheeks; here, however, they are cycloid, but imbricate on the body.

Colour. — In its marking, this species is distinguished by the spots, which are few and indistinct. Ground-colour greyish-yellow. Krøyer and Reinhardt both describe their specimens as of a uniform colour; Malmgren, however, has shown that spots undoubtedly occur in individuals newly taken, but gradually become obsolete in spirit-specimens. In most of the examples obtained on the Expedition these spots are still obvious, though less distinct. The largest individual is marked with a number of light brown-

Individerne strække sig en Del saadanne af lys brunlig Farve langs hele Legemet, ligesom der findes flere brunsorte Længdepletter paa Midten af Dorsalen. Flere af de mindste Individer derimod ere næsten uplettede, og have en smudsig graagul Bundfarve, der næsten ligner den, som Fiske pleie at antage, naar de i nogen Tid have været udsatte for Fordøielsen i en Fiskemave.

Appendices pyloricae befandtes hos et af de yngre Individer at være 4 i Antal, de 2 kortere, end de øvrige.

Føde. I Ventrikelen af et mindre Exemplar fra Magdalenebay fandtes fintfordelte Crustaceer, der ikke lode sig bestemme. Selv tjener Arten, ifølge Malmgrens Observationer paa Spitsbergen i 1861, til Føde for flere Fugle, især *Uria grylle*.

Udbredelse. *L. medius* er hidtil blot funden ved Grønlands og Spitsbergens Kyster. I 1835 anmeldtes den af Reinhardt for Videnskabs-Selskabet i Kjøbenhavn fra Grønland; senere er den hjembragt i adskillige Individer fra Spitsbergen under de svenske Expeditioner, og den angives at forekomme talrigere her, end de øvrige Arter. Dette synes ogsaa at kunne bekræftes ved Nordhavs-Expeditionen, som erholdt den, som ovenfor nævnt, i 7 Individer fra et Par forskjellige Localiteter paa denne Øgruppe. Ved Finmarken eller paa andre Steder af Ishavet er den hidtil ikke angivet som funden.

ish spots, extending along the whole of the body; longitudinal patches occur, too, in the middle of the dorsal fin. Some of the youngest individuals, however, are of a uniform dirty greyish-yellow, closely resembling that which the skin of fishes assumes in the stomach of a fish some time after the process of digestion has commenced.

In one of the younger individuals, the pyloric appendages were 4 in number, 2 shorter than the others.

Food. — In the stomach of one of the small specimens, from Magdalene Bay, were found minute fragments of crustaceans, which did not admit of being determined. According to Malmgren, this species is preyed upon by several birds, more especially *Uria grylle*.

Distribution. — *L. medius* has hitherto been observed on the shores of Greenland and Spitzbergen only. In 1835, Reinhardt communicated its occurrence on the coast of Greenland to the "Vidensk.-Selskabet" in Copenhagen; since then, individuals have been repeatedly taken off Spitzbergen, on the several Swedish Expeditions to that region, where it is said to be more numerous than any of the other allied species. This statement would appear corroborated by the experience of the North Atlantic Expedition, on which seven specimens were obtained. On the coast of Finmark, or in other parts of the Polar Sea, it is not as yet known to have been observed.

---

16. Lumpenus maculatus, (Fries) 1837.

Pl. II. Fig. 18.

Lumpenus medius, Reinh. Overs. 1835—36, Kgl. D. Vid. Selsk. Naturv. Math. Afh. 6 Del, p. CX (Kbhvn. 1837). Uden Beskrivelse eller Diagnose.

Clinus maculatus, Fries, Kgl. Vet. Ak. Handl. 1837, p. 49 (1837).

Clinus medius, Reinh. Kgl. D. Vid. Selsk. Naturv. Math. Afh. 7 D., p. 114 og 122 (1838).

Lumpenus (Clinus) maculatus, Nilss. Skand. Fauna. 4 Del, p. 190 (1855).

Stichaeus maculatus, Günth. Cat. Fish. Brit. Mus. vol. 3, p. 281 (1861).

Stichaeus medius, Günth. Cat. Fish. Brit. Mus. vol. 3, p. 281 (1861). Straaleantallet fejlagtigt.

Leptoclinus maculatus, Gill. Proc. Acad. Nat. Sci. Philad. 1861, App. p. 45 (1861).

Lumpenus medius, Kr. Naturh. Tidsskr. 3 R. 1 B., p. 268, Kbhvn. 1861—63 (1862).

Diagn. *Tænder i Kjæverne, paa Vomer og Palatinbenene. Hovedet indeholdes hos de yngre Individer 5¹/₃, hos de ældre indtil 6 Gange i Totallængden. Overkjæven ubetydeligt længere, end Underkjæven, naar tilbage til Øjets Midte eller dets bagre Rand. De 2—4 første Dorsalstraaler korte, og ved Roden fri. Pectoralerne forholdsvis store, indeholdes omtrent 6—7 Gange i Totallængden; de 5—6 nedre Straaler pludseligt forlængede. Caudalen ved Roden fri, bagtil ret*

16. Lumpenus maculatus, (Fries) 1837.

Pl. II. fig. 18.

Lumpenus medius, Reinh. Overs. 1835—36, Kgl. D. Vid. Selsk. Naturv. Math. Afh. 6 D. p. CX (Kbhvn. 1837). No description or diagnosis.

Clinus maculatus, Fries, Kgl. Vet. Ak. Handl. 1837, p. 49 (1837).

Clinus medius, Reinh. Kgl. D. Vid. Selsk. Naturv. Math. Afh. 7 D., p. 114 and 122 (1838).

Lumpenus (Clinus) maculatus, Nilss. Skand. Fauna. 4 Del, p. 190 (1855).

Stichaeus maculatus, Günth. Cat. Fish. Brit. Mus. vol. 3, p. 281 (1861).

Stichaeus medius, Günth. Cat. Fish. Brit. Mus. vol. 3, p. 281 (1861). Fin-ray formula inaccurate.

Leptoclinus maculatus, Gill. Proc. Acad. Sci. Philad. 1861. App. p. 45 (1861).

Lumpenus medius, Kr. Naturh. Tidsskr. 3 R. 1 B., p. 268, Kbhvn. 1861—63 (1862).

Diagnosis. — *Teeth in jaws, on the vomer, and on the palatine bones. Length of head in young individuals is to total length as 1 to 5³/₄, in adults as 1 to 6. Upper jaw, slightly projecting beyond lower, reaches back to the middle of the eye or its posterior margin. The 2—4 first dorsal rays short, and free at base. Pectorals comparatively large, length to total length as 1 to 6—7; the 5 or 6 lower rays suddenly elongated. Caudal free at base; posterior margin*

afskaaret. Legemet foran Anus forholder sig til Halepartiet, som 1 : 1,3. Farven gulagtig med 5 store brunagtige Tverpletter oved Ryggen; Mellemrummene opfyldte af mindre og utydeligere Pletter, der kunne være næsten manglende; Caudalen og Dorsalen med Tverbaand. Appendices pyloricae 2—3. Hannerne have stærkere Tænder end Hunnerne. Størrelsen indtil 180mm.

M. B. 6. D. 58—60 (61); A. 36—37 (35 eller 38); P. 15 (16); V. 4; C. 4/15/4 (14).

Localit. fra Nordh. Exped. Spitsbergen.

	Stat. 366.
Beliggenhed.	Magdalenebay, N. Spitsbergen.
Dybde.	50 Favne (91m).
Temp. paa Bunden.	÷ 1,0° C.
Bunden.	Mørkegraat Ler.
Datum.	17de August 1878.
Antal Indiv.	1 Indiv.

Bemærkninger til Synonymien. Som det under foregaaende Art er nævnt, fandt allerede Prof. Reinhardt (sen.) i 1838 det hensigtsmæssigt at henføre denne Art, der i Modsætning til de øvrige Lumpener besad Tænder (foruden i Kjæverne tillige paa Palatinbenene og paa Vomer), under en egen Afdeling, der blot indbefattede denne Art. For denne foreslog Nilsson i 1855 i sin Skand. Fauna Navnet *Clinodon*. Men da dette Navn allerede i 1830 var benyttet af Wagler for et Reptil (Fam. *Amiviridae*), i 1838 af Ehrenberg for en Infusorie (*Rotatoria*), og i 1839 af Swainson for en Fisk, bliver Navnet *Leptoclinus*, fremsat af Gill i 1861, men først i 1864 characteriseret, at anvende for denne Underslægt.

Mellem den Reinhardtske *L. aculeatus* fra Spitsbergen, og Fries's Art *L. maculatus* fra Bohuslen, kan der ikke paavises nogensomhelst Forskjel. Jeg har nøje sammenlignet det forhaandenværende Individ fra Spitsbergen med andre fra Christianiafjorden og Bohuslen, og finder dem i alle Henseender overensstemmende. Straaleantallet er gjennemsnitligt det samme: det under Nordhavs-Expeditionen erholdte Individ havde D. 61; A. 37; P. 15—15, medens et andet Individ fra Isfjorden paa Spitsbergen, som jeg har havt til Undersøgelse fra Tromsø Museum, havde i Dorsalen 59, i Analen 35, saaledes at Tallet synes at variere. 2 Exemplarer fra Christianiafjorden havde begge i Dorsalen 58, i Analen 36 Straaler.

At Fries's Navn *maculatus* ved Spørgsmaalet om Prioriteten bliver at anvende, kan neppe ansees for tvivlsomt. Det Bind af det. D. Vidensk. Selsk. Forh. (6te Del), hvori Reinhardt opstillede sin *Lumpenus aculeatus*, udkom i 1837, samme Aar, som Fries i Kgl. Vet. Akad. Handl. udførligt beskrev sin *Clinus maculatus* fra Bohuslen. Men uagtet Reinhardt allerede havde omtalt sin Art under Navn

square. Length of body anterior to the vent is to that of the caudal region as 1 to 1.3. Colour yellowish, the back marked with 5 large brownish transverse spots; the intervals filled up with smaller and less distinct spots, in some examples almost obsolete; caudal and dorsal traversed by transverse bands. Pyloric appendages 2—3. The males have stronger teeth than the females. Length reaching 180mm.

M. B. 6. D. 58—60 (61); A. 36—37 (35 or 38); P. 15 (16); V. 4; C. 4/15/4 (14).

Locality (North Atl. Exped.): Spitzbergen.

	Stat. 366.
Exact Locality.	Magdalene Bay, N. Spitzbergen.
Depth.	50 Fathoms (91m).
Temp. at Bottom.	÷ 1.0° C.
Bottom.	Dark-grey Clay.
Date.	17th August 1878.
Numb. of Specim.	1 Indiv.

Remarks on the Synonymy. As previously stated, in connexion with the foregoing species, Prof. Reinhardt sen., so far back as 1838, saw fit to class *L. maculatus*, which, unlike the other species, is furnished with teeth on the vomer and the palatine bones as well as in the jaws, in a separate sub-division, comprising this one species only. In 1855, Nilsson suggested the name *Clinodon* for the species, in his "Skandinavisk Fauna." But this designation having been adopted by Wagler, in 1830, for a reptile (fam. *Amiviridae*), by Ehrenberg, in 1838, for a species of infusoria (*Rotatoria*), and by Swainson, in 1839, for a fish, the name *Leptoclinus* — given by Gill in 1861, but not characterized till 1864 — will have to be retained for this sub-genus.

Between Reinhardt's *L. aculeatus*, from Spitzbergen, and Fries's species *L. maculatus*, from Bohuslen, in Sweden, no difference whatever can be shown to exist. I have carefully compared the individual, in question from Spitzbergen with examples taken in the Christiania Fjord, and find them to be in every respect identical. The number of fin-rays was generally the same. For the individual taken on the North Atlantic Expedition, the fin-ray formula is as follows: — D. 61; A. 37; P. 15—15; another example, from the Isfjord, Spitzbergen, in the Tromsø Museum, had D. 59; A. 35; hence the number would appear to vary. Two individuals, taken in the Christiania Fjord, had each 58 in the dorsal and 36 in the anal.

The question of priority with regard to nomenclature must be decided in favour of *maculatus*, the synonym suggested by Fries. In 1837 was published the volume of D. Vid. Selsk. containing Reinhardt's establishment of the species by the name of *Lumpenus aculeatus*; and the same year Fries furnished a full description of his *Clinus maculatus* (from Bohuslen) in Kgl. Vet. Akad. Handl. Reinhardt

i Oversigten over Selskabets Forhandlinger for 1835—36, der danner Indledningen til det ovennævnte Bind, bør dog vistnok hans Navn vige for Fries's, da han ikke ledsagede sin Art med nogensomhelst Diagnose eller Beskrivelse. Først i 1838 meddelte han en saadan i sin Afhandling om Grønlands Fauna i 7de Del af samme Tidsskrift.

Arten har tidligere været afbildet i Gaimard's Planche-værk til Corvetten „La Recherche"s Rejse (Voyage Scand. Lap. etc. 1838—39, Poiss. pl. 14), men lidet tilfredsstillende; desuden hos Wright og Ekström, Skand. Fiskar, 5 Hefte, Pl. 1 (1838), men heller ikke den sidste Figur er synderlig vellykket.

Beskrivelse. *Legemsbygning.* Mellem Han og Hun er der allerede i det ydre en tydelig Forskjel, idet Hannen har stærkere Kjæver, der strække sig længere tilbage, end Hunnernes, ligesom Tænderne ere stærkere.

Anus' Beliggenhed er omtrent, som hos *L. medius*, idet Legemets Længde foran Anus forholder sig til Partiet bag Anus, som 1 : 1,5. Ligesom Kröyer har jeg hos Hunnerne fundet en yderst liden Analpapille bagenfor Anus, hvilken mangler hos Hannerne.

Legemets Højde over Nakken indeholdes 12,5 til 13 Gange i Totallængden. Bagenfor Nakken tiltager Legemet noget i Højde; omtrent midt mellem Ventralernes Rod og Anus, hvor Legemshøjden idethele er størst, indeholdes denne 9,5 til 10 Gange i Totallængden.

Hovedet indeholdes næsten nøjagtigt 6 Gange (eller ubetydeligt derunder) i Totallængden; hos yngre er det forholdsvis større, og indeholdes hos et Individ med en Totall. af 69^{mm} omtr. 5,3 Gange i denne. Overkjæven er tydeligt længere, end Underkjæven, og Snuden krumbøjet; hos udvoxede Hanner, hvis Kjæveparti er langt stærkere udviklet, end hos Hunnerne, naar Mundspalten tilbage til Øjets bagre Rand, medens den hos Hunnerne og de yngre Individer neppe naar over Øjets Midte. Øjnene ere store og tætstaaende, betydeligt længere, end Snudens Længde, og indeholdes i Hovedlængden hos de yngre Individer 3, hos ældre indtil $3^3/_4$ Gange. Næseborene ere 1 Par, der bære en kort Tube; en større Slimpore (eller Næsebor) aabner sig lige i Nærheden af hvert Næsebor.

Gjællespalten er vid, og naar paa Hovedets Underside frem til under Øjets bagre Rand (eller undertiden ikke fuldt saa langt). Gjællehinderne have 6 Straaler, og ere nedtil sammenstødende, uden i Regelen at danne nogen fri Fold paa Struben. (Hos et fuldt udvoxet Han-Individ er dog en saadan ganske kort Fold tilstede, hvis Bredde imidlertid ikke synderligt overskrider 1^{mm}).

Tænderne ere tilstede saavel i Kjæverne, som paa Vomer og paa Palatinbenene. Kjævetænderne ere størst og stærkest, især de forreste; ældre Individer, især de gamle Hanner, have enkelte af disse forlængede, især i Overkjæven, saa at de danne et Slags *dentes canini*; af saadanne findes 1 eller 2 paa hver Side. Ogsaa hos Hunnerne og de yngre Individer ere disse Hjørnetænder tilstede.

did indeed name the species in the Summary of the Proceedings of the Society, which forms the introduction to the aforesaid volume, but without annexing any description or diagnosis whatever; and hence his synonym must give way to that of Fries. The species was not described by Reinhardt till 1838, in his paper on the Fauna of Greenland.

L. maculatus has been previously figured in the plates accompanying Gaimard's Narrative of the Expedition with the corvette "La Recherche" (Voyage Scand. Lap. &c., 1838—39, Poiss. pl. 14), but the representation is far from satisfactory; and likewise by Wright and Ekström, "Skand. Fiskar", Part 5, Pl. 1 (1838), whose drawing however, also leaves much to be desired in point of accuracy.

General Description. *Structure of the Body.* — In this species, the sexes can be distinguished by the outward form alone, the male having stouter jaws, which extend farther back than in the female; the teeth, too, are stronger.

Position of vent about the same as in *L. medius*, the length of the body anterior to the vent being to that of the postanal region as 1 to 1.5. Posterior to the vent, in female individuals, occurs an exceedingly minute anal papilla, also observed by Krøyer, which is wanting in males.

Depth of body at nape is to total length as 1 to 12.5—13. Posterior to the nape, there is a slight increase in depth; midway between the origin of the ventrals and the vent, the depth of the body, which is greatest here, is contained from 9.5 to 10 times in the total length.

Length of head to total length almost exactly as 1 to 6 (or but a fraction less). In young examples, the length of the head is relatively greater, being to total length, in one individual (total length 69^{mm}), as 1 to 5.3. Upper jaw perceptibly longer than lower; snout curved; in adult males, which have the whole region of the jaws much stronger than females, the cleft of the mouth extends back to the posterior margin of the eye, whereas in females and immature individuals it hardly reaches above the middle of the eye. Eyes large and close together, longitudinal diameter slightly exceeding length of snout, and proportionate to the length of the head: in young individuals, as 1 to 3, in adults, as 1 to $3^3/_4$. One pair of nostrils, furnished with a short tube; a mucous pore (possibly a nostril) occurs close to each nostril.

Branchial opening wide, extending, on the under surface of the head, a little beneath the posterior margin of the eye (sometimes not quite so far). Branchiostegous membranes, furnished with 6 rays, contiguous on the under surface, but, as a rule, not producing a free fold on the throat (in a full-grown male, however, a short fold of this kind was observed, the length scarcely exceeding 1^{mm}).

Teeth in jaws, on the vomer, and on the palatine bones. The maxillary teeth, more especially the foremost, larger and stronger than the others; mature individuals, in particular old males, have some of these teeth elongated, mostly in the upper jaw, resembling *dentes canini*, 1 or 2 on either side. The females, and all mature individuals, also distinguished by these canine teeth, which are,

men ere her kortere. Tænderne paa Palatinbenene og paa Vomer ere mindre, og blive først bemærkelige, naar Individerne have naaet en Totallængde af omtr. 70mm.

Totallængden af Nordhavs-Expeditionens Individ er 127mm, hvoraf Hovedets Længde udgjør 21mm. Individet var en Hun, med Bughulen udspændt af Rogn. Appendices pyloricae vare 2, temmelig tykke; Krøyer fandt 3 hos det af ham beskrevne Individ.

Finnerne. Dorsalen begynder ubetydeligt foran Pectoralernes øvre Rod, og har 58 til 60, sjeldnere 61 Straaler. De forreste 2—4 ere altid ganske korte, og fuldkommen fri ved Roden; senere tiltager deres Høide indtil henimod Finnens Midte, hvorefter den atter sænker sig noget henimod Caudalen.

Analen har 36 eller 37 Straaler, undertiden 35 eller 38; den første er en kort Pigstraale, de øvrige leddede, og i Spidsen tydeligt kløvede. Den har efter hele sit Løb en temmelig jevn Høide, uden saaledes, som Dorsalen, at aftage mod begge Ender.

Caudalen er ved en distinct Halerod adskilt fra Dorsalen og Analen, uden ved noget Spor af Membran at være forenet med disse Finner. Antallet af Straaler er 15, sjelden 14, alle leddede, og de 12 mellemste tillige kløvede; desuden findes paa hver Side et Par korte Støttestraaler. Af Form er den ret afskaaret i Randen, med ganske ubetydeligt afskaarne Hjørner.

Pectoralerne, der tælle 15, eller sjeldnere 16 Straaler, hvoraf den øverste er udelt, de øvrige i Spidsen kløvede, have en ejendommelig Form, idet de 5—6 nederste Straaler pludselig rage forlængede ud af Membranen, saaledes at Finnens nedre Parti bliver kjendeligt længere, end det øvre. Disse forlængede Straaler aftage noget i Længde nedad, men selv den nederste er længere, end de længste Straaler i Finnens øvre Del. Pectoralernes største Længde er hos de yngre Individer omtrent lig Hovedlængden, og indeholdes saaledes 6 Gange i Totallængden; hos de udvoxede ere de blevne relativt noget forkortede, og ere altid kortere, end Hovedlængden; hos et gammelt Han-Individ indeholdes de saaledes 7 Gange i Totallængden.

Ventralerne ere af middels Længde, have 1 særdeles kort Pigstraale og 3 leddede Straaler, tilsammen 4, og indeholdes i Totallængden hos de yngre 12 til 14 Gange, hos de ældre indtil 17 Gange.

Sidelinien er ogsaa hos denne Art tilstede, men er efter sit hele Løb særdeles utydelig. Porerne ere overalt temmelig tætstaaende, og følge i sit Løb den Fure, som danner Legemets Midtlinie.

Skjællene ere tætsiddende og ganske smaa, og strække sig frem paa Hovedet, hvor de beklæde Nakken og Kinderne; paa det sidstnævnte Sted ere de mindre tætsiddende samt cycloide, medens de paa det egentlige Legeme ere imbricate, og dække hinandens Rande.

Farven er characteristisk ved den Række af 5 store brunsorte Tverpletter, der ere stillede med lige Mellemrum henad Rygsiden; den første af disse Pletter findes omtrent

however, shorter than in the males. The teeth on the palatine bones and on the vomer not so large as those on the maxillaries; they continue obsolete till the individual has attained a total length of about 70mm.

Total length of the individual taken on the North Atlantic Expedition 127mm; length of head 21mm. This example was a female, having the abdominal cavity distended with roe. Appendices pyloricæ 2, rather thick; Krøyer found 3 in his specimen.

Fins. — Dorsal commencing in close proximity to the base of the pectorals; number of rays 58—60, more rarely 61. The foremost 2—4 invariably short, and quite free at base, the length of the rest increasing about to the middle of the fin, which again begins to slope a little towards the caudal.

Anal furnished with 36 or 37 rays, sometimes with 35 or 38; the first short and spinous, the rest articulated, and distinctly divided at their points. The depth of this fin about the same throughout its entire length, not diminishing towards both extremities as in the dorsal.

Caudal distinctly separated from dorsal and anal, no trace of a connective membrane. Number of rays 15, seldom 14; all articulated, and the 12 middlemost also branched; on either side, too, occur a couple of rudimentary rays. In form, this fin is square, slightly docked at the extremities.

The pectorals, furnished with 15, more rarely 16 rays, all divided at the points with the exception of the uppermost, are peculiar in form, the 5—6 lowermost becoming suddenly elongated, and projecting through the membrane, in such manner that the lower part of the fin is perceptibly longer than the upper. These elongated rays diminish somewhat in length as they descend, but even the lowest is longer than the longest in the upper portion. Greatest length of pectorals in young individuals about equal to length of head, being, accordingly, to total length as 1 to 6; in adults, these fins are relatively somewhat shorter, their length never equalling that of the head; in an old male, for instance, the proportion to total length was as 1 to 7.

The ventrals, of medium length, furnished with one exceedingly short spinous ray and 3 articulated rays; length, in young individuals, is to total length as 1 to 12—14, in adults, as 1 to 17.

Lateral Line. — Occurs, too, in this species, but exceedingly indistinct throughout its entire length. The pores closely set, extending along the furrow of the mesial line of the body.

Scales. — Close and small, extending out on the head and covering the nape and the cheeks; on the latter, they are less closely arranged, and cycloid, whereas on the body proper they are imbricate, overlapping each other.

Colour. — This species is distinguished by a row of 5 large transverse spots, laterally arranged at equal distances along the back; the first in the series occurs almost

under den 6te Dorsalstraale, den sidste en halv Hovedlængde fra Haleroden. Mellemrummene mellem dem kunne være næsten uden Pletter, saaledes som hos enkelte Hunner, eller opfyldte af mindre Pletter, der ogsaa udbrede sig nedenfor Legemets Midtlinie, uden dog nogensinde at naa en saadan Størrelse, som de 5 store Tverpletter. Nedad Dorsalen løbe hos de ældre Individer omtrent 14 skraa Tverbaand, ligesom ogsaa Caudalen altid har distincte Tverbaand.

Hos et Individ fra Christianiafjorden, som jeg havde Lejlighed til at undersøge i levende Tilstand (en gammel Han, med en Totallængde af 171 mm), fandt jeg Hovedets Farve blaalig-grøn, marmoreret med brune Pletter; et smalt gulagtigt Baand løb ned foran hvert Øje, og et lignende tvers over Snuden, hvilke tilsammen indesluttede en triangulær brunsort Plet. En sort Plet fandtes ogsaa paa Gjællelaaget. Iris var mat messingfarvet, dets øvre Rand næsten sort.

Føde. Ventrikelen indeholdt adskillige hele yngre Individer af *Themisto libellula*, samt en af de skjælbeklædte Annelider (*Lepidonotus*).

Udbredelse. Reinhardts Exemplarer af hans *L. aculeatus* vare alle fra Grønland. Fra Spitsbergen har den hidtil ikke været omtalt; men foruden Exemplaret fra Magdalenebay har jeg, som ovenfor nævnt, havt Anledning til at undersøge endnu et ved Spitsbergen erholdt Exemplar. Fremdeles optræder den langs den norske Kyst, dog som det synes, idethele ikke talrigt, lige ned til Christianiafjorden; mod Syd gaar den ned til Kysterne af Bohuslen (58°), fra hvilken Localitet Arten oprindelig af Fries blev beskreven i 1837, og hvor flere Exemplarer ogsaa i de senere Aar ere fundne. Paa Nord-Americas Østkyst gaar den ifølge Goode & Bean (1879) ned lige til New-Englands Kyster, idet den er i flere Individer erholdt i Bugten udenfor Massachusetts (42°).

17. Lumpenus lampetraeformis, (Walb.) 1792.

Blennius capite laevi, etc., Mohr, Isl. Naturh. p. 84, tab. 4 (1786).
Blennius lampetraeformis, Walb. Art. Gen. Pisc. p. 184 (1792).
Centronotus islandicus, Bloch, Schneid. Syst. Ichth. p. 167 (1801).
Blennius lumpenus, pt. Faber, Fische Isl. p. 79 (1829).
Centronotus lumpenus, Nilss. Prodr. Ichth. Scand. p. 101 (1832).
Clinus nebulosus, Fries, Kgl. Vet. Ak. Handl. 1837, p. 49 (1837).
Clinus mohrii, Kr. Naturh. Tidsskr. 1 R. 1 B. 1837, p. 32 (1837).

immediately beneath the 6th dorsal ray, the terminal spot being distant half the length of the head from the origin of the tail. The disjunctive spaces sometimes almost spotless, for instance in some females, or covered with smaller spots, likewise extending below the mesial line, but all of them of a size considerably less than that of the large transverse spots. The dorsal, in mature individuals, marked with about 14 oblique transverse bars; the caudal, too, is invariably traversed by distinct transverse bands.

In one individual, taken in the Christiania Fjord, which I had an opportunity of examining while still alive (an old male, total length 171 mm), the colour of the head was bluish-green, freckled with brown spots; a narrow yellowish band extended downwards in front of each eye, and another traversed the snout, enclosing together a triangular patch of brownish-black. A black spot occurs, too, on the gill-plate. Irides of the colour of tarnished brass, almost black above.

Food. — The ventricle contained several perfect examples of *Themisto libellula*, and a testaceous Annelid (*Lepidonotus*).

Distribution. Reinhardt's specimens of *L. aculeatus* were all from the coast of Greenland. From Spitzbergen, it had not previously been mentioned. But, exclusive of the specimen from Magdalene Bay, I have had an opportunity, as before observed, of examining another individual taken on the coast of Spitzbergen. Moreover, the species occurs along the shores of Norway, but not, it would seem, as a common fish, from the extreme north to the Christiania Fjord; its range southwards extends to Bohuslen (58°), the locality in which the specimen described by Fries in 1837 was taken, and several examples have been met with there of late years. On the eastern coast of North America, according to Goode & Bean (1879), the range of the species extends as far south as the coast of New England, divers individuals having been obtained in Massachusetts Bay (42°).

17. Lumpenus lampetræformis, (Walb.) 1792.

Blennius capite laevi, etc., Mohr, Isl. Naturh. p. 84, tab. 4 (1786).
Blennius lampetraeformis, Walb. Art. Gen. Pisc. p. 184 (1792).
Centronotus islandicus, Bloch, Schneid. Syst. Ichth. p. 167 (1801).
Blennius lumpenus, pt. Faber, Fische Isl. p. 79 (1829).
Centronotus lumpenus, Nilss. Prodr. Ichth. Scand. p. 101 (1832).
Clinus nebulosus, Fries, Kgl. Vet. Ak. Handl. 1837, p. 49 (1837).
Clinus mohrii, Kr. Naturh. Tidsskr. 1 R. 1 B. 1837, p. 32 (1837).

Blennius gracilis, Stuwitz, Nyt Mag. f. Naturv. 4 B., p. 406 (1838).
Lumpenus (Clinus) gracilis, Reinh. Kgl. D. Vid. Selsk. Naturv. Math. Afh. 7 Del, p. 194 (1838).
Lumpenus nebulosus, Nilss. Skand. Fauna, 4 Del, p. 195 (1855).
Stichæus islandicus, Günth. Cat. Fish. Brit. Mus., vol. 3, p. 281 (1861).
Centroblennius nebulosus, Gill, Proc. Acad. Nat. Sci. Philad. 1861, App. p. 45 (1861).
Lumpenus gracilis, Kr. Naturh. Tidsskr. 3 R. 1 B., p. 282, Kbhvn. 1861—63 (1862).
Leptoblennius gracilis, Gill, Proc. Acad. Nat. Sci. Philad. 1864, p. 210 (1864).
Lumpenus lampetræformis, Coll. Norges Fiske, Tillægsh. til Forh. Vid. Selsk. Chra. 1874, p. 72 (1874).

Diagn. *Tænder i Kjæverne; ingen paa Vomer eller Palatinbenene. Hovedet indeholdes hos de yngre 5—7, hos de ældre indtil 10 Gange i Totallængden. Overkjæven ubetydeligt længere, end Underkjæven, naar tilbage til Øjets Forrand. De 3—4 første Dorsalstraaler korte, og ved Roden næsten fri. Pectoralerne jevnt afrundede, og kortere, end Hovedet, indeholdes 8—10, hos enkelte gamle Individer indtil 13 Gange i Totallængden. Caudalen ved Roden fri, hos ældre Individer stærkt, hos yngre svagere tilspidset. Anus forholdsvis fremrykket; Legemet foran Anus forholder sig til Halepartiet som 1 : 1,5; hos ældre Individer er Forholdet som 1 : 2, og derover. Farven gulagtig med talrige større og mindre graabrune Pletter, der ofte ere delvis sammenflydende; Caudalen med Tværbaand. Appendices pyloricæ 2. Størrelsen indtil 250mm (Norge), eller 412mm (Island; Mus. Hafn.).*

M. B. 6. D. 71—72 (68—70, eller 73—74); A. 49—52; P. 15 (14); V. 4; C. $_3$15$_3$.

Localit. fra Nordh.-Exped. Lofoten i Norge; Spitsbergen.

		Stat. 366.
Findested.	Røst i Lofoten, Norge.	Magdalenebay, N. Spitsbergen.
Dybde.	50 Favne (91m).	50 Favne (91m).
Temp. paa Bunden.	+ 5,9° C.	÷ 1,0° C.
Bunden.	Sandbund.	Mørkegraat Ler.
Datum.	26de Juni 1877.	17de Aug. 1878.
Antal Indiv.	1 ungt Indiv.	1 ungt Indiv.

Bemærkninger til Synonymien. Ved Adskillelsen af den oprindelige Slægt *Lumpenus* angav Reinhardt i 1838 (Kgl. D. Vid. Selsk. Nat. Math. Afh. 7 Del, p. 194) som Charakter for den 3die Gruppe Tilstedeværelse af Tænder blot i Kjæverne, medens saavel Palatinbenene, som Vomer manglede saadanne. Som Typus og eneste Art under denne Gruppe opfører han en Form, som han netop havde modtaget i et Par Exemplarer fra Grønland, og som han foreløbig identificerede med den norske *Blennius gracilis*, Stuw. Et specielt Slægtsnavn ved Siden af de øvrige Grupper, modtog denne Art først i 1861 af Gill, der i sin Catalog over Fiskene paa Nord-Americas Nordostkyst opførte den

Blennius gracilis, Stuwitz, Nyt Mag. f. Naturv. 4 B. p. 406 (1838).
Lumpenus (Clinus) gracilis, Reinh. Kgl. D. Vid. Selsk. Naturv. Math. Afh. 7 Del, p. 194 (1838).
Lumpenus nebulosus, Nilss. Skand. Fauna, 4 Del, p. 195 (1855).
Stichæus islandicus, Günth. Cat. Fish. Brit. Mus., vol. 3, p. 281 (1861).
Centroblennius nebulosus, Gill, Proc. Acad. Nat. Sci. Philad. 1861, App. p. 45 (1861).
Lumpenus gracilis, Kr. Naturh. Tidsskr. 3 R. 1 B. p. 282, Kbhvn. 1861—63 (1862).
Leptoblennius gracilis, Gill, Proc. Acad. Nat. Sci. Philad. 1864, p. 210 (1864).
Lumpenus lampetræformis, Coll. Norges Fiske, Tillægsh. til Forh. Vid. Selsk. Chra. 1874, p. 72 (1874).

Diagnosis. — *Teeth in jaws, none on vomer and palatine bones. Length of head to total length, in young examples, as 1 to 5—7, in adults, as 1 to 10. Upper jaw slightly longer than lower, extending back to the anterior margin of the eye. The first 3 or 4 dorsal rays short, and almost free at base. Pectorals uniform convex; length less than that of the head, being to total length as 1 to 8—10, in some old individuals as 1 to 13. Caudal free at base, and acuminate, in adults considerably, in young individuals but slightly. The vent placed comparatively far in advance, the length of the body anterior to the vent being to that of the caudal region as 1 to 1.5; in old individuals, as 1 to 2, and above. Colour yellowish, mottled with numerous greyish-brown spots, large and small, confluent in places; caudal marked with transverse bands. Pyloric appendages 2. Length reaching 250mm (Norway), 412mm (Iceland; Mus. Hafn.).*

M. B. 6. D. 71—72 (68—70 or 73—74); A. 49—52; P. 15 (14); V. 4; C. $_3$15$_3$.

Locality (North Atl. Exped.): — Lofoten, in Norway; Spitzbergen.

	—	Stat. 366.
Exact Locality.	Røst, in Lofoten, Norway.	Magdalene Bay, N. Spitzbergen.
Depth.	50 Fathoms (91m).	50 Fathoms (91m).
Temp. of Bottom.	+ 5.9° C.	1.0° C.
Bottom.	Sandy Bottom.	Darkgrey Clay.
Date.	26th June 1877.	17th Aug. 1878.
Numb. of Specim.	1 Young Indiv.	1 Young Indiv.

Remarks on the Synonymy. — Reinhardt, in his classification of the genus *Lumpenus*, in 1838 (Kgl. D. Vid. Selsk. Nat. Math. Afh. 7 Del, p. 194), gave, as the salient character distinguishing the 3rd group, the occurrence of teeth in the jaws only, none on the vomer or on the palatine bones. As the typical and sole species of this group, he established a form, of which one or two examples had just been sent him from Greenland, regarding it, provisionally, as identical with the Norwegian species *Blennius gracilis*, Stuw. No special generic appellation ranking with those of the other group was conferred on this species, till Gill (1861) classed it in his Catalogue of

under den (i 1860) opstillede Slægt *Leptoblennius*,[1] hvilken han senere i 1864 characteriserede væsentlig i Overensstemmelse med Reinhardt.

Paa det sidstnævnte Sted opfører han ved Siden af *Leptoblennius* yderligere en ny Slægt, *Centroblennius*, for hvilken Richardson's *Lumpenus nubilus* (Last Arct. Voy. vol. 2. 1855) udgjorde Typen. Men Forskjellen mellem disse 2 Slægter, som væsentlig er grundet paa en ringe Ulighed i Straaleantallet, er af ganske specifik Natur, og *Leptoblennius* bør derfor neppe engang anerkjendes som Underslægt.

Ved Undersøgelsen og Beskrivelsen af Individer fra de forskjellige vidt adskilte Localiteter, som denne Art bebor, er der jevnlig bleven lagt speciel Vægt paa Characterer, der ere hentede fra Hovedets og Legemshøjdens Forhold til Totallængden, et Forhold, der hos denne Art er særdeles betydelige Forandringer underkastede under Individernes Væxt. *L. lampetraeformis*, der har været kjendt i næsten et Aarhundrede, har derfor hyppig været miskjendt, og modtaget et stort Antal forskjellige Navne, idet de for den oprindelige *L. lampetraeformis* opgivne Characterer blot passe ind paa Individerne af et bestemt Alderstrin (nemlig det noget over halvt udvoxede). Jeg har allerede ved en tidligere Lejlighed berørt dette Forhold i „Norges Fiske" (Tillægshefte til Forh. Vid. Selsk. Chra. 1874. p. 72).

I 1776 blev Arten første Gang kjendeligt beskrevet og afbildet af Mohr i hans „Islandske Naturhistorie" (p. 84) fra Island, dog uden paa dette Sted at erholde noget Artsnavn. At Mohr har havt denne Art for Øje, og ikke nogen anden af de grønlandske Former, synes bl. a. at fremgaa af hans Angivelse af Straaleantallet. Et Artsnavn (*Blennius lampetraeformis*) erholdt den først i 1792 af Walbaum i den nye Udgave af Artedi's *Genera Piscium* (tom. 3, p. 184), hvor Mohr's Beskrivelse og Tegning gjengives.

I 1801 erholdt samme Mohr's Art yderligere et nyt Navn af Schneider, i hans Udgave af Bloch's *Systema Ichthyologiae*, og under dette Navn har Dr. Günther optaget Arten i sin Cat. Fish. Brit. Mus. (*Stichaeus islandicus*).

Den islandske Form blev fremdeles i 1837 gjort til Gjenstand for Behandling, nemlig af Kröyer, der (Nat. Tidsskr. 1 R. 1 B.) beskriver et fra Island nedsendt Individ under Navnet *Blennius lampetraeformis*, men foreslaar til Slutning som en mere passende Benævnelse *Clinus mohrii* (et Navn, som dog Kröyer selv ikke senere har adopteret).

I den Beskrivelse af „*Blennius lumpenus*", Lin., som Faber giver i 1822 i sin „Naturgesch. Fische Islands" (p. 79), sammenblandes saavel i Beskrivelsen, som i Synonymien Mohr's Art med Fabricius' *Blennius lumpenus* fra Grønland (= *Lumpenus fabricii*, Reinh.); dog kan det sees, at Faber neppe kan have kjendt nogen af Arterne af Autopsi.

At Walbaum's *Bl. lampetraeformis* fra Island er identisk med Stuwitz's *Blennius gracilis* fra Norges Vestkyst

[1] Opstillet for Storer's *Blennius serpentinus*.

Fishes occurring on the north-eastern coast of North America under the genus *Leptoblennius* (established 1860[1]), which he afterwards (1864) characterized much the same as Reinhardt.

Along with *Leptoblennius*, Prof. Gill introduced into his Catalogue a new allied genus, *Centroblennius*, Richardson's *Lumpenus nubilus* (Last. Arct. Voy. vol. 2, 1855) furnishing the type. The characteristic distinction between these two genera, founded principally on a slight inequality in the number of the fin-rays, is however strictly specific; and hence *Leptoblennius* can hardly be entitled to rank even as a subgenus.

Now, when examining and describing individuals from the numerous and widely distant localities inhabited by this species, particular importance has usually been attached to characters resting on the proportion which the head and depth of the body bear to the total length; and this proportion in the present species is found to vary very considerably with the growth of the fish. Hence *L. lampetraeformis*, known to ichthyologists for the space of a century almost, has frequently been misapprehended, and has been given a large number of synonyms, the characters originally believed to belong to *L. lampetraeformis* being those of individuals arrived at a particular stage of growth (a little more than half-grown). On a former occasion I called attention to this fact, viz. in "Norges Fiske" (Tillægshefte til Forh. Vid. Selsk. Chra. 1874. p. 72).

In 1776, the species was first described and figured with comparative accuracy, by Mohr, in "Islandske Naturhistorie" (p. 84), but without his assigning a specific name. That it was this species Mohr had before him, and not one of the other Greenland forms, seems evident from the fin-formula given. A specific name (*Blennius lampetraeformis*) was first suggested, in 1792, by Walbaum, in his edition of Artedi's *Genera Piscium* (tom. 3, p. 184), accompanied by Mohr's diagnosis and representation.

In 1801, Mohr's species had a new synonym given it, by Schneider, in his edition of Bloch's *Systema Ichthyologiae*; and this name Dr. Günther has adopted in his Catalogue Fish. Brit. Mus. (*Stichaeus islandicus*).

This Icelandic form was made the subject of further treatment by Kröyer, who (Nat. Tidsskr. 1 R. 1 B.) describes an example sent from Iceland by the name of *Blennius lampetraeformis*, proposing, however, at the close of his paper, as a more appropriate designation, *Clinus mohrii*; but the latter synonym was not afterwards adopted by Kröyer himself.

In the description of *Blennius lumpenus*, Lin., given by Faber (1822) in his "Naturgesch. Fische Islands" (p. 79), Mohr's species and Fabricius's *Blennius lumpenus* from Greenland (i. e. *Lumpenus fabricii*, Reinh.) are confounded throughout, both as regards the description and the synonymy; it is evident, however, that Faber can have known nothing of either species from autopsy.

That Walbaum's *Bl. lampetraeformis*, from Iceland, is identical with Stuwitz's *Bl. gracilis*, from the west coast of

[1] For Storer's *Blennius serpentinus*.

(1837), og at begge udgjøre de næsten udvoxede Individer af Fries' *Clinus nebulosus* fra Bohuslen (1837), har jeg i den ovennævnte Afhandling (Norges Fiske) tidligere søgt at begrunde; og det kan neppe være nogen Tvivl underkastet (hvad allerede Nilsson i 1855 har antydet), at den ligeledes er identisk med Reinhardts ovenfor nævnte *Lumpenus (Clinus) gracilis* fra Grønland, der omtaltes første Gang i 1838. Vistnok berøres denne af Reinhardt blot med nogle faa Ord; men Krøyer har senere (i 1862) givet en detailleret Beskrivelse af denne Form, der sees at have været et stort Individ med en Totallængde af omtr. 340^{mm}, og dette er i alle væsentlige Henseender overensstemmende med ligestore Individer fra de norske Kyster, saavel i den ydre, som den indre Bygning.

Foruden de Beskrivelser, der ere fremkomne gjennem Krøyer, Nilsson og Fries, haves allerede fra 1838 en særdeles udførlig saadan, forfattet af Stuwitz i Nyt Mag. f. Naturv., 1 R., hvori et næsten udvoxet Individ med en Totall. af omtr. 265^{mm}, fundet tilligemed et Par andre lignende i Christianiafjorden i 1835 og 1836 af Prof. Esmark, beskrives med den yderste Nøjagtighed. Der er saaledes ingen Mangel paa Beskrivelser af denne Art, men da de alle ere indbyrdes mere eller mindre uoverensstemmende, alt efter Størrelsen og de ydre Variationer hos de foreliggende Individer, har jeg troet det ikke overflødigt her at lade følge en ny og mere kortfattet, hvor der saavidt muligt er taget Hensyn til alle disse individuelle Uoverensstemmelser.

Exemplaret fra Magdalenebay havde en Totallængde af 62^{mm}, hvoraf Hovedets Længde udgjorde 10,5^{mm}. Det var saaledes (ligesom Exemplaret fra Røst i Lofoten) blot en Unge, og svarede fuldkommen til Unger af samme Størrelse fra de norske Kyster.

Beskrivelse. *Legemsbygning.* Sammenlignet med de øvrige Arter er Legemet forholdsvis langstrakt, især hos de ældre Individer. Ligeledes er Hovedet betydeligt mindre hos de ældre, end hos de yngre Individer, og hos ingen anden Art er den gradvise Forandring i denne Henseende saa betydelig.

Højden over Nakken indeholdes hos de yngre Individer (omkr. 60—70^{mm}) omtr. 12 Gange i Totallængden, hos de ældre lige til 20 Gange og derover; bagenfor Nakken bliver Legemets Højde ubetydeligt større, men indeholdes dog endnu hos et større Individ (Totall. 265^{mm}) 20 Gange i Totallængden.

Hovedet er forholdsvis lidet; dets Forhold til Totall. varierer fra $5^1/_2$ lige til 10 og derover. Saaledes indeholdes Hovedlængden i Totallængden hos de forskjellige Individer efter følgende Forhold:

Totallængde	50^{mm};	Hovedets	Forhold til	Totall.	5,5
—	96 -	—	—	—	6,0
—	130 -	—	—	—	7,0
—	192 -	—	—	—	8,3
—	265 -	—	—	—	9,8
—	320 -	—	—	—	10,3

Norway (1837), and that both represent the nearly full-grown examples of Fries's *Clinus nebulosus*, from Bohuslen (1837), I have sought to show in the treatise cited above ("Norges Fiske"); nor does there (as suggested by Nilsson in 1855) exist any valid reason for questioning its identity with Reinhardt's *Lumpenus (Clinus) gracilis*, from Greenland, mentioned for the first time in 1838. True, Reinhardt alludes to the species in a few words only; but a detailed description was furnished by Krøyer (in 1862) of this form; and the diagnosis of the specimen examined, a large individual, total length about 340^{mm}, corresponds in all essential particulars precisely with that of individuals of equal size from the coast of Norway, both as regards its outer and inner structure.

Exclusive of the diagnoses by Krøyer, Nilsson, and Fries, an elaborate description was furnished by Stuwitz, as far back as 1838, and published in "Nyt Mag. f. Naturv.", 1 R., in which an individual, almost mature (total length about 265^{mm}), found, together with one or two other examples of the same species, in the Christiania Fjord, in 1835 and 1836, by Prof. Esmark, is described with the greatest accuracy. There is accordingly no want of descriptions of this species; but all of them being, when compared together, more or less divergent, from the difference in size and external features generally characterising the specimens examined, I have not deemed it superfluous to annex a new and more compendious description, in which, so far as possible, regard has been had to these individual incongruities.

The example from Magdalene Bay had a total length of 62^{mm}, the length of the head being 10,5^{mm}. This specimen (like the example taken off Røst, in Lofoten) was accordingly a young individual, corresponding exactly with young individuals of equal size from the coast of Norway.

General Description. *Structure of the Body.* — Compared with the other species, body rather elongated, more especially in mature examples. The head, too, considerably smaller in adults than in young individuals; and in none of the other species are the gradations during growth so considerable.

Depth of body at nape, in young individuals (60—70^{mm}), bears to total length the proportion of 1 to 12; in mature examples, of 1 to 20, and above; posterior to the nape, the depth of the body exhibits a slight increase, being nevertheless to total length, in a comparatively large-sized individual (total length 265^{mm}), as 1 to 20.

Head comparatively small, its proportion to total length varying from that of 1 to $5^1/_2$ to 1 to 10, and above. The length of the head, accordingly, in the several specimens, was to the total length as follows: —

Total length	50^{mm};	length of head	to total	length	5.5
—	96 -	—	—	—	6.0
—	130 -	—	—	—	7.0
—	192 -	—	—	—	8.3
—	265 -	—	—	—	9.8
—	320 -	—	—	—	10.3

Overkjæven er tydeligt længere, end Underkjæven, og Snuden krumbøjet; Mundspalten naar tilbage til Øjets Forrand.

Øjnene ere middels store og tætstaaende, samt indeholdes omtrent 4 Gange i Hovedlængden; hos ældre Individer blive Øjnene relativt mindre, og Forholdet er her omtrent som 1 : 5.

Næseborene ere 1 Par, der bære korte Tuber; ligesom hos de øvrige Arter aabner sig foran og bag hvert af dem en større Pore.

Gjællespalterne ere vide, og naa paa Hovedets Underside frem til under Øjets bagre Rand. Gjællehinderne have 6 Straaler, der ikke ere bedækkede af Gjællelaaget (saaledes, som det er Regelen hos *L. maculatus*), og som derfor altid let kunne tælles.

Tænderne ere tilstede blot i Kjæverne, og ere i enhver Alder temmelig spinkle, hvilket staar i Overensstemmelse med de idethele spinkeltbyggede og korte Kjæver. I Overkjæven danne de flere tætte Rækker, i Underkjæven blot en enkelt, der fortil bliver dobbelt.

Anus er, sammenlignet med hvad det er Tilfældet hos de foregaaende Arter, *L. medius* og *L. maculatus*, beliggende langt fortil, saaledes at Halepartiet bliver relativt længere, end hos de 2 nævnte Arter. Især er dette Tilfældet hos de ældre Individer, hvor Halen bliver over dobbelt saa lang, som Partiet foran Anus. Medens saaledes hos disse sidste Legemets Længde foran Anus forholder sig til Længden bag samme (Halen), som 1 : 2.1, er samme Forhold hos de yngre omtrent som 1 : 1.7.

Finnerne. Dorsalen begynder ret over Pectoralernes øvre Rod, og har de første Par Straaler kortere, end de øvrige, og ved Roden næsten fri, dog aldrig saa distinct, som hos *L. maculatus*. Antallet af Straaler er nogen Variation underkastet, men er dog idethele højere, end hos nogen af de øvrige arctiske Arter[1] af denne Slægt. Det højeste Antal i Dorsalen synes at være 74, hvilket Krøyer har fundet hos et grønlandsk Individ, ligesom jeg har fundet det samme hos et Individ fra Norge. 78 har Stuwitz (i 1837) fundet hos 2 Individer, ligeledes fra Norge; de fleste norske Individer synes at have 71 eller 72 Straaler i Dorsalen, de samme Tal, som Malmgren fandt hos et Par Individer fra Spitsbergen, ligesom Nordhavs-Expeditionens Individ fra samme Localitet havde 71. Mohr opgiver ligeledes 72 for sit Typ-Exemplar fra Island, og samme Tal fandt Malm hos et Individ fra Bohuslen i Sverige. Det laveste observerede Antal synes at have været 68 (hos 5 norske Individer). Sin største Højde har Finnen noget foran Midten, uden dog at aftage i nogen særdeles betydelig Grad bagtil.

Analen har, som de øvrige Arter, 1 kort Pigstraale, og Resten leddede, og i Spidsen kløvede Straaler. Denne Kløvning tiltager med Alderen, saaledes at den hos ældre

[1] *L. aspetiosus*, (Storer) fra Nordamericas Østkyst har: D. 76, A. 55 (Gill 1864, efter 1 undersøgt Expl.).

Upper jaw perceptibly longer than lower; snout aquiline; cleft of mouth reaching back to anterior margin of the eye.

Eyes of moderate size, and closely set; longitudinal diameter is to total length about as 1 to 4; in mature specimens, the eyes relatively smaller, the proportion being nearly as 1 to 5.

One pair of nostrils, furnished with short tubes; a large pore occurs, as in the other species, anterior and posterior to each nostril.

Branchial opening wide, reaching forward on under surface of head to the posterior margin of the eye. Branchiostegous membranes furnished with 6 rays, not covered by the gill-plate (as is generally the case with *L. maculatus*), and hence easy to number.

Teeth in jaws only, and at every stage of growth rather slender, a feature corresponding with the character of the jaws, which are feeble and short. In the upper jaw, they constitute several closely arranged series; in the lower, a single row only, the fore part of which is double.

Vent placed far in advance, as compared with its position in *L. medius* and *L. maculatus*, the caudal region being relatively of greater length than in either of the two latter species. This is more particularly the case with adults, which have the tail twice as long as the region anterior to the vent. Hence the length of the body anterior to the vent in mature individuals, is to the postanal region (the tail) as 1 to 2.1, whereas the proportion in comparatively young examples is as 1 to 1.7.

Fins. — Dorsal commencing immediately above the upper root of the pectorals, the two first rays shorter than the rest, and almost free at base, but never so distinct as in *L. maculatus*. The number of rays is found to vary somewhat, as a rule however exceeding that in any of the other Arctic species[1] of this genus. The greatest number of dorsal rays would appear to be 74, observed by Krøyer in a Greenland specimen; and I have myself met with the same number, in an individual taken on the coast of Norway. Stuwitz found (1837) 72 rays in two specimens obtained off the Norwegian coast; the majority of Norwegian individuals would appear to have 71 or 72 rays, the number found by Malmgren in two specimen from Spitzbergen; the individual taken on the North Atlantic Expedition in the same locality had also 71 rays. Mohr, too, gives 72 for his typical specimen from Iceland, and Malm observed 72 in an example taken on the coast of Sweden, off Bohuslen. The smallest number appears to be 68 (in 5 Norwegian individuals). The greatest depth of the fin occurs a little anterior to the medial point, diminishing but very slightly throughout the posterior half.

Anal, as in the other species, furnished with one short spinous ray; the other rays are all articulated and cleft at the points. This division, increasing with the growth

[1] *L. aspetiosus*, (Storer), occurring on the eastern shores of North America, has: D. 76, A. 55 (Gill 1864); one specimen only examined.

Individer er tildels dobbelt. Straalernes Antal ligger mellem 49 og 52; naar Mohr for sit Typ-Exemplar opgiver 54, tør dette ansees som en individuel Afvigelse, hvis det ikke beror paa en fejlagtig Undersøgelse.

Caudalen udmærker sig fremfor de øvrige Arters ved sin tilspidsede Form, der især hos de ældre Individer er stærkt udpræget. Den er fuldkommen adskilt fra Dorsalens og Analens sidste Straaler, endskjønt disse lægge sig ud over Halerodeu. Hos yngre Individer er Finnen noget mindre tilspidset. Straalernes Antal er omtr. 15, hvortil kommer et Antal korte og uleddede Støttestraaler paa hver Side; de 11—12 mellemste er tydeligt articulerede, samt kløvede.

Pectoralerne tælle 15, sjeldnere 14 Straaler, ere jevnt afrundede, forholdsvis korte, samt indeholdes hos de yngre Individer 8—10, hos ældre lige til 13 Gange og derover i Totallængden. Med Undtagelse af den øverste ere de alle kløvede.

Ventralerne ere af middels Længde, have 1 særdeles kort, uleddet Straale, og 3 længere leddede, tilsammen 4 Straaler. Hos yngre Individer indeholdes den endnu 17 Gange i Totallængden, men hos ældre lige til 29 Gange (og derover).

Sidelinien er særdeles utydelig, udspringer over Gjællespalten, og følger efter sit hele Løb Legemets Midtfure. Porerne ere yderst smaa og tætsiddende.

Farven er blegt gulbrun med et stort Antal dels større, dels mindre graabrune Pletter nedad Legemets Sider; alene Bugen er uden Pletter, og noget mere sølvfarvet. Størrelsen og Antallet af disse Pletter varierer betydeligt; hos de fleste middelsstore Exemplarer sees omtrent 8 større saadanne at strække sig henad Siderne under Midtlinien, og undertiden tillige en lignende Række over denne, hvis Pletter, der tildels gaa ud over Grunden af Dorsalerne, alternere med den nedre Rækkes. Mellem disse staa altid mindre Pletter og Skygninger, der ofte ere stærkt sammenløbende.

Dorsalen har skraatløbende Tverbaand, Caudalen ligeledes 3—4 (hos ældre Individer flere) Tverbaand, medens de øvrige Finner synes uden Tegninger. Hovedet er mere marmoreret, og har en messingfarvet Iris, hvis øvre Rand er sort.

Udbredelse. *L. lampetræformis* er for Tiden kjendt fra Grønland, Island, Spitsbergen, samt fra Europas Nordvestkyst ned til Kattegat. Medens der endnu foreligge blot faa Individer fra Grønland og Island, er den flere Gange erholdt ved Spitsbergen allerede under de svenske Expeditioner, og den gaar her op til idetmindste 80° N. B. Derimod synes den ikke at være sjelden paa de fleste Punkter langs den norske Kyst fra Finmarken af og ned til Christianiafjorden, og jeg har optaget indtil et Dusin Individer i et enkelt Kast med Torskegarn i Porsangerfjorden i Vest-Finmarken. Dens Sydgrændse synes at være Bohuslen, hvor et Par Individer ere erholdte saa langt

of the fish, sometimes becomes double in mature individuals. Number of rays varying between 49 and 52; it is true, Mohr gives 54 for his typical specimen, but this, if correctly observed, must be a mere individual deviation.

Caudal, more especially in adults, characterised by its acuminate form; it is separated from the terminal rays in the dorsal and anal, which extend notwithstanding beyond the base of the tail. Individuals comparatively young have this fin somewhat less acuminate. Number of rays about 15, exclusive of numerous short auxiliary rays on either side, without articulation; 11 or 12 of the middle ones distinctly articulated, and branched.

Pectorals furnished with 15, more rarely with 14 rays; uniform convex, comparatively short, their length, in young individuals, being as 1 to 8—10, in mature individuals as 1 to 13, and above. Pectoral rays all branched, with the exception of the uppermost.

Ventrals of moderate length; have 1 short ray, not articulated, and 3 longer articulated rays, or, altogether, 4. Length of fin, in young individuals, is to total length as 1 to 17, but in adults the proportion becomes as 1 to 29 (and even above).

Lateral Line. — Very indistinct; commences immediately above the branchial opening, passing from thence straight down the medial furrow of the body. The pores closely set, and extremely minute.

Colour. — Colour pale yellowish-brown, relieved with a number of greyish-brown spots, extending laterally along the body; the abdomen alone spotless, and of a somewhat more silvery appearance. These spots vary considerably in magnitude and number; most middle-sized examples are marked with a row of eight, stretching along the sides below the mesial line, and occasionally, too, with a similar series above, the spots composing it, which sometimes extend beyond the base of the dorsals, alternating with those in the lower row. The interspace always exhibiting spots and cloudings, the former frequently confluent.

Dorsal marked with oblique transverse bands; the caudal likewise has 3 or 4 transverse bands (in adults a greater number), whereas the other fins would appear to be without markings of any kind. Head to a greater extent mottled; irides of a brassy yellow, black above.

Distribution. — Up to the present time, *L. lampetræformis* is known to occur on the coast of Greenland, Iceland, Spitzbergen, and the shores of north-western Europe, as far south as the Cattegat. But few examples of the species have been hitherto obtained from Greenland and Iceland; off Spitzbergen, however, it has been repeatedly observed, individuals having been taken on each of the Swedish Expeditions to the Polar Sea, and its range extends at least as far north as 80°. Along the coast of Norway, from Finmark to the Christiania Fjord, it would appear to be rather a common fish in most localities; I once took as a many as a dozen individuals at a single

ned, som ved Gotheborg under 58° N. B. (Malm, Gotheb. Boh. Fauna, p. 470).

Idethele er det ikke uden Interesse, at Arten forekommer fuldkommen uforandret under den forholdsvis høje Temperatur, som Havvandet har ved Norges og Sveriges Sydkyst, og i den iskolde Area ved Nordspidsen af Spitsbergen.

haul with a net, in the Porsanger Fjord, West Finmark. The southern limit of its range is probably Bohusien, in Sweden, one or two individuals having been obtained off Gothenburg (58° N.).

It is an interesting fact, that individuals taken on the southern coast of Norway and Sweden, where the temperature of the water is comparatively high, differ in no respect from those met with in the frigid expanse of ocean at the northern extremity of Spitzbergen.

Fam. Lycodidae.

Gen. Lycodes, Reinh.

(Overs. 1830—31, Kgl. D. Vid. Selsk. Naturv. Math. Afh. 5te Del. p. LXXIV, Kbhvn. 1832 (1830—31).

Legemet langstrakt, i Regelen skjælbeklædt; Skjællene smaa, runde, nedtrykte i Huden. Sidelinie tilstede, ofte mindre tydelig, undertiden dobbelt. Øjet af middels Størrelse. Kjæverne uden Skjægtraade; Overkjæven længere, end Underkjæven. Finnestraalerne bløde, articulerede; Caudalen utydelig, og er uden Overgang forenet med Dorsalen og Analen. Ventraler tilstede, anhængte paa Struben, bestaaende af faa, særdeles spinkle Straaler; deres Længde mindre, end Øjets Længdediameter, eller mindre, end 1/4 af Pectoralernes Længde. Gjællespalten temmelig trang; Gjællehinderne ikke indbyrdes sammenvoxede paa Hovedets Underside. Tænder i Kjæverne, samt i Regelen tillige paa Vomer og Palatinbenene. Pseudobranchier tilstede; Analpapille og Svømmeblære mangler. Appendices pyloricæ 2 eller ingen.

Af denne i flere Henseender mærkelige Slægt have de seneste Aars Undersøgelser efterhaanden bragt for Dagen et ikke ringe Antal nye Former, saaledes at den er kommen til at udgjøre den artrigeste Slægt af alle hidtil bekjendte arctiske Dybvandsfiske[1].

Fam. Lycodidæ.

Gen. Lycodes, Reinh.

(Overs. 1830—31, Kgl. D. Vid. Selsk. Naturv. Math. Afh. 5 Del. p. LXXIV, Kbhvn. 1832 (1830—31).

Body elongated, as a rule scaled. Scales small, circular, imbedded in the skin; lateral line present, frequently indistinct, sometimes double. Eyes moderate, jaws without fringes; upper jaw longer than lower. Fin-rays soft, articulated; caudal indistinct, continuous with the dorsal and anal. Ventrals present, placed on the throat, each furnished with a few exceedingly slender rays, of a length less than the longitudinal diameter of the eye, or less than 1/4 of the length of the pectorals. Gill-opening rather narrow; branchial membrane disconnected on the inferior surface of head. Teeth in the jaws, and, as a rule, also on the vomer and palatine bones. Pseudobranchiæ present; anal papilla and swimming-bladder wanting. Pyloric appendages 2, or altogether wanting.

Within the last few years the labours of ichthyologists have brought to light a considerable number of new forms belonging to this, in many respects, remarkable genus, which is now shown to comprise a greater number of species than any of the other Arctic deep-sea fishes yet known[1].

---

[1] **Lycodes-Slægtens Litteratur.** Om Slægten *Lycodes* foreligger for Tiden følgende Litteratur.

1824. Sabine. (Account of the) "Fish", Suppl. to Append. Capt. Parry's Voy. for the Disc. of a NW. Passage, 1819—20, p. CCXII—III. Lond. 1824.

[1] **Bibliography of the genus Lycodes.** The genus *Lycodes* is treated of in the following works: —

1824. Sabine. (Account of the) "Fish," Suppl. to Append. Capt. Parry's Voy. for the Disc. of a NW. Passage, 1819—20, p. CCXII—III. Lond. 1824.

Udredelsen af disse nyere Arter, og deres rette Forhold til de allerede bekjendte ældre Typer, frembyder imid-

Under Navn af *Blennius polaris* beskrives en Fisk, der i Aaret 1819 fandtes opkastet paa Strandbredden i Arctisk America (North Georgia), og som synes at have været en Art af den senere opstillede Slægt *Lycodes*, ejendommelig ved sit nøgne Legeme, skjønt Totallængden var 7 eng. Tommer (omtr. 180mm), og med de for adskillige af denne Slægts Arter characteristiske Tværbaand over Legemet. Beskrivelsen er iøvrigt saa ufuldstændig, at Arten maa siges at være ganske ubestemmelig, og den er aldrig senere med Sikkerhed gjenfunden. (1 a. *L. polaris*, [Sab.]).

1828. Ross, J. C. "Appendix Nat. Hist.". Parry, Narrat. Att. to reach the North Pole 1827, p. 200. Lond. 1828.

Et Individ, der af Ross henføres under Sabine's ovenfor nævnte Art, *Blennius polaris*, optoges under Parry's Nordpol-Expedition i Juni 1827 paa 80 Favnes Dyb nordenfor Spitsbergen, under 81° 0' N. B. Denne er utvivlsomt en *Lycodes*, men synes at afvige fra Sabine's Art ved Finnernes Straaleantal saavel Farven, og ansees af Malmgren for at være synonym med hans i 1865 fra Spitsbergen beskrevne *L. rossi*. (1 b. *L. polaris*, [J. C. Ross]).

1830—31. Reinhardt, sen. Overs. 1830—31, Kgl. D. Vid. Selsk. Nat. Math. Afh. 5 Del, p. LXXIV. Kbhvn. 1832.

Slægten *Lycodes* opstilles, og dens Characteristik meddeles temmeligt udførligt; som dens Typus opstilles *L. vahlii*, efter et enkelt, omtrent 260mm langt Individ fra Grønland, udtaget af Ventrikelen af en *Somniosus microcephalus*. Uddrag af denne Meddelelse findes i Okens „Isis" for 1848, p. 124—125. (2. *L. vahlii*, Reinh.).

1834—35. Reinhardt, sen. Overs. 1834—35, Kgl. D. Vid. Selsk. Nat. Math. Afh. 6 Del, p. LXXV. Kbhvn. 1837.

Forfatteren giver en udførlig Diagnose af Slægten, saavelsom af Arterne *L. vahlii*, samt af den ny tilkomne *L. reticulatus*, den sidste opstillet efter 2 større Individer fra Grønland erholdte i Aarene 1833 og 34, og ligeledes udtagne af Ventrikelen af *S. microcephalus*. Uddrag af denne Meddelelse findes i Okens „Isis" for 1848, p. 134—135. (3. *L. reticulatus*, Reinh.).

1835. Ross, J. C. "Account Nat. Hist. Fish". Sir J. Ross, App. Narr. Sec. Voy. in Search North-West Passage 1829—33, p. LII. Lond. 1835.

Et Individ, der antages at have været Sabine's *Blennius polaris*, udtoges af Ventrikelen af en *Gadus* ved Boothia, Arctisk America. Det var stærkt mutileret, og Bestemmelsen usikker.

1838. Reinhardt, sen. „Ichthyologiske Bidrag til den grønlandske Fauna" Kgl. D. Vid. Selsk. Nat. Math. Afh. 7 Del, p. 123—124, 147—174 og 223—228. Kbhvn. 1838.

En udførlig Beskrivelse meddeles af *L. vahlii* (hertil Pl. 5), og *L. reticulatus* (hertil Pl. 6), samt af den ny tilkomne Art *L. nebulosus*, hvoraf i 1837 var erholdt et Individ med en Totallængde af omtrent 180mm ved Grønland. Et udførligt Uddrag af denne Afhandling findes i Okens „Isis" for 1848, p. 279—290. (4. *L. nebulosus*, Reinh.).

1844. Krøyer. „Notice angaaende Forøgelse af den grønlandske Fiskefortegnelse" (Overs. Kgl. D. V. Selsk. Forh. 1844, p. 140. Kbhvn. 1845).

En kort og foreløbig Diagnose meddeles af 2 nye Arter, *L. perspicillum* og *L. seminudus*, begge opstillede efter et Par Individer fra Grønland. Typ-Exemplaret af den sidste af disse Arter er tilsyneladende gaaet tabt, og den lader sig paa Grund af den ufuldstændige Beskrivelse neppe nogensinde identificere; den førstnævnte er, efter hvad der nedenfor skal søges paavist, maaske Ungen af *L. reticulatus*. (5. *L. perspicillum*, Kr. 6. *L. seminudus*, Kr.).

1842 Krøyer. Voy. Comm. Sci. Scand. Lap. Spitsb. Ferõë, 1838—40, Corv. „la Recherche". Zool. Pisc. pl. 7. Paris 1842

The working out of these new species and of their true relation to the types already established is, however,

The name of *Blennius polaris* was given to a fish found stranded in the year 1819 on the coast of Arctic America (North Georgia), and which would seem to have been a species of the subsequently established genus *Lycodes*, a salient feature being the naked body, although the total length of the specimen reached 7 English in. (about 180mm); it was marked, too, with the transverse bands across the body distinguishing several species of that genus. The description, however, is far too incomplete to admit of characterising the species, and it is not known to have been subsequently met with.

(1 a. *L. polaris*, Sab.]).

1828. Ross, J. C. "Appendix Nat. Hist.," Parry, Narrat. Att. to reach the North Pole 1827, p. 200. Lond. 1828.

An individual, referred by Ross to Sabine's *Blennius polaris*, was taken on Parry's North Pole Expedition, in June 1827, at a depth of 80 fathoms, north of Spitzbergen, lat. 81° 0' N. This specimen is unquestionably a *Lycodes*, but would seem to differ from Sabine's species in the number of fin-rays and in the colour: Malmgren regards it as identical with his *L. rossi*, also from Spitzbergen, described 1864. (1 b. *L. polaris*, [J. C. Ross]).

1830—31. Reinhardt sen. Overs. 1830—31, Kgl. D. Vid. Selsk. Nat. Math. Afh. 5 Del, p. LXXIV. Kbhvn. 1832.

The genus *Lycodes* is introduced, and its characters enumerated somewhat at length: as the type, Reinhardt gives *L. vahlii*, determined from a single specimen from Greenland, total length about 260mm, taken from the ventricle of a *Somniosus microcephalus*. Extracts from this paper will be found in Oken's "Isis" for 1848, p. 124—125. (2. *L. vahlii*, Reinh.).

1834—35. Reinhardt sen. Overs. 1834—35, Kgl. D. Vid. Selsk. Nat. Math. Afh. 6 Del, p. LXXV. Kbhvn. 1837.

The author furnishes a detailed diagnosis of the genus, and of the species *L. vahlii* and *L. reticulatus*, the latter established from 2 large individuals obtained on the coast of Greenland, in the years 1833 and 1834; these specimens, too, were taken from the ventricle of a *S. microcephalus*. Extracts from this paper will be found in Oken's "Isis" for 1848, p. 134—135. (3. *L. reticulatus*, Reinh.).

1835. Ross, J. C. "Account Nat. Hist. Fish.," Sir J. Ross, App. Narr. Sec. Voy. in Search North-West Passage 1829—33, p. LII. Lond. 1835.

An individual, believed to have been Sabine's *Blennius polaris*, was taken from the ventricle of a *Gadus* at Boothia, Arctic America. Being greatly mutilated its determination is doubtful.

1838. Reinhardt sen. "Ichthyologiske Bidrag til den grønlandske Fauna" (Kgl. D. Vid. Selsk. Nat. Math. Afh. 7 Del, p. 123—124, 147—174, and 223—228. Kbhvn. 1838).

A full description is furnished of *L. vahlii* (Pl. 5) and of *L. reticulatus* (Pl. 6); also of a newly established species *L. nebulosus*, of which a specimen — total length about 180mm — had been obtained, in 1837, on the coast of Greenland. Extracts from this treatise will be found in Oken's "Isis" 1848, p. 279—290. (4. *L. nebulosus*, Reinh.).

1844. Krøyer. "Notice angaaende Forøgelse af den grønlandske Fiskefortegnelse" (Overs. Kgl. D. V. Selsk. Forh. 1844, p. 140. Kbhvn. 1845).

A brief and preliminary diagnosis is furnished of 2 new species, *L. perspicillum* and *L. seminudus*, both established from 2 examples taken on the coast of Greenland. The typical specimen of the latter species would appear to have been lost, and on account of the incomplete description will hardly admit of being identified; the former — from reasons to be subsequently advanced — is perhaps a young example of *L. reticulatus*. (5. *L. perspicillum*, Kr. 6. *L. seminudus*, Kr.).

1842 Krøyer. Voy. Comm. Sci. Scand. Lap. Spitsb. Ferõë, 1838—40, Corv. la "Recherche." Zool. Pisc. pl. 7. Paris 1842

lertid særegne Vanskeligheder, ikke blot paa Grund af den mindre gode Tilstand, hvori disse ældre Typ-Individer be-

I Gaimards Planchevævk, tilhørende Beretningen om Corvetten „La Recherche's" arctiske Reise, giver Krøyer Afbildninger af de 2 hidtil erholdte Individer af *L. perspicillum*. Text blev ikke leveret til denne, eller til de øvrige ichthyologiske Plancher.

1855. **Richardson.** "Account of the Fish", Last Arct. Voy. Command. of Sir Edw. Belcher, 1852—54, vol. 2, p. 362, Pl. XXVI. Lond. 1855.

En ny Art, *L. mucosus*, fra Arctisk America (Northumberland Sound) beskrives udførligt og afbildes; ligesom Sabine's *L. polaris* var den uden Skjæl, men afveg fra denne ved Straaleantallet i Pectoralen, samt ved Antallet af Legemets Tverbaand. Totallængden af det største af de 2 erholdte Individer var omtrent 176mm. Først i 1876 er denne Art gjenfundet i et stort Individ fra Cumberland Gulf, ligeledes i Arctisk America. (7. *L. mucosus*, Rich.)

1857. **Reinhardt, jun.** „Fortegnelse over Grønlands Pattedyr, Fugle og Fiske." Rink, Grønl. 2 B. App. p. 22—23. Kbhvn. 1857.

Arterne *L. vahlii*, *L. reticulatus*, *L. seminudus*, *L. perspicillum*, og *L. nebulosus* opregnes som tilhørende Grønlands Fauna.

1861. **Gill.** "Catalogue of Fishes of the Eastern Coast of North America, from Greenland to Georgia" (Proc. Acad. Sci. Philad. 1861, Appendix p. 46. Philad. 1862).

De hidtil kjendte 7 Arter, *L. vahlii*, Reinh., *L. reticulatus*, Reinh., *L. seminudus*, Reinh., *L. perspicillum*, Kr., *L. nebulosus*, Kr., *L. mucosus*, Rich., og *L. polaris*, Sab., opregnes som tilhørende det ovennævnte Gebet.

1862. **Krøyer.** „Nogle Bidrag til nordisk Ichthyologie" (Naturh. Tidsskr. 3 Række. 1 B. p. 288—294, Mai 1862. Kbhvn. 1861—63).

Krøyer giver her Diagnoser og Beskrivelser af sine i 1844 opstillede 2 Arter, *L. perspicillum* og *L. nebulosus*; af den sidstnævnte Art dog ikke udførligt.

1862. **Günther.** Cat. Fish. Brit. Mus. vol. 4. p. 319—326. Lond. 1862.

Fam. *Lycodidae* opføres her under Ordenen *Anacanthini*, Underordenen *Gadoidei*, og stilles som dennes 2den Familie umiddelbart foran *Gadidae* (saaledes vidt adskilt fra Familien *Blenniidae*). Familien indbefatter 3 Genera: 1. *Lycodes*, 2. *Gymnelis*, 3. *Crantes*. Til Slægten *Lycodes* (i egentlig Forstand) henregnes og gives Diagnoser af Arterne 1. *L. vahlii*, 2. *L. perspicillum*, 3. *L. reticulatus*, 4. *L. seminudus*, 5. *L. mucosus*, og 6. *L. polaris*, men ingen nye Arter opstilles. Den anden Gruppe indbefatter de antarctiske Arter, henhørende under (Under-)Slægterne *Iluocoetes* og *Phucocoetes*, Jen., samt den senere opstillede *Pachycara*, Bleek.

1863. **Gill.** "Synopsis of the Family of Lycodoidae" (Proc. Acad. Nat. Sci. Philad. 1863, p. 254—261. Sept. 1863).

Efter en almindelig Oversigt over Familien *Lycodidae*, gives en udførlig Characteristik af Slægten *Lycodes*, hvorpaa de i hans foregaaende Catalog (af 1861) opregnede 7 Arter gives sammenlignende Diagnoser, med Angivelse af Synonymer. Familien indbefatter efter hans Opfatning Underfamilierne *Zoarcinae*, *Lycodinae*, og *Gymnelinae*, en Anskuelse, der synes at have god Grund til at blive anerkjendt som naturlig.

1864. **Malmgren.** "Om Spetsbergens Fiskfauna" (Öfv. Kgl. Vet. Akad. Förh. 1864. p. 516—517).

2 unge Individer af *L. rossi*, n. sp. beskrives, optagne i Nord-Spitsbergen i 1861 under den første svenske Polar-Expedition. Arten ansees af Malmgren som synonym med Ross' *Blennius polaris* (fra 1826), og forskjellig fra Sabine's Art af samme Navn (fra 1824); sandsynligvis falder den sammen med *L. perspicillum*, Kr.

Malmgrens Fund af *L. rossi* omtales atter, men uden videre Bemærkninger: 1) af Malmgren 1864 i "Svenska Exp. till Spets-

exceedingly difficult, not merely owing to the defective state of the older typical specimens, but also to the fact,

In the plates to Gaimard's work on the voyage with the corvette la "Recherche" to the Artic regions, Krøyer figured the 2 specimens of *L. perspicillum* as yet obtained. There is no letter-press to this or any of the other ichthyological plates.

1855. **Richardson.** "Account of the Fish," Last. Arct. Voy. Command of Sir Edw. Belcher, 1852—54, vol. 2, p. 362, Pl. XXVI. Lond. 1855.

A new species, *L. mucosus*, from Arctic America (Northumberland Sound), is fully described, and figured; it resembles Sabine's *L. polaris* in not having scales, but differs from that species in the number of pectoral rays, and in the number of transverse bands on the body. The total length of the largest of the 2 individuals obtained was about 176mm. Not till 1876 was this species again met with, in a large individual from Cumberland Gulf, also in Arctic America. (7. *L. mucosus*, Rich.)

1857. **Reinhardt jun.** "Fortegnelse over Grønlands Pattedyr, Fugle og Fiske." Rink, Grønl. 2 B. App. p. 22—23. Kbhvn. 1857.

The species *L. vahlii*, *L. reticulatus*, *L. seminudus*, *L. perspicillum*, and *L. nebulosus* are enumerated as belonging to the Fauna of Greenland.

1861. **Gill.** "Catalogue of Fishes of the Eastern Coast of North America, from Greenland to Georgia" (Proc. Acad. Nat. Sci. Philad. 1861, Appendix. p. 46. Philad. 1862).

The 7 species as yet known, viz: *L. vahlii*, Reinh., *L. reticulatus*, Reinh., *L. seminudus*, Reinh., *L. perspicillum*, Kr., *L. nebulosus*, Kr., *L. mucosus*, Rich., and *L. polaris*, Sab., are enumerated as belonging to the Fauna of that region.

1862. **Krøyer.** "Nogle Bidrag til nordisk Ichthyologie" (Naturh. Tidsskr. 3 Række. 1 B. p. 288—294. May 1862. Kbhvn. 1861—63).

In this paper Krøyer gives diagnoses and descriptions of his 2 species, established 1844, *L. perspicillum* and *L. nebulosus*; those of the latter are however rather brief.

1862. **Günther.** Cat. Fish. Brit. Mus., vol 4, p. 319—326. Lond. 1862.

The Fam. *Lycodidae* is classed under the order *Anacanthini*, sub-order *Gadoidei*, and as the 2nd family, immediately preceding *Gadidae* (hence widely removed from the family *Blenniidae*). This family comprises 3 genera, viz: 1. *Lycodes*, 2. *Gymnelis*, 3. *Crantes*. To the genus *Lycodes*, in a limited sense, are referred, and diagnoses given, of the following species: 1. *L. vahlii*, 2. *L. perspicillum*, 3. *L. reticulatus*, 4. *L. seminudus*, 5. *L. mucosus*, and 6. *L. polaris*, but no new species are established. A second group comprises the Antarctic species, belonging to the sub-genera *Iluocoetes* and *Phucocoetes*, Jen., and the subsequently established *Pachycara*, Bleek.

1863. **Gill.** "Synopsis of the Family of Lycodoidae" (Proc. Acad. Nat. Sci. Philad. 1863, p. 254—261. Sept. 1863).

After a summary review of the family *Lycodidae*, the author gives in detail the characteristic features distinguishing the genus *Lycodes*, and then proceeds to furnish comparative diagnoses of the 7 species enumerated in his former Catalogue (1861), accompanied by a list of synonyms. The family comprises, according to his view, the sub-families *Zoarcinae*, *Lycodinae*, and *Gymnelinae*, which there is good reason to believe will prove correct.

1864. **Malmgren.** "Om Spetsbergens Fiskfauna" (Öfv. Kgl. Vet. Akad. Förh. 1864, p. 516—517).

Descriptions are given of 2 young examples of *L. rossi*, n. sp., taken on the north coast of Spitsbergen in 1861, on the first Swedish Polar Expedition. Malmgren regards the species as identical with Ross's *Blennius polaris* (1826), and differing from Sabine's species of the same name (1824); probably it is identical with *L. perspicillum*, Kr.

Malmgren's discovery of *L. rossi* is again referred to, but with no additional observations, 1) by Malmgren, 1864, in "Svenska Exp.

finde sig, men ogsaa fordi der synes at kunne raade en ganske betydelig Variation inden Individerne af samme

bergen Ar 1864", Bihang p. 249; 2) af Frisch 1865, i hans Bearbeidelse af Malmgrens foregaaende Afhandling i Petermann, Geogr. Mittheill. 1865, Erg. Heft Nr. 16, p. 30; 3) af Heuglin 1874 i "Reisen n. dem Nordpolar-Meer 1870 u. 1871", 3 Theil, p. 215. Braunschweig 1874. (8. *L. rossi*, Malmgr.).

1866. **Sars, M.** „Om *Lycodes gracilis*, en ny norsk Fisk" (Forh. Vid. Selsk. Chra. 1866, p. 40—45, Pl. 1, Fig. 1—3).

Lycodes gracilis, n. sp. beskrives og afbildes efter et ungt Individ med en Totallængde af 45mm, fra 50—60 Favne i Drøbaksund i Norge. Dette Individ er dog utvivlsomt synonymt med *L. rossi*, Malmgren, og saaledes, efter hvad jeg antager, ligeledes med *L. perspicillum*, Kr. 1844, og udgjør ligesom disse sandsynligvis den spæde Unge enten af *L. reticulatus*, eller maaske af en anden nærstaaende Art. (9. *L. gracilis*, M. Sars).

1868. **Esmark.** „Bidrag til Finmarkens Fiskefauna" (Forh. Scand. Naturf. 10 Møde, Chra. 1868, p. 524).

3 store Individer af en *Lycodes*, som Univ.-Museet havde modtaget fra Varangerfjorden (de 2 nedsendte i 1864, det tredie medbragt af Prof. Esmark fra en Reise i disse Egne i 1865), henføres under *L. rablii*, Reinh. Disse Individer ere senere (1874) af nærværende Forfatter erkjendte og nærmere beskrevne som en egen Art, *L. esmarkii*.

1871. **Collett.** „*Lycodes sarsii*, n. sp., ex ordine Anacanthinorum Gadoideorum" (Forh. Vid. Selsk. Chra. 1871, p. 62—67, Pl. I. Chra. 1872).

L. sarsii, n. sp. beskrives og afbildes efter et (Yngel-)Individ med en Totallængde af 41mm, optaget i 1869 i Hardangerfjorden i Norge fra 100—150 Favnes Dyb. Den er ensfarvet, allerede fuldt pigmenteret, men endnu uden Skjæl; den tilhører sandsynligvis de mest anguilliforme Arter, og udgjør den spæde Unge af en maaske endnu ukjendt Art. (10. *L. sarsii*, Coll.).

1872. **Gill.** "Arrangement of the Families of Fishes" (Smithson. Misc. Coll. No. 247, vol. XI, Nov. 1872. Washingt. 1874).

Familien *Lycodidæ* opføres her under Ordenen *Teleocephali*, Subord. *Anacanthini*. Arter omtales ikke.

1872. **Gill.** "Catalogue of the Fishes of the East Coast of North America" (U. S. Comm. Fish and Fisheries. Part 1. Report 1871—72, p. 796—797. Wash. 1873).

I denne reviderede og supplerede Catalog (cfr. Catalogen af 1861), er Fam. *Lycodidæ* opført væsentlig i Overensstemmelse med Anordningen i foregaaende Skrift, (Smiths. Misc. Coll. vol. XI, 1872). Af Slægten *Lycodes* opregnes de samme Arter fra Nord-Americas Østkyst, som i Catalogen af 1861, men uden Diagnoser eller Beskrivelser.

1873. **Fitzinger.** "Versuch einer natürlichen Classification der Fische" (Sitz. Ber. Math. Nat. Cl. Akad. Wiss. 67 B. 1 Abth. Jan. 1873, p. 43. Wien 1873).

Slægten *Lycodes* opføres her blandt Ser. II. *Heterocarni*; Ord. 2. *Atheropteri*; Subord. 2. *Gastronecta*; Fam. 6. *Zoarces* (den sidste indbefattende 1. *Zoarces*, 2. *Lycodes*). Arter omhandles ikke.

1874. **Collett.** „Norges Fiske" (Tillægsh. Forh. Vid. Selsk. Chra. 1874, p. 95—103. Chra. 1875).

Som tilhørende Landets Fauna omhandles de 3 Arter *L. gracilis*, M. Sars, fra Christianiafjorden, *L. sarsii*, Coll., fra Hardangerfjorden, samt *L. esmarkii*, n. sp., den sidstnævnte opstillet efter de 3 store Individer fra Finmarken (med en Totall. af 565—650mm), der af Prof. Esmark tidligere (1868) vare opførte som tilhørende *L. rablii*, Reinh. (11. *L. esmarkii*, Coll.).

1874. **Bleeker.** "Typi nonnulli generici piscium neglecti" (Versl. Med. Kon. Akad. Wet. Amst. 2 R. 8 Del. p. 369. 1874).

that individuals of the same species are found to vary very considerably *inter se*, resulting partly from sexual

till Spetsbergen, Ar 1864," Bihang, p. 249; 2) by Frisch, 1865, in his revision of Malmgren's treatise in Petermanns Geogr. Mittheill. 1865, Erg. Heft Nr. 16, p. 30; 3) by Heuglin, 1874, in "Reisen n. dem Nordpolar-Meer, 1870 u. 1871," 3 Theil, p. 215. Braunschweig 1874. (8. *L. rossi*, Malmgr.).

1866. **Sars, M.** "Om *Lycodes gracilis*, en ny norsk Fisk" (Forh. Vid. Selsk. Chra. 1866, p. 40—45, Pl. 1, Fig. 1—3).

Lycodes gracilis, n. sp., is here described and figured from a young specimen (total length 45mm) taken at a depth of 50—60 fathoms, in Drøbaksund, Norway. This individual is unquestionably identical with *L. rossi*, Malmgr., and therefore, as I conceive, also with *L. perspicillum*, Kr. 1844; hence it probably agrees with the two latter in being a very young example of *L. reticulatus*, or some closely related species. (9. *L. gracilis*, M. Sars).

1868. **Esmark.** "Bidrag til Finmarkens Fiskefauna" (Forh. Scand. Naturf. 10 Møde, Chra. 1868, p. 524).

Three large examples of a *Lycodes*, obtained by the University of Christiania from the Varanger Fiord (2 of the specimens were sent in 1864, the third was brought home, in 1865, by Professor Esmark) are referred to *L. rablii*, Reinh. Subsequently (1874) these specimens were recognised by the present author as a distinct species, *L. esmarkii*.

1871. **Collett.** "*Lycodes sarsii*, n. sp., ex ordine Anacanthinorum Gadoideorum" (Forh. Vid. Selsk. Chra. 1871, p. 62—67, Pl. I. Chra. 1872).

L. sarsii, n. sp., is described and figured from a fry-specimen, total length 41mm, taken, in 1869, in the Hardanger Fiord, Norway, at a depth of 100—150 fathoms. It is of a uniform colour, with the pigment fully developed, but exhibiting as yet no trace of scales; belongs probably to the anguilliform species, being, perhaps, a very young example of an unknown species. (10. *L. sarsii*, Coll.).

1872. **Gill.** "Arrangement of the Families of Fishes" (Smithson. Misc. Coll. No. 247, vol. XI, Nov. 1872. Washingt. 1874).

The family *Lycodidæ* is here classed under the order *Teleocephali*, sub-order *Anacanthini*. No species referred to.

1872. **Gill.** "Catalogue of the Fishes of the East Coast of North America" (U. S. Comm. Fish and Fisheries. Part 1. Report 1871—1872, p. 796—797. Wash. 1873).

In this revised and enlarged Catalogue (*vide* Catalogue 1861), the author classes the family *Lycodidæ* chiefly in accordance with the arrangement adopted in the foregoing work (Smithson. Misc. Coll. vol. XI, 1872). Of the genus *Lycodes*, he enumerates the same species from the east coast of North America as in his Catalogue of 1861, but without furnishing any diagnoses or descriptions.

1873. **Fitzinger.** "Versuch einer natürlichen Classification der Fische" (Sitz. Ber. Math. Nat. Cl. Akad. Wiss. 67 B. 1 Abth. Jan. 1873, p. 43. Wien 1873).

The genus *Lycodes* is here classed among Ser. II. *Heterocarni*; Ord. 2. *Atheropteri*; Subord. 2. *Gastronecta*; Fam. 6. *Zoarces* (comprising 1. *Zoarces*, 2. *Lycodes*). No species referred to.

1874. **Collett.** "Norges Fiske" (Tillægsh. Forh. Vid. Selsk. Chra. 1874, p. 95—103. Chra. 1875).

As comprised in the Norwegian fauna, the author enumerates the 3 species; *L. gracilis*, M. Sars, from the Christianiafjord, *L. sarsii*, Coll., from the Hardangerfjord, and *L. esmarkii*, n. sp., the last-mentioned being established from the 3 large specimens taken on the coast of Finmark (total length from 565mm to 650mm), which Prof. Esmark, in 1868, had referred to *L. rablii*, Reinh. (11. *L. esmarkii*, Coll.).

1874. **Bleeker.** "Typi nonnulli generici piscium neglecti" (Versl. Med. Kon. Akad. Wet. Amst. 2 R. 8 Del. p. 369. 1874).

Art, baade grundet paa Forskjel i Kjøn, og med Hensyn til Farvetegning, Udstrækning af Skjælbeklædning, og tildels

differences, and partly from variation in colour and extent of scaling, as well as in the proportions of the body.

Som nye Slægter iblandt Familien *Lycodidæ* opfører Bleeker *Lycodalepis* for *L. mucosus*, Rich., samt *Porolycodes* for *L. variegatus*, Günth. Den sidstnævnte Art tilhører visselig en fra den typiske *Lycodes* skilt Slægt; derimod synes Opstillingen af en særskilt Slægt for Richardson's Art, grundet paa Mangelen af Skjæl, at være overflødig, naar man tager i Betragtning den store Variation i Skjælbeklædningens Udstrækning hos de øvrige Arter.

As new genera of the family *Lycodidæ*, Bleeker proposes *Lycodalepis* for *L. mucosus*, Rich., and *Porolycodes* for *L. variegatus*, Günth. The latter species belongs unquestionably to a genus distinct from the typical *Lycodes*; on the other hand, the establishment of a separate genus for Richardson's species on the basis of its not having scales, would seem superfluous, if we call to mind the great variation in the extent of the scaled integument exhibited by the other species.

1875. Lütken. "Revised Catalogue of the Fishes of Greenland" (Man. Nat. Hist. etc. of Greenl., prepared for the Arct. Exped. of 1875, p. 118—119. Lond. 1875).

Indeholder en Fortegnelse over de hidtil bekjendte grønlandske Arter, de samme, som i Gill's Catalog (af 1861), med en Angivelse af Synonymi.

1875. Lütken. "Revised Catalogue of the Fishes of Greenland" (Man. Nat. Hist. etc. of Greenland, prepared for the Arct. Exped. of 1875, p. 118—119. Lond. 1875).

Contains a list of the Greenland species known up to that time — the same as in Gill's Catalogue (1861) — with the synonyms annexed.

1876. Wallace. Geographical Distribution of Animals, vol. 2, p. 439 (Lond. 1876).

Den geographiske Udbredelse af Familien *Lycodidæ* angives (i Overensstemmelse med Günthers Catalogue af 1862) til Arctisk America og Grønland, samt de antarctiske Have omkring Falklandsøerne og Chiloë. (De antarctiske Arter udgjøre dog utvivlsomt destincte Genera).

1876. Wallace. Geographical Distribution of Animals, vol. 2, p. 439 (Lond. 1876).

The geographical range of the family *Lycodidæ* is given (in conformity with Günther's Catalogue of 1862) as comprising Arctic America and Greenland, together with the Falkland Islands and Chiloë, in the Antarctic Ocean. (The Antarctic species belong however to distinct genera).

1877. Goode & Bean. "Descriptions of two new Species of Fishes, *Macrurus bairdii* and *Lycodes verrillii*" (Amer. Journ. Sci. Arts, vol. XIV, p. 475—476; Dec. 1877).

L. verrillii, n. sp. opstilles og beskrives udførligt efter 6 Individer, erholdte af U. S. Fish Commission paa 90—100 Favnes Dyb udenfor Kysterne af Nova Scotia Sommeren 1877. Arten tilhører de langstrakte Former af denne Slægt, og er blandt disse characteristisk ved at besidde Tverbaand. (12. *L. verrillii*, Goode & Bean).

1877. Goode & Bean. "Descriptions of two new Species of Fishes, *Macrurus bairdii* and *Lycodes verrillii*" (Amer. Jour. Sci. Arts, vol. XIV, p. 475—476; Dec. 1877).

L. verrillii, n. sp., is established and fully described from 6 specimens obtained by the U. S. Fish Commission, at a depth of 90—100 fathoms, off the coast of Nova Scotia, in the summer of 1877. This species belongs to the elongated forms of the genus, among which it is distinguished by the transverse bands.

(12. *L. verrillii*, Goode & Bean).

1877. Malm. Göteborgs och Bohusläns Fauna, p. 502 (Götheb. 1877).

L. gracilis, M. Sars, omtales som maaske forekommende udenfor Bohuslän, en Antagelse, der blot er grundet paa Fundet af Individet i Christianiafjorden.

1877. Malm. Göteborgs och Bohusläns Fauna, p. 502 (Götheb. 1877).

L. gracilis, M. Sars, is spoken of as possibly occurring on the coast of Bohuslän, a supposition which has nothing beyond the specimen from the Christiania Fjord to support it.

1878. Collett. "Fiske, indsamlede under den norske Nordhavs-Expeditions 2 første Togter, 1876 og 1877" (Forh. Vid. Selsk. Chra. 1878, No. 4, p. 11—20; Februar 1878).

Under *L. vahlii*, Reinh., henføres og beskrives et Yngel-Individ af en *Lycodes*, der dog sandsynligvis er skilt fra denne Art, og udgjør Yngelen af *L. esmarkii*, samt et Par (ligeledes Yngel-Individer) af den senere beskrevne *L. frigidus*. Som ny opstilles *L. sarsii*, der er ensfarvet, skjælbeklædt, og tilhører de mest langstrakte Former af denne Slægt. Alle Individer vare optagne under Aarets 2det Togt, i 1877, paa Bankerne udenfor Nordland og Lofoten.

(13. *L. sarsii*, Coll.).

1878. Collett. "Fiske indsamlede under den norske Nordhavs-Expeditions 2 første Togter, 1876 og 1877" (Forh. Vid. Selsk. Chra. 1878, No. 4, p. 11—20; Februar 1878).

The author refers to *L. vahlii*, and describes a fry-specimen of a *Lycodes*, which, however, is doubtless distinct from that species, most likely the young of *L. esmarkii*; likewise two examples (both of them very young) of *L. frigidus*, afterwards described. As new, he establishes *L. sarsii*, which is scaled, uniform in colour, and the most elongated form of the genus. The specimens were all taken during the second voyage, in 1877, on the banks off the coasts of Nordland and Lofoten.

(13. *L. sarsii*, Coll.).

1878. Collett. "Fiske fra Nordhavs-Expeditionens sidste Togt, Sommeren 1878" (Forh. Vid. Selsk. Chra. 1878, No. 14, p. 45—77; Dec. 1878).

Af dette Togts righoldige Materiale henføres 15 Individer under en ny Art, *L. frigidus*, der er ensfarvet, skjælbeklædt, og tilhører *vahlii*-Typen, samt 2 under *L. pallidus*, n. sp., der i det hele er overensstemmende med *L. frigidus*, men har characteristiske Tegninger over Finnerne. Under *L. vahlii* henføres 5 Individer, der (tilsammen med Yngel-Individet fra forrige Aar) uden Tvivl udgjøre de hidtil ukjendte yngre Stadier af *L. esmarkii*, som danner denne Arts Repræsentant i de europæiske Dele af Ishavet. Fremdeles angives 1 Individ at tilhøre *L. seminudus*, Reinh., 3 Individer *L. sarsii*, Coll., medens 1 med nogen Tvivl henføres under *L. reticulatus* (i nærværende Værk opstillet som distinct under Navn af *L. lütkeni*). Alle vare erholdte Sommeren 1878 fra Havet omkring Beeren Eiland og Spitsbergen; af de fleste gives udførlige Beskrivelser.

(14. *L. frigidus*, Coll. 15. *L. pallidus*, Coll.).

1878. Collett. "Fiske fra Nordhavs-Expeditionens sidste Togt, Sommeren 1878" (Forh. Vid. Selsk. Chra. 1878, No. 14, p. 45—77; Dec. 1878).

No less than 15 individuals of the valuable collection made on this voyage are referred to a new species, *L. frigidus*, uniform in colour, scaled, and of the *vahlii* type; 2 to *L. pallidus*, n. sp., which agrees in its chief characters with *L. frigidus*, but with distinctive markings on the fins. To *L. vahlii* are referred 5 individuals, which, however (along with the young specimen taken the year before), represent the earlier stages, unknown before, of *L. esmarkii*, the representative of *L. vahlii* in the European tracts of the Arctic Ocean. Moreover, 1 individual is referred to *L. seminudus*, Reinh., 3 to *L. sarsii*, Coll., and 1 individual, though somewhat doubtfully, to *L. reticulatus* (in this General Report established as distinct, under the name of *L. lütkeni*). These specimens were all obtained in the summer of 1878, off Beeren Eiland and Spitsbergen; most of them are fully described.

(14. *L. frigidus*, Coll. 15. *L. pallidus*, Coll.).

ogsaa Legemsproportionerne. Endvidere ere flere af Arterne, saavel de ældre, som de nyere, opstillede efter ganske unge

1879. Goode & Bean. "Discoveries of the U. S. Fish Commission" (Am. Journ. Sci. Arts, vol. XVII, p. 42—43; Jan. 1879).

L. verrillii, Goode & Bean, omtales som erholdt paa 73—114 Favnes Dyb udenfor Kysterne af Nova Scotia.

1879. Collett. "Meddelelser om Norges Fiske i Aarene 1875—78" (Forh. Vid. Selsk. Chra. 1879, No. 1, p. 62; Febr. 1879).

Identiteten af *L. esmarkii* og *L. vahlii* omhandles og bekræftes fremdeles, efterat Forf. i 1878 havde medbragt fra Finmarken 2 nye, men atter fuldt udvoxede Individer af den forstnævnte Form til Universitets-Museet. Nordhavs-Expeditionens Yngel-Individer af *L. frigidus* fra Bankerne udenfor Lofoten anføres som gaaende ind under Norges Fauna.

1879. Bean. "Fishes collected in Cumberland gulf and Disco Bay" (Bull. U. S. Nat. Mus. No. 15, p. 112—115; Contrib. to the Nat. Hist. of Arct. Am., by L. Kumlien; 23de Mai 1879).

Af *L. mucosus*, Rich. 1855, hvoraf tidligere vare blot kjendte de 2 Typ-Individer fra Northumberland Sound, erholdtes et nyt Individ i Cumberland Gulf i 1878. Totallængden var 430mm; Richardsons originale Beskrivelse bliver i alle væsentlige Henseender bekræftet.

1879. Collett. "On a new Fish of the Genus *Lycodes* from the Pacific" (Proc. Zool. Soc. Lond. 1879, p. 381—382).

L. pacificus, n. sp., angivelig fra Japan, og tilhørende Berliner-Museet, beskrives og afbildes i et Træsnit. Paa Grund af de manglende Vomerin- og Palatintænder antages den maaske rettere at henføres under en egen Underslægt, for hvilken Navnet *Lycodopsis* er foreslaaet. (16. *L.* [*Lycodopsis*] *pacificus*, Coll.)

1879. Bean. "Description of a species of *Lycodes* (*L. turneri*) from Alaska" (Proc. U. S. Nat. Mus. vol. I; 22de April 1879; Wash. 1879).

En ny Art, den 2den fra det stille Hav, opstilles og beskrives nøjagtigt, efter et Individ med en Totallængde af 330mm, under Navn af *L. turneri*. Den tilhører de skjælløse Arter, hvoraf der egentlig blot existerer 1 sikker Art foruden denne, nemlig *L. mucosus*, Rich.; af de øvrige Arter, der ere beskrevne som skjælløse, er nemlig den ene utilstrækkeligt beskreven, og ikke senere gjenfunden (*L. polaris*, Sab.), og de 2, *L. rossi*, Malmgr., og *L. gracilis*, M. Sars, ere Yngelstadier af andre, skjælklædte Former, hvilket maaske ogsaa gjælder om den 4de, *L. sarsii*, Coll. Farven er hos denne Art mørk med lyse Tværbaand; Legemet og Tandlegningen typiske.

(17. *L. turneri*, Bean 1879.)

1879. Goode & Bean. "Descr. of a species of *Lycodes* (*L. paxillus*) obtained by the U. S. Fish. Comm." (Proc. U. S. Nat. Mus. vol. II, p. 44—46; 22de Marts [trykt 23de Maj] 1879).

Den nye Art, *L. paxillus*, opstilles efter et enkelt, ikke fuldkommen uskadt Individ med en Totallængde af 363mm fra Kysterne af Nova Scotia. Som characteristiske Kjendetegn opgives det særdeles korte Hoved, en ejendommelig Krumning af Overkjæven, den stærke Udvikling af Kjævernes Muskler, og de faatallige Pectoralstraaler. Den tilhører de langstrakte Former, og har et trindt, skjælbeklædt, og ensfarvet Legeme. (18. *L. paxillus*, Goode & Bean.)

1879. Goode & Bean. "On the occurrence of *Lycodes vahlii*, Reinhardt, on la Have and Grand Banks" (Proc. U. S. Nat. Mus. vol. 2, p. 209—210; 21de Maj [trykt 6te Dec.] 1879).

2 Individer af, hvad der antages at være *L. vahlii*, Reinhardt, optoges paa Bankerne sydenfor Nova Scotia i Løbet af 1879. Totallængden af de erholdte Individer var 540 og 632mm. Jeg skal senere vise, at disse Individer ere identiske med *L. esmarkii*, idet jeg har været sat istand til at anstille en direkte Undersøgelse mellem et af disse Individer, og Typ-Exemplarerne af den nævnte Art.

Moreover, several of the species, both the old and the new, are established from specimens in a very early stage of

1879. Goode & Bean. "Discoveries of the U. S. Fish Commission" (Am. Journ. Sci. Arts, vol. XVII, p. 42—43; Jan. 1879).

L. verrillii, Goode & Bean, is mentioned as having been taken, at a depth of 73—114 fathoms, off the coast of Nova Scotia.

1879. Collett. "Meddelelser om Norges Fiske i Aarene 1875—78" (Forh. Vid. Selsk. Chra. 1879, No. 1, p. 62; Febr. 1879).

Here too, the identity of *L. esmarkii* and *L. vahlii* is dwelt upon and maintained, the author having, in 1878, brought from Finmark to the University Museum two full-grown examples of the former. The fry-specimen of *L. frigidus*, taken on the North Atlantic Expedition in 1878, on the banks off the Lofoten coast, is mentioned as comprised in the Norwegian Fauna.

1879. Bean. "Fishes collected in Cumberland Gulf and Disco Bay" (Bull. U. S. Nat. Mus. No. 15, p. 112—115; Contrib. to the Nat. Hist. of Arct. Am., by L. Kumlien; 23rd May 1879).

Of *L. mucosus*, Rich. 1855, previously represented by the 2 typical specimens from Northumberland Sound, a new example was taken in Cumberland Gulf, in 1878, having a total length of 430mm. Richardson's original description is confirmed, in all essential particulars.

1879. Collett. "On a new Fish of the Genus *Lycodes* from the Pacific" (Proc. Zool. Soc. Lond. 1879, p. 381—382).

L. pacificus, n. sp. (preserved in the Berlin Museum), stated to be from Japan, is here described and figured. The species being without vomerine and palatine teeth should, perhaps, be classed under a separate subgenus, for which the name of *Lycodopsis* is suggested. (16. *L.* [*Lycodopsis*] *pacificus*, Coll.)

1879. Bean. "Description of a species of *Lycodes* (*L. turneri*) from Alaska" (Proc. U. S. Nat. Mus. vol. I; 22th April 1879; Wash. 1879).

A new species, the second met with in the Pacific Ocean, is here established and fully described, from an individual having a total length of 330mm, under the name of *L. turneri*. It belongs to the scaleless species, of which, in a strict sense, but one other true species is known to exist, viz. *L. mucosus*, Rich.; for, of the remaining species stated to be scaleless, 1 is imperfectly described, and has not since been met with (*L. polaris*, Sab.); and 2, *L. rossi*, Malmgr., and *L. gracilis*, M. Sars, are other, scaled forms in the fry stage of development, which, perhaps, is also the case with the fourth, *L. sarsii*, Coll. The colour is dark, with light transverse bands; body and structure of teeth typical. (17. *L. turneri*, Bean 1879.)

1879. Goode & Bean. "Descr. of a species of *Lycodes* (*L. paxillus*) obtained by U. S. Fish. Comm." (Proc. U. S. Nat. Mus. vol. II, p. 44—46; 22nd March [printed 23rd May] 1879).

The new species, *L. paxillus*, is described from a single individual, not wholly free from mutilation, with a total length of 363mm, taken on the coast of Nova Scotia. Its characteristic features are stated to be the short head, a peculiar curvature of the upper jaw, the powerful development of the maxillary muscles, and the small number of pectoral rays. It belongs to the elongated forms, and has a plump, scaled body, uniform in colour.

(18. *L. paxillus*, Goode & Bean.)

1879. Goode & Bean. "On the occurrence of *Lycodes vahlii*, Reinhardt, on la Have and Grand Banks" (Proc. U. S. Nat. Mus. vol. 2, p. 209—210; 21st May [printed 6th Dec.] 1879).

Two individuals, believed to belong to *Lycodes vahlii*, Reinhardt, — total length respectively 540mm and 632mm, — were taken on the banks south of Nova Scotia, in 1879. I shall subsequently show that these individuals are identical with *L. esmarkii*, having had an opportunity of instituting a direct comparison between one of them and the typical specimens of that species.

Individer. tildels Yngel. hvoraf der kan have foreligget blot et enkelt Individ til Undersøgelse, og det lader sig nu i flere Tilfælde directe paavise, at Yngel-Individer af denne Slægt kunne frembyde en betydelig Ulighed med de ældre af samme Art. Med fuld Sikkerhed at henføre alle disse Yngel-Individer, der endnu opføres under sine særegne Navne i Museer og i Skrifter, til sin rette Plads, er derfor ofte vanskeligt eller endog umuligt, og denne Usikkerhed vil først forsvinde, naar der foreligger langt større Rækker af de forskjellige Udviklingsstadier, end det for Tiden er Tilfældet.

Det under Nordhavs-Expeditionen vundne Materiale maa vistnok kaldes forholdsvis betydeligt, idet der indsamledes ialt 29 Individer, henhørende efter min Antagelse under 6 forskjellige Arter, men som dog ikke er tilstrækkeligt til overalt at bringe fuld Klarhed i Forholdet mellem disse Arter og de allerede bekjendte.

Ved den endelige Bearbejdelse af dette Materiale har jeg havt en værdifuld Bistand af Dr. Lütken, som samtidigt har underkastet de i Kjøbenhavns Universitets-Museum opbevarede Typer fra Grønland en nøjere Gjennemgaaelse; fremdeles har jeg ved denne Naturforskers Velvilje været sat istand til under et Par Ophold i Kjøbenhavn personlig at kunne undersøge disse Typexemplarer. Dette har havt til Følge, at jeg nu har troet at burde i enkelte Puncter modificere min tidligere provisorisk givne Opfatning af de under Expeditionen og de øvrige ved de norske Kyster erholdte Former. Det hele Antal af de hidtil under særegne Navne opstillede Arter af denne Slægt er 19, hvortil kommer den i nærværende General-Beretning beskrevne nye Art, *L. lütkenii*.

At forsøge paa at reducere til sit rette Antal alle disse 20 hidtil beskrevne Arter, hvoraf idetmindste et Par, efter min Opfatning, bestemt ikke kunne ansees for at

1879. Goode & Bean. "List of the Fishes of Essex County, including those of Mass. Bay" (Bull. Ess. Inst. vol. IX, p. 1—38, Salem 1879).

Som erholdte udenfor Kysterne af Maine og Nova Scotia i de senest forløbne Aar omtales af Lycoder Arterne *L. verrillii*, "*L. vahlii*", og *L. paxillus*.

1880. Lütken. „Korte Bidrag til nordisk Ichthyographi. III. Grønlands og Islands Lycoder" (Vid. Medd. Naturh. Foren. Kbhvn. 1880, p. 207—232; meddelt 6te Febr. 1880).

Indeholder en critisk Gjennemgaaelse af det i Museet i Kjøbenhavn opbevarede Materiale af Lycoder fra Grønland og Island, der indeholder Typerne for de fleste af Reinhardt og Krøyer beskrevne Arter. Forfatteren characteriserer *L. vahlii*, *L. reticulatus* og *L. seminudus*, og antager den førstnævnte skilt fra *L. esmarkii*. Som ny opstilles *L. lugubris* fra Island, en Art, der i Legemsform, Skjælbeklædning og Sidelinie kommer *L. vahlii* nær, men skiller sig fra denne ved færre Pectoralstraaler, kortere Tandrække paa Palatinbenene, samt ensartet graabrun Farve uden Baand eller Pletter. Fremdeles gjør Forfatteren Rede for sin Opfatning af flere af de øvrige Lycoder, og giver til Slutning en kort Oversigt over de grønlandske og islandske Arter tilligemed dem af de øvrige Arter, hvorom han har personlig Kundskab (dog uden nærmere at characterisere disse sidste).

(19. *L. lugubris*, Lütk.)

growth, nay some from fry, of which, maybe, but a solitary individual was at hand for examination; and in many cases it now admits of the clearest proof that fry and adult individuals of the same species exhibit a marked dissimilarity. Therefore, to classify aright the numerous fry-specimens, for which, in museums and ichthyological works, a specific name continues to be employed, is exceedingly difficult, or rather impossible; and this uncertainty will not cease to be felt till specimens representing the various stages of development shall have been obtained in greater number.

The results of the North Atlantic Expedition, as affecting this question, must certainly be regarded as considerable, 29 individuals, belonging, I conceive, to 6 different species, having been collected, — though insufficient for fully elucidating the relation between these new species and those already known.

When engaged in working up these materials, I received valuable assistance from Dr. Lütken, who also submitted the typical specimens from Greenland, preserved in the Copenhagen University Museum to a critical examination; and that naturalist having kindly permitted me to examine those specimens when, on one or two occasions, I visited Copenhagen, I have seen fit, in some respects, to modify my former, to a certain extent preliminary, views concerning forms obtained on the Expedition and off the coasts of Norway. The whole number of species hitherto instituted under special names is 19, exclusive of the new species, *L. lütkenii*, established in this General Report.

An attempt to reduce to their true number the 20 forms as yet described, some of which, in my opinion, cannot be regarded as distinct species, is hardly pos-

1879. Goode & Bean. "List of the Fishes of Essex County, including those of Mass. Bay" (Bull. Ess. Inst. vol. IX, pp. 1—38. Salem 1879).

Among the various species of *Lycodes* obtained of late years off the coasts of Maine and Nova Scotia are mentioned *L. verrillii*, "*L. vahlii*," and *L. paxillus*.

1880. Lütken. "Korte Bidrag til nordisk Ichthyographi. III. Grønlands og Islands Lycoder." (Vid. Medd. Naturh. Foren. Kbhvn. 1880, pp. 207—232; read Feb. 6th 1880).

In this Memoir are embodied the results of a critical examination of the specimens from Greenland and Iceland preserved in the Zoological Museum in Copenhagen, which comprise the types of most of the species described by Reinhardt and Krøyer. The author characterises *L. vahlii*, *L. reticulatus*, and *L. seminudus*, and regards the first of these species as distinct from *L. esmarkii*. As a new species, he establishes *L. lugubris*, from Iceland, which, as regards the structure of the body, the scaled integument, and the lateral line, bears considerable resemblance to *L. vahlii*, but is distinguished from it by having fewer pectoral rays, a shorter series of teeth on the palatine bones, and a uniform greyish-brown colour, without either bands or spots. Moreover, the author explains his views concerning several of the other *Lycodes*, and gives in conclusion a summary of the Greenland and Iceland species together with such of the remaining species as are known to him from autopsy, without however diagnosticating the latter.

(19. *L. lugubris*, Lütk.)

repræsentere virkelige Arter, lader sig neppe iværksætte med det Materiale, der for Tiden staar til vor Raadighed. Den nedenstaaende Oversigt kan derfor blot ansees som et foreløbigt Forsøg paa deres Gruppering.

A. *Tænder i Kjæverne, paa Vomer og paa Palatinbenene* (**Lycodes**, Reinh. 1830—31).

I. Legemsbygningen typisk: Legemets Høide indeholdes 6—10 Gange i Totallængden.

a. Legemet hos de udvoxede helt el. delvis skjælbeklædt.

1. *L. vahlii*, Reinh. 1830—31. Grønland.
2. *L. reticulatus*, Reinh. 1834—35. Grønland. (*L. polaris*, Ross (nec Sab.) 1828: Spitsbergen. *L. perspicillum*, Kr. 1844: Grønland. *L. rossi*, Malmgr. 1864: Spitsbergen. *L. gracilis*, M. Sars 1866: Christianiafjorden (Norge).)
3. *L. seminudus*, Reinh. 1838. Grønland; Spitsbergen.

(4) *L. nebulosus*, Kr. 1844. Grønland. (Utilstrækkeligt beskreven, og ubestemmelig.)

5. *L. esmarkii*, Coll. 1874. Finmarken; Spitsbergen; Nova Scotia.
6. *L. frigidus*, Coll. 1878. Spitsbergen; Beeren Eiland; Norges NV.-Kyst.
7. *L. pallidus*, Coll. 1878. Spitsbergen.
8. *L. lugubris*, Lütk. 1880. Island.
9. *L. lütkenii*, n. sp. Spitsbergen.

b. Legemet i alle Aldre nøgent. (*Lycodalepis*, Bleek. 1874).

(10) *L. polaris*, Sab. 1824. Arctisk America. (Utilstrækkeligt beskreven, og ubestemmelig.)

11. *L. mucosus*, Rich. 1855. Arctisk America.
12. *L. turneri*, Bean 1879. Alaska (Russisk N. America).

II. Legemsbygningen langstrakt; Legemets Høide indeholdes 12—24 Gange i Totallængden.

13. *L. sarsii*, Coll. 1871. Hardangerfjord (Norge). (Blot kjendt i et Yngel-Individ.)
14. *L. muraena*, Coll. 1878. Spitsbergen; Beeren Eiland; Norges NV.-Kyst.
15. *L. verrillii*, Goode & Bean 1879. Nova Scotia (N. Americas Østkyst).
16. *L. paxillus*, Goode & Bean 1879. Nova Scotia (N. Americas Østkyst).

B. *Tænder i Kjæverne, ingen paa Vomer eller Palatinbenene* (**Lycodopsis**, Coll. 1879).

17. *L. pacificus*, Coll. 1879. Japan.

sible with the comparatively meagre stock of materials now before us. The subjoined summary is therefore to be regarded merely as a preliminary attempt towards the grouping of this genus.

A. *Teeth in the jaws, on the vomer, and the palatine bones* (**Lycodes**, Reinh. 1830—31).

I. Structure of the body typical; height of the body contained from 6 to 10 times in the total length.

a. The body in adults more or less scaled.

1. *L. vahlii*, Reinh. 1830—31. Greenland.
2. *L. reticulatus*, Reinh. 1834—35. Greenland. (*L. polaris*, Ross (nec Sab.) 1828: Spitzbergen. *L. perspicillum*, Kr. 1844: Greenland. *L. rossi*, Malmgr. 1864: Spitzbergen. *L. gracilis*, M. Sars 1866: the Christiania Fjord (Norway).)
3. *L. seminudus*, Reinh. 1838. Greenland; Spitzbergen.

(4) *L. nebulosus*, Kr. 1844. Greenland. (Insufficiently described, and indeterminable.)

5. *L. esmarkii*, Coll. 1874. Finmark; Spitzbergen; Nova Scotia.
6. *L. frigidus*, Coll. 1878. Spitzbergen; Beeren Eiland; North-west coast of Norway.
7. *L. pallidus*, Coll. 1878. Spitzbergen.
8. *L. lugubris*, Lütk. 1880. Iceland.
9. *L. lütkenii*, n. sp. Spitzbergen.

b. The body naked in all stages of growth (*Lycodalepis*, Bleek. 1874).

(10) *L. polaris*, Sab. 1824. Arct. America. (Insufficiently described, and indeterminable.)

11. *L. mucosus*, Rich. 1855. Arct. America.
12. *L. turneri*, Bean 1879. Alaska (Russian N. America).

II. The body elongate; height of the body contained from 12 to 24 times in the total length.

13. *L. sarsii*, Coll. 1871. The Hardanger Fjord (Norway). (Known only from a fry-specimen.)
14. *L. muraena*, Coll. 1878. Spitzbergen; Beeren Eiland; North-west coast of Norway.
15. *L. verrillii*, Goode & Bean 1879. Nova Scotia (N. America).
16. *L. paxillus*, Goode & Bean 1879. Nova Scotia (N. America).

B. *Teeth in the jaws; none on the vomer or the palatine bones.* (**Lycodopsis**, Coll. 1879).

17. *L. pacificus*, Coll. 1879. Japan.

---

18. Lycodes esmarkii, Coll. 1874.

Pl. II. Fig. 19—21; Pl. III. Fig. 22.

Lycodes esmarkii, Coll. Norges Fiske, Tillægsh. til Forh. Vid. Selsk. Chra. 1874, p. 95, Chra. 1875 (1874).

Lycodes vahlii, Coll. (nec Reinh.) Forh. Vid. Selsk. Chra. 1878, No. 1, p. 13, Febr. 1878; No. 14, p. 54, Dec. 1878; Chra. 1879 (1878).

Lycodes vahlii, Goode & Bean, Proc. U. S. Nat. Mus. vol. 2, p. 209 (1879).

18. Lycodes esmarkii, Coll. 1874.

Pl. II. fig. 19—21; Pl. III. fig. 22.

Lycodes esmarkii, Coll. Norges Fiske, Tillægsh. til Forh. Vid. Selsk. Chra. 1874, p. 95, Chra. 1875 (1874).

Lycodes vahlii, Coll. (nec Reinh.) Forh. Vid. Selsk. Chra. 1878 No. 1, p. 11. Feb. 1878; No. 14, p. 54, Dec. 1878; Chra. 1879 (1878).

Lycodes vahlii, Goode & Bean, Proc. U. S. Nat. Mus. vol. 2, p. 209 (1879).

Diagn. *Farven brunsort med hvidgul Nakkeplet, og med 5—8 hvidgule Tverbaand, der gaa ud over Dorsalen, bagtil ogsaa ud over Analen; hos fuldt udvoxede Individer ere Tverbaandene opløste i ringformige, af Bundfarven opfyldte Pletter, der undertiden kunne være utydelige, eller ogsaa indbyrdes sammenhængende. Skjællene beklæde hele Legemet indtil foran Dorsalerne, fremdeles Dorsalen og Analen indtil henimod deres Rande; fuldt udvoxede Individer have tillige Nakken og Roden af Pectoralerne skjælbeklædt, samt tildels spredte Skjæl paa Panden. Legemets Høide indeholdes 7—8, hos smaa Unger 9—10 Gange i Totallængden. Hovedet har stump Snude, og indeholdes 4$^1/_3$—4$^1/_2$ Gange i Totallængden; Tandrækken paa Palatinbenene kortere end Mellemkjæverne, og naar hos gamle Individer neppe dennes halve Længde. Overkjæven aldrig længere end det halve Hoved. Pectoralerne, der indeholdes hos yngre neppe 8 Gange, hos fuldt udvoxede Hanner omtrent 9 Gange i Totallængden, ere hos de første tydeligt indskaarne i Yderranden. Sidelinien dobbelt, idet den bag Pectoralfæstet deler sig i en mediolateral og en ventral Gren; hos udvoxede utydelig. Appendices pyloricae mangle. Størrelsen indtil 595mm (Hunnen), eller 622mm (Hannen), og derover.*

M. B. 6. D. + $^1/_2$ C. 102—118; A. + $^1/_2$ C. 88—102; P. 20—23; V. 4.

Localit. fra Nordh. Exped. Bankerne udenfor Lofoten i Norge; Nordvestkysten af Spitsbergen.

	Stat. 124.	*Stat. 362.*	*Stat. 363.*
Beliggenhed.	325 Kil. VSV. Bodø, Norge.	115 Kilom. V. Norskøerne, Spitsb.	60 Kil. V. Norskøerne, Spitsb.
Dybde.	350 Favne (640m).	459 Favne (839m).	260 Favne (475m).
Temp. paa Bunden.	− 0,9° C.	− 1,0° C.	+ 1,1° C.
Bunden.	Ler.	Blaagraat Ler.	Blaaler.
Datum.	18de Juni 1877.	14de Aug. 1878.	14de Aug. 1878.
Antal Individer.	1 spæd Unge.	2 Indiv.	1 Unge.

Bemærkninger til Synonymien. Spørgsmaalet om, under hvilken af de hidtil bekjendte Lycoder de 4 under Nordhavs-Expeditionen erholdte Individer, hvilke i mine foreløbige Beretninger have været omtalte under Navnet *L. vahlii*, Reinh., burde henføres, har ikke været løst uden efter nogen Tvivl. Allerede i disse Beretninger har jeg paavist, at de i alle væsentlige Henseender gaa ind under Reinhardts Beskrivelse af *L. vahlii*, og jeg troede derfor at burde henføre dem under denne Art, skjønt Original-Exemplarerne i det zoologiske Museum i Kjøbenhavn og Berlin, hvilke jeg ved Dr. Lütkens og Prof. Peters' Imødekommenhed har havt Lejlighed til at underkaste en (omend flygtig) Undersøgelse, frembød visse iøjnefaldende Uligheder; dog vare intet af disse Exemplarer af det samme Alderstrin, som Nordhavs-Expeditionens, ligesom de vare idethele

Diagnosis. — *Colour brownish-black, with a whitish yellow patch on the nape and 5—8 transverse bands of the same colour across the dorsals, and, posteriorly, across the anal; in full-grown individuals, the bands are broken up into annular spots, filled with the ground colour; below, sometimes indistinct or contiguous. The scales cover the body to the region in front of the dorsals, also the dorsals and the anal, nearly to their margins; adults have the nape and the base of the pectorals scaled, and sometimes isolated scales on the forehead. The height of the body is to the total length as 1 to 7—8; in very young individuals, as 1 to 9—10. Snout obtuse, length of head to total length as 1 to 4$^1/_3$—4$^1/_2$; the dental series on the palatine bones are shorter than those on the intermaxillaries, and, in old individuals, scarcely attain half the length of the latter. The upper jaw never longer than half of the head. The pectorals, in young examples scarcely $^1/_8$, in full-grown males about $^1/_9$, of the total length, are in the former distinctly notched along their outer margin. Lateral line double, being divided immediately posterior to the origin of the pectorals into a medio-lateral and a ventral branch; indistinct in full-grown specimens. Pyloric appendages wanting. Length reaching 595mm (female) or 622mm (male), and above.*

M. B. 6. D. + $^1/_2$ C. 102—118; A. + $^1/_2$ C. 88—102; P. 20—23; V. 4.

Locality (North Atl. Exped.): — The banks off Lofoten, in Norway. The north-west coast of Spitzbergen.

	Stat. 124.	*Stat. 362.*	*Stat. 363.*
Exact Locality.	325 Kil. WSW. of Bodø, Norway.	115 Kil. W. of Norskøerne, Spitsb.	60 Kil. W. of Norskøerne, Spitsb.
Depth.	350 Fathoms (640m).	459 Fathoms (839m).	260 Fathoms (475m).
Temp. at Bottom.	− 0,9° C.	− 1,0° C.	+ 1,1° C.
Bottom.	Clay.	Bluish-grey Clay.	Blue Clay.
Date.	19th June 1877.	14th Aug. 1878.	14th Aug. 1878.
Numb. of Specim.	1 Ind. (very young).	2 Indiv.	1 Indiv. (young).

Remarks on the Synonymy. — The question, as to which of the species of *Lycodes* hitherto known the 4 individuals taken on the North Atlantic Expedition, which, in my previous, preliminary reports, are mentioned under the name *L. vahlii*, should be referred, has proved somewhat difficult to decide. In the said reports I have shown that, in all essential particulars, they agree with Reinhardt's description of *L. vahlii*; and hence I deemed they might be correctly referred to that species, notwithstanding the original specimens in the zoological museums of Copenhagen and Berlin, which Dr. Lütken and Professor Peters kindly afforded me an opportunity of examining, with regard to certain features, exhibited a striking dissimilarity; none of these specimens, however, were in the same stage of growth as those taken on the Expedition; their state of

ikke vel vedligeholdte, saaledes at flere Characterer under den flygtige Gjennemgaaelse ikke lode sig med Sikkerhed erkjende.

Dr. Lütken har imidlertid senere under Revisionen af de Individer af denne Slægt, der opbevares i Kjøbenhavner-Museet, bleven opmærksom paa visse, af Reinhardt oversete eller lidet paaagtede Ejendommeligheder hos *L. vahlii*, og det er i Overensstemmelse med disse sidst vundne Resultater, som han har nedlagt i sit sidste, ovenfor nævnte Artikel om denne Slægts grønlandske og islandske Arter[1], at jeg har troet det rettest at holde Nordhavs-Expeditionens Individer ud fra den typiske *L. vahlii*, væsentlig paa Grund af Forskjel i Sideliniens Bygning, i Hovedets og Kjævernes relative Længde, i Tandbygningen, foruden i Farven.

Medens *L. vahlii* typisk besidder 1 Sidelinie, der er ventral, har Nordhavs-Expeditionens Individer 2, nemlig tillige en medio-lateral; dog maa hertil bemærkes, at et af Typ-Exemplarerne af *L. vahlii* tillige viser Spor af en medio lateral Sidelinie.

Medens Hovedets Længde hos *L. vahlii* indeholdes hos yngre Hun-Individer 5,4 Gange i Totallængden, og saaledes er forholdsvis lidet, hos gamle Hanner dermod 4,3, er Forholdet hos Nordhavs-Expeditionens Individer hos intet Kjøn over 4,6, selv hos smaa Unger. Fremdeles er Tandrækken paa Palatinbenene hos *L. vahlii* i Regelen længere, end Rækken i Mellemkjæven (ialfald ikke, eller kun lidet kortere, end denne), medens den hos Nordhavs-Expeditionens Individer altid er kortere, tildels naaende blot den sidstes halve Længde. Endelig er Farven hos begge ulige, hvorved dog maa erindres, at Typ-Exemplarerne af *L. vahlii* ikke ere fuldt ud skikkede til at oplyse dette Forhold, dels fordi de ere gamle (fra 40-aarene), dels fordi de i Regelen have været udtagne af Ventriklerne paa Hajer; enkelte ere dog forholdsvis vel vedligeholdte. Medens nemlig *L. vahlii* er forsynet med større mørke Tværfelter ned ad Legemet og de verticale Finner, mellem hvilke Felter findes omtrent lige saa brede Partier af en lysere Bundfarve (der hos gamle Individer synes ganske at forsvinde, saaledes, at Legemet her bliver næsten ensfarvet brunsort), have Expeditionens Individer paa brunsort Bundfarve et Antal skarpt begrændsede hvidgule Tværbaand, der ere forholdsvis smale, og paa Dorsalen ere næsten hvide, ligesom der hos alle de undersøgte Individer findes en hvid Plet ovenfor hver Gjællespalte.

Med Hensyn til Benævnelsen *L. esmarkii*, og de nye Individers Identification med denne Art, efterat jeg tidligere havde opført dem under Navnet *L. vahlii*, kan følgende bringes i Erindring.

Da jeg i 1874 udarbejdede min Afhandling om „Norges Fiske" (Tillægsh. til Forh. Vid. Selsk. Chra.), forelaa til Bestemmelse i Universitets-Museet 3 store Individer af

[1] Vid. Medd. Nat. Foren. Kbhvn. 1880, p. 307.

preservation, too, is anything but good, so that several of the characters could not be accurately determined from a cursory examination.

But Dr. Lütken, when re-examining the specimens of this genus preserved in the Copenhagen Museum, had his attention drawn to divers characteristics distinguishing *L. vahlii*, which Reinhardt must have either overlooked or thought undeserving of notice; and in conformity with these results, which he has embodied in his latest Memoir, on the Greenland and Iceland species of this genus,[1] I have seen fit to regard the individuals taken on the North Atlantic Expedition as distinct from the typical *L. vahlii*, chiefly by reason of differences in the character of the lateral line, in the relative length of the head and jaws, in the structure of the teeth, and in the colour.

L. vahlii is typically distinguished by one lateral line, which is ventral, whereas the specimens from the Expedition have two, a ventral and a medio-lateral; it must however be admitted, that one of the typical specimens of *L. vahlii* exhibits traces of a medio-lateral line.

The length of the head in *L. vahlii* is in young female individuals 5.4 of the total length, and therefore comparatively short, in old males 4.3; whereas in the specimens from the North Atlantic Expedition, the proportion does not exceed in either sex 4.6, even in very young individuals; moreover, the row of teeth on the palatine bones in *L. vahlii* is as a rule longer than that on the intermaxillary, and, when shorter, but very little, whereas it is invariably shorter in the specimens obtained on the North Atlantic Expedition, sometimes reaching not more than half the length of the latter. Finally, they differ in colour; it must, however, be borne in mind, that the typical specimens of *L. vahlii* are not in a condition fully calculated to elucidate this question, partly from their age (upwards of 40 years in the Museum), and partly from their having in the majority of cases been taken from the ventricles of sharks; one or two are, however, comparatively well preserved. *L. vahlii* is distinguished by large, dark transverse quarterings down the body and the vertical fins, with rather broad patches between, of a lightish ground-colour, which in old individuals would appear to become obsolete, the body here being almost uniformly brownish-black; the specimens of the Expedition have the brownish-black ground-colour marked with a number of sharply defined whitish-yellow (on the dorsal almost white) transverse bands; a white spot occurs too above each of the gill-openings.

As regard the name *L. esmarkii*, and the identification of the new individuals with that species (I had previously referred them to *L. vahlii*), the following remarks should be borne in mind.

In 1874, when I was occupied in writing my treatise on "Norges Fiske" (Tillægsh. til Forh. Vid. Selsk. Chra.), the University Museum had 3 large specimens of a *Lycodes*,

[1] Vid. Medd. Nat. Foren. Kbhvn. 1880, p. 307.

en *Lycodes*, fangne i Varangerfjorden i Finmarken, de 2 nedsendte af Lensmand Klerk i 1864, det 3die erhvervet i 1865 paa Stedet af Professor Esmark. Senere har jeg (1876) under et Ophold i Finmarken erholdt 2 nye Individer fra denne Localitet: alle ere de fuldstændig overensstemmende indbyrdes, og da deres Totallængde ligger mellem 575 og 622mm, udgjøre de Kjæmpe-Individer af denne Slægt.

Da de nævnte Individer i flere Henseender frembøde en Uovereensstemmelse med Reinhardt's Beskrivelse af *L. vahlii*, hvilket end mere bestyrkedes, efterat jeg gjennem Dr. Lütken havde erholdt et af Typ-Exemplarerne udlaant til umiddelbar Sammenligning, opstilledes de i den nævnte Afhandling som en ny Art, *L. esmarkii*. Senere har jeg dog, inden Dr. Lütken har iværksat sine nye Undersøgelser af *L. vahlii*, troet at burde opfatte disse Uovereensstemmelser som mindre væsentlige, og at opføre *L. esmarkii* i Synonymernes Række, hvad jeg ved et Par Lejligheder, og sidst i den omtalte foreløbige Beretning om Nordhavs-Expeditionens Materiale, har gjennemført.

Den ene af de Characterer, der adskilte *L. esmarkii* *L. vahlii*, var Farven, der nemlig var brunsort med et Antal smale, hvidagtige Tverbaand, som dels i Midten indesluttede Felter af den mørke Bundfarve, dels vare opløste i ringformige Tegninger, der nedtil kunde være indbyrdes forbundne med Ringene af næste Tverbaand[1].

Det er øverrejende sandsynligt, at Nordhavs-Expeditionens nye Individer udgjøre de yngre Stadier af denne, som *L. esmarkii* beskrevne Form. Overensstemmelserne mellem dem ere gjennemgaaende; i de samme Puncter, hvori Nordhavs-Expeditionens Individer afvige fra den typiske *L. vahlii*, stemme de overens med Typ-Exemplarerne af *L. esmarkii*, ihvorvel en mindre Forskjel hist og her kan iagttages, der dog vel kan tilskrives den store Forskjel i Alder og Størrelse. Dette er saaledes Tilfældet med Farvetegningen; fremdeles har Skjælbeklædningen faaet en større Udstrækning hos Typ-Exemplarne af *L. esmarkii*, idet der foruden spredte Skjæl paa Panden og fuldt Skjælbelæg paa Nakken, ogsaa her vil findes et lignende paa den indre Del af Pectoralerne.

Det endelige Resultat bliver saaledes, at Nordhavs-Expeditionens Individer, der samtlige ere yngre, vistnok ere identiske med den hidtil blot i fuldt udvoxede Indivi-

from the Varanger Fjord, in Finmark; 2 of the individuals had been presented by Lensmand Klerk, in 1864, the third was obtained on the spot by Professor Esmark, in 1865. During a short stay in Finmark (1876), I succeeded in procuring 2 new examples from the same locality. All of these specimens agree closely *inter se*, and their total length, ranging from 575mm to 622mm, they must be regarded as unusually large examples of the genus.

These individuals differing, I conceived, in several respects from *L. vahlii* as described by Reinhardt, a supposition still farther confirmed by a direct comparison with one of the typical specimens, lent me for that purpose by Dr. Lütken, they were established as a new species, *L. esmarkii*, in the said treatise. Subsequently, however, before Dr. Lütken had completed his latest examination of the original specimens of *L. vahlii*, I was lead to regard these distinctive characteristics as comparatively unessential, and to include *L. esmarkii* in the list of synonyms, a view I continued to retain on one or two subsequent occasions, the last being that of the above-mentioned preliminary report of the North Atlantic Expedition.

One of the characters distinguishing *L. esmarkii* from *L. vahlii* was the colour — brownish-black, with a number of narrow, whitish transverse bands, some of which had patches of the dark ground-colour enclosed in the middle, or were broken up into annular spots, continuous below with the rings of the next transverse band[1].

It is in the highest degree probable, that the new individuals obtained on the North Atlantic Expedition represent immature stages of the form described as *L. esmarkii*. The resemblance between them is constant; in the same features that serve to distinguish the former from the typical *L. vahlii* they agree with the type-specimens of *L. esmarkii*, though here and there some minor distinction may be observed, doubtless arising from the great difference in age and size. This applies, for instance, to the distribution of colour; the scaled surface, too, is of greater extent in the type-specimens of *L. esmarkii*, which, exclusive of isolated scales on the forehead, has also the nape fully scaled and the inner portion of the pectorals.

The final conclusion, therefore, is this, that the individuals from the North Atlantic Expedition, all of them comparatively young, are certainly identical with *L. esmarkii*

[1] Den anden Character, ifølge hvilken jeg ved Opstillingen af den nye Art troede at burde adskille den fra *L. vahlii*, og som var hentet fra Skjælbeklædningen, er af mindre Betydning, men maa her berøres, fordi den i den originale Beskrivelse var Gjenstand for Mistydning. Naar *L. esmarkii* nemlig opgaves som skjælbeklædt lige ud til Snuden, medens *L. vahlii* havde nøgent Hoved, var dette ucorrect, idet de som Skjæl antagne Dannelser hos den førstnævnte Art blot vare de tætstaaende, næsten cirkelrunde Indtryk i Huden, der vare fremkomne under dennes Sammentrækning. Blot efter en senere omhyggelig Undersøgelse af de foreliggende 5 Individer har jeg kunnet opdage enkelte isolerede Skjæl paa Panden, der utvivlsomt ere tilkomne i den senere Alder.

[1] The other character — derived from the scaling — which led me, when establishing the new species, to distinguish it from *L. vahlii*, is of minor importance; it must not however be passed by unnoticed, having in the original description given rise to misunderstanding. The scales in *L. esmarkii* were stated to extend as far as the snout, whereas *L. vahlii* had the head naked; this was incorrect, the closely set, almost circular impressions in the skin, resulting from its contraction, having been mistaken for scales. Not till the 5 individuals before me had been submitted to a close examination, did I succeed in detecting a few isolated true scales on the forehead, which had unquestionably developed in an advanced stage of growth.

der kjendte *L. esmarkii* fra Finmarken, og at de tilsammen udgjøre en fra den grønlandske *L. vahlii* forskjellig Art. Men med det forholdsvis ringe Materiale, der for Tiden staar til vor Raadighed, er det umuligt at komme til fuld Klarhed i dette, saavelsom i flere andre Spørgsmaale vedrørende denne Slægt.

Ved Godhed af Dr. Tarleton Bean og Prof. Spencer Baird har jeg efter Anmodning erholdt tilsendt et fuldt udvoxet Exemplar af den store *Lycodes*-Art, som erholdtes under U. S. Fish Commission udenfor Kysterne af Nova Scotia paa Nord-Americas Østkyst, og som i 1879 er opført som *L. vahlii* i Proc. U. S. Nat. Mus. vol. 2, p. 209. Dette Exemplar (Smiths. Inst. No. 24, 239), har en Længde af 645mm, en Hovedlængde af 152mm. Exemplaret er exvisceret, saa Kjønnet ikke kan bestemmes, men ifølge Hovedlængdens Forhold til Totallængden (4,04), synes Individet at have været en Han. Jeg har nøie sammenlignet dette Exemplar med de omtrent ligestore Typ-Exemplarer af *L. esmarkii* fra Finmarken, og finder dem i enhver Henseende overensstemmende. Farvetegningen er næsten fuldstændig den samme, alle Legemsproportioner ligeledes, og det samme er Tilfældet med det characteristiske Forhold mellem Tandrækken paa Palatinbenene og Mellemkjæven. Jeg nærer derfor ingen Tvivl ved at identificere begge, og Arten har herved faaet en interessant Udvidelse i sin geographiske Udbredelse.

from Finmark, of which none but full-grown examples were previously known, and that both constitute a species distinct from the Greenland form *L. vahlii*. But with the materials at present before us, it is not possible to decide this question satisfactorily, as indeed is also the case with various other doubtful points connected with the genus *Lycodes*.

At my special request, Dr. Tarleton Bean and Professor Spencer Baird kindly sent me an example of the large species of *Lycodes*, taken on the cruize of the U. S. Fish Commission, off the coast of Nova Scotia, and which, in 1879, was referred to *L. vahlii* in Proc. U. S. Nat. Mus. vol. 2, p. 209. This specimen (Smith's Inst. No. 24, 239) has a length of 645mm; the length of the head is 152mm. Having been eviscerated, the sex cannot be determined; but judging from the proportion which the length of the head bears to the total length (4,04), the individual would appear to be a male. I have carefully compared this specimen with the typical specimens of *L. esmarkii*, about equal in size, from Finmark, and found the closest resemblance between them. The distribution of colour is almost exactly the same; the proportions of the body correspond, in like manner, as does also the characteristic relation subsisting between the series of teeth on the palatine bones and those on the intermaxillary. Such being the case, no hesitation can be felt in identifying the two forms, which shows an interesting extension in the range of *L. esmarkii*.

Udmaalinger.	a. Stat. 124.	b. Stat. 363.	c. Han. Stat. 362.	d. Hun. Stat. 362.
Totallængde	81mm	114mm	265mm	295mm
Hovedets Længde	18,5 -	25 -	60 -	65 -
Overkjævens Længde	7 -	9 -	24 -	26 -
Legemets Høide over Begyndelsen af Dorsalen	8 -	13 -	34 -	44 -
Legemets Høide over Begyndelsen af Analen	7 -	11 -	30 -	37 -
Snudens Afstand fra Dorsalen	21 -	29 -	70 -	80 -
Kroppens Længde (Snudespidsen til Anus)	31,5 -	45 -	105 -	160 -
Halens Længde (Anus til Halespidsen)	49,5 -	69 -	160 -	171 -
Snudens Afstand fra Øiet	6 -	8 -	18 -	21 -
Lindsens Diameter	2 -	3 -	6 -	7 -
Øiets Længde (Diameter af Iris)	5,5 -	6,5 -	11,5 -	12,5 -
Fra Lindsen til Gjællelaagets Spidse	10 -	14 -	34 -	36 -
Afstanden mellem Lindserne	3,5 -	4 -	10 -	13 -
Hovedets Høide over Øinene	6,5 -	11 -	23 -	25 -
Hovedets Bredde over Kinderne	8 -	14 -	30 -	33 -
Hovedets Høide umiddelbart bag Ventralerne	8 -	13 -	30 -	33 -
Afstanden fra Ventralerne til Anus	16 -	23 -	56 -	69 -
Pectoralens største Længde	11 -	17 -	36 -	40 -
Afstanden fra Pectoralspidsen til Anus	3 -	4 -	20 -	18 -

Measurements.	a. Stat. 124.	b. Stat. 363.	c. Male. Stat. 362.	d. Fem. Stat. 362.
Total length	81mm	114mm	265mm	295mm
Length of head	18,5 -	25 -	60 -	65 -
Length of upper jaw	7 -	9 -	24 -	26 -
Depth of the body above origin of dorsal	8 -	13 -	34 -	44 -
Depth of the body above origin of anal	7 -	11 -	30 -	37 -
Distance of snout from dorsal	21 -	29 -	70 -	80 -
Length of the body proper (from point of snout to vent)	31,5 -	45 -	105 -	160 -
Length of the tail (from vent to tip of tail)	49,5 -	69 -	160 -	171 -
Distance of snout from eye	6 -	8 -	18 -	21 -
Diameter of the lens	2 -	3 -	6 -	7 -
Length of the eye (diameter of iris)	5,5 -	6,5 -	11,5 -	12,5 -
Distance from the lens to the extremity of the opercle	10 -	14 -	34 -	36 -
Distance between the lenses	3,5 -	4 -	10 -	13 -
Height of the head above the eyes	6,5 -	11 -	23 -	25 -
Breadth of head across the cheeks	8 -	14 -	30 -	33 -
Height of the head immediately posterior to the ventrals	8 -	13 -	30 -	33 -
Distance from ventrals to vent	16 -	23 -	56 -	69 -
Greatest length of pectorals	11 -	17 -	36 -	40 -
Distance from extremity of pectorals to vent	3 -	4 -	20 -	18 -

Til Sammenligning vedføies et Par Maal af de 5 fuldt udvoxede Individer fra Finmarken.

	A. (Skel.)	B. Han.	C. Hun (tørr.)	D. Han.	E. (tørr.)
Totallængde	575mm	582mm	595mm	610mm	622mm
Hovedets Længde	126 -	133 -	128 -	143 -	138 -
Overkjævens Længde	55 -	64 -	56 -	68 -	65 -
Legemets Høide	?	80 -	?	84 -	?
Kroppens Længde (Snuden til Anus)	220 -	226 -	255 -	242 -	250 -
Halens Længde (Anus til Halespidsen)	360 -	362 -	350 -	371 -	375 -

For comparison are subjoined a few measurements of the 5 full-grown individuals from Finmark.

	A. (Skel.)	B. Male.	C. Fem. (dried)	D. Male.	E. (dried)
Total length	575mm	582mm	595mm	610mm	622mm
Length of the head	126 -	133 -	128 -	143 -	138 -
Length of the upper jaw	55 -	64 -	56 -	68 -	65 -
Depth of the body	?	80 -	?	84 -	?
L. of the body (from snout to vent)	220 -	226 -	255 -	242 -	250 -
L. of the tail (from vent to tip of tail)	360 -	362 -	350 -	371 -	375 -

Beskrivelse. *Legemsbygning.* Nær beslægtet med *L. vahlii*, fra hvilken den, som ovenfor nævnt, er skilt ved sin (dog blot i yngre Alder tydeligt) dobbelte Sidelinie, de korte Kjæver, det altid forholdsvis store Hoved, den korte Ganetandrække, og Farven.

Legemet er af typisk *Lycodes*-Bygning: den største Høide indeholdes hos de ældre Individer omtrent 7–8 Gange i Totallængden, hos Ungerne 9, eller endog 10 Gange i denne, og Legemet bliver saaledes noget undersætsigere under Opvæxten.

Hovedet er forholdsvis stort, og har en høi og stump Snude, der er temmelig kort. Hovedet indeholdes fra $4\frac{1}{4}$ til noget over $4\frac{1}{2}$ Gange i Totallængden; hos intet af Individerne har Hovedlængdens Forhold til Totallængden været under 4.7, selv hos smaa Unger. Hos 2 udvoxede Han-Individer fra Finmarken er Forholdet 4.30 og 4.26, hos en ligeledes udvoxet Hun 4.64; sammenlignes 2 noget nær ligestore Individer af forskjelligt Kjøn, sees Hovedlængden hos den yngre Han fra Nordhavs-Expeditionen at indeholdes i Totallængden 4.41, hos den ligeledes yngre Hun 4.53, ligesom hos den fuldvoxne Han fra Finmarken 4.26, hos Hunnen 4.64, saaledes at Hannen, hvad der ogsaa var at vente, altid synes at have et større Hoved, end Hunnen.

Underkjæven er betydeligt kortere, end Overkjæven, og dette er allerede særdeles stærkt fremtrædende hos det mindste foreliggende Individ (med en Totallængde af blot 81mm).

Overkjæven er altid kortere, end den halve Hovedlængde, hvad der vil fremgaa af de ovenfor meddelte Udmaalinger, og naar tilbage under Midten, eller henimod Bagranden af Øiet. Sammenlignet med *L. vahlii* maa saaledes *L. esmarkii* siges at have et forholdsvis kort Ansigtsparti, skjønt Hovedet ialthele er større.

De skaalformige Fordybninger langs Randen af Kjæverne, der ere characteristiske for denne Slægt, ere stærkest synlige hos Ungerne, hvor Hovedets Hud er tyndest; i Bunden sees her en tydelig og aaben Pore, men denne bliver svagere fremtrædende hos de ældre.

General Description. *Structure of the Body.* — Nearly related to *L. vahlii*, from which, as above stated, it is distinguished by a double lateral line (conspicuous however in young specimens only), the short jaws, the head, always comparatively large, the short series of palatine teeth, and the colour.

The body is of the typical *Lycodes* structure; its greatest depth equals, in mature individuals, from $\frac{1}{7}$ to $\frac{1}{8}$, in young examples, not more than $\frac{1}{9}$ or $\frac{1}{10}$ of the total length; hence the body increases in thickness with the growth of the fish.

The head is comparatively large, and terminates in an obtuse and elevated snout; the length of the head is contained from $4\frac{1}{4}$ to a trifle over $4\frac{1}{2}$ times in the total length; the proportion borne by the length of the head to the total length was in no case under 4.7, not even in the very young examples. In two full-grown males from Finmark, the proportion is as 1 to 4.30 and 4.26; in a full-grown female, as 1 to 4.64. If two individuals nearly equal in size, but of different sexes, be compared together, the length of the head in the young specimens obtained on the Expedition will be found to be 4.41 in the male, and 4.53 in the female; in the full-grown male from Finmark it is 4.26, in the female 4.64; hence the male, as was indeed to be expected, has invariably a larger head than the female.

The mandible is considerably shorter than the upper jaw, and this character shows very conspicuously even in the smallest of the specimens examined (total length only 81mm).

The upper jaw is invariably shorter than half the head, as appears from the measurements given above, extending back under the middle of the eye, or very nearly to its posterior margin. Compared with *L. vahlii*, *L. esmarkii* has the region of the face comparatively short, although the head itself is larger than in the former species.

The bowl-shaped depressions along the margin of the jaws are peculiar to this species; they are most conspicuous in the early stages of development, when the skin on the head is thinnest, terminating in a distinct and open pore; as the growth progresses, they gradually become less distinct.

Disse Porer føre oventil ind til den lange Række af de tynde Infraorbitalben, der ere forholdsvis store, og hvoraf hver danner en udad aaben Cavitet, der er begrændset af Benets nederste Del, samt af den øvre overbøjede Rand; den hele Række af disse Caviteter danne tilsammen en fælles slimafsondrende Canal. Paa Underkjæven føre Porerne ind til en lignende Canal, der løber ind i selve *maxilla inferior*, og som udad danner store rundagtige Aabninger i Lighed med de udad aabne Caviteter i Infraorbitalbenene; noget tilsvarende i Kjævernes Bygning finder Sted hos *Zoarces viviparus*, hvilket yderligere bidrager til at nærme disse 2 Slægter til hinanden.

Næseborene ere enkelte, rørformige, og sidde noget opløftede over Kjæveranden; deres indbyrdes Afstand er betydeligt mindre, end Pectoralens Grundlinie.

Øjnene ere aflange, med en tydelig tilspidset Øjekrog fortil og bagtil; de indeholdes hos middelsstore Exemplarer mellem 6 og $6^{1}/_{2}$ Gange i Hovedlængden, men ere forholdsvis mindre hos de fuldt udvoxede, hvor de indeholdes 7—8 Gange i denne. Iøvrigt er Øjnenes rette Begrændsning vanskelig at drage, da denne viser sig forskjellig, eftersom Individerne ere bedre eller mindre vel vedligeholdte.

Gjællespalten er fuldkommen vertical, og forholdsvis trang; dens nedre Vinkel ligger omtrent lige foran Pectoralernes nederste Fæste. Gjællerne ere 4 i Antal; Pseudobranchier ere tilstede. Gjællestraalernes Antal er 6.

Tænderne, der ere tilstede i Mellem- og Underkjæven, paa Palatinbenene, og paa Vomer, som hos alle typiske Lycoder, ere forholdsvis lange og stærke, svagt krummede, samt noget cylindriske. Det er characteristisk for *L. esmarkii*, sammenlignet med *L. vahlii*, at Tandrækken paa Palatinbenene aldrig er længere, end Rækken i Mellemkjæven, men oftest (især hos udvoxede Individer) betydeligt kortere, lige indtil neppe Halvdelen af denne. Saaledes er den absolute Længde af de nævnte 2 Tandrækker hos de 2 største af Nordhavs-Expeditionens Individer, samt af de foreliggende 5, fuldt udvoxede Individer fra Finmarken, følgende:

		Total-længde.	Længden af Tandrækken	
			paa Palatinbenene.	paa Mellemkjæverne.
c. Stat. 362.	Ung Han .	. 265mm	10—11mm	11—11mm
d. Stat. 362.	Ung Han .	. 295 -	10—11 -	11—11 -
A. Finmarken.	(Skelet) .	. 575 -	15—16 -	26—27 -
B. —	Gl. Han.	. 582 -	16—18 -	27—28 -
C. —	Gl. Hun	. 595 -	14—16 -	26—26 -
D. —	Gl. Han.	. 610 -	17—17 -	30—31 -
E. —	(tørret) .	. 622 -	12—13 -	32—34 -

Hos de fuldvoxne Individer danne Tænderne i Mellemkjæven bagtil en enkelt, fortil en 3dobbelt Række, hvori de yderste Tænder ere de længste. Underkjævens Tænder danne fortil 3—4 uregelmæssige Rækker, bagtil en dobbelt Række, der gaar betydeligt længere tilbage, end den tilsvarende i Overkjæven, og Tænderne i denne Kjæve corre-

Above, these pores extend inwards to the thin infraorbital bones, which are comparatively large, forming each a cavity, open exteriorly, which is bounded by the inferior portion of the bone and the superior overlapping margin; these cavities constitute together a mucous canal. On the mandible, too, the pores terminate in a secretory canal, which is produced interiorly into the *maxilla inferior*, and constitutes a series of large circular openings similar to the cavities, open exteriorly, in the infraorbital bones. To this peculiarity of structure the jaws in *Zoarces viviparus* present analogous features, a circumstance tending still further to increase the resemblance between the two genera.

The nostrils are single, tubular, and situated slightly above the margin of the jaw; their distance from each other measures much less than the base of the pectorals.

Eyes ovate, distinctly angular anteriorly and posteriorly; their diameter, in examples of moderate size, is to the length of the head as 1 to 6—$6^{1}/_{2}$; in full-grown individuals they are proportionately smaller — as 1 to 7—8. For the rest, the limits of the eyes are difficult to determine, varying as they do with the state of preservation of the specimens.

The gill-opening a strictly vertical slit, and comparatively narrow; its inferior angle almost immediately in front of the lowest extremity of the pectorals. Gills 4; pseudobranchiæ present; branchiostegals 6.

Teeth, as in all typical *Lycodes*, on the inter and inferior maxillaries, the palatine bones, and the vomer; they are comparatively long and powerful, slightly curved and cylindrical. A characteristic feature of *L. esmarkii*, as compared with *L. vahlii*, is the length of the dental series on the palatine bones, which is never greater than that of the series on the inter-maxillary, but as a rule (more especially in full-grown examples) considerably less, sometimes by as much as one-half. Thus, for instance, the two series in the two largest of the specimens taken on the North Atlantic Expedition, and in the five full-grown examples from Finmark, measured respectively as follows: —

		Total L.	Length of Dental Series	
			On Palatine bones.	On Inter-maxillaries.
c. Stat. 362.	Young Male	. 265mm	10—11mm	11—11mm
d. Stat. 362.	Young Female	295 -	10—11 -	11—11 -
A. Finmark.	(Skeleton) .	. 575 -	15—16 -	26—27 -
B. —	Old Male .	. 582 -	16—18 -	27—28 -
C. —	Old Female	. 595 -	14—16 -	26—26 -
D. —	Old Male	. 610 -	17—17 -	30—31 -
E. —	(dried specim.)	622 -	12—13 -	32—34 -

In adults, the teeth constitute on the inter-maxillary posteriorly a single, anteriorly a triple series, the exterior teeth being the longest. The teeth in the mandible constitute anteriorly 3—4 irregular series, posteriorly a double row, which extends considerably farther back than that corresponding with it in the upper jaw; indeed the man-

spondere nærmest med Palatinbenenes. I den yderste Række ere de rettede skjævt udad, eller ligge tildels næsten horizontalt. Paa Palatinbenene findes paa hver Side 9—11 Tænder samlede i en enkelt, eller undertiden i en dobbelt Række. Endelig findes en Samling Tænder (af samme Størrelse, som de øvrige) paa Vomer.

Hos yngre Individer ere Tænderne noget færre, og Rækkerne fortil blive først efterhaanden fuldtallige.

Kjæverne ere, som hos alle Lycoder, dækkede af en tyk, fedtholdig Hud, der paa Underkjæven danner en nedhængende, noget aflang Flig.

Anus ligger i en Afstand fra Snudespidsen, der indeholdes omtrent $2\frac{1}{2}$ Gange i Totallængden.

Af Totallængden udgjør .	a. Totall. 81mm	b. Totall. 114mm	c. Han. Totall. 265mm	d. Hun. Totall. 295mm
Hovedets Længde . . .	4,37	4,58	4,41	4,53
Legemets Højde	10,12	8,76	7,79	7,02
Snudens Afstand fra Dorsalen	3,68	3,93	3,78	3,68
Kroppen (Snuden til Anus)	2,57	2,53	2,52	2,37
Halen (Anus til Halespidsen)	1,64	1,65	1,65	1,72

Til Sammenligning vedføjes endel Forholde, der kunne udledes af de 5 foreliggende større Individer fra Finmarken, hvoraf 2 opbevares i tørret Tilstand, 1 som Skelet.

Af Totall. udgjør. . .	A. (Skelet.) Totall. 575mm	B. Han. Totall. 582mm	C. Hun (tørret.) Totall. 586mm	D. Han. Totall. 610mm	E. (tørret.) Totall. 622mm
Hovedets Længde .	4,56	4,37	4,64	4,26	4,52
Legemets Højde .	?	7,27	?	7,26	?
Kroppen (Snuden til Anus)	2,61	2,57	2,33	2,52	2,48
Halen (Anus til Halespidsen) . .	1,59	1,60	1,70	1,62	1,65

Ovarierne og *Testes* ere enkelte. Af Expeditionens Individer var det ene (hvis Totallængde var 265mm) en ung Han, med endnu ikke fuldt udviklede Testes, det noget større Individ (Totallængde 295mm) en Hun, med fuldmodne Æg i det eneste Ovarium. Disse Æg vare forholdsvis store, neppe over 300 i Antal, alle jevnt udviklede; desuden fandtes et mindre Antal, der tilsyneladende ikke vilde have udviklet sig. Ovariet var enkelt.

Af de store Exemplarer fra Finmarken er det ene, der har været tørret, en Hun, idet der endnu vedhænger Dele af Ovariet med (ufuldbaarne) Æg. Dette viser, at Hunnen saaledes kan opnaa en lignende betydelig Størrelse, som Hannen. Af de øvrige vare de 2 velbevarede Individer Hanner, med udviklede Testes. Den venstre af disse var saa kort, at den næsten kan kaldes rudimentær (14—17mm), den højre lang (70mm).

Appendices pyloricæ mangle.

dibular teeth correspond rather with those on the palatine bones. In the exterior series they incline obliquely outwards, or are some of them almost horizontal. The palatine bones are furnished on each side with 9—11 teeth in a single, sometimes a double row. Finally, a patch of teeth occurs on the vomer.

Young individuals have somewhat fewer teeth, and the full number of the anterior series is attained gradually.

As in all the *Lycodes*, the jaws are protected by a thick adipous skin, depending from the mandible in the form of an oval lappet.

The distance from the vent to the point of the snout is to the total length about as 1 to $2\frac{1}{2}$.

The Total Length contains	a. Total L. 81mm	b. Total L. 114mm	c. Male. Total L. 265mm	d. Female. Total L. 295mm
Length of the head . .	4.37	4.58	4.41	4.53
Depth of the body . .	10.12	8.76	7.79	7.02
Distance of snout from dorsal	3.68	3.93	3.78	3.68
Body (from snout to vent)	2.57	2.53	2.52	2.37
Tail (from vent to tip of tail)	1.64	1.65	1.65	1.72

For comparison are subjoined a few proportions deduced from measurements of the 5 large Finmark specimens, 2 dried, and 1 a skeleton.

The Total Length cont.	A. (Skel.) Total L. 575mm	B. Male. Total L. 582mm	C. Fem. (dried). Total L. 586mm	D. Male. Total L. 610mm	E. (dried). Total L. 622mm
Length of the head	4.56	4.37	4.64	4.26	4.52
Depth of the body	?	7.27	?	7.26	?
Body (from snout to vent)	2.61	2.57	2.33	2.52	2.48
Tail (from vent to tip of tail) . . .	1.59	1.60	1.70	1.62	1.65

Ovaries and *testes* single. Of the two largest individuals obtained on the Expedition, one (total length 265mm) was a young male, with the testes not fully developed, the other, of somewhat larger size (total length 295mm), a female, with mature ova in the single ovary. These ova, hardly more than 300 in number, were comparatively large, all of them uniformly developed, exclusive of which was a smaller number that in all probability would not have arrived at maturity. The ovary was single.

Of the large specimens from Finmark, one, which had been dried, was a female, portions of the ovary, with (immature) ova, being still attached to the abdomen. This shows that females can attain as large a size as males; of the remaining examples, the 2 well preserved specimens were males, with well developed testes. That on the left side is so short as to be almost rudimentary (14—17mm), that on the right is long (70mm).

No pyloric appendages.

Finnerne. Straaleantallet hos de 4 under Expeditionen erholdte yngre Individer var følgende (Caudalen indbefattet i Dorsalen og Analen):

	a.	*b.*	*c.*	*d.*
Dorsalen (+ ½ Caudal)	103	103	103	102
Analen (+ ½ Caudal)	88	91	92	90
Pectoralerne	20—21	22—23	22—23	21—22

Hos de store Individer fra Finmarken lod Straaleantallet sig kun hos de 2 med nogenlunde Sikkerhed tælle, og dette viste sig at være følgende:

	A.	C.
Dorsalen (+ ½ Caudal)	118	113
Analen (+ ½ Caudal)	102	97
Pectoralerne	23—23	23—23

At Straaleantallet hos disse fuldt udvoxede Individer er større, end hos de yngre, maa forklares paa den Maade, at der har vedblevet at afsætte sig Hvirvler med tilhørende Straaler under hele Opvæxten.

Dorsalen, som udspringer i en Afstand fra Nakken, der er omtrent lig en halv Pectorallængde, indeholder saaledes 102 til 103, eller hos særdeles gamle Individer lige til 118 Straaler, om den halve Caudal (6 Straaler) medregnes. Dorsalstraalerne ere alle kløvede indtil Grunden, og fra Midten af fint articulerede; hos de længste Straaler (paa Midten af Halepartiet) er ligeledes hver Halvdel atter kløvet. Den hele Finne er, ligesom Analen, indhyllet i en tyk og fedtholdig Hud, der meget ligner den, der findes hos *Anarrhichas*-Arterne.

Analen tiltager, ligesom Dorsalen, i Straaleantal med Alderen, og har hos yngre 88—92, hos fuldt udvoxede indtil 102 Straaler, Caudalens nedre Halvdel (5 Straaler) iberegnet. Den er iøvrigt bygget ligesom Dorsalen, og en Dobbeltkløvning finder ogsaa her Sted hos de længste Straaler.

Caudalen har sandsynligvis hos alle Lycoder den samme Bygning, og er dannet af et øvre Straaleknippe, bestaaende af 6, et nedre af 5 Straaler, alle korte, spinkle og særdeles tætstaaende, saa at de kun med Vanskelighed lade sig tælle.

Pectoralerne tælle 20 til 23 Straaler, og Tallet er ofte ulige paa hver Side hos samme Individ. De ere forholdsvis længst hos yngre Individer; hos den mindste foreliggende Unge (hvis Totallængde er 81mm) indeholdes de 6.7 Gange i Totallængden, hos et fuldt udvoxet omtrent 8.5 Gange i denne.

Fremdeles undergaar denne Finne en Forandring i sin Form under Opvæxten, hvortil jeg ikke har seet noget tilsvarende hos de øvrige Arter. Hos alle yngre ere de 6 nederste Straaler noget forlængede, saaledes at de rage kjendeligt frem forbi de mellemste Straaler; derved bliver Finnens Rand tydeligt indskaaret. Hos de ældre Individer ere derimod de nedre Straaler gradvis forkortede, og et-

Fins. — The number of rays, inclusive of caudal, in the 4 young individuals obtained on the Expedition was as follows: —

	a.	*b.*	*c.*	*d.*
Dorsal (+ ½ caudal)	103	103	103	102
Anal (+ ½ caudal)	88	91	92	90
Pectorals	20—21	22—23	22—23	21—22

In 2 only of the large individuals from Finmark could the number of fin-rays be determined with comparative accuracy; the formula was as follows: —

	A.	C.
Dorsal (+ ½ caudal)	118	113
Anal (+ ½ caudal)	102	97
Pectorals	23—23	23—23

The fact of the rays in these full-grown examples having been more numerous than in the young individuals may be explained by assuming vertebræ to have successively developed along with the rays throughout the whole period of growth.

The dorsal, commencing at a distance from the nape about equal to half the length of the pectorals, contains from 102 to 103, or, in very old examples, as many as 118 rays, including half of the caudal (6 rays). The dorsal rays are all cleft to the base, and from the middle finely articulated; moreover, in the longest rays (middle of caudal region) each half is cleft. As with the anal, the whole fin is enveloped in a thick adipous skin, closely resembling that observed in the genus *Anarrhichas*.

As in the dorsal, the number of rays in the anal increases with the growth, being in young examples 88—92, and in adults reaching 102, inclusive of the lower half of the caudal (5 rays). The structure of the anal is similar to that of the dorsal; the longest rays of this fin, too, are double-cleft.

The structure of the caudal is probably the same in all the *Lycodes*; there is an upper fascicle of rays, consisting of 6, and a lower one, consisting of 5 rays, all short, slender, and exceedingly close, which renders it a matter of no little difficulty to count them.

The pectorals are furnished with from 20 to 23 rays, and the number is not infrequently different on each side in the same individual. They are relatively longest in young examples; in the smallest of the young specimens (total length 81mm), their length is to the total length as 1 to 6.7; in an adult, nearly as 1 to 8.5.

This fin undergoes, too, a change in its form during the period of growth, to which I have observed nothing analogous in any of the other species. All young individuals have the 6 lowest rays somewhat elongated, causing them to project perceptibly past the middle rays, which gives to the margin of the fin a notched appearance. In more mature examples, the inferior rays gradually decrease

nyest Spor af denne Ejendommelighed forsvundet. Disse nedre Straaler ere beklædte med en tykkere Hud, end de øvrige, samt have fri Spidser, et tydeligt Bevis paa, at de tjene Dyret til Krybe- eller Føleorgan. Straalerne ere delte til Grunden, og ere i Spidserne, der ere fint articulerede, i Regelen tvedelte. Naar Pectoralerne bøjes fremover, naa de til Lindsens Forrand eller hos enkelte til dens Midte.

Ventralerne ere korte, og indeholde 1 enkelt og yderst spinkel Straale, samt derefter 3 noget tykkere, der ere kløvede til Grunden. De ere samtlige indhyllede i en tyk Hud, og lade sig blot ved Dissection tælle; den første udelte Straale har blot de øvriges halve Længde, og er yderst let at overse. Alle ere leddede.

Hvirvlernes Antal var hos det ovennævnte Skelet af et udvoxet Individ fra Finmarken 23 + 95, saaledes tilsammen 118.

Skjælbeklædning. Som hos alle Lycoder synes Skjælbeklædningen at udbrede sig videre over Legemet under Individets hele Vaxt, og er saaledes mindst udbredt hos Ungerne, endskjønt Forskjellen er forholdsvis ikke stor. Hos Expeditionens 2 største Individer (Totallængden 265–295^{mm}) er Skjælbeklædningen udbredt til et Stykke foran Begyndelsen af Dorsalen, og paa Bugen hen til Ventralerne; ligeledes er saavel Dorsalen som Analen skjælbeklædte lige ud imod Randen, eller i omtrent $^{3}/_{4}$ af Finnernes Høide. Derimod er Hovedet og Nakken nøgne, ligesom Pectoralerne og Ventralerne.

Hos de fuldt udvoxede Exemplarer fra Finmarken, hvor Totall. er 500^{mm} eller derover, strækker Skjælbeklædningen sig frem over Nakken, hvorimod Hovedet regulært synes at være nøgent; blot efter den omhyggeligste Undersøgelse har det været mig muligt at opdage enkelte spredte Skjæl paa Siderne af Panden, og disse synes ikke engang at være tilstede hos alle Individer. Dorsalen og Analen er tæt skjælbeklædte lige ud til deres yderste Rande, og Skjællene gaa paa Halen lige ud til Caudalens Spidse. Fremdeles ere Pectoralerne, der hidtil have været nøgne, skjælbeklædte paa sin indre Tredjedel.

Hos de 2 Unger fra Expeditionen er Skjælbeklædningen i det hovedsagelige allerede fremkommen i sin Helhed paa Legemet; hos det største Individ (*b*, Totall. 114^{mm}) ere Finnerne, saavelsom Grunden langs disse, endnu nøgne; hos det mindste (*a*, Totall. 81^{mm}) er Skjælbeklædningen paa hele Halepartiet endnu sparsom, og blot i sit Frembrud.

Skjællene ere runde eller noget elliptiske, og ligge nedsænkede i Huden med saa stort Mellemrum, at deres Rande ikke berøre hinanden. Paa Bugen staa Skjællene mest spredte, paa Halen tættest. De Skjæl, der beklæde Finnerne, ere mindre, end Legemets. Skjællene ere beklædte af en yderst fin, noget mørkfarvet Hud.

Sidelinien er hos denne Art dobbelt, og hos vel conserverede Exemplarer af Middelstørrelse ret tydelig. Den udspringer enkelt ved Gjællespaltens øvre Ende, gjør en liden skarp Bue over Gjællelaagets Flig, deler sig derpaa kort bagenfor denne i 2 Grene, hvoraf den øvre, mediolaterale, der er den tydeligste, løber langs hele Legemets

in length till every trace of this peculiarity has disappeared. These inferior rays are enveloped in a thicker skin than the rest, and have free points, a sure sign that they serve the animal as a means of creeping or as an organ of sensation. The rays are cleft to the base, and, at the points, which are finely articulated, as a rule double-cleft. If pressed forwards, the pectorals extend to the anterior margin or to the middle of the lens.

The ventrals are short, and consist of one exceedingly slender ray and 3 somewhat thicker rays, cleft to the base. They are all enveloped in a thick skin, dissection being necessary in order to count them: the first simple ray is only half as long as the others, and may be easily overlooked; they are all articulated.

The number of vertebræ in the above-mentioned skeleton of a full-grown example from Finmark was 23 + 95 = 118.

Scales. — As in all *Lycodes*, the scaled integument continues, it would seem, to spread over the body during the entire period of growth; and hence it covers a smaller surface in young specimens, though the absolute difference is comparatively but slight. In the 2 largest examples taken on the Expedition (total length respectively 265^{mm} and 295^{mm}), the scaling extends almost to the origin of the dorsal, and on the belly as far as the ventrals; both the dorsal and anal, too, are scaled nearly to the margin, or about three quarters of the height of the fin. The head and nape, however, are naked, as also the pectorals and the ventrals.

In the full-grown specimens from Finmark (total length exceeding 500^{mm}), the scaled integument extends forwards over the nape, the head being apparently as a rule naked; not till after a most careful examination did I succeed in detecting a few isolated scales on the sides of the forehead, and even these would seem not to occur in all individuals. The dorsal and anal are densely scaled to their extreme margin, and on the tail the scales extend to the tip of the caudal. The pectorals, too, previously naked, are now scaled on their inner third.

In the 2 young specimens taken on the Expedition, the scaled integument is for the most part fully developed on the body; in the largest individual (*b*, total length 114^{mm}), both the fins and the skin along their base are still naked; in the smallest (*a*, total length 81^{mm}), the scales on the tail are just beginning to develop.

The scales are round or slightly elliptic, and lie embedded in the skin, the space between them being just sufficient to prevent contact. On the belly, the scales are most distant, densest on the tail. The scales covering the fins are smaller than those on the body; all are invested with an exceedingly thin, darkish membrane.

Lateral Line. — The lateral line in this species is double, and in well preserved specimens of moderate size distinctly perceptible. It originates single on the upper extremity of the branchial opening, makes a sharp bend above the flap of the gill-cover, and then divides a short distance posterior to the latter into two branches, the su-

Midtlinie lige ud til Caudalen. Den nedre Green, den **ventrale**, løber skraat nedad mod Analen, og naar dennes Grund omtrent ved den 16de Straale, hvorefter den følger langs denne Finne henimod Caudalen. Paa Stykket fra Gjællespalten til det Sted, hvor den øvre (mediolaterale) Linie naar Legemets Midtlinie (hvilket finder Sted omtrent ved Pectoralens indre Tredjedel), findes omtrent 24 Porer, idet de paa dette Stykke ere særdeles tætstaaende; paa det næste Stykke indtil Perpendikulæren over Anus staa omtrent 14 Porer.

Hos de fuldt udvoxede Individer fra Finmarken, der længe have været opbevarede paa Spiritus, ere Sidelinierne idethele lidet synlige, og kunne blot efter omhyggelig Undersøgelse paavises, men ere dog ikke ganske forsvundne. Den mediolaterale er dog undertiden neppe til at paavise, og synes saaledes under Opvæxten efterhaanden ganske at forsvinde.

Hos den mindste Unge (*a*, Totall. 81^{mm}) ere begge Linier endnu utydelige, men allerede synlige hos den større Unge (*b*, Totallængde 114^{mm}).

Farven. Denne er hos alle Expeditionens Individer, ogsaa hos de smaa Unger, dyb brunsort med smale, skarpt-begrændsede, hvidgule Baand, hvis Antal varierer fra 5–8, løbende verticalt nedad Legemet. Desuden findes, som Antydning til et yderligere Baand, en hvidgul Plet paa hver Side af Nakken, umiddelbart over Gjællespalten. Bugsiden er ubetydeligt lysere.

Af Tverbaandene begynder det første noget bagenfor Begyndelsen af Dorsalen; det sidste kan bedække Halespidsen, eller ligge kort foran denne. De stige alle fra Dorsalens yderste Rand ret nedover Legemet; de bagre gaa lige ud over Analen, de forreste naa blot til, eller noget over Midtlinien. Baandenes Bredde er omtrent lig en Lindsediameter; deres Farve er hvidgul, og da de ere temmelig skarpt begrændsede, staa de særdeles tydeligt mod den sorte Bundfarve. Hovedet er graabrunt, med mørkere Skygning paa Gjællelaagets Flig; Skjællene ere noget lysere, end Bundfarven, og have paa de Partier af Legemet, hvor de lyse Tverbaand findes, ligeledes disses hvidgule Farve.

Den ovenfor beskrevne Farvetegning tilkommer sandsynligvis alle Individer, hvis Totallængde ikke overskrider 400^{mm}, eller der omkring, ligesom den allerede findes hos Ungerne, naar disse have naaet en Totall. af 80^{mm} (den spæde Yngel af denne Art er endnu ukjendt). Hos Expeditionens 2 Unger er imidlertid Nakkepletten endnu ikke fremkommen; men Baandene, hvis Antal hos begge er 8, ere alle tydeligt ansatte.

Derimod har Farven hos de **fuldt udvoxede** (Finmarkske) Individer, som det vil sees af den medfølgende Figur, undergaaet en ret mærkelig Forandring, der synes at være constant, da den (blot med visse uvæsentlige Variationer) har optraadt hos alle de hidtil paaviste 5 Individer.

perior, **mediolateral** branch, which is the most distinct, running parallel to the mesial line of the body, and passing straight to the caudal. The inferior, **ventral** branch descends obliquely towards the anal, reaching the base of that fin at about the 16th ray, after which it accompanies the latter to the caudal. In the portion extending from the branchial opening to the point at which the mediolateral branch reaches the mesial line of the body (about at the inner third of the pectoral) there are about 24 pores, their arrangement here being exceedingly close; the succeeding portion, reaching to a point perpendicular to the vent, has 14 pores.

In the fullgrown specimens from Finmark, preserved a long time in spirits, the lateral lines are far less distinct, nay very considerable difficulty is experienced in tracing them; but they are not wholly obliterated. In some individuals the mediolateral branch can hardly be distinguished, and would seem therefore to disappear altogether during the progress of growth.

In the smallest of the immature examples (*a*, total length 81^{mm}), both branches are as yet indistinct, but already perceptible in the largest (*b*, total length 114^{mm}).

Colour. — In all the specimens taken on the Expedition, including the immature examples, the colour is a deep brownish-black, with narrow, clearly defined whitish-yellow bands, from 5 to 8 in number, extending vertically down the body. Exclusive of these, there is a rudimentary indication of another band, in the shape of a whitish-yellow patch on either side of the nape, immediately above the branchial opening. The ventral surface is a trifle lighter.

The first of the transverse bands commences a little posterior to the origin of the dorsal; the terminal band sometimes covers the tip of the tail, or, if not, extends in close proximity to it. They descend all of them from the margin of the dorsal straight down the sides of the body; the posterior bands extend across the anal, the anterior ones reaching only as far as, or a short distance above, the mesial line. The width of these bands is about equal to the diameter of the lens; they are whitish-yellow in colour, and being rather sharply defined form a strong contrast to the black ground-colour. The head is greyish-brown, with a darker clouding on the flap of the gill-cover; the scales are a trifle lighter than the ground-colour, sometimes of the same colour as the transverse bands.

The coloration described above is probably common to all individuals with a total length not exceeding 400^{mm}, or thereabouts; it is characteristic, too, of young examples which have attained a total length of 80^{mm} (the fry of this species is as yet unknown). In the two young specimens taken on the Expedition, the nuchal patch, however, has not yet developed, but the bands, numbering 8, are all of them distinctly obvious.

On the other hand, the colour in the **full-grown** (Finmark) specimens, as will be seen from the accompanying figure, has undergone a remarkable change, which would appear to be constant, seeing that it characterises (with but few and immaterial variations) each of the 5 indi-

Hos disse ere de verticale hvidgule Tverbaand i sin Midte opfyldte af den sorte Bundfarve, eller tildels opløste til hvidagtige, aflange Ringe; Baandenes Antal og Beliggenhed er den samme, som hos Expeditionens Exemplarer, men undertiden kunne de være indbyrdes forenede indtil, og danne her sammenhængende, guirlandeformige Tegninger. Deres Begrændsning er mindre skarp, end hos de yngre Individer. Hos et af Individerne ere de paa det egentlige Legeme ganske utydelige, men endnu paa Dorsalerne skarpt begrændsede; hos dette er saaledes Legemet næsten ensfarvet mørkt brunsort. Nakkepletterne kunne være sammenhængende, og danne et tversover Nakken løbende distinct Baand.

Føde. I Ventrikelen af det største af Expeditionens Individer, en Hun (fra 459 Favnes Dyb), fandt jeg Røret af en Annelide, maaske af en *Terebella*, fremdeles adskillige Individer af *Themisto libellula*, Mandt, samt endelig en Del Grus fra Bunden, hvoriblandt saaes mange smukke Foraminiferer, især af en af de *Nautilus*-lignende Slægter (*Rotalina?*). Hos det noget mindre Han-Individ fra samme Localitet og Dybde fandtes blot Levninger af *Themisto libellula*.

Hos 2 gamle Hanner fra Finmarken, optagne paa et Par hundrede Favnes Dyb i Varangerfjorden, har jeg fundet alene knuste Echinodermer, hvoriblandt kunde kjendes *Ctenodiscus crispatus*, (Retz.), *Ophiacantha spinulosa*, Müll. & Tr., samt *Antedon sarsii* (Düb. & Kor.). Endskjønt disse Individer saaledes vare henviste til denne kalkholdige Føde, vare deres Tænder dog ikke synderlig slidte.

Udbredelse. *L. esmarkii* foreligger allerede saavel fra den europæiske, som fra den americanske Side af Atlanterhavet. Af Expeditionens Individer erholdtes de 3 i Trakterne af Spitsbergen i 1878, det ene i faa Miles Afstand fra denne Øgruppes Nordvestkant. Det 4de, en spæd Unge, optoges fra Bankerne udenfor Helgeland i Norge i 1877. Endelig foreligge 5 fuldt udvoxede Individer fra Fjordene i Finmarken, erholdte i Aarene 1864—76; de 4 ere fangede paa Dybsagn (Line) i Varangerfjorden i Østfinmarken, hvor jeg ligeledes har erfaret, at andre (ikke opbevarede) Individer i de sidste Aar have været erholdte; det sidste erholdtes i Øxfjord sondenfor Hammerfest (Vest-Finmarken).

Som tidligere bemærket, henhøre ligeledes de under Navn af *L. vahlii* foreløbig opførte Individer fra Nord-Americas Østkyst under forhaandenværende Art. Paa den sidstnævnte Localitet erholdtes i Aarene 1878—79 4 fuldvoxne Individer udenfor Kysterne af Nova Scotia, hvor dog Havfaunaen endnu er ganske arctisk. Det ene af disse opbevares paa Univ. Mus. i Christiania.

viduals. In these specimens, the middle portion of the vertical whitish-yellow transverse bands is filled up with the black ground-colour, or broken up into whitish elliptic rings; the number of these bands and their position is the same as in the specimens taken on the Expedition; sometimes, however, they are united together and form continuous chaplet-shaped markings; they are less sharply defined than in the younger examples. In one of the individuals they are quite indistinct on the body, but continue to be sharply defined on the dorsals; this specimen, therefore, has the body of an almost uniform brownish-black. The nuchal patches are sometimes continuous, forming a transverse band across the nape.

Food. — In the ventricle of the largest specimen taken on the Expedition, a female (brought up from a depth of 459 fathoms), I found the house of an Annelid, possibly a *Terebella*, several examples of *Themisto libellula*, and a quantity of gravel from the bottom, in which were many fine *Foraminifera*, belonging chiefly to one of the Nautilus-like genera (*Rotalina?*). The stomach of the male, a somewhat smaller individual, from the same locality, contained only fragments of *Themisto libellula*.

In the ventricles of two old males from Finmark, taken at a depth of a couple of hundred fathoms, in the Varanger Fjord, I found only crushed *Echinodermata*, amongst which could be determined *Ctenodiscus crispatus*, (Retz.), *Ophiacantha spinulosa*, Müll. & Tr., and *Antedon sarsii* (Düb. & Kor.). Although the individuals in question had subsisted on this calcareous food, their teeth were but little worn.

Distribution. — *L. esmarkii* has been met with both in the European and the American tracts of the North Atlantic. Three of the specimens of *L. esmarkii* collected on the Expedition were taken in the tract adjacent to Spitzbergen, in 1878, one of them but a few miles from the north-western extremity of that group of islands; the fourth, a very young individual, was taken on the banks off Helgeland, in Norway, in 1877. Finally, 5 full-grown specimens were obtained from the fjords of Finmark, in the period from 1864 to 1876, 4 of them from the Varanger Fjord, in East Finmark, where, as I am given to understand, other individuals, not preserved, have been taken of late years, that last obtained having been captured in the Oxfjord, south of Hammerfest (West Finmark).

As already observed, the specimens from the eastern coast of North America, provisionally referred to *L. vahlii*, belong likewise to the present species. In that region were obtained in the years 1878 and 1879 four full-grown examples off the coasts of Nova Scotia, where the marine fauna has quite an Arctic character. One of the specimens is preserved in the University Museum, Christiania.

19. Lycodes frigidus, Coll. 1878 (n. sp.).

Pl. III, Fig. 23—24.

Lycodes rahlii, pt. Coll. (nec Reinh.) Forh. Vid. Selsk. Chra. 1878, No. 4, p. 14 (1878).
Lycodes frigidus, Coll. Forh. Vid. Selsk. Chra. 1878, No. 14, p. 45 (1878).

Diagn. *Farven ensartet rødligt graabrun, uden Baand eller Pletter. Skjællene beklæde hele Legemet indtil Hovedet, samt hos fuldt udvoxede tillige Grunden af Dorsalen og Analen; hos de yngre er ofttest Bugen i Midten, Finnerne, samt Grunden langs disse nøgne. Legemets Høide indeholdes $6^1/_{15}$, hos de yngre indtil $9^2/_3$ Gange i Totall. Hovedet er fladtrykt, og indeholdes i Totallængden 4 til $4^1/_2$ Gange. Sidelinien enkelt, ventral. Pandens Bredde indeholdes 20 Gange i Hovedets Længde. Appendices pyloricae mangle. Størrelsen indtil 510mm (og derover).*

M. B. 6. D. $4 + ^1/_2$ C. 99—104; A. $4 + ^1/_2$ C. 85—90; P. 20—21.

Localit. fra Nordl. Exped. 15 Individer, de fleste halvvoxne, 1 sandsynligvis fuldt udvoxet, optoges fra Havet omkring Beeren Eiland og Spitsbergen; 2 (Yngel-)Individer optoges fra Bankerne udenfor Helgeland og Lofoten i Norge.

	Stat. 124.	Stat. 164.	Stat. 255.	Stat. 283.	Stat. 312.	Stat. 353.	Stat. 363.
Beliggenhed.	325 Kil. V. Bodø.	117 Kil. V. Lofoten.	453 Kil. V. Hammerfest.	450 Kil. V. Beeren Eil.	168 Kil. V. Beeren Eil.	230 Kil. V. Isfj. Spitsb.	80 Kil. V. Norskø. Spitsb.
Dybde.	350 Favne (640m).	457 Favne (836m).	1110 Favne (2030m).	1200 Favne (2195m).	658 Favne (1203m).	1227 Favne (2245m).	260 Favne (475m).
Temp. paa Bunden.	− 0.9°C.	− 0.7°C.	− 1.3°C.	− 1.6°C.	− 1.2°C.	− 1.4°C.	− 1.1°C.
Bunden.	Ler.	Graat Sandler.	Biloculinaler.	Brunt Ler.	Brunt og graat Ler.	Biloculinaler og Sten.	Blaaler.
Datum.	19de Juni 1877.	29de Juni 1877.	11te Juli 1878.	19de Juli 1878.	22de Juli 1878.	10de Aug. 1878.	14de Aug. 1878.
Antal Individ.	1 Yngel-Indiv.	1 Yngel-Indiv.	5 Indiv. (1 udvoxet.)	1 Indiv.	5 unge Indiv.	3 Indiv.	1 Indiv.

Bemærkninger til Synonymien. Da jeg i Februar 1878 (Forh. Vid. Selsk. Chra. No. 4) afgav den foreløbige Beretning om de under de 2 første af Expeditionens Togter indsamlede Fiske (1876—77), forelaa et Par Yngel-Individer af en *Lycodes*, som henførtes under *L. rahlii*, uagtet de ikke udviste Spor af de for denne Art characteristiske Tverbaand. Tilværelsen af en stor, skjælbeklædt, og i alle Aldre ensfarvet *Lycodes* var dengang endnu ukjendt. De nævnte 2 Yngel-Individer omtaltes derfor og beskreves (sammen med en samtidig erholdt Unge af *L. esmarkii*) som *L. rahlii*, da der i Legemsbygning og Straaleantal forekom mig intet at være til Hinder for en saadan

19. Lycodes frigidus, Coll. 1878 (n. sp.).

Pl. III, fig. 23—24.

Lycodes rahlii, pt. Coll. (nec Reinh.) Forh. Vid. Selsk. Chra. 1878, No. 4, p. 14 (1878).
Lycodes frigidus, Coll. Forh. Vid. Selsk. Chra. 1878, No. 14, p. 45 (1878).

Diagnosis. — *Colour a uniform greyish-brown, tinged with red, no bands or spots. The entire body scaled, and in adults the base of the dorsal and anal; young individuals have generally the middle of the belly, the fins, and the region beneath naked. The height of the body is to the total length as 1 to $6^1/_{15}$; in immature examples the proportion can be as 1 to $9^2/_3$. Head depressed, its length being to the total length as 1 to 4—$4^1/_2$. Lateral line single, ventral. Width of interorbital space equals $^1/_{20}$ of the length of the head. Pyloric appendages wanting. Length reaching 510mm, and above.*

M. B. 6. D. $4 + ^1/_2$ C. 99—104; A. $4 + ^1/_2$ C. 85—90; P. 20—21.

Locality (North Atl. Exped.): Fifteen individuals, the greater part half grown, one probably an adult, were captured in the tract of ocean surrounding Beeren Eiland and Spitzbergen; and two (fry-specimens) on the banks off Helgeland and Lofoten, in Norway.

	Stat. 124.	Stat. 164.	Stat. 255.	Stat. 283.	Stat. 312.	Stat. 353.	Stat. 363.
Exact Locality.	325 Kil. W. Bodö.	117 Kil. W. Lofoten.	453 Kil. W. Hammerfest.	450 Kil. W. Beeren Eil.	168 Kil. W. Beeren Eil.	230 Kil. W. Isfj. Spitsb.	80 Kil. W. Norskö, Spitsb.
Depth.	350 Fathoms (640m).	457 Fathoms (836m).	1110 Fathoms (2030m).	1200 Fathoms (2195m).	658 Fathoms (1203m).	1333 Fathoms (2438m).	260 Fathoms (475m).
Temp. at Bottom.	− 0.9°C.	− 0.7°C.	− 1.3°C.	− 1.46°C.	− 1.2°C.	− 1.4°C.	− 1.1°C.
Bottom.	Clay.	Gray sandy Clay.	Biloculina Clay.	Brown Clay.	Brown and Grey Clay.	Biloculina Clay and Stones.	Blue Clay.
Date.	19th June 1877.	29th June 1877.	11th July 1878.	19th July 1878.	22th July 1878.	10th Aug. 1878.	14th Aug. 1878.
Number of Specimens.	1 Indiv. (fry).	1 Indiv. (fry).	5 Indiv. 1 adult.	1 Indiv.	5 Indiv. (young).	3 Indiv.	1 Indiv.

Remarks on the Synonomy. — When, in February 1878, I made a preliminary report of the fishes collected on the two first voyages of the Expedition (1876—77), a couple of fry-specimens of a *Lycodes* had been obtained, which, though exhibiting no traces of the transverse bands characteristic of that species, I referred to *L. rahlii*. The occurrence of a large, scaled *Lycodes* of a uniform colour in all stages of development was as yet unknown. Hence, the 2 fry-specimens were named and described along with the young example of *L. esmarkii*, taken at the same time, under the name *L. rahlii*, there being nothing in the structure of the body and the fins to oppose the assumption of

Sammenstilling. Efterat det sidste Aars Togt (1878) har bragt *L. frigidus*, der ikke tidligere var beskrevet, for Dagen i sin fuldt udvoxede Stand, henfører jeg uden Betænkning de nævnte 2 Yngel-Individer under denne Art, og afbilder det mindste af dem, sammen med et noget over halvvoxent Individ af Typ-Exemplarerne.

Udmaalinger. De 2 Yngel-Individer fra Bankerne udenfor de norske Kyster (1877) havde følgende Maal:

	Total-længde.	Hovedets Længde.	Legemets Højde (ved Begyndelsen af Dors.)	Snudens Afstand fra Dorsalen.	Snudens Afstand fra Anus.
A. (*Stat.* 164)	37mm	9mm	4,5mm	10mm	13,5mm
B. (*Stat.* 124)	62 -	14 -	6,5 -	16 -	24 -

De øvrige Individer fra Havet omkring Beeren Eiland og Spitsbergen, erholdte under sidste Togt, 1878, havde følgende Maal:

	Total-længde.	Hovedets Længde.	Legemets Højde ved Begyndelsen af Dors.	Snudens Afstand fra Dorsalen.	Snudens Afstand fra Anus.
a. (*Stat.* 312)	118mm	28mm	12mm	32mm	48mm
b. (*Stat.* 312)	139 -	31 -	14 -	36 -	55 -
c. (*Stat.* 312)	161 -	36 -	17 -	42 -	61 -
d. (*Stat.* 312)	179 -	38 -	20 -	42 -	70 -
e. (*Stat.* 312)	182 -	40 -	21 -	44 -	70 -
f. (*Stat.* 295)	238 -	53 -	28 -	67 -	100 -
g. (*Stat.* 363)	270 -	65 -	43 -	80 -	115 -
h. (*Stat.* 363)	325 -	81 -	45 -	103 -	148 -
i. (*Stat.* 295)	332 -	82 -	42 -	103 -	146 -
k. (*Stat.* 295)	339 -	85 -	46 -	108 -	157 -
l. (*Stat.* 295)	342 -	86 -	48 -	107 -	150 -
m. (*Stat.* 353)	345 -	88 -	50 -	112 -	159 -
n. (*Stat.* 353)	372 -	90 -	48 -	114 -	162 -
o. (*Stat.* 353)	375 -	95 -	49 -	115 -	170 -
p. (*Stat.* 295)	510 -	124 -	79 -	165 -	220 -

Beskrivelse. *Legemsbygning.* Med *Lycodes esmarkii* deler den nye Art omtrent Straaleantal og Skjælbeklædning, ligesom Legemsproportionerne ialtfald ere næsten overensstemmende hos begge Arter. Derimod adskiller den sig ved første Øjekast fra denne ved sin enkelte, bugliggende Sidelinie, samt fra saavel *L. esmarkii*, som fra de øvrige Arter af samme Gruppe ved sit i alle Aldre ensfarvede Legeme.

Legemet er af typisk *Lycodes*-Bygning, saaledes hverken særdeles langstrakt, eller kort. Ungerne ere noget mere langstrakte, end de ældre, men selv Yngel af et Par Tommers Længde har en Legemshøjde, der er forholdsvis

identity. But the last voyage of the Expedition having brought to light *L. frigidus*, not previously described, in the adult stage of growth, I feel no hesitation in referring the said fry-specimens to that species; the smaller of the two I have figured, along with one of the typical specimens, rather more than half grown.

Measurements. — The two fry-individuals from the banks off the Norwegian coast (1877) measured as follows:

	Total Length.	Length of the Head.	Height of Body (at commencem. of Dorsal).	Distance of Snout from Dorsal.	Distance of Snout from Vent.
A. (*Stat.* 164)	37mm	9mm	4,5mm	10mm	13,5mm
B. (*Stat.* 124)	62 -	14 -	6,5 -	16 -	24 -

The remaining individuals, taken in the tract of ocean surrounding Beeren Eiland and Spitzbergen (1878), measured as follows:

	Total Length.	Length of the Head.	Height of Body (at commencem. of Dorsal).	Distance of Snout from Dorsal.	Distance of Snout from Vent.
a. (*Stat.* 312)	118mm	28mm	12mm	32mm	48mm
b. (*Stat.* 312)	139 -	31 -	14 -	36 -	55 -
c. (*Stat.* 312)	161 -	36 -	17 -	42 -	61 -
d. (*Stat.* 312)	179 -	38 -	20 -	42 -	70 -
e. (*Stat.* 312)	182 -	40 -	21 -	44 -	70 -
f. (*Stat.* 295)	238 -	53 -	28 -	67 -	100 -
g. (*Stat.* 363)	270 -	65 -	43 -	80 -	115 -
h. (*Stat.* 363)	325 -	84 -	45 -	103 -	148 -
i. (*Stat.* 295)	332 -	82 -	42 -	103 -	146 -
k. (*Stat.* 295)	339 -	85 -	46 -	108 -	157 -
l. (*Stat.* 295)	342 -	86 -	48 -	107 -	150 -
m. (*Stat.* 253)	345 -	88 -	50 -	112 -	159 -
n. (*Stat.* 353)	372 -	90 -	48 -	114 -	162 -
o. (*Stat.* 353)	375 -	95 -	49 -	115 -	170 -
p. (*Stat.* 295)	510 -	124 -	79 -	165 -	220 -

General Description. *Structure of the Body.* — The fin-ray formula and the scaled integument distinguishing the new species are very nearly the same as in *Lycodes esmarkii*; the dimensions of the body, too, correspond closely in the two species. On the other hand, it is seen at a glance to be distinct from *L. esmarkii*, by reason of the lateral line, which is single and ventral, and also from this and the other species of the same group, by the uniform colour of the body in all stages of growth.

The body is of the typical *Lycodes* structure, neither particularly elongate nor short. The young specimens are somewhat more elongated than the older examples, but even fry an inch or two in length have a depth of body

større, end hos nogen af de anguilliforme Arter. Hos Ungerne indeholdes Legemets Højde mellem $8^1/_2$ og $9^1/_2$ Gange i Totallængden, hos de fuldvoxne blot $6^1/_2$ Gange. Halepartiet er fra Siderne af temmelig stærkt sammentrykt (mindst hos Ungerne).

Hovedet er bredt, oventil temmelig fladtrykt, har forholdsvis lav Snude, og indeholdes i Totallængden 4 til $4^1/_2$ Gange.

Snudens Længde indtil Lindsen er omtrent lig Hovedets Højde over Øjnene, og indeholdes i Hovedlængden $2^1/_2$ til 3 Gange. Hovedets Længde bagenfor Lindsen er omtrent lig Hovedets største Bredde over Kinderne, og ubetydeligt større, end Hovedets største Højde midt over Nakken.

Underkjæven er betydeligt kortere, end Overkjæven, og denne sidste er kortere, end Hovedets halve Længde. Panden er forholdsvis bred; hos et Ex. (o), der er præpareret som Skelet, viser Interorbitalrummets smalleste Parti sig at udgjøre [illegible] af Hovedets Længde. Som hos alle Lycoder findes langs begge Kjæver skaalformige Fordybninger, i hvis Bund der skjuler sig en Pore.

Næseborene ere enkelte, rørformige, og sidde temmelig nær Kjæveranden, og i en indbyrdes Afstand, der er omtrent lig Pectoralens Grundlinie.

Øjnene ere forholdsvis smaa; deres rette Begrændsning er vanskelig at drage, da Cornea tildels er bedækket af Hovedets Hud, hvorfor alle Dimensioner bedst regnes til eller fra Lindsen. De ere temmelig tætstaaende: Mellemrummet mellem Lindserne indeholdes næsten 2 Gange i deres Afstand fra Snudespidsen.

Tænderne ere, som hos alle typiske Lycoder, tilstede paa Mellem- og Underkjæven, paa Vomer og paa Palatinbenene. De ere forholdsvis ikke store; hos udvoxede Individer sidde de i Mellemkjæverne bagtil i en enkelt, paa Midten i en dobbelt, og fortil i en omtrent 3-dobbelt Række; paa Underkjæven danne de overalt flere Rækker. Paa Palatinbenene, hvor Tandrækken strækker sig tilbage lige hen under Øjnene, sidde de ligeledes i en enkelt Række; paa Vomer danne de omtrent 3 Rækker. Hos de yngre Individer ere Rækkerne, som sædvanligt, færre; hos de 2 Yngel-Individer ere ikke alle Tænder synlige over Tandkjødet.

Anus er omgiven af en hvidagtig, opsvulmet Hud, og ligger i en Afstand fra Snudespidsen, der indeholdes omtrent $2^2/_3$ Gange i Totallængden.

Af Totallængden udgjør . .	A. 37mm	B. 62mm	a. 115mm	c. 161mm	f. 218mm	h. 325mm	n. 372mm	s. 375mm	p. 510mm
Hovedets Længde . .	4,11	4,42	4,21	4,47	4,49	4,01	4,13	3,94	4,17
Legemets Højde . . .	8,32	9,50	9,83	9,47	8,50	7,22	7,75	7,65	6,45
Snudens Afstand fra D.	3,70	3,87	3,68	3,83	3,55	3,15	3,26	3,26	3,09
Snudens Afstand fra A.	2,74	2,58	2,45	2,63	2,38	2,19	2,20	2,20	2,31

relatively greater than any of the anguilliform species. In young examples, the depth of the body is to the total length as 1 to $8^1/_2$—$9^1/_2$; in full-grown specimens, as 1 to $6^1/_2$. The tail is rather compressed (least so in immature examples).

Head broad, the upper part flattish, with the snout depressed, and is contained in the total length from 4 to $4^1/_2$ times.

The length of the snout, as compared with the diameter of the lens, is about equal to the height of the head above the eyes, and is contained in the length of the head from twice and a half to three times. The length of the head posterior to the lens about equals the greatest breadth of the head across the cheeks, and slightly exceeds the greatest height of the head above the nape.

The mandible is considerably shorter than the upper jaw, the latter measuring less than half the length of the head. The forehead comparatively broad; in one specimen (o), preserved as a skeleton, the interorbital space measures where it is narrowest [illegible] of the length of the head. As in all the *Lycodes*, circular depressions extend along both jaws, each concealing at the bottom a pore.

The nostrils are single, tubular, and placed in comparatively close proximity to the margin of the jaw, the distance between them being about equal to the length of the pectorals at base.

Eyes comparatively small; their exact limits are difficult to determine, the cornea being in part covered by the skin of the head; all dimensions should, therefore, be calculated to or from the lens. They are rather closely set, the space between the lenses being contained almost twice in their distance from the point of the snout.

Teeth, as in all typical *Lycodes*, on the intermaxillary and in the lower jaw, the vomer, and the palatine bones; they are not large, comparatively. On the intermaxillaries in adults, they are disposed, posteriorly in a single, midwards in a double, anteriorly in a triple series; in the lower jaw, they constitute several series. On the palatine bones, where the teeth extend back under the eyes, they are also arranged in a single series; on the vomer, they constitute as a rule three series. In immature examples, the series are as a rule less numerous; in the 2 fry-specimens, the teeth are not all perceptible.

The vent is surrounded by a whitish, tumid skin, its distance from the snout being to the total length as 1 to $2^2/_3$.

The T. Length contains	A. 37mm	B. 62mm	a. 115mm	c. 161mm	f. 218mm	h. 325mm	n. 372mm	s. 375mm	p. 510mm
Length of the head	4.11	4.42	4.21	4.47	4.49	4.01	4.13	3.94	4.17
Depth of the body . .	8.32	9.50	9.83	9.47	8.50	7.22	7.75	7.65	6.45
Dist. of snout fr. dorsal . .	3.70	3.87	3.68	3.83	3.55	3.15	3.26	3.26	3.09
Dist. of snout fr. anal . . .	2.74	2.58	2.45	2.63	2.38	2.19	2.20	2.20	2.31

Appendices pyloricæ har manglet hos de af mig aabnede Individer.

Finnerne. — Straaleantallet fandtes hos en Del undersøgte Individer at være følgende (i de verticale Finner er indbefattet den halve Caudal):

	A.	B.	a.	e.	f.	l.	m.	o.	p.
Dorsalen . .	102	103	99	103	104	102	103	103	102
Analen . . .	88	85	87	88	90	87	87	87	87
Pectoralerne	19	19	20	20	20	21	20 21	20	20

Dorsalen udspringer i en Afstand fra Gjællelaagets bagre Flig, der sædvanligst er lig Lindsens Afstand fra Snudespidsen, eller ubetydeligt mindre. Dens Afstand fra Snudespidsen indeholdes hos de større Individer omtrent 3 Gange, hos de mindre omtrent $3\frac{1}{2}$ Gange i Totallængden; dog er dette Forhold noget varierende. Dens første Straale ligger omtrent lige langt mellem Anus og Øjets Bagrand. Af Bygning er Dorsalen ganske, som hos de øvrige Lycoder, med sin største Højde i den forreste Del, og svagt aftagende bagtil.

Straalerne, som hos de større Individer ligge indhyllede i en tyk Hud, som ofte gjør dem vanskelige at tælle, ere mellem 93 og 98 i Antal, hvortil kommer Caudalens øvre Halvdel med 6 Straaler, tilsammen 99 til 104 Straaler. De ere alle (ogsaa den første) kløvede til Grunden, men begge Halvdele ere yderst spinkle og tætstaaende, ved Grunden udeelte, men udad fint articulerede, og i Spidserne divergerende.

Analen, der udspringer et Stykke bagenfor Anus, er af Bygning som Dorsalen, og tæller mellem 80 og 85 (gjennemsnitlig 82) Straaler, som, tilligemed Caudalens nedre Halvdel (der bestaar af 5 Straaler), udgjøre tilsammen 85 til 90 Straaler.

Caudalen danner 2 sammenhængende Straaleknipper, Dorsalsidens bestaaende af 6, Ventralsidens af 5 Straaler, der ere særdeles fine og yderst tætstaaende, og derfor vanskelige at tælle. Dens hele Længde er omtrent lig Længden af Ventralerne (eller hos de ældre Individer noget derover).

Pectoralerne have 19—21 Straaler, oftest 20, af hvilke de øvre ere de længste; hos enkelte Individer er Finnens nederste Del atter noget længere, end den mellemste, saaledes at Randen hos disse bliver svagt concav. De nedre Straaler ere beklædte med en tykkere Hud, end de øvrige, og have fri Spidser. Straalerne ere forholdsvis korte, saaledes at Finnen, naar den bøjes fremover, med sin Spidse blot hos de yngste Individer naar frem til Bagranden af Lindsen, men er hos de større en halv, hos det største (et sandsynligvis fuldt udvoxet Individ) endog en hel Øjendiameter fjernet fra denne. Hos dette sidste opnaar Pectoralen blot Hovedets halve Længde, hos de yngre noget mere, end denne. Straalerne ere alle kløvede til Roden, og fint articulerede.

Pyloric appendages wanting in all the specimens examined.

Fins. — The number of rays found in divers individuals examined was as follows (half of the caudal included in the vertical fins): —

	A.	B.	a.	e.	f.	l.	m.	o.	p.
Dorsal. . . .	102	103	99	103	104	102	103	103	102
Anal.	88	85	87	88	90	87	87	87	87
Pectorals . .	19	19	20	20	20	21	20 21	20	20

The dorsal commences at a distance from the posterior flap of the opercle generally equal to the distance from the lens to the point of the snout, or a trifle less. Its distance from the snout, in the larger specimens, is to the total length about as 1 to 3; in the smaller, about as 1 to $3\frac{1}{2}$; this proportion varies however to some extent. Its first ray is about equidistant from the vent and the posterior margin of the eye. The structure of the dorsal as in all species of *Lycodes*, the greatest height of the fin being in its anterior portion.

The rays, which in the larger individuals are enveloped in a thick cutaneous integument, rendering them often difficult to count, number from 93 to 98, to which must be added those in the upper half of the caudal; so that the total number is from 99 to 104. They are all (including the first) cleft to the base; but both halves are exceedingly slender and close, simple at the base, but in the outer part finely articulated, and diverging at the points.

The anal, commencing a short distance posterior to the vent, is of the same structure as the dorsal, and furnished with from 80 to 85 (generally 82) rays, or, including the 5 rays in the lower half of the caudal, 85 to 90.

The caudal is composed of 2 continuous bunches of rays, that on the dorsal side with 6, that on the ventral side with 5 rays, exceedingly slender and very closely set; therefore difficult to count. The length of this fin about equals that of the ventrals (in the older specimens it exceeds it).

The pectorals are furnished with from 19 to 21 rays, most frequently with 20, of which the upper ones are the longest; in some individuals, the inferior portion of the fin is a trifle longer than the middle part, and its margin therefore slightly concave. The lower rays are enveloped in a thicker skin than the upper, and have free points. The rays are comparatively short, their points reaching forward to the posterior margin of the lens in the youngest specimen only, being in the larger examples distant from it one-half of the diameter of the eye, and in the largest individual a whole eye-diameter; in the latter, the pectorals do not attain more than half the length of the head; in the younger specimens, the proportion is greater. Rays all cleft to the base, and finely articulated.

Ventralerne ere korte, især hos de ældre, hvor de udgjøre $^1/_9$ af Hovedets Længde; de ere altid kortere, end Øjets Længdediameter. Hver af dem er indhyllet i en tyk Hud, der gjør det umuligt uden ved Dissection at adskille de enkelte Straaler; disses Antal synes at være 2, der begge ere kløvede til Grunden (idetmindste er dette Tilfældet hos de ældre).

Skjælbeklædning. Denne har hos *L. frigidus* en betydelig Udbredelse, og har allerede hos forholdsvis unge Individer opnaaet den største Del af sin Udvikling. Dog optræde mindre, individuelle Afvigelser, idet enkelte mindre Partier kunne være nøgne, som hos andre Ind. af samme Størrelse ere skjælbeklædte. Hos det største af de erholdte Individer (*p*) har Skjælbeklædningen naaet sin største Udbredelse; hos alle de øvrige ned til Indiv. *a* (med en Totallængde af 118mm), er den i det store taget temmelig ligeligt udviklet.

Det Tidspunkt, da Skjælbeklædningen begynder at udvikle sig hos Yngelen, synes at være, naar denne har naaet en Længde af omtrent 50mm. Hos det mindste af de erholdte Yngel-Individer, hvis Totallængde er blot 37mm, er Legemet endnu ganske nøgent; hos det noget større Individ, hvis Totallængde er 62mm, ere Skjællene fremspirende paa Legemets forreste Dele, medens Halen og Finnerne endnu ere nøgne.

Skjællene ere hos denne Art forholdsvis smaa og tætstillede. De ere størst paa den forreste Del af Halen og paa Legemets Sider; op imod Ryg- og Buglinien blive de betydeligt mindre, og ere særdeles smaa, hvor de optræde paa selve Finnerne, ligesom de blive mindre ud mod Halespidsen.

I sin fulde Udvikling er Legemet skjælbeklædt lige hen til Hovedet, og paa Bugsiden lige hen mod Grunden af Ventralerne. Ligeledes er Skjælbeklædningen her tilstede langs hele Grunden nærmest Dorsalen og Analen, og strækker sig ud over disse Finner indtil henimod deres Midte, længst paa Dorsalens mellemste Del, men ophører ganske henimod Finnernes Slutning. Paa Hovedet kan aldrig opdages Skjæl; ligeledes ere Pectoraler og Ventraler altid nøgne.

Hos de ikke fuldvoxne Exemplarer er i Regelen Nakken nøgen, ligesom Grunden langs Analen og Dorsalen, tilligemed disse Finner selv. Dog have enkelte mindre Individer ogsaa disse Partier skjælbeklædte, ligesom de udvoxede. Bugen er hos enkelte af disse yngre Individer fuldt skjælbeklædt, hos andre blot paa Siderne, ligesom Skjællene langs dennes Midte kunne delvis eller fuldkommen mangle.

For at vise Skjælbeklædningens Variern hos de forskjellige Individer, meddeles kortelig dennes Fordeling hos alle de hidtil erholdte Exemplarer.

1. Fuld Skjælbeklædning lige hen mod Hovedet og paa Undersiden af Ventralerne; paa Finnerne er Grunden af Dorsalen og Analen skjælbeklædt (*k*, *l*, *p*).

2. Fuld Skjælbeklædning, som foregaaende, men Skjælbeklædningen strækker sig ikke ud over Analen (*f*).

The ventrals are short, particularly in the older examples, which have them one-ninth of the length of the head; they are invariably shorter than the longitudinal diameter of the eye. Each of them is enveloped in a thick cutaneous integument, dissection being necessary to distinguish the separate rays. The number would appear to be 2, both cleft to the base (at least in the older specimens).

Scales. — In *L. frigidus* the scaled integument is of considerable extent, and almost developed even in comparatively immature individuals. The scaling, however, cannot be termed strictly constant, exhibiting as it does minor individual differences, some examples having a few small patches naked, which in others of the same size are scaled. In the largest of the individuals obtained (*p*), the scaled integument has attained its greatest development; in all the others, including specimen *a*, total length 118mm, it is on the whole very nearly of uniform extent.

The exact point of time at which the scales commence developing in the fry, would appear to be, when they have attained a length of about 50mm. In the smallest of the fry-specimens, total length only 37mm, the entire body is as yet naked; in the other, somewhat larger individual, total length 62mm, the scales have begun to appear on the anterior parts of the body, whereas both the tail and the fins are as yet naked.

In this species, the scales are comparatively small, and closely set; the largest occur on the anterior portion of the tail, and down the sides of the body; near the dorsal and ventral lines they diminish considerably in size, being exceedingly small on the fins, and towards the tip of the tail.

When fully developed, the body is scaled up to the head, and, on the under surface, up to the base of the ventrals. The scaled integument extends, too, along the whole of the basal tract contiguous to the dorsal and anal, reaching nearly to the middle of those fins; it is longest on the middle of the dorsal, terminating near the extremity of the said fins. On the head, no scales can ever be detected; the pectorals and ventrals, too, are both invariably naked.

In the specimens not quite full-grown, the nape is as a rule scaleless, also the base of the body along the dorsal and anal, and the entire surface of those fins. One or two of the immature individuals, however, have these parts scaled, in common with the full-grown specimens. The belly in one or two of these immature examples scaled all over; in others, the sides only; the scales covering the middle portion sometimes wanting, wholly or in part.

The extent to which the scaling varies in the different specimens will be seen from the subjoined statement, briefly showing the distribution of the scales in all the individuals obtained.

1. Fully scaled to the head, and, on the under surface, within a short distance of the ventrals; the base of dorsal and anal scaled (*k*, *l*, *p*).

2. Fully scaled, as in the foregoing specimens; the scaled integument however not extending over the anal (*f*).

3. Næsten fuld Skjælbeklædning, men Nakken, Finnerne, samt Stykket mellem Anus og Analen ere nøgne (*i*).

4. Nakken, Finnerne, samt oftest tillige Grunden nærmest Dorsalen og Analen nøgen. Bugen er i Midten enten ganske nøgen, eller har blot en kort isoleret Skjælstribe fortil, medens Siderne af Bugen altid ere skjælbeklædte (*a, b, c, d, e, g, m, o*).

5. Som foregaaende; paa Legemets Sider strækker Skjælbeklædningen sig blot noget indenfor Pectoralens Spidse (*h, n*).

Sidelinien er enkelt, og særdeles lavtliggende (ventral). Den er hos de fleste Individer forholdsvis særdeles tydelig, og lader sig i Regelen med Lethed forfølge, idetmindste i sin første Halvdel. Den udspringer ved Gjællespaltens øvre Ende, løber derfra hurtigt og skraat nedover omtrent midt under Pectoralens Midte, hvorfra den bøjer næsten ret bagover, og løber parallelt med Buglinien i ringe Høide over denne, indtil den har naaet omtrent over den 25de Straale af Analen (eller næsten Midten af denne Finne). Her synes den hos de fleste Individer at ophøre eller blive utydelig; hos enkelte lader den sig dog forfølge videre, idet den ved det nævnte Punkt gjør en liden Bøjning næsten lige ned til Grunden af Analen, og løber nu langs denne lige ud mod Halespidsen.

Porerne i Sidelinien ere forholdsvis smaa, hvidagtige, og forbundne indbyrdes med en smal Linie af samme Farve; de ere overalt temmelig tætstaaende, og jeg har talt omtrent 53 Stykker indtil Sideliniens Bøjning over Analens Midte.

Af Hovedets Slimporer kan mærkes en Række, bestaaende af omtrent 7 Porer, der udspringer paa hver Side af Panden, omtrent i en Øjendiameters Afstand bag Øjnene, og løber bagover mod Nakken, hvor den møder en tvergaaende, kortere Række af omtrent 3 Porer paa hver Side. Paa Gjællelaagene staar en vertical Række af omtrent 6 Porer. Endelig løber en Række, der i Regelen kun med Vanskelighed kan sees, fra Gjællespaltens øvre Ende bagover i ringe Afstand under Dorsalen; Mellemrummet mellem hver Pore er vexlende, men altid betydeligt større, end mellem Porerne i Sidelinien. Den ophører noget bagenfor Legemets Midte.

Farven er hos alle Individer ensartet mørkt rødagtig graa eller brungraa, uden Spor af Baand eller Pletter i nogen Alder. Skjællene ere ubetydeligt lysere, end Grundfarven. De yngre Individer ere noget lysere, end de ældre, og have brunligrød Dorsal og Anal. Bugsiden er kun ubetydeligt lysere, end Oversiden; hos yngre Individer er den blaasorte Bughinde gjennemskinnende. Alene Hovedets Underside er noget lysere, end Legemets øvrige Del; Anus Rande ere hvidagtige. Mundhulen er hvid. Efterat have været opbevarede paa Spiritus er Farven bleven noget mattere.

Generationsorganerne vare hvilende. Det største Individ (*p*) var en Han; blot højre Testis var udviklet, medens den venstre var rudimentær, og havde en Negls Størrelse.

3. Almost fully scaled, the nape, fins, and the space between the vent and the anal only being naked (*i*).

4. The nape, the fins, and generally too the basal tract next to the dorsal and anal naked. The belly either wholly naked in the middle or with a scaly strip, which is short and isolated; the sides of the belly invariably scaled (*a, b, c, d, e, g, m, o*).

5. Similar to the foregoing; on the sides of the body, the scaled integument extends but very little farther than the extremity of the pectorals (*h, n*).

Lateral line single and low in position (ventral). In most of the individuals very distinct, comparatively, and may be easily traced, the first half at least. It commences at the upper extremity of the gill-opening, passing from thence obliquely downwards, about under the middle of the pectorals, where it bends almost straight backwards, running parallel to the ventral line, at a slight elevation above it till about over the 25th ray of the anal (or nearly to the middle of that fin); here, in most of the specimens, it would appear to terminate, or to become obsolete; in some, however, it may be traced some distance further; when such is the case, it makes at the said point a small bend, descending obliquely almost to the base of the anal, and accompanying that fin straight to the tip of the tail.

The pores in the lateral line are comparatively small, whitish, and connected together by a narrow line of the same colour; they are rather closely set, and I have counted as many as 53 from the origin to the bend above the middle of the anal.

Of the mucous pores of the head, may be mentioned a series consisting of 7 pores; it originates on each side of the forehead, distant about an eye-diameter from behind the eyes, extending backwards towards the nape, where it meets a transverse, shorter series of pores, mostly 3, on either side. On the opercles, there is a vertical series of about 6 pores. Finally a series, as a rule difficult to distinguish, extends backwards from the upper extremity of the gill-opening, a short distance under the dorsal; the space between these pores varies in extent, but is always considerably greater than that between the pores in the lateral line. The series terminates a little posterior to the middle of the body.

Colour in all specimens a uniform dark reddish-grey or brownish-grey, without a trace of bands or spots in any stage of development. Scales considerably lighter than the ground-colour. The younger individuals are somewhat lighter than the older, and have the dorsal and anal of a brownish-red. The under surface is but very little lighter than the upper; in the young specimens the bluish-black ventral membrane is translucent. The under surface of the head alone is somewhat lighter than the rest of the body; margin of vent whitish. Gape white. The action of spirits causes the colour to fade.

The generative organs were quiescent. The largest individual (*p*) (a male) had the right testis only developed; the left was rudimentary, and about half an inch in length.

Føde. Hos de Individer, der aabnedes for at undersøge Ventriklens Indhold, fandtes dette at udgjøre i Regelen mindre Dyr, især Crustaceer.

Individet *l*, optaget fra 1110 Favnes Dyb, indeholdt af bestemmbare Dele et Par Amphipoder, hvoriblandt en *Phoxus crenulatus*, (Boeck), samt en *Dulichia*, sp.; fremdeles et Exemplar af den blodrøde Decapode *Hymenodora glacialis* (Buchh.), et stort Individ af en Isopode, der tidligere var opført som *Idothea sabini*, Kr., men som af Prof. G. O. Sars i 1880 er beskreven som en ny Art under Navn af *Chiridothea megalura*. Endelig fandtes en Del *Calanus finmarchicus*, (Gunn.).

Individet *m*, optaget fra 1333 Favne, havde i Ventriklen et usædvanligt stort Individ af *Themisto libellula*, (Mandt), et Exemplar af *Eurycope cornuta*, G. O. Sars, samt Dele af en Spongie.

Individet *o*, optaget sammen med foregaaende fra 1333 Favne, indeholdt et Exemplar af *Hymenodora glacialis*, (Buchh.), et Exemplar af den samme nye *Chiridothea megalura*, G. O. Sars, samt af Amphipoder *Themisto libellula*, (Mandt), samt en *Stegocephalus*, sp. Endelig fandtes Dele af Kappen af en Cephalopode, der maaske tilhørte den under Expeditionen fra et lignende Dyb optagne Art af Slægten *Cirroteuthis*.

Individet *q*, optaget fra 260 Favnes Dyb, indeholdt af Amphipoder flere Exemplarer af *Themisto libellula*, (Mandt), samt et Exemplar af en *Anonyx*; af Isopoder *Eurycope cornuta*, G. O. Sars; af Copepoder *Calanus finmarchicus*, (Gunn.) i adskillige Exemplarer, samt et Individ af en endnu ubestemt Slægt af Calanider, der af Prof. Sars ansees for at staa nær Slægten *Euchaeta*; endelig af Cumaceer en *Diastylis stygia*, G. O. Sars.

Endelig fandtes i det største Individ (*p*), optagen fra 1110 Favnes Dyb, en stor *Pasiphaë tarda*, Kr.

Det fremgaar af disse Lycoders Næringsmidler, at de fleste af de velbekjendte, ægte pelagiske Sødyr, der til visse Tider i enorme Masser ere udbredte i de allerøverste Vandlag, ogsaa formaa at trænge ned til de allerstørste Dybder, hvor vi hidtil have kunnet granske Ishavets Dyreliv; og at Lycoderne maa opfattes som udprægede Bundfiske, og derfor blot kunne hente sine Næringsmidler ved eller paa Bunden, fremgaar bl. a. af den Omstændighed, at der iblandt Næringsmidlerne hos *L. frigidus* indgaa Former, som den ovennævnte *Chiridothea*, der neppe er istand til at hæve sig synderligt op fra Bunden.

Opbevarede levende i et Kar ombord, udviste Individerne ringe Livlighed, men holdt sig gjerne stille i halvt sammenrullet Tilstand, omtrent saaledes, som man kan se hos *Zoarces viviparus*; Svømningen skede med stærke Svingninger af Legemet. Da de lagdes paa Spiritus, vare de dog yderst voldsomme, og viste sig, som de fleste Bundfiske, temmelig seiglivede.

Udbredelse. Under den Forudsætning, at de oftere nævnte 2 spæde Yngel-Individer, der optoges paa Havbroens ydre Skraaning udenfor Lofoten og Helgeland i Norge, ere identiske med *L. frigidus*, foreligger Arten fra den is-

Food. In the individuals opened with the object of examining the contents of the ventricles, the food was found to consist chiefly of small animals, in particular crustaceans.

Specimen *l*, taken at a depth of 1110 fathoms, had in its stomach determinable parts of Amphipods, amongst which were a *Phoxus crenulatus*, (Boeck), and a *Dulichia*, sp.; also an example of the crimson Decapod, *Hymenodora glacialis*, (Buchh.), a large Isopod, formerly mentioned as *Idothea sabini*, Kr., but which Prof. G. O. Sars, in 1880, described as a new species under the name of *Chiridothea megalura*; finally, divers examples of *Calanus finmarchicus*, (Gunn.).

Specimen *m*, taken at a depth of 1333 fathoms, had in its ventricle an exceptionally large individual of *Themisto libellula*, (Mandt), an example of *Eurycope cornuta*, G. O. Sars, and parts of a sponge.

Specimen *o*, taken with the foregoing example at a depth of 1333 fathoms, had in its stomach an example of *Hymenodora glacialis*, (Buchh.), an individual of the new species (*Chiridothea megalura* (G. O. Sars), and of Amphipods, *Themisto libellula*, (Mandt), and a *Stegocephalus*, sp.; finally, parts of a Cephalopod, possibly belonging to the species of the genus *Cirroteuthis* obtained on the Expedition from a similar depth.

Specimen *q*, taken at a depth of 260 fathoms, had in its stomach — of Amphipods: divers examples of *Themisto libellula*, (Mandt), and an *Anonyx*; of Isopods: *Eurycope cornuta*, G. O. Sars; of Copepods: *Calanus finmarchicus*, (Gunn.) divers examples, and an individual of a genus of Calanids, not yet determined, which Prof. Sars believes to be a near congener of the genus *Euchaeta*; finally, of Cumaceans: a *Diastylis stygia*, G. O. Sars.

The ventricle of the largest specimen (*p*), taken at a depth of 1110 fathoms, contained a large *Pasiphaë tarda*, Kr.

It is evident from the food on which these *Lycodes* subsist, that most of the well known, true pelagic animals, which, at certain seasons, occur in vast quantities near the surface, can descend to the greatest depths in which we have as yet been able to investigate the Fauna of the Polar Seas; and that the *Lycodes* — which must unquestionably be regarded as strongly marked bottom-fishes — *do* seek means of subsistence on or near the bottom, is shown, for instance, by the circumstance, that the food of *L. frigidus* comprises forms such as the above-mentioned *Chiridothea*, which can hardly ascend far from the bottom.

Preserved alive on board in a tub of water, the individuals displayed but little vivacity, remaining the greater part of the time half rolled up and motionless, much the same as *Zoarces viviparus*; in swimming, the body is powerfully vibrated. On being immersed in spirits, they were exceedingly violent in their movements, and proved rather tenacious of life.

Distribution. — Assuming the 2 fry-specimens (of which mention has been repeatedly made) that were taken on the outer slope of the great bank, or "sea-bridge," (Havbro), off Lofoten and Helgeland, in Norway, to be

kolde Area lige fra Spitsbergens Vestkyst, og ned forbi Finmarken indtil sondenfor Polarcirkelen. Da Trawlnettet gjentagne Gange har bragt flere Individer for Lyset i det samme Kast, synes de ikke at være sparsomt fordelte, men høre maaske blandt de ægte Dybvandsarter til de hyppigere Bundfiske.

Samtlige Individer optoges fra en betydelig Dybde, 260 til 1330 Favne, og alle, paa en enkelt Undtagelse nær, fra det iskolde Vand.

identical with *L. frigidus*, the range of the species in the cold area extends from the west coast of Spitzbergen past Finmark to some distance south of the Arctic circle. Several individuals having been frequently brought up at once in the trawl-net, it would not appear to be sparingly distributed, and of the true deep-sea forms it possibly belongs to the commoner bottom-fishes.

The specimens were all of them taken at a considerable depth, from 260 to 1330 fathoms, and, with one exception, all in water of a temperature below that of ice.

20. Lycodes lütkenii, n. sp.

Pl. III. Fig. 25.

Lycodes reticulatus, Coll. (nec Reinh.) Forh. Vid. Selsk. Chra. 1878, No. 14, p. 59 (1878).

Diagn. *Nærmest beslægtet med L. reticulatus, Reinh. Farven lyst graaagtig, med utydelige mørke Felter nedad Legemet, og hvidt Nakkebaand; disse Felter ere i Dorsalen næsten sorte. Hovedet iøvrigt uplettet. Skjælbeklædningen hele Legemet til et Punkt lige under Pectoralens indre Tredjedel; Finnerne, Hovedet, Bugen, Nakken, samt Grunden langs Analen og langs Begyndelsen af Dorsalen nøgne. Legemets Høide indeholdes neppe 6½ Gange, Hovedets Længde ikke fuldt 4 Gange i Total. Sidelinien enkelt, medio-lateral. Pandebens Bredde indeholdes 16 Gange i Hovedets Længde. Pectoralerne særdeles store, indeholdes 5½ Gange i Totallængden. 2 yderst korte Appendices pyloricæ. Størrelsen (af det eneste Individ, en Hun) 370mm.*

M. B. 6. D. (+ ½ C.) 94; A. (+ ½ C.) 76; P. 23.

Localit. fra Nordh. Exped. Havet vestenfor Nord-Spitsbergen.

	Stat. 362.
Beliggenhed.	115 Kil. V. Norskøerne, Spitsbergen.
Dybde.	459 Favne (839m).
Temp. paa Bunden.	− 1,0° C.
Bunden.	Blaagraat Ler.
Datum.	14de August 1878.
Antal Indiv.	1 Indiv.

Bemærkninger til Synonymien. Forhaandenværende Individ, det eneste, der foreligger, henførte jeg ved den foreløbige Beretning om Udbyttet af sidste Aars Togt under *L. reticulatus*, Reinh. (Forh. Vid. Selsk. Chra. 1878, No. 14), da Individet i alle Hovedtræk, saaledes i Tandbygning, Straaleantal i de verticale Finner, Skjælbeklædning,

20. Lycodes lütkenii, n. sp.

Pl. III. fig. 25.

Lycodes reticulatus, Coll. (nec Reinh.) Forh. Vid. Selsk. Chra. 1878, No. 14, p. 59 (1878).

Diagnosis. — *Nearly related to L. reticulatus, Reinh. Colour a light grey, with indistinct dark patches (almost black on the dorsal) down the body, and white nuchal bands; the rest of the head uniform. The entire body scaled to a point opposite the inner third of the pectorals; the fins, head, belly, nape, and basal tract along the anal and commencement of the dorsal naked. The height of the body is contained not quite 6½ times, the length of the head nearly 4 times, in the total length. Lateral line single, medio-lateral. Width of the frontal bone 1/16 of the length of the head. Pectorals exceedingly large, contained 5½ times in the total length. Pyloric appendages two, very short. Length (of the only specimen: a female) 370mm.*

M. B. 6. D. (+ ½ C.) 94; A. (+ ½ C.) 76; P. 23.

Locality (North Atl. Exped.): — The open sea, west of North Spitzbergen.

	Stat. 362.
Exact Locality.	115 Kil. W. Norskøerne, Spitzbergen.
Depth.	459 Fathoms (839m).
Temp. at Bottom.	− 1,0° C.
Bottom.	Bluish-grey Clay.
Date.	14th August 1878.
Numb. of Specim.	1 Indiv.

Remarks on the Synonymy. — The individual here described, the only specimen yet obtained, I referred in my preliminary report on the results of the last voyage of the Expedition to *L. reticulatus*, Reinh. (Forh. Vid. Selsk. Chra. 1878, No. 14), agreeing as it did in all salient features, viz. the dentition, the number of rays in the vertical fins,

Sidelinie, samt tildels Legemsbygning stemmede overens med den nævnte Art, medens det dog var indlysende, at der fandt enkelte Uoverensstemmelser Sted mellem dem. Den fornyede Undersøgelse, som jeg ved Dr. Lütkens og Prof. Steindachner's Velvillie har været istand til at anstille ogsaa i det sidst forløbne Aar over Typ-Exemplarerne af *L. reticulatus* fra Grønland i Kjøbenhavner-Museet og i Museet i Wien, sammenholdt med de Resultater, hvortil Dr. Lütkens egne Undersøgelser over disse Individer have ført (Vid. Medd. Nat. Foren. Kbhvn. 1880, p. 307), har dog bevirket, at jeg i Overensstemmelse med den nævnte Forsker anser det rettest at opføre det spitsbergenske Individ under en egen Art, for hvilken Navnet *L. lütkenii* foreslaaes.

Sammenlignet med *L. reticulatus* udmærker den nye Art sig væsentlig ved følgende:

Medens Farven hos alle de i Kjøbenhavner-Museet opbevarede udvoxede Ind. af *L. reticulatus*, tilligemed et, ligeledes udvoxet og udmærket vel bevaret Ind., der opbevares i Museet i Wien, er characteristisk ved sine (oprindelig af mørke Felter fremgaaende) reticulerede sorte Linier, der omgive Felter af den lysere Bundfarve, og som ere stillede i mere eller mindre regelmæssig Række nedad Legemet, er hos det nye Individ (*L. lütkenii*) neppe Spor af disse sorte Linier, men Bundfarven er her lyst graaagtig, kun med yderst svage Antydninger til mørke Felter over Kroppen, medens derimod Dorsalen viser afvexlende sorte og lyse Partier; endvidere mangler Snuden de hvide, skarpt markerede ringformige Tegninger, der findes hos næsten alle Individer af *L. reticulatus*.

Legemsbygningen er hos *L. lütkenii* mere undersætsig. Hos *L. reticulatus* indeholdes Legemets Høide 7—8 Gange i Totallængden, hos *L. lütkenii* neppe $6^1/_2$ Gange i denne.

Den, som det synes, mest paafaldende Ulighed mellem begge Arter frembyder Pectoralernes Bygning. Hos *L. lütkenii* ere nemlig disse større og bredere, end hos nogen af de øvrige bekjendte Lycoder, og udbredes de vifteformigt, rage de, uagtet Individets betydelige Legemshøide, et godt Stykke udover Legemets Ryg- og Bugside. I Totallængden indeholdes de blot $5^1/_2$ Gange, medens de hos *L. reticulatus* indeholdes 7—9 Gange i denne. Fremdeles er Straaleantallet høiere hos *L. lütkenii*, nemlig 23, medens Dr. Lütken hos den anden Art har kun sjeldent fundet 21, men i Regelen blot 19—20.

Iøvrigt ere, som ovenfor berørt, Overensstemmelserne mellem begge Arter ganske betydelige, og der findes ingen væsentlig Forskjel i Sideliniens og Tændernes Bygning, eller i Skjælbeklædningens Udstrækning, ligesom de 2 Arter idethele maa siges at være overensstemmende i sit almindelige ydre Habitus. Sandsynligvis bør de dog opfattes som 2 nærstaaende Arter, der i sin udvoxede Stand kunne adskilles ved de ovenfor paapegede Forskjelligheder i Farvetegning, Legemshøide, og i Pectoralernes Bygning; om de derimod i sine yngre Stadier vise en ligesaa paatagelig Forskjel, er os endnu ganske ubekjendt, men idethele mindre sandsynligt.

the lateral line, the scales, and to a certain extent the structure of the body, with that species, though several minor points of divergence evidently existed between them. The subsequent examination which Dr. Lütken and Prof. Steindachner kindly enabled me to make last year of the typical specimens from Greenland, preserved in the museums of Copenhagen and Vienna, tested by the results with which Dr. Lütken's own researches in connexion with the said individuals have been attended (Vid. Medd. Naturh. Foren. Kbhvn. 1880, p. 307), induces me to establish the Spitzbergen example, in accordance with the views of that naturalist, as a separate species, for which the name of *L. lütkenii* is suggested.

Compared with *L. reticulatus*, the new species is chiefly distinguished by the following characteristics: —

The coloration in all the full-grown examples of *L. reticulatus* preserved in the Copenhagen museum, and in one, also an adult and in an excellent state of preservation, in the museum at Vienna, is characterised by reticular black lines (issuing from dark patches), which surround large patches of the lighter ground-colour, and are arranged in a more or less regular series extending down the body, whereas there is scarcely a trace of these black lines in the specimen of *L. lütkenii*; the ground-colour in this individual is a light grey, with but the faintest indications of dark patches over the body; the dorsal, on the other hand, exhibits an alternation of dark and light patches; moreover, the snout has none of the white annular markings observed in almost all individuals of *L. reticulatus*.

The structure of the body in *L. lütkenii* is more thick-set. In *L. reticulatus*, the height of the body is contained 7—8 times in the total length; in *L. lütkenii*, not quite $6^1/_2$.

But the most striking dissimilarity between the two species is, I think, exhibited in the structure of the pectorals. In *L. lütkenii*, these fins are larger and broader than in any of the other *Lycodes*, and, spreading like a fan, they project, notwithstanding the very considerable depth of body, some distance above and below the dorsal and ventral margins. They are contained only 5 times and a half in the total length, whereas in *L. reticulatus* they are contained 7—9 times. Moreover, the number of rays is greater in *L. lütkenii*, viz. 23, whereas in the other species Dr. Lütken has only once found 21, generally not more than 19—20.

For the rest, the two species resemble each other closely, and there is no material difference in the lateral line, or in the structure of the teeth, or in the extent of the scaled integument; on the whole, too, they must be said to agree in their habitus. Probably, however, they should be regarded as nearly related species, which in the adult stage of growth may be distinguished by the differences pointed out above in the coloration, the height of the body, and the structure of the pectorals; but whether they exhibit an equally obvious distinction in the earlier stages of development, is a question which we are as yet wholly unable to answer; that such should be the case is however not very probable.

Det bliver i denne Forbindelse nødvendigt kortelig at omtale et Par Yngelformer af Lycoder, der hidtil ere blevne opførte som distincte Arter, medens de sandsynligvis blot udgjøre de unge Stadier af 1, eller maaske 2 Arter, der i sin fuldt udvoxede Tilstand ere dem betydeligt ulige i Farvetegning og Skjælbeklædning. Disse Former ere: *L. perspicillum*, Kr. 1844, fra Grønland, *L. rossi*, Malmgr. 1864, fra Spitsbergen, samt *L. gracilis*, M. Sars 1866, fra Norge; det er sandsynligt, at alle disse blot udgjøre Ungdomsstadiet enten alene af *L. reticulatus*, eller tillige af en anden Art, der staar denne nær, maaske *L. lütkenii*.

I 1844 anmeldte Krøyer med en kort og foreløbig Diagnose en ny *Lycodes* fra Grønland under Navn af *L. perspicillum*, og afbildede den nye Art i Gaimards Voy. etc. Poiss., pl. 7, men gav den først i 1863 i Naturh. Tidsskr. 3 R. 1 B. en udførlig Beskrivelse. Af denne Art forelaa 2 Individer med en Totallængde af 39—65^{mm}, af hvilke jeg ved Dr. Lütkens Imødekommen har kunnet undersøge det største i Museet i Kjøbenhavn. Paa den brungule Bundfarve har det 8 brede, i Midten lysere Felter, ligesom et hvidagtigt Baand forbinder begge Gjællespalter; denne Farvetegning viser en saa paafaldende Overensstemmelse med den, der findes hos det mindste af Typeindividerne af *L. reticulatus*, der ligeledes opbevares i Kjøbenhavn, og hvis Totall. er 223^{mm}, at der nødvendigvis maa opstaa en Formodning om begge Arters Identitet. Den væsentligste Forandring, der er foregaaet med det omhandlede unge Individ af *L. reticulatus* er, at de mørke Felter, der findes hos *L. perspicillum*, ere blevne mindre skarpt begrændsede, ligesom de begynde at bære Spor af de mørkere reticulerede Linier, der hos de mere udvoxede Individer blive de mest fremtrædende Træk i Farvetegningen hos denne Art.

Finnestraalernes Antal, som hos *L. reticulatus*, ifølge Dr. Lütken, varierer i Dorsalen mellem 91 og 95, i Analen mellem 75 og 76 (eller en Gang 70), er hos *L. perspicillum*, ifølge Krøyer, D. 80, A. 65; de ere saaledes vistnok noget færre, men Tallet tør maaske ikke være correct, hvad Krøyer selv anfører tildels tør være Tilfældet[1], eller man kunde antage Muligheden af, at der yderligere under Væxten vilde udvikle sig et Par nye Hvirvler og tilsvarende Straaler.

Derimod beror Uoverensstemmelsen i Skjælbeklædningens Udstrækning utvivlsomt paa Individets unge Alder, sammenlignet med de udvoxede Individer af *L. reticulatus*. Medens nemlig de sidste ere skjælbeklædte paa Legemet hen til Pectoralens ydre Tredjedel, medens hele Bugen og den forreste Del af Ryggen er nøgen, ere Skjællene hos *L. perspicillum*, efter hvad jeg selv har kunnet overbevise mig om, netop i sit første Frembrud paa Halepartiet, medens Skjælbeklædningen paa Legemets Sider strækker sig frem til Midten af Pectoralen. Det er saaledes klart,

[1] Naturh. Tidsskr. 3 R. 1 B. p. 291.

Here it is necessary to make brief mention of certain fry-specimens of one or two forms of *Lycodes* hitherto regarded as distinct species, though in all probability merely representing 1, or possibly 2, species in the early stages of development, which, when fullgrown, are found to have undergone a striking change in coloration and the extent of the scaled integument. The forms in question are as follows: — *L. perspicillum*, Kr. 1844, from Greenland; *L. rossi*, Malmgr. 1864, from Spitzbergen; and *L. gracilis*, M. Sars, 1866, from Norway; and they are probably all of them examples either of *L. reticulatus* or of some other species nearly related to it, possibly *L. lütkenii* in an early stage of development.

In 1844 Kröyer announced, with a preliminary diagnosis, the occurrence of a new *Lycodes* off the coast of Greenland, under the name of *L. perspicillum*, and figured it in Gaimard's Voy. &c. Poiss., pl. 7, but did not furnish a detailed description till 1863, in Naturh. Tidsskr. 3 R. 1 B. Of this species two examples had been obtained, total length respectively 39 and 65^{mm}, the largest of which, preserved in the Copenhagen Museum, Dr. Lütken kindly permitted me to examine. Over the brownish-yellow ground-colour are distributed 8 broad patches, lighter in the middle; and a whitish band connects the gill-openings. Now, this peculiarity of coloration exhibits so striking a resemblance to that distinguishing the smallest of the typical specimens of *L. reticulatus*, also preserved in Copenhagen (total length 223^{mm}), that the identity of the two species cannot but suggest itself. The principal change which this immature example of *L. reticulatus* has undergone, consists in the dark patches characteristic of *L. perspicillum* having become less sharply defined, and in their commencing to show indications of the dark reticular lines, which, in a more advanced stage of development, are the most prominent characteristics of coloration in this species.

The number of fin-rays, which in *L. reticulatus*, according to Dr. Lütken, varies in the dorsal between 91 and 95, in the anal, between 75 and 76 (in one specimen 70), is in *L. perspicillum*, according to Kröyer, D. 80, A. 65; this is certainly a somewhat smaller number; but it may possibly be incorrectly given, which Kröyer himself suggests as not improbable, to a certain extent[1]; or the development during the further progress of growth of one or two additional vertebræ and rays might be assumed.

On the other hand, the want of agreement in the extent of the scaled integument, as compared with that distinguishing adults of *L. reticulatus*, must unquestionably be ascribed to the immaturity of the individual. The former are scaled on the body as far as the outer third of the pectorals, the whole of the belly and the anterior part of the back being naked, whereas in *L. perspicillum* the scales, (a fact of which from my own examination I am convinced) are just beginning to develop over the caudal region, but on the sides of the body they extend to the middle of the

[1] Naturh. Tidsskr. 3 R. 1 B. p. 291.

at Skjællene efterhaanden skulle beklæde et større Parti af Legemet, end det, som Krøyer i sin Beskrivelse angiver, idet han ikke synes at have iagttaget de fremspirende Skjæl paa Halen.

L. perspicillum er med andre Ord en spæd Unge, som godt kan antages senere at ville forandre sin Farvetegning, ligesom den endnu ikke havde faaet sin fulde Skjælbeklædning. Da Legemsforholdene iøvrigt hos begge ere overensstemmende, er det ikke usandsynligt, at i de nærmest paafølgende Stadier af denne Forms Liv ville de mørke Tverfelter efterhaanden lysne, og blive forandrede til mindre Pletter eller reticulerede Linier, saaledes som det netop viser sig hos det ovenfor omtalte unge grønlandske Individ af *L. reticulatus* med en Totallængde af 223^{mm}.

Den næste i Rækken er *L. rossi*, opstillet af Malmgren i 1864 i Öfv. Kgl. Vet. Akad. Förh. efter et Individ fra Spitsbergen, erholdt under en af de første svenske Expeditioner til denne Øgruppe. Dette Individ havde en Totallængde af blot 32^{mm}, og et Straaleantal af: D. 82, A. 63; i Farvetegning var det fuldkommen overensstemmende med *L. perspicillum*, men Individet var, i Modsætning til dette, helt nøgent.

Det var paa Grund af det sidstnævnte Forhold, at Malmgren troede at burde opstille det som en distinct Art, skilt fra *L. perspicillum*. Men da *L. perspicillum*, som ovenfor nævnt, netop befandt sig i det Stadium, da Skjællene vare i Frembrud, og Skjælbeklædningen endnu ikke var fuldt udviklet, skjønt det beskrevne Individ havde en Totallængde af 65^{mm}, er det ikke uventet, at en spæd Unge med en Totallængde af blot 32^{mm}, som *L. rossi*, endnu intet Spor viser af nogen Skjælbeklædning. Ved velvillig Imødekommen af Prof. Smitt har jeg erholdt til Undersøgelse dette Individ, og jeg kunde ingen væsentlig Forskjel opdage mellem dette og *L. perspicillum*.

Da endelig Prof. M. Sars i 1866 i Christiania Videnskabs-Selskabs Forh. opstillede sin *L. gracilis* efter et i Drøbaksund i Christianiafjorden erholdt Individ med en Totallængde af 43^{mm}, skede dette alene af den Grund, at hans Exemplar havde 10 mørke Tverfelter over Legemet, medens *L. rossi* blot havde 8, og da fremdeles hans Exemplar var nøgent, ligesom *L. rossi*, kunde det ikke henføres under *L. perspicillum*. Men allerede Krøyer har paavist, at hans 2 Typ-Exemplarer af *L. perspicillum* ingenlunde vare fuldt overensstemmende i Tegningen af Kroppen; og hvad Skjælbeklædningen angaar, gjælder det samme, som ovenfor er anført under *L. rossi*.

Dog maa paa dette Sted bemærkes, at Krøyers ene Typ-Exemplar blot var 39^{mm} langt (saaledes mindre, end *L. gracilis*), og dog nævner han intet om, at der var nogen Forskjel mellem de 2 Individer med Hensyn til Skjælbeklædningen; men selv om denne i Virkeligheden hos begge[1] har været lige, haves der Exempler paa, at dennes Udvik-

[1] Dette Forhold lader sig ikke længere oplyse. Ifølge Dr. Lütken er saavel det mindste Exemplar af *L. perspicillum*, som det eneste af *L. scabiosus* ikke til at finde paa Museet i Kjøbenhavn, og sandsynligvis ere de forsvundne.

pectorals. Hence it is evident, that a larger part of the body will gradually become scaled than is stated by Krøyer, who does not appear to have observed these incipient scales on the tail.

L. perspicillum is, in short, a very young individual, in which a subsequent change of coloration may not unreasonably be assumed; as we have seen, the scaled integument had not yet attained its full development. The proportions of the body being in all respects the same in both, it does not appear improbable that, in the succeeding stages of growth, the dark transverse patches will gradually become lighter, and change to smaller spots or reticular lines, as is seen to be the case with the smallest Greenland specimen of *L. reticulatus*, total length 223^{mm}.

The next of the proposed forms is *L. rossi*, established by Malmgren, in 1864 (Öfv. Kgl. Vet. Akad. Forh.), from a specimen taken off Spitzbergen on one of the first Swedish expeditions to that group of islands. This individual had a length of only 32^{mm}, the number of fin-rays being: D. 82; A. 63; in coloration, it agreed precisely with *L. perspicillum*, but differed from that form in being naked.

It was this feature which Malmgren deemed sufficient to warrant his establishing it as a separate species. But the specimen of *L. perspicillum*, though with a total length of 65^{mm}, having, as stated above, not yet reached the stage of growth in which the scales begin to form (of some of the scales indications had only just begun to appear), it is not surprising that a very young individual such as *L. rossi*, having a total length of only 32^{mm}, should as yet be without the slightest trace of scales. On application to Prof. Smitt, this individual was kindly lent me for examination, but I failed to detect any essential feature distinguishing it from *L. perspicillum*.

Finally, when Prof. M. Sars in 1866 (Christiania Videnskabs Selskabs Forh.) described his *L. gracilis*, from an individual with a total length of 43^{mm}, taken in Drøbak Sound, in the Christiania Fjord, his sole reason for doing so lay in the said example having 10 dark transverse patches across the body, instead of 8, the number in *L. rossi*; and his specimen being, like the latter, naked, it could not be referred to *L. perspicillum*. But Krøyer had already shown that his two typical specimens of *L. perspicillum* did not by any means exhibit perfect agreement in the marking of the body; and with regard to the scaled integument, what has been said in connexion with *L. rossi*, will apply with equal force here.

The fact, however, must not be passed by, that one of Krøyer's typical specimens was only 39^{mm} long (accordingly of smaller dimensions than *L. gracilis*); and yet no mention whatever is made of any difference between the two individuals as regards the scaled integument; but even assuming it to have been the same in both,[1] instances

[1] Unfortunately, it is no longer possible to settle this question. According to Dr. Lütken, the smallest specimen of *L. perspicillum* and the only one yet obtained of *L. scabiosus*, could not be found in the Copenhagen Museum, and are no doubt both of them lost.

ling foregaar høist forskjelligt hos de forskjellige Individer (cfr., hvad nedenfor anføres under *L. murænæ*). Den umiddelbare Sammenligning mellem *L. rossi* og *L. gracilis* har desuden fuldstændigt overbevist mig om, at disse ere identiske.

are not wanting to show that its development can vary to a great extent in different individuals (*vide* what is stated overleaf in connexion with *L. murænæ*). A direct comparison of *L. rossi* with *L. gracilis* has fully convinced me of their identity.

L. gracilis, M. Sars. Christiania-Fjord, Norge 1/1.

Hovedsummen af de ovenfor anførte Bemærkninger er, at medens der er overvejende Sandsynlighed for, at *L. perspicillum*, Kr. 1844, *L. rossi*, Malmgr. 1864, og *L. gracilis*, M. Sars 1866, ere alle identiske, vil det først med et større Materiale, end det, som for Tiden foreligger i Museerne, kunne afgjøres, om disse Ungdomsformer tilhøre den som mere udvoxet under Navnet *L. reticulatus*, Reinh. 1838, bekjendte Art, eller maaske tillige en anden nærstaaende Art, der i dette Tilfælde kunde være *L. lütkenii*.

From the data set forth in the above observations there is, I opine, every reason to infer, that *L. perspicillum*, Kr. 1844; *L. rossi*, Malmgr. 1864; and *L. gracilis*, M. Sars 1866, are all three identical; but whether the individuals representing these early stages of development belong to *L. reticulatus*, Reinh. 1838, or possibly to some other nearly related species, which in that case might be *L. lütkenii*, must be left an open question till more extensive materials shall have been furnished us than our museums at present afford.

Udmaalinger.

Totallængde (Hun)	370mm
Legemets største Høide (ved Begyndelsen af Dorsalen)	58 -
Legemets Høide ved Begyndelsen af Analen	47 -
Snudens Afstand fra Dorsalen	111 -
Snudens Afstand fra Anus	175 -
Anus' Afstand fra Halespidsen (Halens Længde)	195 -
Hovedets Længde	95 -
Snudens Længde (til Iris)	31 -
Øjets Længde (Iris' Længdediameter)	13 -
Hovedets postorbitale Del (fra Bagranden af Iris)	52 -
Interorbitalrummet (mellem begge Irides)	12 -
Overkjævens Længde	42 -
Hovedets Høide over Øjnene	37 -
Hovedets Høide lige bag Ventralerne	48 -
Ventralernes Afstand fra Anus	107 -
Pectoralens Grundlinie	28 -
Pectoralens største Længde	64 -
Pectoralens Afstand fra Anus	30 -

Measurements.

Total length (female)	370mm
Greatest height of body (at origin of dorsal)	58 -
Height of body (at origin of anal)	47 -
Distance of snout from dorsal	111 -
Distance of snout from vent	175 -
Distance of vent from tip of tail (length of tail)	195 -
Length of the head	95 -
Length of snout (to iris)	31 -
Length of the eye (longitudinal diameter of iris)	13 -
Postorb. region of head (from post. marg. of iris.)	52 -
Interorbital space (between the irides)	12 -
Length of upper jaw	42 -
Height of head above the eyes	37 -
Height of head immediately posterior to ventrals	48 -
Distance of ventrals from vent	107 -
Base of pectorals	28 -
Greatest length of pectorals	64 -
Distance of pectorals from vent	30 -

Beskrivelse. *Legemsbygning.* I det hovedsagelige stemmer *L. lütkenii*, som ovenfor under Bemærkningerne til Synonymien er paapeget, i sin Skjælbeklædning, Legemsbygning og Straaleantal overens med *L. reticulatus*, men den kan skilles fra denne bl. a. ved sit kortere og stærkere Legeme, ved Pectoralernes betydelige Størrelse, samt ved Farvetegningen.

Legemet er forholdsvis særdeles undersætsigt og stærktbygget; dets Høide indeholdes ikke fuldt $6^{1}/_{2}$ Gange i Totallængden (et Forhold, der blot er naaet af det største Individ af *L. frigidus*, en Han, hvis Totallængde var noget over 500mm).

Hovedet er forholdsvis stort, skjønt Individet er en Hun, og indeholdes ikke fuldt 4 Gange i Totallængden. Snuden er temmelig fladtrykt; Øjnene ere relativt smaa, og indeholdes i Hovedlængden $9^{1}/_{2}$ Gange. Paa Craniet

General Description. *Structure of the Body.* — As previously observed when treating of the synonymy, *L. lütkenii* agrees in all essential particulars, viz. the development of the scaled integument, the structure of the body, and the number of fin-rays, with *L. reticulatus*, but may be distinguished from that species by its body, which is shorter and stronger, the very considerable size of the pectorals, and by the coloration.

L. lütkenii has comparatively a very thickset and strongly built body; its height is contained not quite $6^{1}/_{2}$ times in the total length (a proportion met with in the largest specimen of *L. frigidus* alone, total length upwards of 500mm).

Head comparatively large, though the individual described is a female, equalling not quite $^{1}/_{4}$ of the total length. Snout slightly depressed; eyes rather small, being contained $9^{1}/_{2}$ times in the length of the head. Measured

udgjør Pandens Bredde $^{1}/_{18}$ af Hovedlængden, og dette Parti er saaledes forholdsvis bredt.

Overkjæven er kortere, end Hovedets halve Længde, og naar tilbage hen under Lindsens Bagrand.

I Totallængden indeholdes:

Hovedets Længde	3,89
Legemets største Højde	6,37
Snudens Afstand fra Dorsalen	3,33
Snudens Afstand fra Anus	2,11
Halens Længde	1,89

Af Tænder findes i Mellemkjæverne en længere Række af omtrent 15 paa hver Side, hvoraf de forreste ere de længste; hertil kommer en kortere Række i Spidsen lægenfor den første Række. Samtlige disse Tænder ere forholdsvis smaa, og blot de 2 allerforreste ere længere, end de øvrige. I Underkjæven, hvis tandbærende Del er længere, end den tilsvarende i Overkjæven, findes 12 længere og grovere Tænder, foruden et Antal finere Tænder foran disse i Spidsen. Palatinbenene bære fremdeles i en enkelt Række 15, Vomer 5 Tænder, der alle ere forholdsvis grove.

Finnerne. Dorsalen, som (fraregnet den halve Caudal) tæller 89 Straaler, begynder i en Afstand fra Snudespidsen, der indeholdes $3^{5}/_{15}$ Gange i Totallængden. Analen har paa samme Maade 71 Straaler; og da Caudalen har paa sin dorsale Side 6, paa den ventrale 5 Straaler, bliver det samlede Antal Straaler i Dorsalen 95, i Analen 76.

Pectoralerne ere overordentlig store og brede, og have paa begge Sider 23 Straaler. Udbredt optager Finnen en større Højde, end hele Legemshøjden og Dorsalhøjden tilsammen; fremslaaet naar den omtrent midt paa Øjet, tilbageslaaet i en Snudelængdes Afstand fra Anus. Dens Længde indeholdes i Totallængden blot ubetydeligt over $5^{1}/_{12}$ Gange. Straalerne ere i Spidsen særdeles brede.

Skjælbeklædning. Skjælbeklædningen mangler, foruden paa Hovedet og Finnerne, paa hele Bugen, samt langs Grunden af Analen indtil en halv Hovedlængde bag Anus; fremdeles er hele Nakken og Grunden langs Dorsalen omtrent indtil Verticalen fra Anus nøgen. Skjælbeklædningen strækker sig saaledes paa Legemets Midte frem indtil et Punkt under Pectoralens indre Tredjedel. Skjællene ere forholdsvis ikke store. Finnerne ere nøgne; dog gaa paa Halens nedre Del enkelte Skjæl ud et kort Stykke over Finnernes Grund.

Sidelinien. Denne er mediolateral og enkelt, samt udspringer, som hos de øvrige Arter, over Gjællespalten; i en skraa Retning gaar den med et Antal af omtrent 17 tætstillede Porer ned til Legemets Midtlinie, som den følger til Halespidsen. Intet Spor af nogen lavere (ventral) Sidelinie kan opdages hos det foreliggende Individ; derimod strækker sig en Række af 10—12 Porer fra Gjællespaltens øvre Ende langs Ryggen, og slutter omtrent ved Legemets 3die mørke Felt.

Paa forskjellige af Hovedets Dele findes spredte Slimporer, tildels forsynede med en ophøjet Rand. Saale-

on the cranium, the interorbital space equals $^{1}/_{18}$ of the length of the head, and is therefore comparatively broad.

Upper jaw shorter than the head by one half, and extending backwards under the posterior margin of the lens.

The Total Length contains:—

The length of the head	3.89
The greatest height of the body	6.37
The distance of the snout from the dorsal	3.33
The distance of the snout from the vent	2.11
The length of the tail	1.89

The intermaxillaries are furnished with a row of 15 teeth on either side, the foremost being the longest; and a shorter series at the extremity, posterior to the first. All of these teeth are comparatively small, the two foremost only being somewhat longer than the rest. In the mandible, of which the part furnished with teeth is longer than the corresponding part in the upper jaw, occur 12 longer and stouter teeth, exclusive of a number of minute teeth anterior to them at the extremity. The palatine bones have 15 teeth, the vomer 5, all of which are rather strong.

Fins. — The dorsal, which, exclusive of half of the caudal, is furnished with 89 rays, commences at a distance from the point of the snout contained $3^{5}/_{15}$ times in the total length. The anal is furnished in like manner with 71 rays, and the caudal having on the dorsal side 6, on the ventral 5 rays, the total number of rays in the dorsal amounts to 95, in the anal to 76.

The pectorals are exceedingly large and broad, with 23 rays on either side; when spread out, their height exceeds that of the body and of the dorsal put together; the spread forwards reaches almost to the middle of the eye; backwards, within the length of the snout from the vent; its length compared to the total length slightly exceeds the proportion of 1 to $5^{1}/_{12}$; rays remarkably broad at the points.

Scales. — Scales wanting on the head, fins, the entire belly, and the base along the anal to within half the length of the head posterior to the vent; the whole of the nape, too, and the base along the dorsal, naked to a point perpendicular to the vent. Hence the scaled integument extends along the middle of the body to a point opposite to the inner third of the pectorals. The scales are not large, comparatively. Fins naked; on the inferior portion of the tail, however, a few scales cross their base.

Lateral Line. — Single and medio-lateral, commencing, as in the other species, above the gill-opening; taking an oblique direction, it runs on to the mesial line of the body, accompanying it to the tip of the tail. There is no trace of a lower (ventral) lateral line in the specimen here described, but a series of 10 or 12 pores extends from the upper extremity of the gill-opening down along the back, terminating at about the third dark patch on the body.

On several parts of the head occur isolated mucous pores, some of them with an elevated margin. Thus, for

des staa paa Kinderne hen mod den øvre Rand af Operculum paa hver Side i en Triangel 3 Porer; bag Øinene findes 2 mindre, og atter nedenfor disse 3 større Porer. En stor Pore aabner sig ved den nedre Vinkel af Operculum, ligesom den normale Række er tilstede langs Kjæverne.

Farve. Legemets Grundfarve er blegt graaagtig brun; under passende Belysning kan skimtes, men høist utydeligt, 6 mørkere Felter, der i Midten ere lysere, og have enkelte sorte Smaapletter, som danne en Tilnærmelse til de reticulerede Linier, der findes hos *L. reticulatus.* Tydeligst ere disse mørke Felter henad Dorsalen, hvor deres Rande ere næsten sorte, og skarpt markerede. Mellemrummet mellem Felterne er paa Legemet kun lidet lysere, end Felterne selv, men næsten renhvidt paa Dorsalen og Halespidsen.

Hovedet har ingen andre Tegninger, end et hvidt Baand, der strækker sig tvers over Nakken fra den ene Gjællespalte til den anden, og er begrændset af en utydelig sort Linie; iøvrigt er Hovedet blegt rødlig graat, noget lysere, end Kroppen, hvilket ogsaa er Tilfældet med Pectoralerne.

Føde, etc. Individet var en Hun, med umodne Æg i det eneste Ovarium. Ventrikelen, der var meget muskuløs, indeholdt et noget fordøiet Individ af *Cottunculus microps*, Coll. (med en Totallængde af 110^{mm}), samt Dele af en anden mindre Fisk, der var stærkere fordøiet, og ubestemmelig.

2 afrundede Udvidelser af Tarmen ved Pylorus kunne opfattes som et Par rudimentære Appendices pyloricæ.

Udbredning. Det eneste hidtil bekjendte Exemplar af denne Art optoges fra betydeligt Dyb og iskoldt Vand i Havet nogle Mile vestenfor Nord-Spitsbergen, omtrent under 80° N. B.

Af den nærstaaende Art *L. reticulatus* findes, som ovenfor nævnt, udvoxede Individer fra Grønland i Museet i Kjøbenhavn, samt et i Wiener-Museet, alle erholdte i Aarene 1830—40. Af *L. perspicillum*, Kr., fra Grønland findes ligeledes et Individ i Museet i Kjøbenhavn; af *L. rossi*, Malmgr., fra Spitsbergen opbevares det eneste Individ i Riks-Museum i Stockholm, og endelig findes Individet af *L. gracilis*, M. Sars, fra Christianiafjorden, i Universitets-Museet i Christiania. Alle disse 3 sidstnævnte Arter maa, som ovenfor omhandlet, antages at udgjøre Ungdomsformerne af *L. reticulatus*, eller af *L. lütkenii* (eller af begge?)

instance, on the cheeks, near the upper margin of the operculum, a triangular figure is formed by pores, three in each of its sides; behind the eyes are two smaller ones, and below these pores three larger ones. A large pore occurs at the inferior angle of the operculum, and the normal series along the jaws is also present.

Colour. — The ground-colour of the body is a greyish-brown; in a good light, 6 dusky patches can be discerned, very indistinctly however; they are lighter in the middle, and marked with a few small black spots, an approximation to the network of lines in *L. reticulatus.* These dark patches show most distinct down the dorsal, their margins on that fin being almost black, and sharply defined. On the body, the space between the patches is very little lighter than are the patches themselves, but on the dorsal and the tip of the tail, it is nearly pure white.

The only marking on the head consists of a white band stretching across the nape from one gill-opening to the other, and margined by an indistinct black line; the rest of the head is of a uniform pale reddish-grey, a shade lighter than the body, which is also the case with the pectorals.

Food, etc. — The individual here described was a female, with immature ova in its single ovary. The ventricle, which was very muscular, contained an example of *Cottunculus microps*, Coll., in a partially digested state (total length 110^{mm}), together with parts of a smaller fish, which did not admit of being determined.

Two globular swellings of the intestine at the pylorus may be regarded as a pair of obtuse pyloric appendages.

Distribution. The only example of this species as yet obtained was brought up from a considerable depth in the frigid area of the ocean, a few leagues west of the north coast of Spitzbergen, in lat. about 80° N.

Of its nearly related congener *L. reticulatus*, Reinh. full-grown specimens from Greenland are, as above stated, preserved in the Museum at Copenhagen and in the Vienna Museum, all of which were obtained in the decade from 1830 to 1840; of *L. perspicillum*, Kr., also from Greenland, there is, too, an example in the Museum at Copenhagen; of *L. rossi*, Malmgr. from Spitzbergen, the only specimen taken is preserved in the "Riks Museum" at Stockholm; and finally, the specimen of *L. gracilis*, M. Sars, from the Christiania Fjord, is in the Christiania University Museum. The three last-mentioned individuals must, as suggested above, be regarded as representing the early stages of development of *L. reticulatus*, or of *L. lütkenii* (or possibly of both).

21. **Lycodes pallidus**, Coll. 1878 (n. sp.)

Pl. III. Fig. 26—27.

Lycodes pallidus, Coll. Forh. Vid. Selsk. Chra. 1878, No. 14, p. 70 (1878).

Diagn. *Farven (hos yngre Individer) blegt graabrun, med en Række (5—6) sorte Felter udad Dorsalen, samt et enkelt, længere Felt af samme Farve paa Analen hen imod Spidsen. Skjællene forholdsvis store, og bedækkende Legemet indtil henimod Pectoralernes Grund; Hovedet, Finnerne, samt Midten af Bugen ere nøgne. Legemets Høide indeholdes 9⅔ Gange, Hovedet næsten 4½ Gange i Totallængden (hos yngre Indiv.). Sidelinien enkelt, ventral, løber fra Gjællespaltens øvre Ende skraat nedad mod Anus. Størrelsen hos de foreliggende unge Individer indtil 164mm.*

M. B. 6. D. 98—101; A. 84—86; P. 18—19.

Localit. fra Nordh. Exped. Havet udenfor NV. Spitsbergen.

	Stat. 362.	Stat. 363.
Beliggenhed.	115 Kilom. V. Norskøerne, Spitsb.	90 Kilom. V. Norskøerne, Spitsb.
Dybde.	459 Favne (839m).	260 Favne (475m).
Temp. paa Bunden.	1,0° C.	1,1° C.
Bunden.	Blaagraat Ler.	Blaaler.
Datum.	14de Aug. 1878.	14de Aug. 1878.
Antal Indiv.	1 yngre Indiv.	1 Unge.

Udmaalinger.

	a. (Stat. 363.)	b. (Stat. 362.)
Totallængde	93mm	164mm
Længde til sidste Halehvirvel	90 -	161 -
Høide ved Begyndelsen af Dorsalen	10 -	17 -
Høide ved Begyndelsen af Analen	8,5 -	14 -
Snudespidsen til Begyndelsen af Dorsalen	25 -	46 -
Snudespidsen til Anus	37 -	64 -
Anus til Halespidsen (Halens Længde)	56 -	100 -
Hovedets Længde	21 -	37 -
Snudens Længde (til Begyndelsen af Iris)	7 -	13 -
Øiets Længde (Længde-Diameteren af Iris)	4 -	7 -
Hovedets postorbitale Del	10 -	17 -
Underkjævespidsens Afstand fra Ventralen	16 -	27 -
Ventralernes Afstand fra Anus	19 -	34 -
Ventralernes Længde	3 -	4 -
Pectoralernes Længde	13 -	16 -

Beskrivelse. *Legemsbygning.* I Legemsbygning, Sidelinie og Skjælbeklædning væsentlig overensstemmende med *L. frigidus*; dog ere Skjællene forholdsvis større, Pectoraler og Ventraler noget kortere, og Øinene (især Lindsen) mindre, end hos denne Art. Som characteristisk for denne

21. **Lycodes pallidus**, Coll. 1878 (n. sp.)

Pl. III. Fig. 26—27.

Lycodes pallidus, Coll. Forh. Vid. Selsk. Chra. 1878, No. 14, p. 70 (1878).

Diagnosis. — *Colour (in young examples) pale greyish-brown, with a series (5—6) of black patches extending down the dorsal, and a patch of greater length, but similar in colour, near the extremity of the anal. Scales relatively large, covering the body almost to the base of the pectorals; the head, the fins, and the middle of the belly naked. The height of the body is to the total length (in immature individuals) as 1 to 9⅔; the length of the head, nearly as 1 to 4½. Lateral line single, ventral, passing from the upper extremity of the gill-opening obliquely downwards to the vent. The length in the specimens obtained reaching 164mm.*

M. B. 6. D. 98—101; A. 84—86; P. 18—19.

Locality (North Atl. Exped.): — The sea off NW. Spitzbergen.

	Stat. 362.	Stat. 363.
Exact Locality.	115 Kilom. W. Norskoer, Spitzb.	90 Kilom. W. Norskoer, Spitzb.
Depth.	459 Fathoms (839m).	260 Fathoms (475m).
Temp. at Bottom.	1.0° C.	÷1.1° C.
Bottom.	Bluish-green Clay.	Blue Clay.
Date.	14th Aug. 1878.	14th Aug. 1878.
Numb. of Specim.	1 Indiv. (young).	1 Indiv. (young).

Measurements.

	a. (Stat. 363.)	b. (Stat. 362.)
Total length	93mm	164mm
Length to last caudal vertebra	89 -	161 -
Height at origin of dorsal	10 -	17 -
Height at origin of anal	8.5 -	14 -
From point of snout to origin of dorsal	25 -	46 -
From point of snout to vent	37 -	64 -
From vent to tip of tail (length of tail)	56 -	100 -
Length of head	21 -	37 -
Length of snout (to origin of iris)	7 -	13 -
Length of the eye (longit. diam. of iris)	4 -	7 -
Postorbital region of head	10 -	17 -
From extremity of mandible to ventrals	16 -	27 -
Distance of ventrals from vent	19 -	34 -
Length of ventrals	3 -	4 -
Length of pectorals	13 -	16 -

General Description. *Structure of the Body.* — In the structure of the body, the lateral line, and the scales closely agreeing with *L. frigidus*; the scales are however somewhat larger, the pectorals and ventrals somewhat shorter, and the eyes (particularly the lens) smaller than in

Arts Ydre kan endvidere nævnes den med sorte Felter forsynede Dorsal og Anal.

Legemet er, som hos alle de typiske Lycoder, omtrent jevnhøjt fra Nakken af og til forbi Anus, derfra afsmalnende, og efterhaanden løbende ud i en tilspidset Halespids; hele Halepartiet stærkt sammentrykt. Den største Højde (ved Begyndelsen af Dorsalen) indeholdes i Totallængden omtr. $9\frac{1}{2}$ Gange; ved Begyndelsen af Analen er Højden kun lidet aftaget, og indeholdes her lidt over 10 Gange i Totallængden. Afstanden fra Snudespidsen til Anus indeholdes $2\frac{1}{2}$ Gange, Halen $1\frac{6}{10}$ Gange i Totallængden.

Hovedet er temmelig fladtrykt, og indeholdes i Totallængden næsten $4\frac{1}{2}$ Gange. Overkjæven naar tilbage hen under Midten af Lindsen; hos det mindre Exemplar er Snuden noget stumpere og højere, Overkjæven er tillige noget kortere, og naar her blot hen under Lindsens Forrand.

De skaalformige Fordybninger langs Randen af Kjæverne ere særdeles fremtrædende, især hos det mindste Individ. Næseborene sidde temmelig nær ved Mellemkjæverandеn, ere enkelte, og have, som hos de øvrige Arter, en lang hvidagtig Tube.

Øjnene ere forholdsvis mindre, end hos *L. frigidus*. Sammenlignes det største Individ af *L. pallidus* med et ligestort (ungt) Ind. af *L. frigidus*, sees Lindserne hos den sidste at være omtr. dobbelt saa store, som hos den første.

	a. Totallængde	b. Totallængde
I Totallængden indeholdes	93mm	164mm
Hovedets Længde	4.42	4.43
Legemets Højde	9.90	9.64
Snudens Afstand fra Dorsalen . .	3.72	3.56
Snudens Afstand fra Anus . . .	2.51	2.56
Halens Længde	1.66	1.64
Pectoralens Længde	7.15	10.25

Tænder ere tilstede i Mellemkjæverne, i Underkjæven, paa Vomer, og paa Palatinbenene, som hos de øvrige nordiske Lycoder. De ere forholdsvis stærke, stillede i Mellemkjæven fortil i 2, bagtil i 1 eller 2 Rækker; i Underkjæven danne de fortil flere Rækker. Da Individerne endnu ikke kunne antages at være fuldt udvoxede, har Antallet af Tænderne og disses Rækker maaske endnu ikke naaet sin fulde Udvikling.

Finnerne. Dorsalen, der hos det større Individ tæller omtrent 92, hos det mindre omtrent 95 Straaler, eller, sammenlagt med den halve Caudal, 98—101, begynder i en Afstand fra Snudespidsen, der indeholdes i Totallængden ikke fuldt 4 Gange.

Analen har hos det større Individ omtrent 79, hos det mindre omtrent 81 Straaler, hvilket sammen med Caudalens nedre Halvdel udgjør 84—86 Straaler. Straalerne ere hos de 2 undersøgte Individer vanskelige at tælle, hvor-

that species. As a conspicuous exterior feature characterising *L. pallidus*, may be mentioned the black patches on the dorsal and anal.

As in the typical *Lycodes*, the height of the body is very nearly uniform from the nape till past the vent, at which point the body gradually tapers, terminating in a pointed tail; the whole of the caudal region greatly compressed. Greatest height (at the origin of dorsal) is to the total length about as 1 to $9\frac{1}{2}$; at the origin of the anal the height is but little diminished, equalling rather more than $\frac{1}{10}$ of the total length. The distance from the point of the snout to the vent is to the total length as 1 to $2\frac{1}{2}$; the length of the head, as 1 to $1\frac{6}{10}$.

Head rather compressed; its length compared to the total length is nearly as 1 to $4\frac{1}{2}$. Upper jaw extending backwards under the middle of the lens; in the smaller specimen, the snout is somewhat more obtuse, and higher, the upper jaw not reaching further back than under the anterior margin of the lens.

The bowl-shaped depressions extending along the margin of the jaws are very distinct in the smaller specimen. Nostrils placed in close proximity to the margin of the inter-maxillary; they are single, and furnished with a whitish tube.

Eyes relatively smaller than in *L. frigidus*. On comparing the largest example of *L. pallidus* with a (young) specimen of equal size of *L. frigidus*, the lenses in the latter are found to be about twice as large as in the former.

	a. Total Length	b. Total Length
The Total Length contains	93mm	164mm
The length of the head	4.42	4.43
The height of the body	9.90	9.64
The dist. of the snout from the dors.	3.72	3.56
The dist. of the snout from the anus	2.51	2.56
The length of the tail . . .	1.66	1.64
The length of the pectorals . . .	7.15	10.25

Teeth on the intermaxillaries, in the mandible, on the vomer, and on the palatine bones, as in the other northern species. They are comparatively strong, arranged on the intermaxillary anteriorly in 2, posteriorly in 1 or 2 series; in the mandible they constitute several series. The individuals having none of them, it is conceived, attained the adult stage of development, the number alike of the teeth and of their series is possibly not yet complete.

Fins. — The dorsal which, in the larger individual, is furnished with about 92, in the smaller with about 95 rays, or, including half the caudal, with 98 and 101 respectively, commences at a distance from the point of the snout not quite equal to one-fourth of the total length.

In the larger individual, the anal is furnished with about 79; in the smaller, with about 81 rays; or, including the lower half of the caudal, with 84 and 86 respectively. The rays in the two specimens examined cannot be accu-

for Antallet maaske i hver af Finnerne ere et Par flere eller færre.

Pectoralerne have hos det større Individ paa begge Sider 18, hos det mindre 19 Straaler, og ere forholdsvis korte, især hos det større Individ, hvor de fremlagte ere med sine Spidser fjernede mindst en Lindselængde fra Lindsen; hos det mindre Exemplar naa de derimod frem til Lindsens Bagrand. I Totallængden indeholdes de hos det yngste Individ kun lidt over 7, hos det ældre endog over 10 Gange i Totallængden. De nedre Straaler ere stærkt forkortede.

Ventralerne ere ligeledes forholdsvis kortere, end hos de øvrige Arter, og synes at indeholde 2 yderst spinkle Straaler.

Skjælbeklædning. Næsten hele Legemet er skjælbeklædt; Hovedet, Nakken, Bugens Midte og Finnerne ere nøgne. Skjællene ere forholdsvis store, iøvrigt af Bygning, som hos de øvrige Lycoder. Fortil strækker Skjælbeklædningen sig frem mod Grunden af Pectoralerne; Bugen er derimod nøgen i Midten, men skjælbeklædt paa Siderne. Finnerne ere ligeledes nøgne, men der er ingen nøgen Rand langs deres Grundlinier; paa Hovedet og Nakken findes ingen Skjæl.

Det mindre Exemplar er ligesaa stærkt beklædt, som det større, og Skjællene strække sig her endog noget længere frem, eller umiddelbart til Pectoralernes Grund, ligesom der blot findes en smal Stribe langs Bugens Midtlinie, der ikke er skjælbeklædt.

Sidelinien er hos de forhaandenværende (yngre) Individer vanskelig at forfølge; dog er den utvivlsomt ventral, idet den udspringer ved Gjællespaltens øvre Ende, gjør en liden Bue over Gjællelaagets Flig, og gaar derpaa i skraa Retning, uden at have noget ret Parti, lige ned mod Anus; herfra er den paa begge de 2 Individer utydelig, men kan dog tildels øjnes som løbende langs Grunden af Analen ud mod Halespidsen. Porernes Antal indtil Anus er omtrent 34. Af nogen mediolateral Sidelinie kan ikke sees Spor.

Farven er paa selve Legemet blegt graabrun, uden Tegninger; Skjællene ere overalt lysere, end Bundfarven, der under Lupen sees at have forholdsvis store og skarpt farvede Pigmentpunkter. Derimod ere Dorsalen og Analen paa hvidagtig Grund forsynede med en Række sorte Felter, der paa den førstnævnte Finne ere 5—6 i Antal. Det første af disse begynder umiddelbart ved Dorsalens første Straaler; de øvrige ere stillede med omtrent lige langt Mellemrum, som det, de selv optage, henad hele Finnens Længde. I Lighed med, hvad der finder Sted hos de med Tverbaand forsynede Lycoder, ere de dog noget forskjellige hos begge Individer; saaledes er det sidste Felt utydeligt hos det større Individ, hvorved dette faar en længere hvid Halespids, end det mindre. Analen har et enkelt, meget langt sort- eller sortagtigt Felt henimod Spidsen, men er forresten ensfarvet hvidagtig.

rately counted, and hence the true number in each of the fins may be greater or less by one or two rays.

The pectorals in the larger individual have on both sides 18, in the smaller 19 rays, and are comparatively short, more especially in the larger individual, the tips, when the fin is spread forwards, being removed at least the length of the lens from the lens; in the smaller individual they reach to its posterior margin. In the youngest specimen, the length of the pectorals compared to the total length slightly exceeds the proportion of 1 to 7; in the older example, of 1 to 10. The inferior rays are much shortened.

The ventrals, too, are relatively shorter than in any of the other species, and would seem to the composed of 2 rays.

Scales. — Almost the whole of the body in this species sealed; the head, the nape, the middle of the belly, and the fins naked. The scales are comparatively large, in other respects of the same structure as in the other species. Anteriorly, the scales extend towards the base of the pectorals; the belly, however, is naked in the middle, but scaled on the sides. Fins likewise naked, but there is no naked part along their basal lines; the head and nape are without scales.

The smaller example as extensively scaled as the larger, the scales reaching even somewhat farther in advance, or up to the base of the pectorals; indeed there is only a narrow strip along the mesial line of the belly that is scaleless.

The lateral line can with difficulty be traced throughout in these young individuals; it is, however, unquestionably ventral, commencing as it does at the upper extremity of the gill-opening and passing from thence, after a slight bend above the gill-cover, straight down to the vent; here, in both specimens, it begins to be indistinct, but can however be distinguished, taking a course along the base of the anal to the extremity of the tail. Number of pores from origin to vent about 34. No trace of a medio-lateral line can be detected.

Colour on the body proper pale brownish-grey, with no markings whatever. The scales are everywhere of a lighter shade than the ground-colour, which, seen through a lens, appears dotted over with comparatively large and sharply defined pigmentary spots. The dorsal and anal are, on the contrary, distinguished by a series of black patches extending over a whitish ground, on the former fin 5 or 6 in number. The first of these blackish patches covers the first rays of the dorsal, the rest are arranged, with interspace about equal to their own breadth, down the whole extent of the fin. As is the case with the *Lycodes* that have transverse bands, they slightly differ, however, in the two individuals; thus, the last of the patches is indistinct in the larger specimen, giving greater length to the white termination of the tail. The anal has a solitary black or dusky elongated spot near its extremity; with this exception it is uniformly whitish.

Disse mørke Felter ere hos det mindre Exemplar kulsorte og skarpe, hos det større noget mindre tydelige og graasorte; de gaa lige ud til Randen af Finnerne, men ikke ud over Legemet, endskjønt der sees en næsten umærkelig mørk Skygning under hvert af dem. Hovedet har ingen Tegninger, undtagen forsaavidt, som Gjællelaagets Flig er ubetydeligt mørkere, end Hovedets øvrige Dele. Bughinden er hos det mindre Exemplar blaasort gjennemskinnende.

Det er sandsynligt, at den ovenfor beskrevne Farvetegning, der tilkommer de forholdsvis unge Individer, vil forandres, eftersom Individerne voxe til, og da sandsynligvis paa den Maade, at Dorsalens og Analens sorte Felter blive end mere utydelige.

Udbredelse. Hidtil foreligge blot de 2 under Nordhavs-Expeditionen ved Spitsbergens Nordkyst fundne unge Individer, der optoges fra 260—459 Favnes Dyb, og under en Temperatur paa Bunden, der i det ene Tilfælde var lidt over, i det andet lidt under 0° C.

In the smaller specimen, these dark patches are black and sharply defined; in the larger, less distinct and dusky. They extend to the margin of the fins, but do not encroach upon the body, though a scarcely perceptible clouding of a darker shade may be discerned under each of them. No markings on the head, save inasmuch as the flap of the gill-cover is a trifle darker than any other part of it. Ventral membrane in the smaller specimen translucent bluish-black.

It is probable that the coloration above described, characteristic of comparatively young individuals, will undergo a change as the course of development progresses, the black patches on the dorsal and anal becoming more and more indistinct.

Distribution. — The only individuals as yet met with, are the 2 young examples obtained on the North Atlantic Expedition off the northern shores of Spitzbergen, which were taken at a depth of 260 and 459 fathoms respectively, one in water a little below, the other in water a little above, the temperature of ice.

22. Lycodes seminudus, Reinh. 1838.

Pl. IV, Fig. 28.

Lycodes seminudus, Reinh. Kgl. D. Vid. Selsk. Naturv. Math. Afh. 7 Del, p. 221 (1838).

Diagn. *Farven i alle Aldre blegt graabrun, uden Pletter eller Baand. Skjælbeklædningen mangler paa Legemets forreste Parti omtrent indtil Verticalen fra Anus, samt paa Hovedet og Finnerne. Legemets Højde indeholdes hos et yngre Individ næsten $8\frac{1}{2}$ Gange i Totallængden, hos et ældre (Typ-Individet) 7 Gange i denne. Hovedet forholdsvis stort, dets Længde indeholdes hos yngre Individer 4 Gange (hos et ældre neppe $3\frac{1}{2}$ Gange) i Totallængden. Sidelinien medio-lateral, enkelt. Halepartiet og Pectoralerne forholdsvis korte. Appendices pyloricæ 2 (Reinh.). Størrelsen indtil 450mm.*

M. B. 6. D. 91—92; A. 73—75; P. 19—22.

Localit. fra Nordh. Exped. Spitsbergen.

	Stat. 363.
Beliggenhed.	60 Kil. V. Norskøerne, Spitsbergen.
Dybde.	260 Favne (475m).
Temp. paa Bunden.	+ 1.1° C.
Bunden.	Blaaler.
Datum.	14de Aug. 1878.
Antal Individer.	1 ungt Indiv.

Diagnosis. — *Colour in all stages of development a pale greyish-brown, destitute of spots or bands. Scales wanting on the anterior part of the body to a perpendicular from the vent, as also on the head and the fins. The height of the body is to the total length in one young individual nearly as 1 to $8\frac{1}{2}$; in a maturer (typical) individual, as 1 to 7. Head comparatively large, its length in one young individual being to the total length as 1 to 4; in an older example the proportion was not quite as 1 to $3\frac{1}{2}$. Lateral line single, medio-lateral. Caudal region and pectorals comparatively short. Pyloric appendages 2 (Reinh.). Length reaching 450mm.*

M. B. 6. D. 91—92; A. 73—75; P. 19—22.

Locality (North Atl. Exped): — **Spitzbergen.**

	Stat. 363.
Exact Locality.	60 Kil. W. Norskøerne, Spitzbergen.
Depth.	260 Fathoms (475m).
Temp. at bottom.	+ 1.1° C.
Bottom.	Blue Clay.
Date.	14th Aug. 1878.
Numb. of Specim.	1 Indiv. young.

Bemærkninger til Synonymien. Efterat denne Art i 1838 blev beskrevet af Reinhardt efter et (fuldvoxent?) Individ med en Totall. af 445mm fra Grønland, synes den ikke at have været gjenfunden; den er ikke senere bleven omtalt af nogen Forfatter efter Autopsi, idet Günther's og Gill's Diagnoser ere affattede efter Reinhardt's Beskrivelse. Det nye unge Individ fra Spitsbergen, der er udmærket vel vedligeholdt, stemmer, uagtet sin unge Alder, i alle væsentlige Dele overens med Reinhardt's Typ-Exemplar, som jeg i 1878 ved Dr. Lütken's Velvilje havde Lejlighed til at undersøge i Museet i Kjøbenhavn; og de mindre væsentlige Afvigelser kunne neppe endnu begrunde nogen Artsdistinction mellem dem, saalænge blot disse 2 Individer foreligge. I sit Bidrag til Kundskaben om de grønlandske og islandske Lycoder i det zoologiske Museum i Kjøbenhavn har Dr. Lütken (Vid. Medd. Nat. Foren. Kbhvn. 1880, p. 325) nærmere afhandlet Artens Characteristik (efter det foreliggende Typ-Exemplar), og paapeger der den store Overensstemmelse, der i det hele finder Sted mellem *L. seminudus* og *L. reticulatus*.

Udmaalinger.

Totallængde	128mm
Hovedets Længde	32 -
Legemets Højde over Beg. af Dorsalen	15 -
Legemets Højde over Beg. af Analen	12.5 -
Snudens Afstand fra Dorsalen	37 -
Snudens Afstand fra Anus	57 -
Halens Længde	71 -
Snudens Afstand fra Øjets forreste Rand	9 -
Lindsens Diameter	3.5 -
Øjets Længde (Diameter af Iris)	7 -
Afstanden fra Lindsen til Gjællelaagets Spidse	18 -
Afstanden mellem Lindserne	7 -
Hovedets Højde over Øjnene	11 -
Hovedets Bredde over Kinderne	15 -
Hovedets Højde lige bag Ventralerne	13.5 -
Afstanden fra Ventralerne til Anus	34 -
Pectoralernes største Længde	14 -
Pectoralspidsens Afstand fra Anus	14 -

Beskrivelse. *Legemsbygning.* De mest characteristiske Kjendemærker for denne Art er det blot halvt skjælbeklædte Legeme, i Forbindelse med dettes ensartede graabrune Farve uden Baand eller Pletter paa nogen af Legemets Dele, og den enkelte, medio-laterale Sidelinie.

Legemet er forholdsvis kort og noget bredt, med stort Hoved og stærkt sammentrykt Haleparti; det er temmelig jevnbredt indtil noget bagenfor Anus, men løber derfra ud i en hurtig tilspidset Spidse. Halen er relativt kort, idet den blot er en Pectoralfinnelængde længere, end det foran Anus liggende Parti af Legemet. Legemets Højde indeholdes omtr. $8\frac{1}{2}$ Gange i Totallængden, medens Typ-Exemplaret fra Grønland, der maaske var fuldt udvoxet, var forholdsvis kortere, idet Højden her blot indeholdtes 7 Gange i Totallængden.

Remarks on the Synonymy. — Since 1838, the year in which Reinhardt described this species, from an (adult?) individual — total length 445mm — taken on the coast of Greenland, no author has recorded it from autopsy, both Günther's and Gill's diagnoses having been compiled from Reinhardt's description. The new specimen, a young individual from Spitzbergen, exceedingly well preserved, agrees in all essential features with Reinhardt's typical example, which, in 1878, Dr. Lütken kindly afforded me an opportunity of examining in the Zoological Museum at Copenhagen; and the minor points of difference can hardly be deemed sufficient to warrant our assuming a specific distinction with only these two specimens before us. In his contributions to our knowledge of the Greenland and Iceland *Lycodes* preserved in the Zoological Museum at Copenhagen, Dr. Lütken (Vid. Medd. Nat. Foren. Kbhvn. 1880, p. 325) has treated of the species and its characteristics (from the typical specimen), and calls attention to the great general resemblance existing between *L. seminudus* and *L. reticulatus*.

Measurements.

Total length	128mm
Length of head	32 -
Height of the body above origin of dorsal	15 -
Height of the body above origin of anal	12.5 -
Distance of snout from dorsal	37 -
Distance of snout from vent	57 -
Length of the tail	71 -
Distance of snout from the anterior margin of the eye	9 -
Diameter of the lens	3.5 -
Length of the eye (diameter of iris)	7 -
Dist. from the lens to the extremity of the gill-cover	18 -
Distance between the lenses	7 -
Height of the head above the eyes	11 -
Breadth of the head across the cheeks	15 -
Height of the head immediately posterior to ventrals	13.5 -
Distance from ventrals to vent	34 -
Greatest length of pectorals	14 -
Distance from extremity of pectorals to vent	14 -

General Description. *Structure of the Body.* — The most salient characteristics of this species consist in one-half only of the body being scaled; in the uniform grey-brown colour, unmarked by bands or spots on any part of the body; and in the single, medio-lateral line.

Body comparatively short, and somewhat broad; head large, and the caudal region greatly compressed; the breadth of the body is nearly uniform till within a short distance posterior to the vent, from whence it gradually tapers, terminating in a pointed extremity. Tail comparatively short, being longer than the part of the body anterior to the vent by the length of the pectoral fin only. The height of the body is to the total length about as 1 to $8\frac{1}{2}$; but the typical specimen from Greenland, possibly an adult, was relatively shorter, the height equalling $\frac{1}{7}$ only of the total length.

Underkjæven er forholdsvis kun lidet kortere, end Overkjæven; Snuden er flad, Øjnene forholdsvis store, idet Diameteren af Iris næsten er lig Snudens Længde. Hovedet indeholdes i Totallængden præcis 4 Gange, medens Typ-Exemplaret, der var udvoxet, havde et større Hoved, der indeholdtes neppe $3^{1}/_{2}$ Gange i Totallængden. Spidsen af Gjællelaagets Flig er opadbøjet.

Næseborene have temmelig lange Tuber, og sidde nær Kjæveranden.

Tænderne ere tilstede paa alle de hos de typiske Lycoder tandbærende Ben (Mellem- og Underkjæven, Palatinbenene, og Vomer). De ere forholdsvis ikke store, men talrige, og danne blot en enkelt Række, undtagen fortil i Underkjæven og paa Vomer, hvor de danne en dobbelt Række.

I Totallængden indeholdes:

Hovedets Længde	4,00
Legemets Højde	8,53
Snudens Afstand fra Dorsalen	3,45
Snudens Afstand fra Anus	2,24
Halens Længde	1,80
Pectoralens Længde	9,14

Finnerne. Dorsalen tæller hos det foreliggende unge Individ 86 Straaler, hvortil kommer Caudalens øvre Halvdel med omtr. 6 Straaler, tilsammen 92 Straaler. Analen havde 68 Straaler, eller, sammen med de 5 nedre Caudalstraaler, ialt 73 Straaler. Dorsalen udspringer i en Afstand fra Snudespidsen, der indeholdes i Totallængden ikke fuldt $3^{1}/_{2}$ Gange.

Pectoralerne ere særdeles korte, og tælle paa den ene Side 19, paa den anden 20 Straaler, hvis yderste Spidser ere fri; de nederste Straaler ere betydeligt kortere, end de øvrige. I Totallængden indeholdes de noget over 9 Gange; fremslaaede ere de fjernede omtrent en Øjendiameter fra Lindsen.

Hos Reinhardt's Typ-Exemplar havde Dorsalen 91, Analen (ifølge Dr. Lütken) 75 Straaler, Caudalen medregnet; fradrages dennes Halvdel paa hver Side (med 5 nedentil, og 6 oventil), fremkommer D. 85, A. 70, eller meget nær det samme Tal, som hos Individet fra Nordhavs-Expeditionen. Pectoralerne havde 21, paa den anden Side 22 Straaler, og vare saaledes noget flere, end hos Ungen fra Nordhavs-Expeditionen.

Skjælbekledning. Ligesom hos Typ-Exemplaret, der maa antages at have været udvoxet, mangler hos den foreliggende Unge Skjælbekladningen paa hele Legemets forreste Parti, ligesom paa Finnerne. Hele Halen er skjælbeklædt; fortil strækker Skjælbeklædningen sig frem i en Spidse, der naar ubetydeligt frem foran Verticalen fra Anus, medens Grunden langs Dorsalen og Analen er nøgen et godt Stykke bagenfor denne Linie. Skjællene ere forholdsvis smaa, størst paa det forreste Parti. Hos Typ-Exemplaret i Kjøbenhavn strækker Skjælbeklædningen sig knapt frem til Anus, saaledes at Forkroppens nøgne Parti her er noget større.

Sidelinie. Sidelinien, der er medio-lateral og enkelt, udspringer foran Spidsen af Gjællelaagets Flig, gjør en

Mandible but little shorter comparatively than the upper jaw; snout depressed, eyes rather large, the diameter of the iris nearly equalling the length of the snout. The head measures exactly one-fourth of the total length, whereas the typical specimen, a full-grown individual, had a larger head, which was contained not quite $3^{1}/_{2}$ times in the total length. Flap of gill-cover curving upwards.

Nostrils — placed near the margin of the jaw — provided with longish tubes.

Teeth on all the bones furnished with them in the typical *Lycodes* (the inter and inferior maxillaries, the palatine bones, and the vomer). They are not large comparatively, but numerous, and constitute a single series, except on the anterior part of the inferior maxillary and on the vomer, where they are arranged in a double row.

The Total Length contains: —

The length of the head	4.00
The height of the body	8.53
The distance of the snout from the dorsal	3.45
The distance of the snout from the vent	2.24
The length of the tail	1.80
The length of the pectorals	9.14

Fins. — The dorsal in the immature example obtained, is furnished with 86 rays, or, including the rays in the upper half of the caudal — about 6 — in all with 92. The anal had 68 rays, or, including the 5 lower caudal rays, in all 73. The dorsal commences at a distance from the point of the snout contained not quite three times and a half in the total length.

Pectorals exceedingly short, and furnished on one side with 19, on the other with 20 rays, the extreme points of which are free; the lowermost rays considerably shorter than the rest. The fin measures rather more than one-ninth of the total length; when spread forwards, they are removed an eye-diameter from the lens.

In Reinhardt's typical specimen, the dorsal had 91, the anal (according to Dr. Lütken) 75 rays, including the caudal; now, deducting on each side half of that fin (the lower part with 5, the upper with 6 rays), we get — D. 85; A. 70, or very nearly the same number as in the specimen from the North Atlantic Expedition. The pectorals had 21—22 rays, accordingly a somewhat greater number than in the young example taken on the Expedition.

Scales. — As in the typical specimen (most probably an adult), scales wanting in this young example on the whole of the anterior portion of the body, and on the fins. The tail scaled all over; anteriorly, the scaled integument extends forwards as an angle, to a point reaching but very little in advance of a perpendicular from the vent; the basal tract stretching along the dorsal and anal is naked for some distance posterior to that limit. Scales comparatively small; largest on the anterior part. In the typical specimen preserved at Copenhagen, the scales hardly reach to the vent, whereby greater length is given to the naked anterior part of the body.

Lateral Line. — Medio-lateral, single, originating immediately anterior to the extremity of the flap of the

kort Bue over denne, gaar derpaa i skraa Retning nedover indtil noget nedenfor Legemets Midtfure, men har omtrent ret over Anus atter naaet op til denne, og løber nu henad denne ud til Halespidsen. Indtil Anus er Antallet af Porer omtrent 35; paa Halens bageste Parti ere Porerne temmelig utydelige.

En anden, næsten umærkelig Række Porer, der ere betydeligt mindre og mere fjerntstaaende, løber fra Gjællelaagen bagover noget ovenfor Legemets Midtlinie. Antallet af Porer i denne (dorsale) Sidelinie er indtil Anus blot 7 (Reinhardt fandt hos Typ-Exemplaret 11 i denne Linie); senere tabe de sig mellem Skjællene. Ogsaa hos enkelte andre Arter har jeg kunnet se Spor af denne supralaterale Sidelinie, men paa Grund af Skjælbeklædningens større Udstrækning hos disse mindre tydeligt; sandsynligvis maa den opfattes som en Fortsættelse af Hovedets Slimpore-Net, men ikke som nogen egentlig Sidelinie.

Paa Gjællelaaget løber endvidere i en Halvkreds en Række Porer, ligesom en kort Række løber tvers over Snudespidsen lige ved Randen.

Farven. Farven er ensartet hvidagtig graabrun, uden Pletter og Baand. En utydelig mørkere Stribe løber langs henad Midtlinien, en anden langs den bagre Del af Dorsalens Grund. Paa Hovedet er der et mørkt Parti paa Gjællelaaget hen mod Spidsen. Pectoralerne ere hvidagtige, ligesom Analen og Hovedets Underside; Bugen blaasort, Randene omkring Anus hvide. Skjællene ere ligeledes lysere end Bundfarven.

Udbredelse. Af denne Art har hidtil blot været omtalt det ene Typ-Exemplaret, nedsendt til Museet i Kjøbenhavn fra Omenak (Umanak) i Grønland i 1837. Dets Totallængde var omtrent 449mm, hvoraf Hovedets Længde var 123mm. Det nye Individ fra Spitsbergens Nordkyst er, som ovenfor nævnt, en Unge, der optoges fra den tempererede Area (Bundtemperatur + 1.1° C.) fra Lerbund i August 1878.

gill-cover, above which it makes an abrupt bend, passing from thence obliquely downwards till a little *below* the mesial furrow of the body, but reaching it again at a point almost straight above the vent, and running along it to the tip of the tail. Number of pores from origin to vent about 35; they are indistinct on the posterior portion of the tail.

Another, almost imperceptible series of pores, considerably smaller and farther apart, extends from the branchial flap backwards, somewhat above the mesial line of the body. Number of pores in this (dorsal) line only 7 from origin to vent (Reinhardt counted 11 in his typical specimen); the remainder cannot be distinguished among the scales. In one or two other species I have also found traces of this supra-lateral line, but less distinct, owing to the greater extent of the scaled integument; probably, however, it must be regarded as a continuation of the mucous pores of the head, and not strictly as a lateral line.

On the operculum, too, occurs a semicircular series of pores, and a short series extends straight across the point of the snout, close to the margin.

Colour. — A uniform whity greyish-brown, without spots or bands. An indistinct dusky stripe extends along the mesial line, and another along the posterior portion of the base of the dorsal. On the head, there is a dark patch, near the extremity of the gill-plate. Pectorals whitish, as also the anal and the under surface of the head; belly bluish-black, margin of vent white. The scales are lighter than the ground-colour.

Distribution. — The only individual of this species ever recorded, is the typical specimen sent to the Zoological Museum at Copenhagen, from Omenak (Umanak), in Greenland, 1837. Its total length is about 449mm; the length of the head 123mm. The new specimen from the north coast of Spitzbergen — a young individual — was, as mentioned above, taken in the temperate area (temperature at bottom + 1.1° C.) on a clay bottom, in August 1878.

25. **Lycodes muraena.** Coll. 1878 (n. sp.)

Pl. IV. Fig. 29—31.

Lycodes muraena, Coll. Forh. Vid. Selsk. Chra. 1878, No. 4, p. 15; No. 14, p. 74 (1878).

Diagn. *Særdeles langstrakt. Farven ensartet graabrun. Skjælbeklædningen sildigt og uregelmæssigt fremtrædende; Skjællene i fuldt udviklet Stand udbredte over hele Legemet, medens Hovedet og Nakken, samt Finnerne ere nøgne. Tænderne forholdsvis stærke; Rækken paa Palatinbenene særdeles kort. Legemets Højde indeholdes 20—22½ Gange i Totallængden. Hovedet er fladt med opadvendte*

25. **Lycodes muræna,** Coll. 1878 (n. sp.)

Pl. IV. fig. 29—31.

Lycodes muræna, Coll. Forh. Vid. Selsk. Chra. 1878, No. 4, p. 15, No. 14, p. 74 (1878).

Diagnosis. — *Exceedingly elongate. Colour a uniform greyish-brown. The scales (they develop late and irregularly) cover in the fully developed stage the whole of the body, whereas the head, the nape, and the fins are naked. Teeth comparatively strong; the series on the palatine bones exceedingly short. The height of the body is to the total length as 1 to 20—22½. Head depressed, with the eyes turned*

Øjne, og indeholdes i Totallængden 8, hos Ungerne 7 Gange. Gjællehindens Straaler 5. Sidelinien ventral, gaar fra Gjællespaltens øvre Ende skraat ned mod Anus, derfra langs Grunden af Analen ud mod Caudalen. Størrelsen (hos de foreliggende yngre Individer) indtil 215 mm.

M. B. 5. D. 101—118; A. 97—103; P. 13—17.

Localit. fra Nordh. Exped. Bankerne udenfor Helgeland i Norge; Havet udenfor Beeren Eiland og Spitsbergen.

	Stat. 124.	*Stat. 312.*	*Stat. 362.*
Beliggenhed.	325 Kil. VSV. Bodø, Norge.	108 Kil. V. Beeren Eiland.	115 Kilom. V. Norskøerne Spitsb.
Dybde.	350 Favne (640 m).	658 Favne (1203 m).	459 Favne (839 m).
Temp. paa Bunden.	0.9° C.	÷ 1.2° C.	÷ 1.0° C.
Bunden.	Ler.	Brunt og grønt Ler.	Blaagraat Ler.
Datum.	19de Juni 1877.	22de Juli 1878.	14de Aug. 1878.
Antal Individer.	1 Indiv.	1 spæd Unge.	2 Indiv.

Bemærkninger til Synonymien. Ved sin særdeles langstrakte Legemsbygning, i hvilken Henseende den næsten overgaar selv de større Individer af *Lumpenus*-Arterne, afviger den betydeligt fra de øvrige i denne Afhandling omhandlede Lycoder. 3 andre Arter have imidlertid tilnærmelsesvis den samme langstrakte Legemsbygning, nemlig *L. sarsii*, Coll. 1871, fra Hardangerfjorden i Norge (Forh. Vid. Selsk. Chra. 1871, p. 62), *L. verrillii*, Goode & Bean 1877, fra Nova Scotia, Nord-America (Dana and Silliman, Am. Journ. Sci. Arts. 3 Ser. vol. 14, p. 470, Dec. 1877), samt *L. paxillus*, Goode & Bean 1879, ligeledes fra Nova Scotia (Proc. U. S. Nat. Mus. vol. II, p. 44, 1879). Der bliver saaledes et Spørgsmaal, om nogen af alle disse Arter falder sammen.

L. sarsii er beskreven efter en Unge med en Totallængde af blot 43 mm, optagen fra 100—150 Favnes Dyb i Hardangerfjorden i Sept. 1869. Endskjønt denne ved sit

Lycodes sarsii, Coll. Hardanger-Fjord, Norge (1/1).

Udseende tydelig bærer Præget af at være en Unge, kan den ikke være identisk med *L. muraena*, dels paa Grund af de temmelig afvigende Legemsforholde, som det vil fremgaa af nedenstaaende Sammenligning mellem begge Arter, dels fordi *L. sarsii*, skjønt en Unge, dog øjensynlig er langt videre udviklet, end den mindste foreliggende Unge af *L. muraena*, hvis Totall. er 112 mm. Legemet er nemlig hos *L. sarsii* fuldstændig pigmenteret, som hos udvoxede Lycoder, medens den 2 til 3 Gange større Unge af *L. muraena* endnu er halvt transparent, og Legemet næsten uden Pigment. Sandsynligvis udgjør *L. sarsii* Ungen af en i sin udvoxede Tilstand endnu ukjendt Art, der paa Grund af den foreliggende Unges forholdsvis langt fremskredne Ud-

upwards; its length is one-eighth of the total length, in young individuals one-seventh. Branchiostegals 5. Lateral line ventral, descending from the upper extremity of the gill-opening obliquely to the vent, and from thence passing along the base of the anal to the caudal. Length (in the young specimens) reaching 215 mm.

M. B. 5. D. 101—118; A. 97—103; P. 13—17.

Locality (North Atl. Exped.): Banks lying off Helgeland, in Norway; the open sea, off Beeren Eiland and Spitzbergen.

	Stat. 124.	*Stat. 312.*	*Stat. 362.*
Exact Locality.	325 Kil. W. Bodø, Norway.	108 Kil. W. Beeren Eiland.	115 Kil. W. of Norskøer, Spitzb.
Depth.	350 Fathoms (640 m).	658 Fathoms (1203 m).	459 Fathoms (839 m).
Temp. at Bottom.	0.9° C.	÷ 1.2° C.	÷ 1.0° C.
Bottom.	Clay.	Brown and green Clay.	Bluish-grey Clay.
Date.	19th June 1877.	22th July 1878.	14th Aug. 1878.
Numb. of Specim.	1 Indiv.	1 Ind. very young.	2 Indiv.

Remarks on the Synonymy. — The remarkably elongated form of the body, in which respect it almost surpasses the largest individuals of the *Lumpenus* species, is a feature essentially distinguishing it from the other Lycods described in this Report. Three other species, however, have approximately a similar structure of body, viz. *L. sarsii*, Coll. 1871, from the Hardangerfjord, Norway (Forh. Vid. Selsk. Chra. 1871, p. 62); *L. verrillii*, Goode & Bean 1877, from Nova Scotia, North America (Dana and Silliman, Am. Journ. Sci. Arts. 3 Ser. vol. 14, p. 470, Dec. 1877); and *L. paxillus*, Goode & Bean 1879, likewise from Nova Scotia (Proc. U. S. Nat. Mus. vol. II, p. 44, 1879); hence the question arises, are any of these species identical.

L. sarsii is described from a young specimen, total length only 43 mm, taken at a depth of 100—150 fathoms in the Hardanger Fjord, Norway, in Sept. 1869. Though its general appearance plainly shows this specimen to have been a young individual, it cannot be identical with *L. muraena*, partly by reason of its differing not immaterially in the proportions of the body (as will appear from the comparison given below of the two species), and partly from the fact of the specimen of *L. sarsii*, though a young individual, having attained a far more advanced stage of development than the smallest of the young specimens of *L. muraena*, with a total length of 112 mm. In *L. sarsii*, the coloration of the body is complete, as in full-grown Lycods, whereas the young specimen of *L. muraena*, of from double to treble its dimensions, was still semi-translucent, and the body almost without a trace of pigment. Probably *L. sarsii* is

vikling utvivlsomt maa antages at være en af de anguilliforme Arter.

a young individual of a species as yet unknown in the adult stage, which, judging from its advanced development, must unquestionably belong to the anguilliform species.

L. verrillii er opstillet efter 5 Individer, hvoraf det beskrevne Typ-Exemplar havde en Længde af 5 eng. Tommer (omtrent 127mm), og som vare optagne i August 1877 fra 90—100 Favnes Dyb udenfor Kysterne af Nova Scotia i Nord-America. Fra *L. macrurum* afviger *L. verrillii*, foruden ved sine 6 Gjællestraaler, tillige ved sit med mørke Tværfelter forsynede Legeme, saavel som ved bestemte Forskjelligheder i Legemsbygningen, saaledes et større Hoved, stærkere Tænder, og større Legemshøjde; med denne Art kan *L. macrurum* aldrig falde sammen. Da jeg ved Professor Spencer Baird's Velvillie har erholdt et authentisk Exemplar af *L. verrillii*, har jeg kunnet anstille en fuldkommen afgjørende Sammenligning mellem begge de omhandlede Arter.

L. verrillii is described from 5 individuals: the typical specimen, with a total length of 5 inches (about 127mm), was taken in August, 1877, at a depth of from 90 to 100 fathoms, off the coast of Nova Scotia, North America. *L. verrillii* differs from *L. macrurum* in having 6 branchiostegals, and the body flecked with dark transverse patches; also by reason of differences in its general structure, viz. a larger head, stronger teeth, and greater depth of body: hence *L. macrurum* cannot possibly agree with this species. Professor Spencer Baird having kindly sent me an authentic example of *L. verrillii*, I have had the means of instituting a direct and conclusive comparison between the two species.

L. verrillii, Goode & Bean. Nova Scotia ½.

Af *L. pusillus* foreligger blot et enkelt Individ med en Totallængde af 363mm, optaget i mindre vel vedligeholdt Stand (maaske fra en Fiskemave) udenfor Kysterne af Nova Scotia i 1879. Ifølge den af Forfatterne givne Beskrivelse er Arten kjendelig ved de overordentlig stærkt udviklede Kjævemuskler, der give det næsten Udseendet af en Giftslanges; Legemets største Højde indeholdes over 16 Gange i Totallængden. Kjæverne ere ejendommeligt krummede mod hinanden; blandt de øvrige Uoverensstemmelser mellem begge Arter kunne nævnes de langt kortere Pectoraler hos *L. pusillus*.

Of *L. pusillus*, but one individual has as yet been obtained, total length 363mm; it was met with, in rather a mutilated condition (having possibly been taken from a fish's stomach), off the coast of Nova Scotia, in 1879. According to the description given of the species, it may be recognised by the remarkable development of the maxillary muscles, giving them almost the appearance of a venomous serpent's. Greatest height of the body slightly exceeding one-sixteenth of, the total length; the jaws incurvating towards each other. Amongst other distinctive features in *L. pusillus*, may be mentioned the shortness of the pectorals.

	L. macrurum juv.	*L. macrurum*	*L. sarsii* juv.	*L. verrillii*	*L. pusillus*
	Totall.	Totall.	Totall.	Totall.	Totall.
Af Totall. udgjør . . .	112mm	217mm	43mm	115mm	363mm
Hovedets Længde .	7,90	8,34	5,97	5,77	—
Legemets største Højde	22,40	21,70	14,33	12,70	16,00
Snudens Afstand fra Dorsalen . . .	5,09	5,56	3,90	3,84	—
Snudens Afstand fra Ventralerne .	8,61	10,85	6,61	6,04	—
Snudens Afstand fra Anus	3,73	4,91	3,07	3,09	—

	L. macrurum juv.	*L. macrurum*	*L. sarsii* juv.	*L. verrillii*	*L. pusillus*
	Total L.	Total L.	Total L.	Total L.	Total L.
The Total L. contains	112mm	217mm	43mm	115mm	363mm
The L. of the head	7,90	8,34	5,97	5,77	—
The greatest height of the body . . .	22,40	21,70	14,33	12,70	upwards of 16,00
The dist. of the snout from the dorsal . .	5,09	5,56	3,90	3,84	—
The dist. of the snout from the ventrals .	8,61	10,85	6,61	6,04	—
The dist. of the snout from the vent . . .	3,73	4,91	3,07	3,09	—

Da Legemsproportionerne hos *L. verrillii* og *L. sarsii* synes at være temmelig overensstemmende, kunde det tænkes, at disse Arter vare identiske. For Øjeblikket, saalænge som de mellemliggende Stadier mangle, lader den sidstnævnte sig med Lethed skille fra *L. sarsii* bl. a. ved sine mørke Tværfelter ud over Legemet, og ved de stærkere Tænder.

The dimensions of the body in *L. verrillii* and *L. sarsii* agreeing, it appears, so closely, these two species might by some be regarded as identical. But, till specimens in the intermedial stages of development shall have been discovered, the former may be readily distinguished from *L. sarsii* by the dark transverse spots on the body, and by the strong teeth.

Det kan ligeledes nævnes, at Dr. Lütken i sin oven-

It may likewise be observed, that Dr. Lütken, in the

for ofte berørte Afhandling om de grønlandske og islandske Lycoder angiver som en Mulighed, at *L. verrillii* udgjør et yngre Trin af *L. vahlii*, eller en anden nærstaaende Form. Til denne Anskuelse har nærværende Forfatter vanskeligt for at slutte sig paa Grund af den udprægede anguilliforme Habitus, der udmærker *L. verrillii*, medens *L. vahlii* hører til de typiske Former, hvis Unger maa have den samme relativt betydelige Legemshøjde, som f. Ex. *L. frigidus* og *L. esmarkii* have i Unge-Stadiet.

Udmaalinger.	a. *Stat.* 312.	b. *Stat.* 124.	c. Han. *Stat.* 362.	d. Hun. *Stat.* 362.
Totallængde	112mm	141mm	198mm	217mm
Hovedets Længde	16 -	18 -	25 -	26 -
Legemets Højde over Begyndelsen af Dorsalen	5 -	7 -	9 -	10 -
Legemets Højde over Begyndelsen af Analen	3,5 -	6 -	8 -	7,5 -
Snudens Afstand fra Dorsalen	22 -	24 -	41 -	39 -
Snudens Afstand fra Anus	30 -	30 -	55 -	54 -
Halens Længde (Anus' Afstand fra Halespidsen)	82 -	112 -	143 -	163 -
Snudens Afstand fra Øjet	5 -	5 -	8 -	9 -
Øjets Diameter (Længden af Iris)	3,5 -	4 -	5 -	5 -
Afstanden fra Lindsen til Gjællelaagets Spidse	7,5 -	9 -	12 -	12 -
Afstanden mellem Lindserne	2,5 -	3 -	3,8 -	4 -
Hovedets Højde over Øjnene	4,5 -	6 -	8,5 -	8 -
Hovedets Bredde over Kinderne	8 -	8,5 -	14 -	12 -
Hovedets Højde lige bag Ventralerne	5 -	7 -	9,5 -	9,5 -
Afstanden fra Ventralerne til Anus	17 -	25 -	33 -	33 -
Pectoralens største Længde	10 -	12 -	17,5 -	18 -

Beskrivelse. *Legemsbygning.* Legemet er overordentlig langstrakt og smalt, alene over Hovedet og Bugen trindere, men forresten stærkt sammentrykt fra Siderne. Da Anus er forholdsmæssig langt fremrykket, er det hovedsagelig Halen, der har faaet denne betydelige Længde.

Idethele er *L. muraena* den mest langstrakte af alle hidtil kjendte Arter. Legemets største Højde ved Begyndelsen af Dorsalen indeholdes saavel hos Ungen, som de større Exemplarer 20—22½ Gange i Totallængden; denne Højde aftager yderligere lige over Anus, og paa Midten af Halen er Forholdet omtrent, som 1 til 36—40.

Hovedet er stort i Forhold til Legemshøjden, paafaldende fladtrykt, og fortil temmelig bredt, med særdeles tykke og fremfaldende Læber; dets Bredde over Kinderne er ikke synderlig større, end over Snuden, men dog betydelig større, end dets største Højde. Overkjæven rager betydeligt frem over Underkjæven. Hovedet indeholdes i Totallængden hos et Yngel-Individ 7, hos det største Individ næsten 8,4 Gange i Totallængden.

Øjnene ere, paa Grund af det fladtrykte Hoved, næsten ganske opadvendte; deres Længdediameter er, som hos de

memoir frequently alluded to above, on the Greenland and Iceland Lycods, states that *L. verrillii* possibly represents an immature stage of *L. vahlii* or some other closely allied species. This view, however, I can hardly myself share, *L. verrillii* being so decidedly anguilliform in its habitus, whereas *L. vahlii* belongs to the typical forms, the young of which must certainly be characterised by a height of body as considerable, for instance, as that of *L. frigidus* and *L. esmarkii* in the earlier stages of growth.

Measurements.	a. *Stat.* 312.	b. *Stat.* 124.	c. Male. *Stat.* 362.	d. Fem. *Stat.* 362.
Total length	112mm	141mm	198mm	217mm
Length of the head	16 -	18 -	25 -	26 -
Height of the body above origin of dorsal	5 -	7 -	9 -	10 -
Height of the body above origin of anal	3,5 -	6 -	8 -	7,5 -
Distance of snout from dorsal	22 -	24 -	41 -	39 -
Distance of snout from vent	30 -	30 -	55 -	54 -
Length of the tail (distance of vent from tip of tail)	82 -	112 -	143 -	163 -
Dist. of the snout from the eye	5 -	5 -	8 -	9 -
Diameter of the eye (length of iris)	3,5 -	4 -	5 -	5 -
Distance from the lens to the extremity of the opercle	7,5 -	9 -	12 -	12 -
Distance between the lenses	2,5 -	3 -	3,8 -	4 -
Height of head above the eyes	4,5 -	6 -	8,5 -	8 -
Breadth of head across the cheeks	8 -	8,5 -	14 -	12 -
Height of the head immediately posterior to the ventrals	5 -	7 -	9,5 -	9,5 -
Distance from ventrals to vent	17 -	25 -	33 -	33 -
Greatest length of pectorals	10 -	12 -	17,5 -	18 -

Description. *Structure of the Body.* — The body is exceedingly narrow and elongated, a trifle rounder across the head and belly only; at the sides very much compressed. The vent being far in advance, it is more especially the tail that exhibits this very considerable elongation.

L. muraena is the most elongate in form of all the species yet known. The greatest height of the body at the origin of the dorsal, alike in the very young specimen and the maturer examples, is to the total length as 1 to 20—22.5; nay, even this height diminishes immediately above the vent, the proportion in the middle of the tail being about as 1 to 36—40.

The head large compared to the height of the body, remarkably depressed, and rather broad anteriorly, with very thick and procidnous lips; its breadth across the cheeks not much greater than across the snout, though greatly exceeding its extreme height. The upper jaw considerably overlapping the lower. The length of the head in the fry-specimen is to the total length as 1 to 7; in the largest example, as 1 to 8.4.

The eyes, owing to the depressed form of the body, directed almost straight upwards; their longitudinal diameter

øvrige Arter, større, end deres Høide, og indeholdes $4\frac{1}{2}$—5 Gange i Hovedlængden. Interorbitalrummet er ganske smalt, men Lindserne store.

Næseborene ere enkelte og rørformige; Tubens Længde er næsten lig en halv Lindsediameter.

Gjællestraalerne ere hos denne Art blot 5 i Antal. Pseudobranchier ere tilstede; Gjællerne ere normale.

Tænderne, der ikke mangle paa noget af de regulært tandbærende Ben, ere forholdsvis lange og noget cylindriske, (dog kortere, end hos *L. verrillii*). I Mellemkjæven danne de en enkelt Række af omtrent 10 Tænder paa hver Side; i Underkjæven findes hos de mindre Exemplarer blot en enkelt, hos de større flere Rækker. Mindre Tandsamlinger findes paa Vomer og paa Palatinbenene. Rækken paa det sidstnævnte Ben er særdeles kort.

De langs Over- og Underkjæven optrædende store og aabne Porer ere hos ingen anden Art saa distincte, som hos denne (maaske, fordi disse Individer samtlige ere forholdsvis ganske unge). Især ere de 5 langs Overkjæven, og de 6 langs Underkjæven særdeles dybe, og sidde i brede, skaalformige Fordybninger, svarende til Caviteterne i Infraorbitalbenene og i Underkjæven. Paa Hovedets Overside, paa Gjællelaagene, samt paa Nakken findes et stort Antal enkeltstaaende, eller i kortere Rækker fordelte smaa Slimporer; enkelte af disse kunne sees at ende i særdeles korte Tuber.

I Totallængden indeholdes	a. Totall. 112^{mm}	b. Totall. 141^{mm}	c. Totall. 198^{mm}	d. Totall. 217^{mm}
Hovedets Længde	7,00	7,83	7,92	8,54
Legemets Høide ved Beg. af Dorsalen	22,40	20,14	22,00	21,70
Legemets Høide ved Beg. af Analen	32,00	23,50	24,75	29,05
Snudens Afstand fra Dorsalen	5,09	5,87	4,82	5,56
Snudens Afstand fra Anus	3,73	3,61	3,60	4,01
Halens Længde (Anus til Halespidsen)	1,36	1,25	1,38	1,33

Anus er længere fremrykket, end hos nogen af de øvrige Lycoder, eller med andre Ord, Halepartiet er usædvanligt langt, og udgjør omkring ¾ af Totallængden.

Finnerne. Straaleantallet synes hos denne Art at være særdeles lidet constant, ligesom det Punkt, hvor Dorsalen tager sin Begyndelse, kan være forholdsvis længere fremrykket hos et Indidid, end hos et andet.

Antallet af Straaler var hos de 4 foreliggende Individer følgende (i de verticale Finner ere Caudalstraalerne medregnede):

	a. Totall. 112^{mm}	b. Totall. 141^{mm}	c. Totall. 198^{mm}	d. Totall. 218^{mm}
Dorsalen	101	118	104	108
Analen	97	100	98	103
Pectoralerne	13—14	13—13	17—17	15—16

both in this and in the other species, is greater than the vertical, and compared to the length of the head, as 1 to $4\frac{1}{2}$—5. Interorbital space narrow; lenses large.

Nostrils single and tubular. The length of the tube almost equal to half the diameter of the lens.

Branchiostegals in this species 5 only. Pseudobranchiæ present; gills normal.

The teeth, wanting on none of the bones regularly furnished with them, are comparatively long (shorter, however, than in *L. verrillii*), and somewhat cylindrical. On the intermaxillary, they constitute a single series of about 10 teeth on each side; in the lower jaw, the smaller examples have only a single row, the larger several series. Small patches of teeth occur on the vomer and the palatine bones; the series on the latter is exceedingly short.

The large pores disposed along the upper and lower jaws are in none of the other species so distinct as in this (possibly from the specimens being all of them relatively young individuals). The 5 extending along the upper jaw, and the 6 along the lower, are in particular exceedingly deep, occupying broad, bowl-shaped depressions corresponding with the cavities in the infraorbital bones and in the lower jaw. On the upper surface of the head, on the opercles, and on the nape, are a large number of small mucous pores, either isolated or arranged in short rows, part of them terminating in exceedingly short tubes.

The Total Length contains	a. Total L. 112^{mm}	b. Total L. 141^{mm}	c. Total L. 198^{mm}	d. Total L. 217^{mm}
The length of the head	7.00	7.83	7.92	8.54
The height of the body at origin of dorsal	22.40	20.14	22.00	21.70
The height of the body at origin of anal	32.00	23.50	24.75	29.05
The dist. of the snout from the dorsal	5.09	5.87	4.82	5.56
The dist. of the snout from the vent	3.73	3.61	3.60	4.01
The length of tail (from vent to tip of tail)	1.36	1.25	1.38	1.33

The vent is farther in advance than in any of the other Lycods; hence the caudal region is exceptionally long, well nigh three-fourths of the total length.

Fins. — The number of fin-rays in this species would appear to be anything but constant; the point, too, at which the dorsal commences, lies farther in advance in some individuals than in others.

The fin-ray formula in the 4 specimens examined was as follows (caudal rays included in the vertical fins): —

	a. Total L. 112^{mm}	b. Total L. 141^{mm}	c. Total L. 198^{mm}	d. Total L. 218^{mm}
Dorsal	101	118	104	108
Anal	97	100	98	103
Pectorals	13—14	13—13	17—17	15—16

Dorsalstraalerne varierede saaledes i Antal fra 101—118; fradrages den øvre Halvdel af Caudalen med 6 Straaler, bliver den hele Række 95—112, et Straaleantal, som blot de ældre Individer af *L. reddii* og *L. esmarkii* have opnaaet. Hos et af Individerne (*b*) ligger Dorsalens Begyndelse betydeligt nærmere hen mod Nakken, end hos de andre. Dorsalens største Højde er omtrent lig $\frac{1}{3}$ af Legemshøjden; dog er Straalernes virkelige Længde, paa Grund af deres skraa Stilling, noget større, eller omtrent lig Legemets halve Højde, men de kunne neppe nogensinde rejses til sin fulde Højde.

Analens Straaler variere i Antal fra 97—103; fradrages den nedre Halvdel af Caudalen, der sandsynligvis tæller 5 Straaler, bliver Rækken 92—98, et Antal, som indtil ikke er fundet hos nogen anden Art.

Pectoralerne ere forholdsvis lange og slanke, noget tilspidsede, og have faa Straaler, idet Antallet har vist sig at variere mellem 13 og 17.

Ventralerne ere ligeledes temmelig lange (dog kortere, end Øjets Længdediameter), og indeholdes i Hovedlængden 6—6½ Gange. Straaleantallet kan ikke med Sikkerhed opgives.

Skjælbeklædning. I én Henseende frembød Skjælbeklædningen hos Individerne af denne Art en højst mærkelig Variation, nemlig med Hensyn til det Tidspunct, da denne begynder at udvikle sig under Individernes Vaext. Typ-Exemplaret af denne Art, beskrevet i den første af de foreløbige Beretninger om Nordhavs-Expeditionens Fiske, og som havde en Totall. af 141^{mm}, havde tæt Skjælbeklædning paa hele Legemet, medens Hovedet med Nakken, samt Finnerne vare nøgne. Af de 3 nyerholdte Exemplarer fra 1878 havde den ene, en spæd Unge, intet Spor af Skjæl, hvad der heller ikke var at vente, da Legemet endnu var halvt gjennemsigtigt, og næsten uden Pigment. Det 2det Exemplar, hvis Totallængde er 198^{mm}, stemmer i alle Dele overens med Typ-Exemplaret, og var, som dette, fuldt skjælbeklædt.

Det allerstørste Individ derimod, hvis Totallængde er næsten dobbelt saa stor, som Typ-Exemplarets, nemlig 217^{mm}, var, mærkeligt nok, endnu næsten ganske uden Skjæl. Blot enkelte Skjæl, der øjensynlig netop befinde sig i Frembrud, kunne opdages henad Halen, men paa hele den forreste Del af Legemet er der ikke Spor af saadanne. I alle andre Henseender ere disse 2 største Individer, der begge erholdtes paa samme Localitet og ved samme Lejlighed, fuldstændig overensstemmende.

Det maa saaledes antages, at Skjælbeklædningen baade anlægges paa et forholdsvis sildigt Stadium, og ganske uregelmæssigt, hos enkelte Individer langt sildigere, end hos andre. Saafremt man vil antage, at Hannerne hos denne Art, i Lighed med, hvad der er paavist hos andre Lycoder, kunne opnaa en betydeligere Størrelse, end Hunnerne, var det at vente, at Skjælbeklædningen anlagdes tidligere hos de sidste, end hos Hannerne. Men det største, og næsten ganske nøgne Individ er netop en Hun, medens det noget mindre, der er tæt skjælbeklædt, er en Han.

The number of the dorsal rays ranged accordingly from 101 to 118. If we deduct the 6 rays in the upper half of the caudal, the whole series will contain 95—112, a number greater than is met with in any of the other species, save in maturer examples of *L. reddii* and *L. esmarkii.* One of the specimens (*b*) has the origin of the dorsal considerably nearer the nape than have the others. The greatest height of the dorsal about equals one-third of the height of the body; but the true length of the rays, owing to their obliquity, is somewhat greater, or about equal to half the height of the body.

The anal rays range in number from 97 to 103. If we deduct the rays in the lower half of the caudal, probably 5, this series will contain 92—98, a greater number than has yet been met with in any other species.

The pectorals are comparatively long and slender, somewhat elongated, and with but few rays, the number having been found to vary between 13 and 17.

The ventrals are also rather long (shorter however than the longitudinal diameter of the eye), being contained from 6 to 6½ times in the length of the head. The number of rays cannot be accurately stated.

Scales. — In one respect the scaled integument in the specimens of this species exhibited a most remarkable variation, viz. as to the exact point of time at which it begins to develop during the growth of the individual. The typical specimen of this species, described in the first of the preliminary reports treating of the fishes collected on the Expedition, total length 141^{mm}, had the whole body covered with scales; the head, the nape, and the fins were naked. Of the 3 individuals newly obtained (1878), one, a fry-specimen, exhibited no trace of scales, as was indeed to be expected, the body being still semi-translucent and almost colourless. The second example, total length 198^{mm}, agrees perfectly with the typical specimen, being, like that, entirely scaled.

The largest individual, on the contrary, with a total length twice as great as that of the typical specimen (217^{mm}), was, strange to say, well nigh scaleless. A few scales only, and obviously in the first stage of development, could be detected along the tail; on the whole of the anterior part of the body there was no trace of any. In all other respects, these two largest individuals, both of them taken in the same locality and at one time, agree perfectly.

There is, accordingly, every reason to infer, that the scaled integument makes its appearance at a comparatively late stage of growth, and quite irregularly, much earlier in some individuals than in others. Now assuming that the males of this species, in common with what has been shown to hold good with other Lycods, can attain a greater size than the females, the scaled integument would naturally develop earlier in the latter than in the males. But the largest and well nigh naked example, is a female, whereas the smaller specimen, which is densely scaled, is a male.

Det vil heraf være indlysende, hvor vanskeligt det er efter et enkelt eller nogle faa Individer at fremsætte sikre Artscharacterer inden denne Slægt, hvorfor Arternes Begrændsning endnu idethele er i flere Punkter usikker.

Skjællene ere, som hos alle skjælbærende Lycoder, runde, adskilte, og nedtrykte i Huden, hvidagtige af Farve, samt overalt af temmelig lige Størrelse, blot ubetydeligt mindre paa Halen. Langs Ryglinien staa de ubetydeligt tættere, end paa andre Steder af Legemet; dog berøre Skjællenes Rande intetsteds hinanden.

Sidelinien. En Sidelinie, der er ventral, er tilstede, om den end blot med Vanskelighed lader sig forfølge i sin Helhed. Fra Gjællespaltens øvre Ende nedløber i skraa Retning indtil et kort Stykke bagenfor Anus en Række temmelig tætstaaende, særdeles smaa Porer, forbundne indbyrdes ved en fin Linie; efterat have naaet ned næsten til Grunden af Analfinnen, løber Rækken langs med denne et Stykke ud mod Caudalen, uden at det med Nøjagtighed kan angives, hvor den ophører. Maaske vil den hos fuldt udvoxede Exemplarer lade sig forfølge lige til Halespidsen. Den er tydeligst hos det største Individ, hvis Skjælbeklædning endnu blot er i sit Frembrud.

Samtidig kan under gunstig Belysning spores hos et Par af Individerne en Række yderst smaa og fjerntstillede Porer langs Legemets Midtlinie, men uden at denne Række har Characteren af nogen Sidelinie.

Farve. Farven er ensfarvet lyst graabrun; Skjællene overalt lysere, end Legemets Bundfarve. Nedenfor Midtlinien er Legemet hos et af Individerne ubetydeligt lysere, end ovenfor denne. Bughinden er gjennemskinnende sort, selv hos de største Exemplarer, hvilket i Forbindelse med Skjælbeklædningens Udvikling antyder, at intet af dem har naaet sin fulde Udvikling.

Størrelse. Flere Omstændigheder tyde saaledes hen paa, at intet af Individerne endog tilnærmelsesvis have naaet sin fulde Størrelse. Vi have i det foregaaende paavist, at Yngelen af *L. frigidus* er fuldkommen normalt udviklet og har fuld Pigmentering, som de Udvoxede, med en Totallængde af 37 og 62^{mm}, og Arten kan dog opnaa en Størrelse af over 500^{mm}; hos *L. esmarkii*, der kan opnaa en Størrelse af over 600^{mm}, var det samme Tilfældet hos en Unge med en Totallængde af 81^{mm}.

Da det mindste Exemplar af *L. muræna*, hvis Totallængde er 112^{mm}, endnu var transparent, og har fuldkommen Characteren af en spæd Yngel, ligesom fremdeles Skjælbeklædningen hos et Individ med en Totallængde af 217^{mm} endnu blot befandt sig i sit første Frembrud, er det sandsynligt, at man i Fremtiden vil lære at kjende Arten som en mærkelig, aalelignende Form af ganske betydelig Størrelse, naar Apparaterne til Dybvandsfiskes Erhvervelse blive saa fuldkomne, at de ere istand til at ophente saadanne Former, (som det paa Grund af deres Legemsbygning maa antages ere særdeles hurtige), i sin fuldt udviklede Tilstand.

Hence we see how difficult it is from a single specimen, or several individuals even, to work out specific characters for this genus; and the limits of its species are therefore in many respects as yet uncertain.

As in all of the scaled Lycods, the scales are round, non-contiguous, and imbedded in the skin, whitish in colour, and everywhere nearly equal in magnitude, those on the tail only being a trifle smaller. Down the dorsal line they lie a little closer than on the other parts of the body, the margins however coming nowhere in contact.

Lateral Line. — A lateral line (ventral) is present, though difficult to trace throughout its entire length. From the upper extremity of the gill-opening, a series of small, and rather closely set, pores, passes obliquely downwards to within a short distance behind the vent; after descending nearly to the base of the anal, the series accompanies that fin a short distance in the direction of the caudal, the exact point at which it terminates not admitting however of being determined. In full-grown examples, it will, perhaps, be traceable to the tip of the tail. It is most distinct in the largest individual, on which the scales are just beginning to appear.

Exclusive of the above, a series of minute pores may be discerned, in a good light, in one or two of the specimens, extending along the mesial line of the body; but this series has not the character of a lateral line.

Colour. — A uniform light greyish-brown; the scales everywhere lighter than the ground-colour of the body. Below the mesial line, the body, in one of the specimens, is somewhat lighter than above it. The ventral membrane a lustrous black, even in the largest individuals, from which, along with the peculiarities of development in the scales, we may infer that they have none of them attained maturity.

Size. — Several circumstances, therefore, give reason to infer that none of the individuals were full-grown. We have already shown, that the fry-specimens of *L. frigidus*, total length from 37^{mm} to 62^{mm}, have all the characters of the adult fish, including the coloration, and yet the species can attain a length of 500^{mm}, and above; this was the case, too, with a specimen of *L. esmarkii*, with a total length of 81^{mm}, the extreme length in this species being upwards of 600^{mm}.

The smallest example of *L. muræna*, total length 112^{mm}, being still semi-translucent, and its general appearance precisely that of a fry-specimen; and moreover, the scales in one individual, with a total length of 217^{mm}, having only just commenced developing, — it is not improbable, that at some future period the species will be met with as an anguilliform *Lycodes* of very considerable dimensions, when the apparatus for the capture of deep-sea fishes shall have been so far improved, as to admit of bringing up such forms (which from the structure of their body must be assumed to be rapid swimmers) in the final stage of development.

Føde. Det største af de erholdte Individer var en Hun, og havde umoden Rogn i det eneste Ovarium. Det noget mindre, fuldt skjælbeklædte Individ var en Han.

Ventrikelen af det største Individ indeholdt udelukkende Dele af *Themisto libellula*. Mandt; det noget mindre ligeledes Levninger af *Themisto*, samt et Individ af den af G. O. Sars nylig beskrevne diminutive Isopode *Nannoniscus bicuspis*, hvoraf tidligere blot et Par Individer vare fundne.

Udbredelse. *L. muræna* foreligger for Tiden i 4 Individer, alle optagne fra betydeligt Dyb og iskoldt Vand langt fra Land. Det første erholdtes under Nordhavs-Expeditionens 2det Togt, i 1877, paa Bankerne udenfor Helgeland[1] i Norge, saaledes sondenfor Polarcirkelen; de øvrige fra Expeditionens sidste Togt, i 1878, fra Dybderne udenfor Beeren Eiland og Spitsbergen op til 80° N. B., eller i det Hele saa langt mod Nord, som hensigtsmæssige Dybvandsskrabninger hidtil ere foretagne.

Food etc. The largest of the specimens was a female, with immature ova in the single ovary. The somewhat smaller, fully scaled individual, was a male.

The ventricle of the female contained exclusively parts of *Themisto libellula*, Mandt; that of the male contained likewise fragments of *Themisto*, and also an example of the diminutive Isopod *Nannoniscus bicuspis*, lately described by G. O. Sars, and of which one or two individuals only had previously been known.

Distribution. Of *L. muræna* 4 specimens have been obtained up to the present time, all of which were brought up from a considerable depth in the cold area, far from land. The first was taken on the second voyage of the Expedition, in 1877, on the banks off Helgeland,[1] in Norway, accordingly south of the Arctic circle; the remaining three were brought up, on the last cruize, in 1878, from the depths off Beeren Eiland and Spitzbergen, — as far north as deep-sea dredging has been undertaken (80°).

Gen. Gymnelis, Reinh.

Overs. 1832—33. Kgl. D. Vid. Selsk. Nat. Math. Afh. 6 Del. p. XXI og XXII. 1837. „*Gymnelus*" (1832—33).

Kgl. D. Vid. Selsk. Naturv. Math. Afh. 7 Del. p. 116 og 131. 1838. „*Gymnelis*" (1838).

Legemet langstrakt, aalformigt, nøgent. Sidelinie tilstede, tildels utydelig. Hovedet rundagtigt, med lige lange Kjæver. Finnestraalerne bløde, articulerede og kløvede; Caudalen utydelig, og er uden Overgang forenet med Dorsalen og Analen. Ventralerne mangle. Gjællespalten temmelig trang og højtliggende; Gjællehinderne ikke indbyrdes sammenvoxede paa Hovedets Underside. Tænder i Kjæverne, paa Vomer, og paa Palatinbenene. Gjællestraalerne 6; Pseudobranchier tilstede. Svømmeblære mangler; Appendices pyloricæ rudimentære.

24. Gymnelis viridis, (Fabr.) 1780.

Pl. IV. Fig. 32.

Ophidium viride, Fabr. Fauna Groenl., p. 141 (1780).
Ophidium unernak, Lacép. Hist. Nat. Poiss. tom. 2. p. 280 (1800)[2].
Gymnelus viridis, Reinh. Overs. 1832—33. Kgl. D. Vid. Selsk. Nat. Math. Afh. 6 Del. p. XXI. Kbhvn. 1837 (1832—33).

Gen. Gymnelis, Reinh.

Overs. 1832—33. Kgl. D. Vid. Selsk. Nat. Math. Afh. 6 Del. p. XXI og XXII. 1837. "*Gymnelus*" (1832—33).

Kgl. D. Vid. Selsk. Naturv. Math. Afh. 7 Del. p. 116 and 131. 1838. "*Gymnelis*" (1838).

Body elongate, anguilliform, naked; lateral line present, but rather indistinct. Head roundish, with jaws equal in length. Fin-rays soft, articulate, and branched; caudal indistinct, continuous with the dorsal and anal. Ventrals wanting. Gill-openings rather narrow, and elevated; the branchial membranes non-continuous on the inferior surface of the head. Teeth in the jaws, on the vomer, and on the palatine bones. Branchiostegals 6; pseudobranchiæ present. Air-bladder wanting; pyloric appendages rudimentary.

24. Gymnelis viridis, (Fabr.) 1780.

Pl. IV. fig. 32.

Ophidium viride, Fabr. Fauna Groenl., p. 141 (1780).
Ophidium unernak, Lacép. Hist. Nat. Poiss. tom. 2. p. 280 (1800).[2]
Gymnelus viridis, Reinh. Overs. 1832—33, Kgl. D. Vid. Selsk. Nat. Math. Afh. 6 Del. p. XXI. Kbhvn. 1837 (1832—33).

[1] Allerede under det første Aars Expedition, i 1876, erholdtes omtrent paa samme Sted et Exemplar af en *Lycodes*, der ved et Uheld blev bortkastet. Prof. Sars erklærer, at det utvivlsomt har tilhørt samme Art, som ovenfor er benævnt *L. muræna*.

[2] L'an VIII de la République.

[1] On the first voyage of the Expedition (1876), in the same locality about, an example of a *Lycodes* had been obtained, which was afterwards unintentionally thrown away. Professor Sars states it to have been unquestionably of the same species as that here termed *L. muræna*.

[2] L'an VIII de la République.

Gymnelis viridis. Reinh. Kgl. D. Vid. Selsk. Nat. Math. Afh. 7 Del, p. 116 og 131 (1838).
Cepolophis viridis. Kaup. Wieg. Arch. f. Naturg. 1856, 1 B., p. 96 (1856).
Gymnelis pictus. Günth. Cat. Fish. Brit. Mus. vol. 4, p. 324 (1862).

Diagn. *Farven varierende; ensfarvet, eller med rundagtige mørke Tverfletter; langs Grunden af Dorsalen som i Regelen 1 eller flere sorte Øjepletter. Dorsalen begynder over Pectoralens bagre Tredjedel. Hovedet indeholdes 6—7 Gange i Totallængden. Størrelsen indtil 300mm.*
M. B. 6. D. A. 70—72; C. 8—11; P. 11—13.

Localit. fra Nordh.-Exped. Jan Mayen; Spitsbergen.

	Stat. 237.	
Beliggenhed.	Jan Mayen.	Norskøerne, N.V. Spitsbergen.
Dybde.	263 Favne (481 m).	Af Ventrikelen af *Gadus morrhua.*
Temp. paa Bunden.	−0,3° C.	
Bunden.	Grovt Gruus og Smaasten.	
Datum.	3die Aug. 1877.	15de Aug. 1878.
Antal Indiv.	1 Indiv.	3 Indiv.

Bemærkninger til Beskrivelsen. En detailleret Beskrivelse af denne Art er meddelt af Krøyer i 1862 (Naturh. Tidsskr. 3 Række. 1 B. p. 258), hvorfor jeg her blot giver et Par Bemærkninger, vedrørende de foreliggende Specimina.

Totallængden af det første Exemplar er 76mm; heraf udgjorde Hovedets Længde 12mm, og indeholdtes saaledes lidt over 6 Gange i Totallængden; hos de øvrige erholdte Exemplarer har Forholdet ligget mellem 5,7 (det største Individ) og 7,3 (det mindste).

Bundfarven var hos Exemplaret fra Jan Mayen (1877) graagul med talrige (17) noget lysere Tverbaand, der vare smalere, end det mellemliggende Felt af Bundfarven. I Dorsalen stod, som vil sees af Figuren paa Pl. IV, Fig. 32, 3 Pletter, 2 tæt sammen noget bagenfor Finnens Udspring, og en enkelt omtrent paa dens Midte. Endskjønt Krøyer (Naturh. Tidsskr. 3 R. 1 B.) opstiller 33 forskjellige Farvevarieteter, gaar det forhaandenværende Exemplar ikke ind under noget af disse, hvilket viser denne Arts næsten ubegrændsede Varieren.

De 3 Exemplarer fra det sidste Aars Togt (1878), bleve alle udtagne af Ventrikelen af *Gadus morrhua* ved Norskøerne paa Spitsbergens Nordside. Alle ere noget angrebne af Fordøjelsen, saaledes, at Farvetegningen blot paa det ene er for en Del bibeholdt; Finnerne ere hos alle fortærede. Torskene fangedes paa et Dyb af mellem 5 og 10 Favne.

Totallængden af det mindste af disse Exemplarer er 78mm, Hovedlængden 10,6mm. Hos dette og det næste Exemplar, der begge ere yngre, ere Kjæverne relativt langt kortere, end hos de udvoxede Exemplarer, og naa blot hen under Midten af Øjet; Hovedet er ligeledes relativt større i Forhold til Legemet, og indeholdes blot 2½ Gange i Afstanden fra Snudespidsen til Anus.

Gymnelis viridis. Reinh. Kgl. D. Vid. Selsk. Nat. Math. Afh. 7 Del, p. 116 og 131 (1838).
Cepolophis viridis. Kaup. Wieg. Arch. f. Naturg. 1856, 1 B. p. 96 (1856).
Gymnelis pictus. Günth. Cat. Fish. Brit. Mus. vol. 4, p. 324 (1862).

Diagnosis. — *Colour varying; uniform or with dark, roundish, transverse patches; along the base of the dorsal, as a rule one or more black ocelli. Dorsal commencing above the posterior third of the pectorals. Head contained from 6 to 7 times in the total length. Length reaching 300mm.*
M. B. 6; D. 90—100; A. 70—72; C. 8—11; P. 11—13.

Locality (North Atl. Exped.): — Jan Mayen; Spitzbergen.

	Stat. 237.	—
Exact Locality.	Jan Mayen.	Norsk Islands, N.W. Spitzbergen.
Depth.	263 Fathoms (481 m).	From the Ventricles of *Gadus morrhua.*
Temp. at Bottom.	−0,3° C.	
Bottom.	Coarse Sand and Shingle.	
Date.	3rd Aug. 1877.	15th Aug. 1878.
Numb. of Specim.	1 Indiv.	3 Indiv.

Descriptive Observations. A detailed description of this species having been furnished by Krøyer in 1862 (Naturh. Tidsskrift, 3 Række, 1 B. p. 258), I shall confine myself to a few remarks on the specimens obtained on the Expedition.

Total length of the first individual 76mm; length of the head 12mm, being accordingly to the former as 1 to 6; in the remaining examples, the proportion varies between 5,7 (the largest individual) and 7.3 (the smallest).

The ground-colour in the specimen from Jan Mayen (1877) was greyish-yellow, with numerous (17) transverse bands of a somewhat lighter shade, and narrower than the space between. The dorsal had, as will be seen in the figure (Pl. IV, fig. 32), 3 spots: 2 close together, a little posterior to the origin of the fin, and 1 about in the middle. Krøyer (Naturh. Tidsskr. 3 R. 1 B.) has established 33 differently coloured varieties; but this specimen does not agree with any one of them: which shows the almost unlimited extent to which the species is found to vary.

The 3 specimens obtained on the last voyage of the Expedition (1878) were all taken from the ventricles of *Gadus morrhua,* captured off the Norsk Islands, on the north coast of Spitzbergen. All three are in a partially digested state; in one only can a few vestiges of the coloration be discerned, the fins are entirely gone in all. The cods were taken at a depth of from 5 to 10 fathoms.

Total length of the smallest of these examples 78mm; length of the head 10,6mm. In this, and in the specimen next in size, both of them immature, the jaws are relatively much shorter than in the full-grown individuals, not reaching farther back than under the middle of the eye; the head, too, is relatively larger in proportion to the body, being contained only 2½ times in the distance from the point of the snout to the vent.

Totallængden af det andet Individ er 80^{mm}, Hovedlængden 12^{mm}. Farven er nogenlunde vel bibeholdt paa Legemets Sider, og viser omtrent 11 brede brunsorte ringformige Tverpletter, der i Midten ere lysere; dette Exemplar svarer idethele til den Form, som af Günther (Cat. Fishes Brit. Mus. vol. IV. p. 325) opføres som en distinct Art under Navn af *G. pictus*, men som neppe kan ansees som skilt fra den typiske *G. viridis*, hvilket allerede Malmgren tidligere har paavist (Öfv. Kgl. Vet. Ak. Förh. 1864, p. 514)[1]. Af de Kröyer-Reinhardt'ske Varieteter gaar det nærmest ind under *var. g.* uden dog ganske at svare til denne. (Cfr. Naturh. Tidsskr. 3 R. 1 B., p. 260. Kbhvn. 1861—63).

Totallængden af det største Individ er 143^{mm}, Hovedlængden 25^{mm}; Kjæverne naa tilbage til Bagranden af Øjet. Hovedet indeholdes $2^{1}/_{3}$ Gange i Afstanden fra Snudespidsen til Anus.

Ligesom hos Slægten *Lycodes* ere Dorsal- og Analstraalerne leddede, samt ved Grunden delte med et tydeligt Mellemrum, hvorimod hver Halvdel senere er sammenhængende. Straaleantallet var hos det største Individ: *D. 92; C. ?; A. 70.*

I Munden af det sidste Individ fandtes et Exemplar af *Modiolaria lævigata*, Gray.

Udbredelse. Er maaske circumpolær, og er truffet saavel i Berings-Strædet, som ved Kysterne af det arctiske America og Europa. I størst Antal er den indsamlet ved Grønlands Kyster, hvor den synes at maatte henregnes til de almindeligste Fiskearter. I Øst-Grønland blev den af den engelsk-arctiske Expedition indsamlet i 1875—76 med Nord lige op til 81° 52′ N. B. Allerede de svenske Polar-Expeditioner have fundet den, men først under det sidste Togt (1872) i nogen Mængde, ved Spitsbergen, og den gaar her op til de nordligste Punkter, der have været undersøgte; derimod er den endnu ikke paavist paa Americas Østkyst søndenfor Grønland, eller ved det europæiske Continent.

[1] Næsten alle unge Individer, optagne ved Spitsbergen under de sidste Expeditioner (1864—72), og som opbevares i Riks-Museum i Stockholm, hvor jeg i 1879 ved Prof. Smitts Velvillie havde Lejlighed at undersøge dem, tilhøre Formen *pictus*, idet Legemet er tegnet med sadelformige Tverbaand; enkelte Individer ere i Midten af Legemet næsten ganske sorte, og havde blot oventil Spor af lysere Tverbaand.

Total length of the second specimen 80^{mm}, length of the head 12^{mm}. The coloration is comparatively well retained on the sides, exhibiting about 11 broad, brownish-black, annular transverse spots, lighter in the middle: this specimen agrees in all essential features with the form referred by Günther (Cat. Fishes Brit. Mus. vol. IV. p. 325) to a separate species, under the name of *G. pictus*, but which, as already shown by Malmgren (Öfv. Kgl. Vet. Ak. Förh. 1864, p. 514),[1] can hardly be distinct from the typical *G. viridis*. Of the varieties established by Kröyer and Reinhardt, it comes nearest to that indicated by *var. g*; but even with this form it does not strictly agree (*vide* Naturh. Tidsskr. 3 R. 1 B., p. 260. Kbhvn. 1861—63).

Total length of the largest individual 143^{mm}; length of the head 25^{mm}; jaws reaching back to the posterior margin of the eye; head contained twice and one-third in the distance from the point of the snout to the vent.

As in the genus *Lycodes*, the dorsal and anal rays articulated, and distinctly cleft to the base, the halves, however, being from thence connate. Number of fin-rays in the largest specimen: — *D. 92; C. ?; A. 70.*

The last-mentioned individual had in its mouth an example of *Modiolaria lævigata*, Gray.

Distribution. — Possibly circumpolar; it has been met with both in Behring's Straits and on the shores of Arctic America and Europe. The greatest number of specimens have been collected on the coasts of Greenland, where it would seem to be one of the commonest fishes. Off the coast of East Greenland, it was taken on the English Arctic Expedition in 1875—76, as far north as 81° 52′. The species had previously been met with on the Swedish Polar Expeditions; but not in any great abundance till 1872, off the coast of Spitzbergen, its range here extending to the most northerly localities; it has not as yet been observed on the eastern coast of America, south of Greenland, or on the shores of the European continent.

[1] Nearly all the young individuals taken off the coast of Spitzbergen on the latest of the Swedish Expeditions (1864—72), and which are preserved in the Riks Museum at Stockholm, where, in 1879, Professor Smitt kindly permitted me to examine them, belong to the form *pictus*, the body being marked with saddle-shaped transverse bands; some of the individuals, however, are almost black on the middle of the body, the upper part only exhibiting traces of transverse bands.

Subord. Anacanthini.

Fam. Gadidae.

Gen. Gadus, Lin.

Syst. Nat. ed. 12, tom. 1, p. 435 (1766).

25. Gadus saida, Lepech. 1774.

Pl. IV, Fig. 33.

Gadus saida, Lepech. Nov. Comm. Acad. Sci. Imp. Petrop. tom. 18, 1774, p. 512, Tab. 5, Fig. 1 (1774).
Gadus aeglefinus, Fabr. (nec. Lin.) Fauna Groenl. No. 100, p. 142 (1780).
Merlangus polaris, Sab. Suppl. App. Parry's First Voy. p. 211 (1824).
Gadus fabricii, Richards. Fauna Bor.-Am. vol. 3, p. 245 (1836).
Gadus polaris, Richards. Fauna Bor.-Am. vol. 3, p. 247 (1836).
Gadus agilis, Reinh. Kgl. D. Vid. Selsk. Natur. Math. Afh. 7 Del. p. 126 (1838).
Pollachius polaris, Gill, Proc. Acad. Nat. Sci. Philad. 1861, App. p. 48 (1861).
Gadus (Boreogadus) saida, Günth. Cat. Fish. Brit. Mus. vol. 4, p. 337 (1862).
Gadus (Boreogadus) fabricii, Günth. Cat. Fish. Brit. Mus. vol. 4, p. 336 (1862).
Boreogadus polaris, Gill. Proc. Acad. Nat. Sci. Philad. 1863, p. 233 (1863).
Gadus glacialis, Peters. 2te D. Nordpol.-Exp. B. II, p. 172 (Leipz. 1874).

Diagn. *Underkjæven længere end Overkjæven. En rudimentær Skjægtraad tilstede. Hovedet indeholdes 4 Gange i Totallængden; Øinene store, indeholdes 3–4 Gange i Hovedlængden. Legemet langstrakt og slankt. Halerøden særdeles smal. Caudalen dybt kløftet; Finnerne adskilte ved et tydeligt Mellemrum. Anus ligger under 1ste Straale af 2den Dorsal. Tænderne særdeles fine; i Overkjæven ere de i den ydre Række ubetydeligt større end de øvrige Tænder. Skjællene cirkelrunde, smaa, adskilte. Sidelinien farveløs, ofte bagtil utydelig, noget sænket under 2den Dorsal; iøvrigt ret. Et fremtrædende System af Slimporer paa Hovedet. Farven ovenfor rødlig graabrun, nedenfor sølvhvid; Finnerne mere eller mindre sortagtige. Størrelsen indtil 220mm (og derover).*

1 D. 12 (13–14); 2 D. 12–15 (16); 3 D. 19–20 (17–18, eller 21–23); 1 A. 17 (16 eller 18); 2 A. 19–22 (23); P. 17–18; V. 6.

Subord. Anacanthini.

Fam. Gadidæ.

Gen. Gadus, Lin.

Syst. Nat. ed. 12, tom. 1, p. 435 (1766).

25. Gadus saida, Lepech. 1774.

Pl. IV, fig. 33.

Gadus saida, Lepech. Nov. Comm. Acad. Sci. Imp. Petrop. tom. 18, 1774, p. 512, Tab. 5, Fig. 1 (1774).
Gadus aeglefinus, Fab. (nec Lin.) Fauna Groenl. No. 100, p. 142 (1780).
Merlangus polaris, Sab. Suppl. App. Parry's First Voy. p. 211 (1824).
Gadus fabricii, Richards. Fauna Bor.-Am. vol. 3, p. 245 (1836).
Gadus polaris, Richards. Fauna Bor.-Am. vol. 3, p. 247 (1836).
Gadus agilis, Reinh. Kgl. D. Vid. Selsk. Natur. Math. Afh. 7 Del. p. 126 (1838).
Pollachius polaris, Gill, Proc. Acad. Nat. Sci. Philad. 1861, App. p. 48 (1861).
Gadus (Boreogadus) saida, Günth. Cat. Fish. Brit. Mus. vol. 4, p. 337 (1862).
Gadus (Boreogadus) fabricii, Günth. Cat. Fish. Brit. Mus. vol. 4, p. 336 (1862).
Boreogadus polaris, Gill. Proc. Acad. Nat. Sci. Philad. 1863, p. 233 (1863).
Gadus glacialis, Peters, 2te D. Nordpol.-Exp. B. II, p. 172 (Leipz. 1874).

Diagnosis. — *The lower jaw longer than the upper, and bearing a rudimentary barbel. Length of head to total length as 1 to 4; eyes large, the diameter being from $\frac{1}{3}$ to $\frac{1}{4}$ of the length of the head. Body slender and elongated; peduncle of tail narrow. Caudal deeply forked; the fins separated, a distinct space intervening. The vent placed under the 1st ray of the 2nd dorsal. Teeth extremely minute; in the upper jaw, those in the outer series are a trifle larger than the other teeth. The scales circular, small, and non-contiguous. Lateral line colourless, the posterior part often indistinct, slightly inclining under the second dorsal. On the head, a well-defined system of mucous pores. Colour above reddish-brown and grey, under surface of a silvery white; fins blackish. Length reaching 220mm (and above).*

1 D. 12 (13–14); 2 D. 12–15 (16); 3 D. 19–20 (17–18 or 21–23); 1 A. 17 (16 or 18); 2 A. 19–22 (23); P. 17–18; V. 6.

Localit. fra Nordh.-Exped. Havet mellem Beeren Eiland og Spitsbergen, samt Magdalene-Bay paa Spitsbergen.

	Stat. 226.	—	Stat. 366.
Beliggenhed.	96 Kil. N. Beeren Eiland.	Norsk-Oerne. Spitsbergen.	Magdalenebay. N. Spitsbergen.
Dybde.	?	Ubetydelig.	Ubetydelig.
Temp. paa Bunden.	÷ 1,6° C.	?	0,2 til ÷2,1° C.
Datum.	3die Aug. 1878.	15de Aug. 1878.	17de Aug. 1878.
Antal Indiv.	1 yngre Indiv.	1 Unge.	72 unge Indiv.

Bemærkninger til Synonymien. Det kan neppe længere være Tvivl underkastet, at alle de Former, som ere beskrevne under Navnene *G. polaris*, (Sab.) 1824, *G. fabricii*, Richards. 1836, eller *G. agilis*, Reinh. 1838, fra Spitsbergen, Island, Grønland og andre Punkter af det arctiske America, i Virkeligheden gaa ind under den af Lepechin i 1774 fra det hvide Hav beskrevne *Gadus saida*, hvilket allerede Malmgren i sin Fortegnelse over Spitsbergens Fiskefauna af 1864 har antaget for sandsynligt[1], og Prof. Smitt har udtalt samme Anskuelse i en Meddelelse til Vetenskaps-Akademien i Stockholm i 1876. Vistnok er Lepechin's originale Beskrivelse ingenlunde udtømmende, eller endog synderlig nøjagtig[2]. Men en umiddelbar Sammenligning, som jeg har kunnet anstille mellem Exemplarer af *G. saida* fra Archangel, afgivne til Universitets-Museet af Lieutn. Sandeberg, og de Individer, som Museet i de seneste Aar modtaget fra Grønland, Spitsbergen og Novaja Zemlja, har bestyrket den Antagelse, at de alle ere identiske.

At Individerne fra Hvidehavet i Regelen have havt mørkere Finner, kan vistnok alene tilskrives, at de tilfældigvis havde en betydeligere Størrelse, idet de Individer fra de øvrige Localiteter, hvortil jeg har havt Adgang, saagodtsom alle have været mindre, end halvvoxne. Men iøvrigt stemme de alle i sin Skjælbeklædning, Tandbygning, Stillingen af Anus og i ethvert Punkt af Legemsbygningen saa fuldkommen overens, at nogen Adskillelse mellem dem som distincte Arter ikke er mulig. I Overensstemmelse hermed opføres Arten under det ældste Lepechin'ske Navn, *Gadus saida*[3].

En betydelig Lighed udviser Arten med den af Peters i „2te Deutsche Nordpolar-Exp.", B. II. p. 172 (Leipz. 1874)

[1] Öfv. Kgl. Vet. Ak. Förh. 1864, p. 531. Arten opføres dog paa dette Sted under Navnet *Boreogadus polaris*, (Sab.).

[2] Det er saaledes sandsynligvis efter denne Tegning, at Günther i Diagnosen for *G. saida* beskriver Stillingen af Anus i Cat. Fish. Brit. Mus. vol. 4. p. 337.

[3] Navnet *saida* er dannet af det Trivialnavn, hvorunder Arten er kjendt paa den russiske Kyst, og da dette utvivlsomt er det samme, som Nordlændernes „Sei" (*G. virens*), antydes herved en Overensstemmelse i det Ydre mellem disse 2 Arter. Denne Lighed er dog ikke større, end at Arterne allerede ved et hurtigt Blik kunne adskilles, saaledes ved Skjælbeklædningen, Legemsbygningen, Stillingen af Anus, etc.

Locality (North Atl. Exped.): — The open sea, between Beeren Eiland and Spitzbergen; Magdalene Bay, on the coast of Spitzbergen.

	Stat. 226.		Stat. 366.
Exact Locality.	96 Kil. N. Beeren Eiland.	Norsk Islands. Spitzbergen.	Magdalene Bay. N. Spitzbergen.
Depth.	?	Trifling.	Trifling.
Temp. at Bottom.	÷ 1,6° C.	?	0,2 to −2,1° C.
Date.	3rd Aug. 1877.	15th Aug. 1878.	17th Aug. 1878.
Numb. of Species.	1 Indiv. (young).	1 Indiv. (young).	72 Indiv. (young).

Remarks on the Synonymy. — There can be very little reason to doubt, that the divers forms occurring on the coast of Spitzbergen, Iceland, Greenland, and Arctic America, described as *G. polaris*, (Sab.) 1824; *G. fabricii*, Richards., 1836; or *G. agilis*, Reinh. 1838, are identical with *Gadus saida*, the species diagnosticated by Lepechin in 1774, from an example taken in the White Sea; an assumption supported by Malmgren[1] in his List of Spitzbergen Fishes, published 1864; Professor Smitt, too, arrived at the same conclusion in 1876, as appears from his communication to the Swedish Vetenskaps Akademi. The diagnosis originally furnished by Lepechin is doubtless far from complete, and leaves, too, not a little to be desired in point of accuracy[2]; but direct, autoptical comparison between examples of *G. saida* from Archangel, procured for the University Museum by Lieut. Sandeberg, and individuals sent to the Museum from Greenland, Spitzbergen, and Novaja Zemlja, has still further convinced me of the plausibility of this hypothesis.

The darker colour of the fins characterising the majority of the White Sea specimens, must be unquestionably ascribed to their having been of a larger size, since the individuals from other localities that I have had opportunity of examining, were all of them in more or less early stages of growth. For the rest, however, they agree so closely, viz. in the arrangement of the scales, in the dental characters, the position of the vent, and every feature connected with the structure of the body, as to preclude the possibility of distinction. Hence the species is classed here with Lepechin's original name, *Gadus saida*.[3].

This species bears a close resemblance to *G. glacialis*, diagnosticated by, Peters in "Zweite Deutsche Nordpolar-

[1] Öfv. Kgl. Vet. Ak. Förh. 1864, p. 531. The species is referred here, however, to *Boreogadus polaris*, (Sab.).

[2] Probably, it was Lepechin's representation from which Günther determined the position of the vent in his diagnosis of *G. saida*, in Cat. Fish. Brit. Mus. vol. 4, p. 337.

[3] The designation *saida* is adopted from the trivial name by which the species is known on the Russian coast; and this term being obviously a corruption of the Norwegian "Sei" (*G. virens*), serves to indicate an external similarity in the two species. The resemblance, however, is not greater, but that a glance will suffice to distinguish them; viz. by reason of the deviation in the arrangement of the scales, the position of the vent, the general structure of the body, &c.

beskrevne *G. glacialis*, opstillet efter et enkelt i 1870 ved Sabine-Øen paa Grønlands Østkyst erholdt Individ, og det er sandsynligt, at denne ligeledes gaar ind under *G. saida*.

Dette Individ havde Tænder ogsaa paa Palatinbenene, en Ejendommelighed, der dog sandsynligvis maa opfattes som en blot individuel Variation, som ikke kan tillægges Vægt som Artscharacter, idet den samme Ejendommelighed, ifølge Dr. Lütkens Undersøgelser, nylig er bemærket undtagelsesvis ogsaa hos den ægte *Gadus saida*. Iøvrigt er dette Individ i alle Henseender overensstemmende med den sidstnævnte Art.

Dr. Günther har (1862) henført *G. saida* under Underslægten *Boreogadus*, characteriseret (blandt Arterne med Underkjæven længst) ved, at Tænderne i Overkjævens ydre Række ere større, end i den indre Række (Cat. Fish, vol. 4, p. 336). Imidlertid synes denne Character hos *G. saida* at være af temmelig underordnet Betydning, da baade Overkjævens Tænder samtlige ere ganske smaa, og Forskjellen mellem dem særdeles ringe.

Beskrivelse. *Legemsbygning.* *G. saida* udmærker sig fremfor de øvrige europæiske Arter ved sit langstrakte og smækre Legeme, den tynde Halerod, der indeholdes omtrent 4 Gange i Underkjævens Længde, den langt tilbagetrukne Anus, de smaa og runde Skjæl, og ved det stærkt udviklede System af Slimporer og Papiller paa Hovedet; fremdeles ved den næsten farveløse og noget bøjede Sidelinie, de forholdsvis store Øjne, og ved den dybt kløftede Caudal.

Det største af de under Expeditionen erholdte Individer har havt en Totallængde af 203^{mm}, hvoraf Hovedlængden udgjorde 49^{mm}. Det mindste Exemplar havde en Totallængde af 65^{mm}, en Hovedlængde af 16,5^{mm}; de fleste Individer i det store Stim, der optoges i et enkelt Kast med Trawlnettet i Magdalenebay, vare Unger, der havde en Længde af 90 til 110^{mm}.

I Totallængden indeholdes Hovedets Længde saaledes næsten nøjagtigt 4 Gange, Legemets Højde omtr. 7 Gange. Underkjæven rager tydeligt frem foran Overkjæven, og Mundvinkelen naar ikke fuldt hen under Øjets Midte.

Øjnene ere forholdsvis store, og udgjøre hos Ungerne (med en Totall. af 70^{mm}) omtrent $^1/_3$, hos de ældre næsten $^1/_4$ af Hovedlængden. Hos de første er Øjets Diameter omtrent af Snudens Længde, hos ældre Individer betydeligt kortere.

En liden Skjægtraad paa Hagen er altid tilstede; hos Ungerne er denne dog lidet fremtrædende, men naar hos de ældre en Længde af omtrent $^1/_2$ Øjendiameter.

Tænderne ere fine, men yderst skarpe, krummede indad, og danne en sammenhængende Række i Mellemkjæverne og i Underkjæven; indenfor denne kan spores en indre Række, bestaaende af yderst fine Tænder, der blot fortil ere nogenlunde tydelige. Disse sidstnævnte Tænder ere ubetydeligt lavere, end den ydre Rækkes. Vomer er ligeledes tandbærende, medens Palatinbenene ere regulært glatte, undtagelsesvis (ifølge Dr. Lütken og Prof. Peters) tandbærende.

Exped.," B. II, p. 172, and described from our individual, taken in 1870, off Sabine Island, on the east coast of Greenland; *G. glacialis*, too, must probably be referred to *G. saida*.

This example had also teeth on the palatine bones, a peculiarity of dentition that should probably be regarded as a mere individual feature, and to which no weight can be attached as a specific character, seeing that the same peculiarity, according to the result of Dr. Lütken's examination, has been lately observed even in the true *Gadus saida*. For the rest, the individual in question agrees in all respects with that species.

Dr. Günther has classed (1862) *G. saida* under the sub-genus *Boreogadus*, characterised (amongst the species that have the lower jaw longer than the upper) by having the teeth in the outer series on the upper jaw larger than those in the inner series (Cat. Fish, vol. 4). But this character in *G. saida* would appear to be of minor importance, seeing that the whole of the teeth in the upper jaw are exceedingly small, and the difference between them very trifling.

General Description. *Structure of the Body.* This species is distinguished from its other congeners in Northern Europe as follows: — Body slender, elongated; peduncle of tail slender at the base, which is to the length of lower jaw nearly as 1 to 4; position of vent far behind; scales small, circular; head furnished with a well-developed system of mucous pores and papillæ; lateral line almost colourless, and slightly bending; eyes comparatively large; caudal fin deeply forked.

The largest of the individuals taken on the Expedition had a total length of 203^{mm}, the length of the head being 49^{mm}. Total length of the smallest example 65^{mm}; length of head 16.5^{mm}. Most of the individuals in the draught brought up with the trawl-net in Magdalene Bay, had a total length of from 90^{mm} to 110^{mm}.

Length of head equalling almost exactly $^1/_4$ of total length; depth of body about $^1/_7$. Lower jaw projecting perceptibly beyond upper; angle of mouth reaching back very nearly under the middle of the eye.

Eyes comparatively large; longitudinal diameter, in young examples (total length 70^{mm}), about $^1/_3$; in adults, almost $^1/_4$ of the length of the head. In the former, the diameter of the eye nearly corresponds with the length of the snout; in mature individuals, it is considerably less.

A small cirrus on the chin, never wanting; in young examples almost rudimentary; it attains in adults a length about equal to $^1/_2$ of the diameter of the eye.

Teeth minute, but exceedingly sharp, curving inwards; on the intermaxillaries and in the lower jaw constituting a continuous series; within this row extends another, composed of exceedingly minute teeth, distinct in the forepart only; these inner teeth are a trifle shorter than those forming the exterior series. The vomer likewise dentiferous; the palatine bones as a rule smooth; exceptionally, however, according to Dr. Lütken and Prof. Peters, also dentiferous.

Anus er forholdsvis langt tilbagerykket, saaledes, at det er stillet vertical enten under den første Straale af 2den Dorsal, eller ialfald kun ubetydeligt foran denne.

Finnerne. Finnestraalernes Antal er hos denne Art, som hos de fleste øvrige *Gadidae*, saa store Variationer underkastet, at det ikke er skikket til at afgive bestemte Artscharacterer. Malmgren har i sin „Spetsbergens Fisk-fauna“ (1864) talt Straalerne hos 8 Individer, og fundet Antallet at variere mellem følgende Tal:

1 D. 12, undertiden 13 eller 14.
2 D. 12—15.
3 D. 19—20, hos et enkelt Individ 23.
1 A. 17, hos et enkelt Individ 16.
2 A. 19—22.
P. 17—18.

Hermed stemmer idethele overens Angivelserne hos Fabritius („*G. aeglefinus*“, Fauna Groenl.), og Richardson (*Merlangus polaris*); dog har den sidste fundet 16 Straaler i 2den Dorsal, og 23 Straaler i 2den Anal. De Tællinger, som jeg har foretaget hos Individer fra Spitsbergen, Novaja Zemlja og Archangel, have idethele ligget indenfor de ovenfor nævnte Angivelser; dog har jeg fundet Tallet i 3die Dorsal at gaa ned til 17, og i 1ste Anal at gaa op til 18.

Mellemrummet mellem hver Finne er distinct, og idethele større, end hos de nærmest staaende Arter. Hos de ældre Individer er dette Mellemrum omtrent ligt en Øjendiameter, hos de yngre Individer kortere. Pectoralerne ere spinkle og tilspidsede; 2den Ventralstraale ender i et kort Filament. Caudalen er dybt kløftet.

Skjælbeklædning. Skjællene ere yderst smaa, ikke imbricate, men cirkelrunde, og have hos de ældre fuldstændigt fri Rande, idet de ere stillede med et tydeligt Mellemrum indbyrdes; mere tætstaaende ere de hos Ungerne. Skjælbeklædningen er jevnt udbredt over Legemet, og strækker sig fremover lige ud paa Snuden, ligesom ogsaa Gjællelaagene ere skjælbeklædte.

Sidelinie og Slimporer. Sidelinien er farveløs, eller ubetydeligt lysere, end Bundfarven; den strækker sig fra Gjællespaltens øvre Ende hen til Slutningen af 1ste Dorsal, hvor den bøjer skraat nedad til Legemets Midtlinie, som den nu følger ud til Caudalen. Hos yngre Individer er den, især i sin bagre Del, utydelig.

Særdeles characteristisk er det System af Slimporer, der hos friske og uskadte Individer danner et constant og regelmæssigt udbredt Net over Hovedet. Mellem disse større Slimporer findes talrige mindre omstrøede, ligesom der ogsaa findes enkeltvis, eller (paa et Sted) en Række af særdeles korte Hudtrevler eller Papiller, der altid paa uskadte Individer rage kjendeligt længere frem, end Slimporerne, og ikke synes at være perforerede, som disse.

Skjønt disse Rækker ere noget varierende hos de forskjellige Individer, lade sig i Regelen med Lethed gjenfinde følgende som de mest iøjnefaldende:

Paa Hovedets Overside gaar en lang Række Slimporer fra Snudespidsen bagover langs den øvre Rand af Øjet,

Vent comparatively far behind, its position being either vertical under the first ray of the second dorsal fin, or but very slightly anterior to it.

Fins. — The number of fin-rays in this species, as in most of the other *Gadidae*, varies to so great an extent, that the fin-ray formula is of hardly any value as a specific character. Malmgren gives in his "Spetsbergens Fiskfauna" (1864) the number of fin-rays in 8 individuals; it varied as follows: —

1 D. 12; in some examples 13—14.
2 D. 12—15.
3 D. 19—20; in one specimen 23.
1 A. 17; in one specimen 16.
2 A. 19—22.
P. 17—18.

With these figures the fin-ray formulæ given by Fabricius ("*G. aeglefinus*," Fauna Groenl.) and by Richardson (*Merlangus polaris*), very nearly correspond; Richardson, however, observed 16 rays in the second dorsal, and 23 rays in the second anal. In the specimens from Spitzbergen, Novaja Zemlja, and Archangel examined by myself, the fin-ray formulæ lay in the majority of cases within the limits cited above, the number of rays in 3 D. having, however, been as low as 17, and in 1 A. as high as 18.

The space between the several fins is distinctly defined, and as a rule wider than in its nearest congeners. In mature individuals, the width of this space about equals the diameter of the eye; in young examples it is less. Pectorals slender and elongated; the second ventral ray terminating in a short filament. The caudal fin deeply forked.

Scales. — The scales exceedingly minute, not imbricate, but circular in form, and the margins perfectly free in adults, with a distinct space between; more closely set in young individuals. The scaling uniform, covering the whole surface of the body, and extending forwards over the snout; the gill-plates, too, covered with scales.

Lateral Line and Mucous Pores. — Lateral line colourless, or perhaps a shade lighter than the colour of the ground; it commences at the upper extremity of the branchial opening, extending from thence to the termination of the first dorsal, at which point it strikes off obliquely to the mesial line, passing straight along it to the caudal. Indistinct in young individuals, particularly throughout the posterior division.

The system of mucous pores is highly characteristic, extending in healthy individuals over the surface of the head, like network. Dispersed between these pores, are numerous smaller ones, together with minute cirri, or papillary warts, which occur either isolated or (in one place) arranged as a regular series, and, in all perfect specimens, rising perceptibly higher than the mucous pores; unlike the latter, they show no traces of being perforate.

These series of pores are found to vary in different individuals; but, as a rule, the most conspicuous among them admit of being determined without much difficulty.

On the head, a long series, extending from the point of the snout along the upper edge of the eyes, and ter-

og standser ved dettes bagre Rand; en kortere Række gaar fra Snudespidsen hen under forreste Næsebor til det bagre Næsebor, ligesom en anden Række gaar bueformigt under denne hen mod Øjets forreste Rand.

Paa Kinderne strækker en Række sig fra Snudespidsen langs Overranden af Overkjæven, og bøjer hen under Øjet. Paa Underkjæven strækker en Række sig fra Symphysis bagover, og standser i Regelen ved Underkjævens Led.

Paa Gjællelaagene gaar en Række fra Underkjæveleddet hen langs Gjællelaagets Rand, og en anden kortere næsten parallelt indenfor denne. Mellem begge disse Rækker strækker sig en Række af omtrent 4 yderst korte, hvidagtige Hudtrevler.

Paa Panden staar en i Regelen V-formig (men ofte uregelmæssig) Samling af Slimporer, og paa Siderne og Nakken mindre Grupper, tilligemed enkelte spredte Slimporer og Hudtrevler.

Farve. Farven er hos de yngre Individer i levende Live mat sølvglindsende, oventil mere rødlig, idet Legemet her er bestrøet med talløse rødbrune Punkter, der paa Hovedet staa tættest; opbevarede paa Spiritus blive de lysere uden tydelige Pletter, og blot hos enkelte Individer findes mørkere Skygninger langs Ryggen, ligesom Finnerne hos enkelte have tydelige mørke Rande. Bugen er stærkere sølvfarvet.

Ældre Individer ere mørkere farvede; især ere Finnerne stærkt pigmenterede, og synes, naar de ere sammenslaaede, næsten sorte i sin ydre Del. Analerne ere dog noget lysere.

Føde. De under Nordhavs-Expeditionen erholdte Individer optoges, som det syntes, i de mellemliggende Vandlag, men observeredes ikke umiddelbart i eller ved Vandskorpen, saaledes som tidligere under andre Expeditioner. Ved én Lejlighed ophentede Trawlen i et enkelt Kast 72 Stykker, alle Unger, med en jevn Størrelse af omkr. 100^{mm}, saaledes at de utvivlsomt gaa stimevis, som de øvrige Arter; men de Dyrelevninger, som fandtes i deres Ventrikel, tilhørte hovedsagelig (tildels udelukkende) *Calanus finmarchicus*, Gunn., eller var et Individ *Themisto libellula*, Mandt, blandet med Calaner, saaledes pelagiske Former, der færdes i enhver Dybde.

Paa Gjællerne af et af Individerne snyltede en Lernæ (af Slægten *Hæmobaphes*); et Par andre smaa Snyltekrebs vare fæstede til Huden af samme Individ.

Udbredelse. Under den Forudsætning, at de ovenfor nævnte, under Navnene *Merlangus polaris*, *Gadus fabricii*, *Gadus agilis* og *Gadus glacialis* opstillede Former ere identiske med *Gadus saida* fra Hvidehavet, optræder denne Art talrigt i Europas og Americas Polartrakter, og hører til de Fiske, der ere observerede længst mod Nord. Den færdes helst mellem Drivisen, og tilhører udelukkende den kolde Area.

minating at their posterior margin; a shorter series, extending from the point of the snout under the anterior nostril; and another, bending archwise beneath the latter to the anterior margin of the eye.

On the cheeks, a series extending from the point of the snout along the superior margin of the upper jaw, passing from thence obliquely under the eye. On the lower jaw, a series commencing at the symphysis, and terminating at the articulation of the inferior maxillary bone.

On the gill-plates, a series extending from the articulation of the inferior maxillary along the margin of the opercle; and a shorter, inner series running almost parallel to the former. Between these two series of pores, a row of about 4 whitish cirri, exceedingly short.

On the forehead, too, there is a collection of mucous pores, having, as a rule, the shape of the letter V; and on the sides of the head and on the nape there occur smaller groups, together with a few isolated mucous pores and cutaneous filaments.

Colour. — Live individuals, comparatively young, distinguished by a silvery lustre; upper surface reddish, being freckled with innumerable points of reddish-brown, more especially on the head; specimens preserved in spirits gradually fade, the spots becoming indistinct; darkish cloudings down the back are, however, observed in a few individuals, and the margin of the fins, too, keeps dark in some. The abdomen argenteous.

Mature examples relatively darker, in particular on the fins, which, owing to the pigment secreted under the skin, have almost the appearance of being bordered with black. The anals somewhat lighter.

Food. — The individuals obtained on the Expedition, contrary to the experience of former observers, were taken in the intermedial strata of the ocean, having on no occasion been met with at or near the surface. In Magdalene Bay, 72 individuals, all of them young, the total length averaging about 100^{mm}, were brought up together in the trawl-net, showing beyond doubt that this species, in common with its congeners, moves in shoals; but the animal remains found in the ventricles of the specimens examined, belonged chiefly (in some instances exclusively) to *Calanus finmarchicus*, or consisted of fragments of *Themisto libellula*, along with *Calani*, accordingly pelagic forms, occurring at all depths, from the surface to the bottom.

On the gills of one specimen was found an example of a *Hæmobaphes*; two other small parasitic crustaceans had attached themselves to the skin of the same individual.

Distribution. — Assuming the forms established as *Merlangus polaris*, *Gadus fabricii*, *Gadus agilis*, and *Gadus glacialis* to be identical with *Gadus saida*, inhabiting the White Sea, this species is common in the Polar tracts of Europe and America, and is one of the fishes observed farthest north. It is met with mostly between the drift-ice, its habitat being exclusively confined to the frigid area.

I Europa er den af Parry fundet lige op til 82° 40', ovenfor Spitsbergen; den er idethele talrigt udbredt omkring denne Øgruppe, og er observeret stimevis at svømme om mellem Isstykkerne i Fjordene. Fra Novaja Zemlja ejer Universitets-Museet Exemplarer, indsamlede af en Sælfanger ved Barentz-Øerne under 76° 20', ligesom den af Heuglin i 1871 fandtes noget sydligere, i Matotskin Sharr; men den er hidtil ikke fundet ved Finmarkens Kyster. Derimod er den særdeles talrig i det hvide Hav, og fanges der i stort Antal, og bringes tiltorvs i Archangel. Den er fremdeles (ifølge Günther, Cat. Fish. vol. 4, p. 357) erholdt ved Island.

Endelig er den mer eller mindre talrig ved Grønland og i det arctiske America, hvor den er iagttaget under de fleste Expeditioner; Exemplarer fra Baffinsbugten, der i 1876 ere hjembragte til Universitets-Museet af Hvalfangeren C. Brun, ere fuldkommen overensstemmende med de spitsbergenske Individer. I Americas Polartrakter gaar den ligesaa langt mod Nord, som i Europa, og er i 1876 hjembragt af den engelske Polar-Expedition fra Grinnell Land, under 82° 27' N. B.

Gen. Onos, Risso.

Hist. Nat. de l'Eur. Mér. tom 3, p. 214 (1826)[1].

26. Onos reinhardti, (Kr.) Mscr. 1852.

Pl. IV, Fig. 34.

? *Motella argentata*, Reinh. 1835—36, Kgl. D. Vid. Selsk. Nat. Math. Afh. 6 Del. p. CX. Kjøbhvn. 1837 (1835—36).
Motella mustela, Reinh. (nec Lin.) Kgl. D. Vid. Selsk. Nat. Math. Afh. 7 Del. p. 115 (1838). Uden Beskr.
Motella reinhardti, Kr. (en skreven Etiket i Museet i Kjøbhvn., omtr. 1852). Uden Beskr.
? *Couchia argentata*, Günth. Cat. Fish. Brit. Mus. vol. 4, p. 365 (1862).
Onos reinhardtii, Gill, Proc. Acad. Nat. Sci. Philad. 1863, p. 241 (1863). Uden Beskr.
Motella reinhardti, Coll. Forh. Vid. Selsk. Chra. 1878, No. 14, p. 83 (1878).

Diagn. *3 Skjægtraade (2 ved Næseborene, 1 paa Hagen). Snuden temmelig kort, har en Længde af omtrent $1^1/_3$ Øjendiameter. Tænderne danne flere Rækker, hvoraf en enkelt har højere Tænder, end de øvrige. Hovedet indeholdes 5 Gange i Totallængden. 1ste Straale i 1ste Dorsal*

[1] *Onos*, opstillet af Risso i 1826, har Prioriteten for *Motella*, der først forekommer i 2den Udgave af Cuviers „Règne Animal", som udkom i 1829. Begge Slægter have de samme Arter som Typer.

In Europe, this species was taken by Parry, north of Spitzbergen (82° 40'); it is abundant in most localities on the shores of that group of islands, and has been observed in shoals between the fragments of ice in the fjords. The University Museum (Christiania) is in possession of several specimens, taken off the Barentz Islands, in lat. 76° 20' N.; and Heuglin met with it (in 1871) a little farther south, at Matotskin Sharr; but it has not as yet been observed on the coast of Finmark. In the White Sea, the species is exceedingly abundant, being captured there in great numbers, and sent for sale to the Archangel market. According to Günther, it has been met with on the shores of Iceland.

Finally, it is a more or less common fish on the shores of Greenland and in the Artic regions of America, where it has been observed on most Expeditions. Specimens from Baffin's Bay, presented to the University Museum by the master of a whaler, C. Brun, correspond in every respect with the examples obtained from the coast of Spitzbergen. In America, the range of the species extends as far north as in Europe, specimens having been taken on the English Polar Expedition (1876), off Grinnel Land, in lat. 82° 27' N.

Gen. Onos, Risso.

Hist. Nat. de l'Eur. Mér. tom. 3, p. 214 (1826)[1].

26. Onos reinhardti, (Kr.) MS. 1852.

Pl. IV, fig. 34.

? *Motella argentata*, Reinh. Overs. 1835—36, Kgl. D. Vid. Selsk. Nat. Math. Afh. 6 Del. p. CX, Kjøbhvn. 1837 (1835—36).
Motella mustela, Reinh. Kgl. D. Vid. Selsk. Nath. Math. Afh. 7 Del. p. 115 (1838). No description.
Motella reinhardti, Kr. (from a manuscript label in the Zool. Mus. Copenh. about 1852). No description.
? *Couchia argentata*, Günth. Cat. Fish. Brit. Mus, vol. 4, p. 365 (1862).
Onos reinhardtii, Gill, Proc. Acad. Nat. Sci. Philad. 1863, p. 241 (1863). No description.
Motella reinhardti, Coll. Forh. Vid. Selsk. Chra. 1878, No. 14, p. 83 (1878).

Diagnosis. — *Three barbels; 2 close to the nostrils, 1 on the chin. Snout rather short; its length is to the diameter of the eye about as $1^1/_3$ to 1. Teeth arranged in several rows, those in one of the series being longer than the rest. Length of head about one-fifth of total length. First*

[1] *Onos*, suggested by Risso in 1826, is entitled to rank before the synonym *Motella*, applied for the first time in the 2nd Edition of Cuvier's "Règne Animal," published in 1829. Both genera have the same species as types.

kort, kun ubetydeligt længere end Snuden. **Anus ligger midt** mellem Snudespidsen **og** sidste Halehvirvel. ***Afstanden*** fra Snudespidsen til **2den** Dorsal indeholdes 3,3 Gange i Totallængden. Ensfarvet rødgraa, med Skjægtraadene **og** Finnernes **Spidser** røde. Længden indtil 318mm.

M. B. 7. D. 54—59; A. 45—46; P. 22—24; V. 8; C. 28.

Localit. fra Nordh. Exped. Havet vestenfor Beeren Eiland.

Beliggenhed.	*Stat.* 312. 308 Kil. V. Beeren Eiland.
Dybde.	658 Favne (1203m).
Temp. paa Bunden.	÷1.2° C.
Bunden.	Brunt og grønt Ler.
Datum.	22de Juli 1878.
Antal Indiv.	2 Indiv.

Bemærkninger til Synonymien. Denne Art, hvoraf Nordhavs-Expeditionen erholdt 2 Individer, kunde hidtil ikke opvise nogen Diagnose, og var ikke nogensinde bleven beskreven, endskjønt den allerede for omtr. 50 Aar siden erholdt det Navn, hvorunder den fremdeles opføres, og under hvilket den flere Gange er bleven omtalt. Henførelsen af Nordhavs-Expeditionens Individer under denne Art har derfor blot kunnet gjøres efter en umiddelbar Sammenligning med Typ-Exemplarerne i Kjøbenhavn.

Allerede i 1823 erholdt Museet i Kjøbenhavn gjennem Holböll nedsendt et Exemplar af denne Art fra Grønland, og senere erholdtes yderligere 3, ligeledes fra Grønland. Det ene af disse, der er det største af alle, indsendtes den 24de Nov. 1836; af de øvrige bærer det ene Angivelsen 26de Aug. 1841, og det sidste er sandsynligvis indkommet omtrent samtidigt.

Først i 1838 findes et (det første) af disse Individer omtalt, nemlig i Reinhardt's Fortegnelse over Grønlands Fiske (Kgl. D. Vid. Selsk. Nat. Math. Afh. 7 Del, p. 115), men er her blot opført uden videre Angivelse som „*Motella mustela*, Lin. Holböll, Godthaab". Med Krøyer's Haandskrift er Reinhardt's Benævnelse paa det nævnte holböllske Exemplar senere rettet til *M. reinhardti*, hvilket Navn ogsaa er tildelt de øvrige Individer; under dette Navn er den ogsaa af Krøyer opført i den haandskrevne Catalog over Museets grønlandske Fiskesamling, men uden at han nogetsteds har meddelt den nye Arts Diagnose eller Beskrivelse.

Den næste Gang, Arten findes omtalt, er i 1857 i Reinhardt's (jun.) „Naturhistoriske Tillæg til Rinks Grønlands Beskrivelse" (B. 2, Appendix p. 25), hvor den opføres med det af Krøyer givne Navn uden videre Diagnose eller Beskrivelse. Det er øjensynlig efter dette Skrift, at Arten i 1861 omtales af Gill i hans „Catal. Fishes East

ray in first dorsal short, being very little longer than snout. ***Vent placed midway*** between the point of the snout and the ***last caudal vertebra.*** Distance from snout to second dorsal ***is to total length as 1 to*** 3.3. Colour a uniform ***reddish-brown; cirri and fin-points red.*** Length reaching **318mm**.

M. B. 7. 2 D. 54—59; A. 45—46; P. 22—24; V. 8; C. 28.

Locality **(North Atl. Exped.)**: — The open sea west of Beeren Eiland.

Exact Locality.	*Stat.* 312. 308 Kil. W. of Beeren Eiland.
Depth.	658 Fathoms (1203m).
Temp. at Bottom.	÷1.2° C.
Bottom.	Brown & green Clay.
Date.	22th July 1878.
Numb. of Specim.	2 Indiv.

Remarks on the Synonymy. — This species, of which two examples were obtained on the North Atlantic Expedition, had not previously been diagnosticated at all, and never once described, notwithstanding it was given the name by which it is still known, and under which it has been repeatedly recorded, upwards of 50 years ago. Hence the identification of the two individuals taken on the Expedition necessarily involved a direct, autoptical comparison with the typical specimens preserved in Copenhagen.

In 1823, the Zoological Museum at Copenhagen first came into possession of an example of this species, sent from Greenland by Holböll; and subsequently three other specimens were obtained, likewise from Greenland. One of these individuals reached its destination Nov. 24th 1836; of the other two, one bears date Aug. 26th 1841, and the third probably came to hand about the same time.

No one of these examples was recorded till 1838, when Reinhardt included one of them in his List of Greenland Fishes (Kgl. D. Vid. Selsk. Nat. Math. Afh. 7 Del, p. 115), merely recording it however, without further remark, as "*Motella mustela*, Lin. Holböll, Godthaab." Reinhardt's designation for this specimen was afterwards corrected, in Krøyer's handwriting, to *M. reinhardti*, and this name also assigned to the other individuals; with this name, too, Krøyer has classed the species in his manuscript Catalogue for the Collection of Greenland fishes, but without having anywhere furnished a diagnosis or description of the new species.

The species was next recorded in 1857, by Reinhardt jun., in his "Naturhistoriske Tillæg til Rinks Grønlands Beskrivelse" (B. 2, Appendix p. 25), where it is classed with the synonym given by Krøyer, no diagnosis or description, however, being annexed. It was obviously to this work Gill had recourse in 1861, when recording

Coast North America from Greenl. to Georgia" (Proc. Acad. Nat. Sci. Philad. 1861. Append. p. 48) under Navnet *Motella reinhardti*, Kr., fremdeles af samme Forfatter i 1863 i hans "Synopsis of the North America Gadoid Fishes" (samme Tidskr. f. 1863, p. 241) under Navn af *Onos reinhardtii*, Gill, samt endelig 1873 i den reviderede Catalog af 1861, der er indtaget i U. S. Fish Commission. Report 1871—72, p. 796 (Wash. 1873).

Gill giver iøvrigt ingen anden Oplysning om Arten, end følgende Ord, tilføjede i hans "Synopsis": "Closely related to the *O. mustela*, of Europe, and agreeing in having five barbels, one to each nostril, and one at the chin," en Diagnose, som det vil sees, er ganske ucorrect.

Den sidste Gang, Arten findes omtalt, er i 1875 i Lütken's "Revised Catalogue of the Fishes of Greenland" (Man. Nat. Hist. etc. Greenl., prep. for the Arct. Exped. of 1875). Den kaldes her *Motella reinhardti*, Kr., men er, ligesom de øvrige i Fortegnelsen opregnede Arter, ikke meddelt Diagnose eller Beskrivelse.

Flere end de 4, i Kjøbenhavns zoologiske Museum opbevarede fuldvoxede Individer have hidtil ikke været fundne. Opdagelsen af 2 nye Exemplarer, der desuden for første Gang optræde paa det europæiske Gebet, er derfor ikke uden Interesse.

Endskjønt det ikke er i Overensstemmelse med Prioritetsloverenes strengeste Principer, at en Arts Benævnelse blot begrundes ved et i en Catalog og paa en Etikette nedskrevet Navn, bør Arten dog fremdeles opføres under dette hidtil benyttede Navn, der ikke kan volde nogen Forvirring; dog lader dette Navn sig ikke med fuld Sikkerhed henføre til det bestemte Aar, 1852.

Imidlertid omtaler Reinhardt i en af sine tidligere Meddelelser om Grønlands Fiske en anden Art, som han kalder *Motella argentata*, der øjensynlig udgjør Ungdomsstadiet af en af de 3-traadede Moteller (*O. reinhardti*, eller *O. ensis*). Af *M. argentata* erholdt Reinhardt i Aarene 1834—36 fra Syd-Grønland, især fra Julianehaabs District, talrige Exemplarer, der samtlige havde en jevn Størrelse af 2 Tom. 7 Lin., til 2 Tom. 11 Linier. I Oversigten for 1835—36 af Danske Vidensk. Selskabs Skrifter characteriserer Reinhardt *M. argentata* ved dens „sølvblanke Farve, det forelagtige stumpe Hoved, og især ved den ikkedt indskaarne Halefinne". I 1838 giver han i 7de Del af samme Selskabs Skrifter, p. 128, yderligere en Del Bemærkninger om denne Art, der omtales som bærende 2 Hudtrevler paa Snuden, og 1 paa Hagen; Gjællestraalernes Antal var 7, Appendices pyloricae 8; Svømmeblære manglede. Tydelige Forplantningsorganer fandtes ikke hos de aabnede Exemplarer.

The species in his "Catal. Fishes East Coast North America from Greenl. to Georgia" (Proc. Acad. Nat. Sci. Philad. 1861, Append. p. 48), by the name of *Motella reinhardti*, Kr.; also (1863) for his "Synopsis of the North American Gadoid Fishes" (same journal for 1863, p. 241), where it is termed *Onos reinhardtii*, Gill; and finally (1873), for the revised Catalogue of 1861, inserted in U. S. Fish Commission. Report 1871—72, p. 796 (Wash. 1873).

All that Gill says about the species is contained in the following words in his Synopsis: — "Closely related to the *O. mustela* of Europe, and agreeing in having five barbels, one to each nostril, and one at the chin," — as will be seen, a diagnosis absolutely incorrect.

This species was last noticed in Lütken's "Revised Catalogue of the Fishes of Greenland" (Man. Nat. Hist. etc. Greenland, prep. for the Arct. Exped. of 1875). Here it bears the name of *Motella reinhardti*, but, like the other species enumerated in the List, without being made the subject of any diagnosis or description.

Other individuals, exclusive of the 4 full-grown preserved in the Zoological Museum, Copenhagen, have not as yet been observed. Hence, this addition to the extant specimens of the species, and moreover from within the European limits of its range, cannot but prove of interest.

It is not indeed in strict accordance with the principles determining the right of priority, that the designation of a species should be derived solely from a name taken from a manuscript label or a Catalogue; but it will be best to retain the synonym hitherto employed, seeing that no confusion can arise from so doing; this name, however, will hardly admit of being referred to the year 1852.

But Reinhardt records in one of his earlier communications on the fishes of Greenland another species, "*Motella argentata*," clearly one of the three-bearded species (*O. reinhardti* or *O. ensis*) in an early stage of growth. Of *M. argentata* Reinhardt obtained, during the period extending from 1834 to 1836, from South Greenland, chiefly from the distinct of Julianehaab, numerous examples, all of which averaged in length from 2 inch. 7 lines to 2 inch. 11 lines. In the "Oversigt" of the Proceedings of the "Danske Vidensk. Selskab," Reinhardt characterises *M. argentata* by its "bright silvery hue, obtuse head, resembling that of the trout, and more especially by the slightly forked caudal fin." In 1838, he communicated in Part 7 of the Proceedings of the said Society, p. 128, divers supplementary observations on this species, which is stated to have 2 cirri on the snout, and 1 on the chin. Branchiostegous rays 7; pyloric appendages 8; swimming-bladder wanting. On dissection, no trace of sexual characters could be detected.

Efter den Undersøgelse af disse i Kjøbenhavns zoologiske Museum endnu opbevarede talrige Individer af *M. argentata* samt af 4 i Berliner- og Wiener-Museet, i sin Tid sendte af Reinhardt, som jeg i 1878 og 1879 havde Anledning til at foretage, fandtes deres Størrelse at være mellem 70 og 80^{mm}, hvoraf Hovedets Længde indeholdtes

From an examination which I had opportunity of making in 1878 and 1879 of numerous specimens of *M. argentata* still preserved in the Zoological Museum of Copenhagen (and of 4 in the Museums of Berlin and Vienna, originally sent by Reinh. sen.), their extreme length may be given as averaging between 70^{mm} and 80^{mm}, to which the

5—5⅓ Gange i Totallængden: den første Straale i 1ste Dorsal udgjorde ⅓ af Hovedlængden. Afstanden mellem Snudespidsen og 2den Dorsal indeholdtes omtrent 3.5 Gange i Totallængden. Skjælbekladningen var endnu ikke fuldstændig, idet den paa Legemets forreste Del øjensynlig endnu blot var i Frembrud. At *M. argentata* blot er en Ungform, er især paa Grund af det sidstnævnte Factum øjensynligt, og det ligger vistnok nærmest at antage den for Ungen af *O. reinhardi*. Dette Spørgsmaal kan ikke afgjøres, forend sikre Ungdomsstadier af de 2 nærstaaende Arter, *O. reinhardi* og *O. ensis*, blive kjendte.

Viser det sig altsaa i Fremtiden, at Reinhardt's *Motella argentata* udgjør Ungformen af *O. reinhardi*, vil Artens rette Navn følgelig blive *Onos argentatus*, (Reinh.) 1838.

Den nævnte anden Art, *Onos ensis*, er den, som *O. reinhardi* i sin udvoxede Stand utvivlsomt staar nærmest. *O. ensis* er ligeledes en grønlandsk Form, og opstilledes af Reinhardt (samtidigt med *Motella argentata*) i Overs. 1835—36 af det oftere nævnte Selskabs Forhandlinger, 6 Del, p. CX, og senere i 7de Del, p. 116 og 128 (Kbhvn. 1837), efter 2 Individer, der i noget beskadiget Stand i 1834 vare udtagne af Ventrikelen af en *Cystophora cristata* ved Omenak (70° N. B.).

Den af Reinhardt paa de ovenanførte Steder givne korte Characteristik er dog saa ufuldkommen, at Dr. Günther ikke deraf har kunnet opstille nogen Diagnose, og Arten findes derfor i 1862 i hans Cat. Fish. Brit. Mus. ikke optagen som selvstændig Art (vol. 4, p. 366). De 2 originale Exemplarer, der endnu opbevares i det zoologiske Museum i Kjøbenhavn, ere fremdeles, saavidt vides, de eneste, som existere, og de have hidtil ikke været Gjenstand for nøjagtigere Undersøgelse og Beskrivelse. Ingen af Arterne har hidtil været afbildet.

Ved den flygtige Gjennemgaaelse af denne og de øvrige nærstaaende Former, som jeg ved Dr. Lütkens Velvillie havde Lejlighed til at foretage i October 1878, viste det sig strax, at *O. ensis* og *O. reinhardi* ere fuldkommen distincte, om end beslægtede Arter. De mest iøjnefaldende Characterer hos *O. ensis* ligge i den stærkt forlængede 1ste Straale i 1ste Dorsal, det mindre Hoved, og den svagere Tandvæbning. Totallængden hos de 2 Individer var omtrent 310mm og 392mm.[1]

[1] **Onos ensis,** (Reinh.) 1835—36.

Overs. 1835—36. Kgl. D. Vid. Selsk. Naturv. Math. Afh. 6 Del, p. CX. Kbhvn. 1837 (1835—36).

3 Skjægtraade; Hovedet indeholdes omtrent 5⅓ Gange i Totallængden. 1ste Straale i 1ste Dorsal lang, omtrent af Hovedets Længde. Tænderne forholdsvis svage og eensartede. Anus ligger midt mellem Snudespidsen og Begyndelsen af Caudalen. Afstanden fra Snudespidsen til 2den Dorsal indeholdes 3.7 Gange i Totallængden.

2 D. 59; A. 45—46; P. 22—23.

Til Sammenligning kan vedføjes følgende Maal af et Par omtrent lige store Individer af de 2 Arter, begge fra Museet i Kjøbenhavn.

length of the head bears the proportion of 5—5⅓. First ray in first dorsal one-third of the length of the head. Distance from point of snout to second dorsal is to total length as 1 to 3.5. The scales not yet fully developed: on the anterior part of the body indeed almost incipient. Hence, *M. argentata* must represent one of the earlier stages of growth, in which case it comes nearest to *O. reinhardi*. This question cannot, however, be decided until the stages through which the two closely related species, *O. reinhardi* and *O. ensis*, pass before reaching maturity, have become known.

Should future researches show that Reinhardt's *M. argentata* is merely *O. reinhardi* in an early stage of development, the name of the species will be *Onos argentatus*, (Reinh.) 1838.

Onos ensis is unquestionably the species presenting the closest resemblance to *O. reinhardi* in its adult stage of development. *O. ensis* is likewise a Greenland form: it was described by Reinhardt (along with *Motella argentata*) in Overs. 1835—36, Kgl. D. Vid. Selsk. Afh. D. 6, p. CX, and subsequently in Part 7, pp. 116 and 128 (1837), his specimens being two individuals, in a somewhat mutilated condition, which had been taken in 1834 from the stomach of a *Cystophora cristata*, near Omenak, in lat. 70° N.

The brief characterisation furnished by Reinhardt is very imperfect however, so much so indeed that Dr. Günther could not elaborate from it a diagnosis; and the species figures as undetermined in his "Cat. Fish. Brit. Mus." (vol. 4, p. 366), published 1862. The two original individuals still preserved in the Zoological Museum in Copenhagen, are the only specimens known to exist, and up to the present time they have not been accurately examined and described. Neither of the species has hitherto been figured.

The cursory examination of this and the other nearly related forms which, thanks to the kindness of Dr. Lütken, an opportunity was afforded me of making in October 1878, conclusively proved the specific distinction existing between the congeners *O. ensis* and *O. reinhardi*. The most conspicuous characters in *O. ensis* are the produced first ray in the first dorsal fin, the small size of the head, and the feeble dentition. Total length in the two specimens, respectively 310mm and 392mm.[1]

[1] **Onos ensis,** (Reinh.) 1835—36.

Overs. 1835—36. Kgl. D. Vid. Selsk. Naturv. Math. Afh. 6 Del, p. CX. Kbhvn. 1837 (1835—36).

Three barbels; length of head is to total length as 1 to 5⅓. First ray in 1st dorsal produced, its length equalling that of the head. Teeth comparatively feeble, and uniform. The vent placed midway between the snout and the commencement of the caudal fin. Distance from point of snout to 2nd dorsal is to total length as 1 to 3.7.

2 D. 59; A. 45—46; P. 22—23.

For comparison are appended measurements of two individuals, about equal in size, of the two species — both specimens preserved in the Zoological Museum in Copenhagen.

Da *O. reinhardti* saaledes hidtil ikke er bleven beskreven, meddeles en Beskrivelse efter de 2 foreliggende Exemplarer, hvoraf det ene sandsynligvis er fuldvoxent, sammenholdte med de i Kjøbenhavner-Museet opbevarede Typ-Exemplarer.

O. reinhardti having accordingly not as yet been diagnosticated, a description is given here, from a careful examination of the two specimens obtained, one of which, probably, is an adult (compared to the typical examples preserved in the Copenhagen Museum).

Udmaalinger.

	a.	b.
Totallængde	254mm	293mm
Hovedets Længde	49 -	59 -
Øjets Diameter	9 -	11 -
Snudens Længde	14 -	15 -
Hovedets postorbitale Del	27 -	34 -
Legemets Højde	40 -	45 -
Snudespidsen til 1ste Dorsal	46 -	55 -
Snudespidsen til 2den Dorsal	77 -	88 -
Snudespidsen til Anus	117 -	142 -
Anus til sidste Halehvirvel	117 -	130 -
Anus til Spidsen af Caudalen	143 -	159 -
Anus til Begyndelsen af Caudalen	109 -	113 -
Halerodens Højde	14 -	17 -
Interorbitalrummets Bredde	11 -	15 -
Pectoralernes Længde	37 -	44 -
Ventralernes Længde	49 -	49 -
Længden af 1ste Straale i 1ste Dorsal	16.5 -	18 -

Measurements.

	a.	b.
Total length	254mm	293mm
Length of head	49 -	59 -
Diameter of eye	9 -	11 -
Length of snout	14 -	15 -
Postorbital region of head	27 -	34 -
Depth of body	40 -	45 -
From point of snout to first dorsal	46 -	55 -
From point of snout to second dorsal	77 -	88 -
From point of snout to vent	117 -	142 -
From vent to last caudal vertebra	117 -	130 -
From vent to extremity of caudal	143 -	159 -
From vent to commencement of caudal	109 -	113 -
Depth of tail at base	14 -	17 -
Interorbital space	11 -	15 -
Length of pectorals	37 -	44 -
Length of ventrals	49 -	49 -
Length of 1st ray in 1st dorsal	16.5 -	18 -

Beskrivelse. *Legemsbygning.* Legemet er langstrakt; dets Højde, naar Bugen ikke er slap eller udspilet, er næsten, men ikke fuldt lig Hovedets Længde, og indeholdes omtrent $5^{2}/_{3}$ Gange i Totallængden.

Hovedet er forholdsvis lidet, med temmelig jevnt afrundet Profil, og stærke, muskuløse Kinder; dets Længde udgjør hos 4 Individer 4.8, hos 1 Individ 4.9, hos 1 (det mindste) 5.1 af Totallængden.

Underkjæven er kortere, end Overkjæven; Mundspalten er af middels Længde, idet Overkjæven strækker sig tilbage omtrent ret under Bagranden af Øjet (eller hos et yngre Individ ikke fuldt saa langt).

Tænderne ere tilstede i Mellemkjæverne og i Underkjæven, samt paa Vomer; overalt danne de flere Rækker, hvoraf en enkelt rager op over de øvrige; denne Række sidder i Mellemkjæven forrest, i Underkjæven inderst, paa Vomer omtrent i Midten.

Snuden har paa hver Side 1 Skjægtraad, fæstet til den bagre Rand af det forreste Næsebor; en tredie Traad findes paa Hagen.

Gjællehindens Straaler ere 7 i Antal.

Øjnene ere forholdsvis store, lateraltstillede; Længdediameteren indeholdes ikke fuldt 1½ Gang i Snudens

General Description. *Structure of the Body.* — Body elongated; depth, when the abdomen is neither relaxed nor distended, almost equal to the length of the head, being to total length about as 1 to $5^{2}/_{3}$.

Head comparatively small, the upper profile line rounded; cheeks strong and muscular; length of head, in 4 individuals, is to total length as 1 to 4.8; in 1 individual, as 1 to 4.9; in the smallest, as 1 to 5.1.

Lower jaw shorter than upper; mouth of moderate length, the upper jaw extending backwards almost under the posterior margin of the eye (in a younger example not quite so far).

Teeth on intermaxillaries, in lower jaw, and on the vomer; on each bone several rows, one with longer teeth than the rest; on the intermaxillaries this row is the outermost, in the lower jaw the innermost, on the vomer the medial series.

On either side of the snout 1 barbel, attached to the posterior margin of the foremost nostril; a third barbel on the chin.

Branchiostegous rays 7.

Eyes comparatively large, position lateral; the longitudinal diameter of the eye is to the length of the snout very

	O. reinhardti.	O. [illegible]
Totallængden	318mm	310mm
Hovedets Længde	66 -	52 -
Overkjævens Længde	30 -	22.5 -
Fra Snudespidsen til Beg. af 2den Dorsal	96 -	83 -
Længden af 1ste Straale i 1ste Dorsal	20 -	15 -

	O. reinhardti.	O. [illegible]
Total length	318mm	310mm
Length of head	66 -	52 -
Length of upper jaw	30 -	22.5 -
From point of snout to com. of 2nd dorsal	96 -	83 -
Length of 1st ray in 1st dorsal	20 -	15 -

Længde, og omtrent $5^4/_9$ Gange i Hovedlængden. Interorbitalrummet er forholdsvis smalt, eller ubetydeligt større, end Øjendiameteren.

Anus ligger midt mellem Snudespidsen og sidste Halehvirvel; Halerodens Højde er omtrent lig Snudens Længde (Hovedets praeorbitale Del).

Finnerne. 1ste Dorsals Grundlinie er forholdsvis lang, omtrent lig Længden af Hovedets postorbitale Del; dens 1ste forlængede Straale er ubetydeligt større, end Halerodens Højde, eller Snudens Længde, og er næsten lig 2 Gange Øjets Diameter.

2den Dorsal, der tæller hos det mindre Exemplar 54, hos det større 59 Straaler, udspringer i næsten en Øjendiameters Afstand fra 1ste Dorsal, og i en Afstand fra Snudespidsen, der omtrent svarer til Gjællespaltens Afstand fra Anus. Den er omtrent jevnhøj; dog ere de bagre Straaler noget længere, end de forreste. Afstanden fra den sidste Dorsalstraale til Hvirvelsøjlens Ende svarer omtrent til Afstanden fra Snudespidsen til Bagranden af Øjet.

Analen, der tæller hos det mindre Exemplar 45, hos det større 46 Straaler, udspringer umiddelbart bag Anus, og ophører ubetydeligt foran Verticalen fra Slutningen af 1ste Dorsal. Dens Bygning og Højde er ganske, som hos den sidstnævnte Finne.

Pectoralerne tælle 22—24 Straaler, ere forholdsvis brede, og have de nedre Straaler kortest; deres Længde er noget større, end Afstanden fra Øjets forreste Rand til Gjællespalten.

Ventralerne tælle 8 Straaler; den anden fra oven er forlænget, saaledes at Finnens største Længde omtrent bliver lig Hovedlængden, hos det mindre Exemplar endog større end denne. Den første Straale er omtrent $^2/_3$ saa lang, som 2den. Tillagtslaaet naar Finnens Spidse hos det yngre Individ bagenfor Pectoralernes Spidse, og er her blot en halv Finnelængde fjernet fra Anus; hos det ældre Individ ere Straalerne forholdsvis kortere, naa ikke fuldt Pectoralernes Spidse, og ere næsten i en Finnelængdes Afstand fjernede fra Anus.

Caudalen er svagt afrundet, og tæller omtrent 28 lange Straaler, foruden et Antal kortere Støttestraaler paa begge Sider af Roden. Dens største Længde, regnet fra sidste Halehvirvel, er omtrent lig Længden af Hovedets postorbitale Del.

Sidelinien og Slimporer. En fuldstændig Sidelinie er tilstede, men Porerne ere, som hos alle Moteller, stillede med temmelig langt Mellemrum indbyrdes. Den strækker sig fra Gjællespaltens øvre Rand først i noget skraa Retning opad, men bøjer noget bag Begyndelsen af 2den Dorsal skraat nedad mod Legemets Midtlinie, som den naar omtrent ret over Begyndelsen af Analen; herfra følger den Midtlinien ret ud til Caudalen. Antallet af Porer er omtrent 27; paa Legemets bagre Del ere Mellemrummene mellem disse større, end fortil.

Af de Rækker Slimporer, som udbrede sig over Ho-

nearly as 1 to $1^1/_3$, to the length of the head about as 1 to $5^1/_{12}$. Interorbital space but slightly exceeding the diameter of the eye.

The vent midway between the point of the snout and the last caudal vertebra; depth of tail at base about equal to the length of the snout (preorbital region of the head).

Fins. — Base of first dorsal long, about equal in length to the postorbital region of the head; the first elongated ray slightly exceeding in length the depth of the tail at base, or the length of the snout, or about equal to twice the diameter of the eye.

Second dorsal — in the smaller specimen with 54, in the larger, with 59 rays — is distant at its commencement the length of the diameter of the eye from the first, its distance from the point of the snout being about equal to that between the branchial opening and the vent. Depth nearly uniform, the posterior rays however slightly exceeding in length those in the anterior part of the fin. The distance from the last dorsal ray to the termination of the vertebral column about equal to that between the snout and the posterior margin of the eye.

The anal — in the smaller example with 45, in the larger with 46 rays — commences immediately behind the vent, terminating a little in advance of the last ray of first dorsal. Depth and structure as in that fin.

The pectorals, furnished each with 22—24 rays, comparatively broad; lower rays shortest; length slightly exceeding the distance from the anterior margin of the eye to the branchial opening.

The ventrals furnished with 8 rays; second anterior ray elongated, the length of the fin about equalling the length of the head; in the smaller specimen exceeding it even. The second ray longer than the first by about two-thirds. Spread backwards, the tip of the fin, in the younger specimen, reaching beyond the extremity of the pectorals, at which point it is removed not more than half the length of the fin from the vent; the rays in the older individual relatively somewhat shorter, not quite reaching the extremity of the pectorals, and removed almost the length of the fin from the vent.

The caudal slightly convex, furnished with 28 long rays, exclusive of a number of shorter rays protending along both sides of the base. Length, measured from the last caudal vertebra, about equal to that of the postorbital region of the head.

Lateral Line and Mucous Pores. — A lateral line, distinct throughout its entire length, extends from the upper margin of the gill-opening, at first somewhat obliquely upwards, but slants off at the commencement of the second dorsal in the direction of the mesial line, which it meets almost immediately above the origin of the anal, passing from thence straight along the said line to the caudal. Number of pores about 27; on the posterior part of the body, the spaces between are larger than in the anterior region.

Of the several series of mucous pores disposed over

vedet, ere følgende de mest iøjnefaldende. En Række af omtrent 9 Porer strækker sig fra Snudespidsen langs Randen af Overkjæven indtil bagenfor Mundvinkelen. Fra den sidste af disse Porer stiger verticalt nedad en Række finere Porer, oftest 4 i Antal, indtil den nedre Rand af Praeoperculum; herfra fortsætter sig en Række af omtrent 6 grovere Porer langs Randen af Praeoperculum bagover og opover, indtil den standser omtrent i Højde med Gjællespaltens øvre Ende. Endelig strække sig langs Underkjæven 2 næsten parallelle Rækker, den indre med 5 mindre, den ydre med 3 grovere Porer. Mellem Øjnene danne 3 (ligeledes grovere) Porer en fortil aaben Vinkel. Paa Siderne af Panden strækker sig fra Øjet hen til Gjællespaltens øvre Ende en Række af 4 Porer. Iøvrigt findes spredte Porer paa Panden, ligesom ogsaa Antallet i de normale Rækker viste sig at være noget varierende hos de 2 undersøgte Individer.

Skjælbeklædning. Skjællene ere udbredte over hele Legemet. Paa Hovedet strækker Skjælbeklædningen sig frem indtil mellem de bagre Næsebor, hvorimod selve Snuden er nøgen; paa Hovedets Underside er Skjælbeklædningen ligeledes udbredt overalt paa den ubedækkede Del af Gjællehinden indtil selve Spidsen af Underkjæven, der er nøgen. Paa Dorsalen og Analen strække Skjællene sig ud næsten lige til Spidsen af Straalerne; paa Pectoralerne findes de blot ved Roden.

Farve. Farven var i levende Live rødgraa, paa Hovedet og Bugen gaaende over i blaagraat; paa Hovedets Underside strækker denne Farve sig frem overalt paa Gjællehindens ubedækkede Dele. Spidsen af Dorsalen, Analen, og Caudalen vare smukt røde; samme Farve havde de 3 Skjægtraade, samt den første forlængede Straale i 1ste Dorsal. Pectoraler og Ventraler vare hos det ene Exemplar i Spidsen røde, hos det andet blaalige med lysere Spidser. Mundhulen var hvid. Efterat Individerne have været opbevarede paa Spiritus, er Farven bleven mere ensfarvet rødgraa overalt; Hovedets Skjægtraade, samt 1ste Dorsalstraale have tabt sin røde Farve, hvilket ogsaa er Tilfældet med Ventralerne og tildels med Pectoralerne. De sidste have derimod faaet lysere Pletter paa den rødlige eller blaalige Bund.

Føde. I Ventrikelen af det ene Individ fandt jeg Skelettet af en liden Fisk, hvis Længde var omtrent 100^{mm}; en sølvglindsende Svømmeblære var dog endnu tilstede, men Arten lod sig ikke bestemme, da Hovedet var næsten fortæret. Desuden fandtes diverse Stykker af Decapoder, som det syntes, af Hippolyter.

Det andet Individ havde Ventrikelen fyldt af *Themisto libellula*, en Amphipode af Hyperidernes Familie, der saaledes trænger ned til en anselig Dybde, skjønt den maa anses for at have sit Hovedtilhold i de højere Vandlag; fremdeles en *Anonyx*, sandsynligvis *A. lagena*.

Udbredelse. Foruden Nordhavs-Expeditionens 2 Individer fra Havet mellem Spitsbergen og Beeren Eiland ere.

the surface of the head, the following are the most conspicuous: — A row, composed of about 9 pores, extending from the point of the snout along the margin of the upper jaw a little behind the angle of the mouth. Branching vertically downwards from the last of these pores, a series of about 4 smaller pores is seen extending to the lower margin of the preoperculum; from this point a series of about 6 large pores runs along the margin of the preoperculum, backwards and upwards, terminating in a line with the upper extremity of the gill-opening. On the lower jaw occur two rows almost parallel, the inner composed of 5 small, the outer of 3 large, pores. Between the eyes are 3 pores (these, too, comparatively large), marking off an angular space, open anteriorly. On either side of the forehead, from the eye to the upper extremity of the branchial opening, extends a row of 4 pores. Moreover, isolated pores occur on the forehead; and the number in the normal series varies somewhat in the 2 individuals examined.

Scales. — The scales cover the entire surface of the body. On the head, they extend forwards between the posterior nostrils, leaving the snout naked; on the under surface of the head, they likewise envelop the whole of the uncovered portion of the branchial membrane, saving the extreme point of the lower jaw, which is naked. On the dorsal and anal, the scales extend almost to the points of the rays; on the pectorals, they occur only on the base.

Colour. — Colour in live examples reddish-grey, changing to bluish-grey on the head and abdomen; the latter shade extends, too, over the whole of the uncovered portion of the branchial membrane. Tips of dorsal, anal, and caudal of a fine red; this colour likewise distinguishing the barbels and the first elongated ray in first dorsal. Tips of pectorals and ventrals in one example red; in the other, the tips were bluish. Cavity of the mouth white. The specimens having been preserved some time in spirits, the colour has changed to a more uniform reddish-grey; the barbels and the first dorsal ray have lost their brilliant red colour; this is the case too with the ventrals, and, to some extent, with the pectorals; in the latter, the reddish or bluish ground has become flecked with lighter spots.

Food. — In the ventricle of one of the individuals was the skeleton of a small fish, length about 100^{mm}; the swimming-bladder, of a silvery lustre, was still present, but the head being very nearly digested, there was no means of determining the species; the stomach also contained divers fragments of Decapods, apparently of the genus *Hippolyte*.

The other individual had the ventricle distended with *Themisto libellula*, of the family *Hyperidæ*, a species descending therefore to a considerable depth, though its true habitat has been held to be exclusively the upper strata of the ocean; an *Anonyx*, probably *A. lagena*, was also found.

Distribution. — Exclusive of the two individuals taken on the North Atlantic Expedition between Spitsbergen and

som tidligere nævnt, blot kjendte 4 udvoxede Individer, der alle vare erholdte ved Kysterne af Grønland i Aarene mellem 1828 og 1841, og som ere opbevarede i Museet i Kjøbenhavn.

Nordhavs-Expeditionens nye Individer optoges fra betydeligt Dyb (mellem 600 og 700 Favne), og fra det iskolde Vand.

Hertil kommer et Antal Ungdomsformer (*Motella argentata*, Reinh.), der, efter hvad ovenfor er udviklet, med høj Grad af Sandsynlighed tilhøre denne Art, og som ligeledes ere erholdte ved Grønland i Aarene 1830—1840, og hvoraf de fleste opbevares i Museet i Kjøbenhavn, enkelte i Museerne i Berlin og Wien.

Bæren Eiland. 4 full-grown specimens only are known to exist of this species, which, as previously stated, were all obtained off the coast of Greenland; they are preserved in the Zoological Museum at Copenhagen.

The individuals last obtained were taken at a considerable depth (6—700 fathoms), and in water of the temperature of ice.

There occur besides a number of forms in the earlier stages of growth (*Motella argentata*, Reinh.), which, as explained above, may be referred with a high degree of probability to the species in question: the specimens of these, too, were taken on the coast of Greenland (1830—1840), and are most of them preserved in the Copenhagen Museum, some in the Museums of Berlin and Vienna.

27. Onos septemtrionalis, (Coll.) 1874.

Pl. IV, Fig. 35—36.

Motella septentrionalis, Coll. Ann. Mag. Nat. Hist. Ser. 4, vol. 15, p. 82, Nov. 1874 (1874).

Diagn. *3 Skjægtraade (2 paa Næseborene, 1 paa Hagen), samt en Række af 8 kortere, tildels rudimentære Traade langs Overlæben. Øjnene forholdsvis smaa, indeholdes (hos ældre Individer) 2 Gange i Snudens Længde. Mundspalten strækker sig bagover langt bagenfor Øjnene. Tænderne temmelig smaa, af lige Størrelse. Hovedet indeholdes ubetydeligt over 4 Gange i Totallængden. 1ste Straale i 1ste Dorsal kort, omtrent lig Snudens Længde. Anus ligger midt mellem Snudespidsen og sidste Analstraale. Sidelinien synlig, med omtrent 20 store Porer. Farven ensartet graabrun. Totallængden (hos det største undersøgte Individ) 173mm.*

M. B. 7, 2 D. 49—52; A. 41—43; P. 15—16; V. 7; C. 28—30.

Localit. fra Nordh. Exped. Røst, ved Indløbet til Lofoten (Norge).

Beliggenhed.	Røst, Lofoten (Norge).
Dybde.	50 Favne (94m).
Temp. paa Bunden.	+ 5° C.
Bunden.	Sandbund.
Datum.	26de Juni 1877.
Antal Indiv.	1 Unge.

Bemærkninger til Synonymien. *O. septentrionalis*, der opstilledes i 1874 efter 2 Exemplarer fra Norges Vestkyst (det største med en Totallængde af omtr. 6½ Tommer

27. Onos septemtrionalis, (Coll.) 1874.

Pl. IV, fig. 35—36.

Motella septentrionalis, Coll. Ann. Mag. Nat. Hist. Ser. 4, vol. 15, p. 82, Nov. 1874 (1874).

Diagnosis. — *Three barbels (2 at the nostrils, 1 on the chin), and a row of shorter, in part rudimentary barbels along the upper lip. Eyes comparatively small, their diameter (in mature individuals) half the length of the snout. The angle of the mouth extending backwards far beyond the eyes. Teeth rather small, of unequal size. The head is contained a little more than 4 times in the total length. First ray in first dorsal short, about equal to the length of the snout. The vent placed midway between the point of the snout and the last anal ray. Lateral line distinct, composed of about 20 large pores. Colour a uniform greyish brown. Total length (in the largest individual examined) 173mm.*

M. B. 7, 2 D. 49—52; A. 41—43; P. 15—16; V. 7; C. 28—30.

Locality (North Atl. Exped.): — Røst, Inlet to Lofoten (Norway).

Exact Locality.	Røst, Lofoten (Norway).
Depth.	50 Fathoms (94m).
Temp. at Bottom.	+ 5° C.
Bottom.	Sand.
Date.	26th June 1877.
Numb. of Specim.	1 Indiv. (young).

Remarks on the Synonymy. — *O. septentrionalis*, described in 1874, from 2 examples taken on the west coast of Norway (length of the largest about 6½ inches, or

(eller 173 mm), har hidtil ikke været kjendt fra andre Punkter, end fra de norske Kyster[1]. Imidlertid har jeg i 1878 havt Lejlighed til at undersøge et Exemplar af denne Art, der under et provisorisk, med Krøyer's Haandskrift (omtr. 1852) vedføjet Navn opbevares i den grønlandske Samling i Museet i Kbhvn., men som aldrig hidtil har været omtalt.

Beskrivelse. *Legemsbygning.* Fra alle de øvrige Arter af denne Slægt kan denne kjendes ved sit relativt store Hoved med de lange Kjæver, samt ved en Række af rudimentære Skjægtraade (foruden de normale) langs Overlæben. Jeg gjengiver her Artens oprindelige Beskrivelse, med de Supplementer, som de senere fundne Exemplarer have foranlediget, og giver tillige en ny Afbildning af Typ-Exemplaret.

De Individer, alle fra de norske Kyster, der have foreligget til Undersøgelse, have havt følgende Maal og Straaleantal:

	a. Røst, Aug. 1877.	b. Bodø, Aug. 1874.	c. Florø, Juli 1873.
Totallængde	69 mm	100 mm	173 mm
Hovedets Længde	16,8 -	24,5 -	42 -
Straaler i 2den Dorsal	49 -	49 -	52 -
Straaler i Analen	43 -	41 -	43 -
Straaler i Pectoralerne	16 -	15 -	16 -

Legemet er forholdsvis kort og sammentrængt; dets Højde, der er betydeligt kortere, end Hovedlængden, indeholdes omtrent $5^2/_3$ Gange i Totallængden.

Anus ligger næsten nøjagtigt midt mellem Underkjævens Spidse og Slutningen af Analen. Haleroden har en Højde, der er lig Interorbitalrummets Bredde, og indeholdes næsten 3 Gange i Overkjævens Længde.

Hovedet er stort, stærkt fladtrykt ovenfra og nedenfra, og med tykke, muskuløse Kinder; dets Længde indeholdes ubetydeligt over 4 Gange i Totallængden. Underkjæven er kortere, end Overkjæven.

Mundspalten er særdeles vid, og større, end hos nogen anden Art, idet den, især hos de større Exemplarer, strækker sig bagover langt forbi Øjet. Længden af Overkjæven er nemlig lig Hovedets postorbitale Del, saaledes at Snudens Længde er ikke ubetydeligt mindre, end Afstanden fra Øjet til Mundvinkelen.

Tænder ere tilstede i Kjæverne og paa Vomer. I Kjæverne danne de flere Rækker, men disse ere af ulige Størrelse, idet i Overkjæven den ydre Rækkes Tænder ere de største, og stærkt indadkrummede, medens der i Underkjæven sidde flere grovere Tænder (der her idethele ere større, end Overkjævens), i den indre Række. Paa Forsiden af Vomer findes et halvcirkelformigt Baand af finere Tænder.

[1] Ann. Mag. Nat. Hist. Ser. 4, vol. 15, p. 82 (1874); „Norges Fiske“, Tillægshefte til Forh. Vid. Selsk. Chra. 1874, p. 117, Tab. 2; Forh. Vid. Selsk. Chra. 1878, No. 4, p. 20.

173 mm), has not hitherto been known to occur in other localities than on the coasts of Norway.[1] In 1878, however, I examined a specimen of this species, which, with a provisional name, in Krøyer's handwriting (probably about 1852), is preserved in the Greenland Collection in the Zoological Museum of Copenhagen.

General Description. *Structure of the Body.* — *Onos septentrionalis* is distinguished from all the other species by a comparatively large head, very long jaws, and by a series of rudimentary barbels extending (besides the normal ones) along the upper jaw. I give here the description originally furnished, together with supplementary data derived from the examination of later specimens, and annex a new representation.

The individuals examined, all from the coasts of Norway, are distinguished by the following dimensions and fin-formulæ.

	a. Røst, Aug. 1877.	b. Bodø, Aug. 1874.	c. Florø, July 1873.
Total length	69 mm	100 mm	173 mm
Length of head	16.8 -	24.5 -	42 -
Number of rays in 2 D.	49 -	49 -	52 -
Number of rays in A.	43 -	41 -	43 -
Number of rays in P.	16 -	15 -	16 -

Body comparatively short and compressed; its depth, considerably less than the length of the head, is to total length about as 1 to $5^2/_3$.

The vent placed nearly midway between the extremity of the lower jaw and the termination of the anal fin. Peduncle of tail about equal to the width of the interorbital space.

Head large, depressed, and with thick, muscular cheeks; its length is contained rather more than 4 times in the total length. Lower jaw shorter than upper.

The gape remarkably wide, more so indeed than in any other species, extending as it does, especially in large examples, far behind the eye. The upper jaw nearly as long as the postorbital part of the head, and the snout measuring accordingly a good deal less than the distance from the eye to the angle of the mouth.

Teeth in the jaws and on the vomer. In the jaws, arranged in several rows, which, however, are of unequal length on the upper jaw, the teeth in the exterior series being the largest, and curving considerably inwards; the lower jaw has several stouter teeth (the teeth in this jaw being generally larger than those in the upper) in the interior row. On the fore part of the vomer extends a semicircular patch of smaller teeth.

[1] Ann. Mag. Nat. Hist. Ser. 4, vol. 15, p. 82 (1874); "Norges Fiske." Appendix to Forh. Vid. Selsk. Chra. 1874, p. 117, Pl. 2; Forh. Vid. Selsk. Chra. 1878, No. 4, p. 28.

Øjnene ere forholdsvis smaa, og, paa Grund af Hovedets fladtrykte Form, temmelig stærkt opadvendte; de indeholdes hos større Individer 2 Gange i Snudens Længde, og omtrent $7^{1}/_{2}$ Gange i Hovedlængden. Hos de yngre ere Øjnene forholdsvis større; hos Nordhavs-Expeditionens Individ, der har en Totallængde af blot 69^{mm}, er Øjets Længdediameter ikke langt fra lig Snudelængden, og indeholdes blot 5 Gange i Hovedets Længde. Interorbitalrummet er forholdsvis bredt, og indeholdes $1^{1}/_{2}$ Gang i Øjets Højdediameter.

Skjægtraadene orentil ere 2 lange, og en hel Række kortere langs Overlæben. De første sidde, som sædvanligt, ved den bagre Rand af det forreste Par Næsebor. De sidste ere 8 i Antal, hvoraf de yderste ere ganske rudimentære; det mellemste Par ere de længste, uden dog at opnaa en Længde af en Øjendiameter. Paa Hagen findes en enkelt, lang Traad.

Gjællespalten er særdeles vid; Gjællehindens Straaler ere 7 i Antal.

Finnerne. 1ste Dorsal er kort; dens Grundlinie er omtrent lig Afstanden fra Snudespidsen til Øjets bagre Rand; dens første forlængede Straale har samme Længde, som Finnens halve Grundlinie, eller 2 Gange Øjets Diameter. Den begynder ubetydeligt foran Pectoralernes Rod, og ender ret over Begyndelsen af samme Finners ydre Tredjedel.

2den Dorsal, der tæller 49—52 Straaler, udspringer lige bag 1ste i en Afstand fra Snudespidsen, der er ubetydeligt længere, end Afstanden fra Anus til Kjævernes bagre Kant. Den er næsten jevnhøj overalt, og slutter i omtrent en Øjendiameters Afstand fra Caudalens Rod. Dens største Højde er omtrent lig Grundlinien af 1ste Dorsal.

Analen, der tæller 41—43 Straaler, udspringer umiddelbart bag Anus, og ophører, som hos de fleste Arter, ubetydeligt før sidste Straale af 2den Dorsal. Dens Højde er næsten lig 2den Dorsals Højde.

Pectoralerne, der have 15—16 Straaler, ere brede, korte og afrundede, idet deres Længde neppe er større, end Underkjævens.

Ventralerne tælle 7 (ikke 8) Straaler, og have den 2den Straale noget forlænget, længst hos de yngre Individer, hvor den naar forbi Pectoralernes Spidse; hos de ældre er Spidsen fjernet næsten en Finnelængde fra Anus, og naar ikke Pectoralernes Spidse. Den første og sidste Straale ere enkelte, hvorimod de øvrige ere kløvede til Grunden.

Caudalen tæller 28—30 Straaler, og er noget afrundet, skjønt Hjørnerne ere tydeligt fremtrædende.

Skjælbeklædning. Skjællene ere smaa og fastsiddende, samt beklæde hele Legemet lige ud paa Snuden, saavelsom Grunden af Finnerne; mindst skjælbeklædte ere Ventralerne. Hos Nordhavs-Expeditionens Individ, hvis Totallængde blot er 69^{mm}, er Snuden og Hovedets Sider endnu nøgne, ligesom Skjælbeklædningen endnu ikke er fremkommet paa

Eyes rather small, and directed, from the depressed form of the head, considerably upwards; the diameter, in comparatively large individuals, is to the length of the snout as 1 to 2, and to the length of the head about as 1 to $7^{1}/_{2}$. In young individuals, the eyes are relatively larger; in the specimen taken on the Expedition, total length not more than 69^{mm}, the longitudinal diameter of the eye very nearly equals the length of the snout, and is to the length of the head as 1 to 5 only. Interorbital space comparatively wide, being to the vertical diameter of the eye as 1 to $1^{1}/_{2}$.

Of the cirri on the upper jaw, 2 are long, and a whole series of shorter (partly rudimentary) barbels extends along the upper lip; the former placed as usual at the posterior margin of the foremost pair of nostrils; the latter are 8 in number, the outermost quite rudimentary, the medial pair longest, their length, however, not equalling the diameter of the eye. One long barbule on the chin.

Branchial opening exceedingly wide; brancheostegous rays 7.

Fins. — First dorsal short, length about equalling the distance from the point of the snout to the posterior margin of the eye; the first elongated ray equal in length to half the fin, or to twice the diameter of the eye. It commences a little in advance of the pectorals, terminating immediately above the exterior third of that fin.

Second dorsal, furnished with from 49 to 52 rays, commencing immediately posterior to the first, at a distance from the point of the snout slightly exceeding the distance from the vent to the posterior edge of the jaws. Depth nearly uniform throughout. The fin terminates at a distance about equal to the diameter of the eye from the base of the caudal. Greatest depth about equal to length of basal line of first dorsal.

The anal, furnished with from 41 to 43 rays, commences immediately posterior to the vent, terminating, as in most of the species, a little before the last ray of the 2nd dorsal. Depth nearly equal to that of 2nd dorsal.

The pectorals, which have from 15 to 16 rays, are broad, short, and rounded; length hardly exceeding that of lower jaw.

The ventrals, furnished with 7 (not 8) rays, have the 2nd ray somewhat produced; it is longest in young individuals, the point reaching beyond the extremity of the pectorals. In comparatively old individuals, the extremity is distant almost the length of the fin from the vent, and does not reach the extremity of the pectorals. The first and last rays are simple, the rest cleft to the base.

The caudal, furnished with from 28 to 30 rays, slightly convex, the angles however distinctly perceptible.

Scales. — Scales small, and firmly attached to the skin; extending over the whole surface of the body out upon the snout, and also along the base of the fins; ventrals furnished with fewest scales. In the specimen taken on the Expedition, total length not more than 69^{mm}, the snout and the sides of the head are as yet naked, and the

Finnerne; hos et noget ældre Individ, med en Totallængde af 100^{mm}, ere Skjællene blevne synlige paa Grunden af Caudalen, medens de øvrige Finner endnu ere nøgne.

Sidelinie. Sidelinien er ikke overalt tydelig, især paa Legemets mellemste og bagre Del; den bestaar af en Række af omtrent 20 Porer, der med forholdsvis lange Mellemrum strække sig fra Gjællespaltens øvre Rand hen under 1ste Dorsal, men bøje ved de første Straaler af 2den Dorsal (7de Pore) ned mod Legemets Midtlinie, som de nu følge ud mod Caudalen.

Farve. Denne er mørkt graabrun uden Pletter, blot ubetydeligt lysere paa Undersiden; Iris er blaasort, Mundhulen hvid. Yngre Individer have forholdsvis lysere Farver oventil.

Udbredelse. *O. septentrionalis* er en nordisk, maaske arctisk Art, hvoraf 3 Individer (med en Totallængde af 69 til 173^{mm}) hidtil foreligge fra Norges Kyster, foruden 1 fra Grønland. De norske Individer ere alle optagne fra det noget grundere Vand (20–50 Favne); det mindste af dem var det, der erholdtes under Nordhavs-Expeditionen ved Røst, den yderste af Lofoterne ($66^{1}/_{2}°$ N. B.). Den sydligste Localitet, Floro udenfor Søndfjord, ligger under $61^{1}/_{2}°$ N. B.

Det grønlandske Individ, der opbevares i Universitets-Museet i Kjøbenhavn, har en Totall. af omtr. 170^{mm}. Det er sandsynligvis allerede i Aarene omkring 1840 indsendt til det nævnte Museum fra Grønland; en nøjere Angivelse af Localiteten findes ikke.

scales have not begun to develop on the fins; in another individual, total length 100^{mm}, the scales are perceptible along the base of the caudal, the other fins being still naked.

Lateral Line. — Lateral line not everywhere distinct; more especially, however, on the medial and posterior parts of the body. It is composed of a series of about 20 pores, and extends, with comparatively wide interstices, from the upper margin of the branchial aperture beneath the base of the first dorsal, but strikes off obliquely at the first rays of the second dorsal (7th pore) to the mesial line, passing from thence straight along it to the caudal.

Colour. — A uniform greyish-brown, without spots, somewhat lighter on the under surface; irides bluish-black; cavity of the mouth white. Young individuals comparatively lighter.

Distribution. — *O. septentrionalis* is a northern, possibly an Arctic species, of which only 3 examples (total length ranging from 69^{mm} to 173^{mm}) have as yet been obtained from the Norwegian coast, and 1 from Greenland. The Norwegian specimens were all taken in comparatively shallow water (20–50 fathoms), the smallest being that obtained on the North Atlantic Expedition, off Lofoten, in lat. $66^{1}/_{2}°$ N.; the most southerly locality, Floro, on the coast of Søndfjord, is in lat. $61^{1}/_{2}°$ N.

The Greenland specimen, preserved in the University Museum, Copenhagen, has a total length of about 170^{mm}; it was probably sent to the Museum from Greenland, certainly not later than 1840; the exact locality is not given.

Fam. Pleuronectidae.

Gen. Platysomatichthys, Blcek.

Versl. Med. Kon. Akad. Wet. Amsterd. D. 13, p. 426 (1862).

Højrevendt. Tænderne stærke, omtrent lige udviklede paa begge Sider; i Overkjæven danne de 2, i Underkjæven 1 Række. Vomerin- og Palatintænder mangle. Mundaabningen vid; Overkjæven gaar tilbage til Øjets Bagrand. De nedre Svælgtænder danne en enkelt Række. Analtorn mangler. Sidelinien næsten ret. Caudalen indskaaren. Skjællene smaa og glatte. Blindsiden stærkt muskuløs.

Fam. Pleuronectidæ.

Gen. Platysomatichthys, Bleek.

Versl. Med. Kon. Akad. Wet. Amsterd. D. 13, p. 426 (1862).

Body dextral. Teeth strong, nearly equal in development on both sides; in the upper jaw 2 series, in the lower 1; vomerine and palatine teeth wanting. Mouth wide, maxillary reaching back to the posterior margin of the eye. The lower pharyngeal teeth forming a single row. Preanal spine absent. Lateral line nearly straight. Caudal fin emarginate. Scales small and smooth. The blind side very muscular.

28. Platysomatichthys hippoglossoides. (Walb.) 1792.

Pleuronectes cynoglossus, Fabr. (nec Linn.) Fauna Groenl. No. 118, p. 163 (1780).

Pleuronectes hippoglossoides, Walb. Art. Gen. Pisc. Pars III, p. 115 (1792).

Pleuronectes pinguis, Fabr. Kgl. D. Vid. Selsk. Nat. Math. Afh. 1 D., p. 43 (1824).

Hippoglossus pinguis, Reinh. Kgl. D. Vid. Selsk. Nat. Math. Afh. 7 D., p. 116 (1838).

Drepanopsetta hippoglossoides, Gill, Proc. Acad. Nat. Sci. Philad. 1861, App. p. 50 (1861).

Platysomatichthys pinguis, Bleeker, Versl. Med. Kon. Akad. Wet. Amsterd. D. 13, p. 426 (1862).

Hippoglossus groenlandicus, Günth. Cat. Fish. Brit. Mus. vol. 4, p. 404 (1862).

Platysomatichthys hippoglossoides, Goode & Bean, Bull. Ess. Inst. vol. 11, p. 7 (1879).

Diagn. *Det øvre Øie ligger i Profillinien, og er halvt opadvendt. Dorsal- og Analstraalerne ere alle udelte. Legemets Høide indeholdes 3½ , Hovedets Længde 4 Gange i Totallængden. Dorsalens Afstand fra Caudalen er større end Halestolens Høide. Legemet skjælbeklædt indtil mellem Øinene; Finnerne tæt skjælbeklædte. Interorbitalrummet fladt. Farven mørkt graa- eller gulbrun; Blindsiden, der er ligesaa muskuløs, som Øiesiden, er kun ubetydeligt lysere end denne.*

D. 92—102; A. 71—75; V. 6; P. 14—15; C. 20.

Localit. fra Nordh. Exped. Havet mellem Hammerfest og Beeren Eiland.

	Stat. 290.
Beliggenhed.	215 Kil. SV. Beeren Eiland.
Dybde.	447 Favne (817m).
Temp. paa Bunden.	÷ 0.8° C.
Bund.	Graagrønt Ler.
Datum.	6te Juli 1878.
Antal Individer.	1 yngre Indiv.

Bemærkninger til Synonymien. Endskjønt denne Art er forholdsvis ikke synderlig nær beslægtet med nogen anden Form, idet den besidder flere udprægede Charakterer, der baade ere lette at opfatte og beskrive, har den dog en Række Synonymer at opvise, og dens rette Benævnelse har lige til den sidste Tid ikke været endelig fastsat eller anerkjendt.

Fabricius, der var den første, som i sin „Fauna Groenlandica" (1780) beskrev Arten, henførte den under Linnés *Pleuronectes cynoglossus*, hvilken Feil han selv rettede i en Afhandling „Zoologiske Bidrag", der udkom i 1824 (i 1ste Del af Videnskabs-Selskabets Naturv. og Math. Afhandlinger), og hvor han kalder den *Pleuronectes pinguis*. Paa begge Steder er Arten kjendeligt beskreven, men den Afbildning, der ledsagede hans sidstnævnte Afhandling, er fuldstændig feilagtig.

Denne slette Figur ledede Günther til i sin Cat. Fish. Brit. Mus. vol. 4 (1862) at anse Fabricii *Pl. cyno-*

28. Platysomatichthys hippoglossoides. (Walb.) 1792.

Pleuronectes cynoglossus, Fabr. (nec Linn.) Fauna Groenl. No. 118, p. 163 (1780).

Pleuronectes hippoglossoides, Walb. Art. Gen. Pisc. Pars III, p. 115 (1792).

Pleuronectes pinguis, Fabr. Kgl. D. Vid. Selsk. Nat. Math. Afh. 1 D., p. 43 (1824).

Hippoglossus pinguis, Reinh. Kgl. D. Vid. Selsk. Nat. Math. Afh. 7 D., p. 116 (1838).

Drepanopsetta hippoglossoides, Gill, Proc. Ac. Nat. Sci. Philad. 1861, App. p. 50 (1861).

Platysomatichthys pinguis, Bleeker, Versl. Med. Kon. Akad. Wet. Amsterd. D. 13, p. 426 (1862).

Hippoglossus groenlandicus, Günth. Cat. Fish. Brit. Mus. vol. 4, p. 404 (1862).

Platysomatichthys hippoglossoides, Goode & Bean, Bull. Ess. Inst. vol. 11, p. 7 (1879).

Diagnosis. — *The upper eye on the marginal line, directed half upwards. Dorsal and anal rays simple. The depth of the body is to total length as 1 to 3½, the length of the head as 1 to 4. Distance of dorsal fin from caudal greater than the depth of the tail at base. Scales extending between the eyes; the fins closely scaled. Interorbital space flat. Colour a dark greyish or yellowish-brown; the blind side, which is almost as muscular as the upper, only a shade lighter.*

D. 92—102; A. 71—75; V. 6; P. 14—15; C. 20.

Locality (North Atl. Exped): — The open sea, between Hammerfest and Beeren Eiland.

	Stat. 290.
Exact Locality.	215 Kil. SW. Beeren Eiland.
Depth.	447 Fathoms (817m).
Temp. at Bottom.	÷ 0.8° C.
Bottom.	Greyish green Clay.
Date.	6th July 1878.
Numb. of Specim.	1 Indiv. (young).

Remarks on the Synonymy. — This species, albeit in a comparative sense not very closely related to any other form of the genus, distinguished as it is by divers salient characters, easy alike to apprehend and describe, has nevertheless received a number of synonyms, and even now its true designation has not been finally determined or agreed upon.

Fabricius, who was the first to describe the species, in his "Fauna Groenlandica" (1780), classed it under Linnæus's *Pleuronectes cynoglossus*, an error which he corrected himself in a Memoir entitled "Zoologiske Bidrag," published 1824 (in Part I of "Videnskabs-Selskabets Naturv. og Math. Afhandlinger"), giving it the new name of *Pleuron. pinguis*. In both of these papers recognisable descriptions are furnished of the species; but a figure accompanying the last of the papers is a complete failure.

This eminently defective representation induced Günther, when compiling his Cat. Fish. Brit. Mus. vol. 4 (1862),

glossus (hans senere *pinguis*) som identisk med Linné's *Pl. cynoglossus*, en Anskuelse, som gjendreves af Gill allerede i 1864 (Proc. Acad. Nat. Sci. Philad. 1864). Günther havde imidlertid givet Arten, der efterhaanden ogsaa gjennem andre var bleven bekjendt, det nye Navn *Hippoglossus groenlandicus*, hvorhos Fabricii *Pl. hippoglossus* opføres som dens Synonym; dette sidste var imidlertid ucorrect, da *Pl. hippoglossus* Fabr., utvivlsomt er den rette *Hippogl. vulgaris*.

Navnet *Hippoglossus pinguis* (Fabr.), under hvilket Arten oftest er omtalt, er yngre, end Walbaum's *Pleuronectes hippoglossoides* (1792), der saaledes indeholder det ældste Artsnavn.

Da forhaandenværende Art i flere Henseender adskiller sig fra Slægten *Hippoglossus*, med hvilken den i Regelen er slaaet sammen, har Gill allerede i 1861 henført den under en ny Slægt, *Reinhardtius* (Proc. Acad. Nat. Sci. Philad. 1861, App.), men da denne Slægt her, uden at være characteriseret, blot er nævnt i en Fortegnelse, vil Bleeker's Navn *Platysomatichthys*, opstillet i 1862 for den samme Art (13de Bind af Med. Kon. Akad. Wet. i Amsterdam), blive at anvende.

Bemærkninger til Beskrivelsen. Det under Nordhavs-Expeditionen erholdte Individ var yngre, og havde følgende Maal:

Totallængde	435 mm
Legemets Længde til sidste Halehvirvel	378 -
Legemets Høide	120 -
Halerodens Høide	34 -
Hovedets Længde	104 -
Pectoralens Længde paa Blindsiden	40 -

Tænderne hos dette Individ vare paa Øiensiden oventil 15, hvoraf de inderste vare meget smaa, nedentil 7, alle lange og naalspidse. Paa Blindsiden fandtes oventil 22, nedentil 6, samtlige af samme Bygning, som de tilsvarende paa Øiensiden.

Straaleantallet var: D. 92; A. 71; C. 20; V. 6; P. 14.

Farven paa Blindsiden var kun lidet lysere, end Øiensidens.

Interorbitalrummet var hos dette yngre Individ forholdsvis smalt, sammenlignet med Øiernes Størrelse; dets Bredde var omtrent, som Øiets Tverdiameter, men mindre, end Længdediameteren.

Udbredelse. *Platysomatichthys hippoglossoides* er en arktisk Art, der tidligst har været kjendt fra Grønland, hvor den allerede er beskreven i 1780 af Fabricius; den synes her at være talrig paa det noget dybere Vand. Mod Syd gaar den i Nordamerica (ifølge Goode & Bean) lige ned til Dybderne udenfor Essex og Massachusetts i New-England-Staterne (42° N. B.).

I de europæiske Farvande har den hidtil blot været omtalt fra Finmarken, hvor enkelte Exemplarer i de senere Aar ere fundne og opbevarede, men neppe sondenfor 70°

to regard Fabricii *Pl. cynoglossus* (subsequently *pinguis*) as identical with Linnæus's *Pl. cynoglossus*, an assumption confuted by Gill in 1864 (Proc. Acad. Nat. Sci. Philad. 1864). Günther, however, had given the species (which had meanwhile been also recorded by others) the new name, *Hippoglossus groenlandicus*, regarding Fabricius's *Pl. hippoglossus* as its synonym; but the latter was erroneous, and *Pl. hippoglossus* Fabr. is unquestionably the true *Hippogl. vulgaris*.

Hippoglossus pinguis, (Fabr.), the name under which this species has been most frequently mentioned, is anticipated by Walbaum's *Pleuronectes hippoglossoides* (1792), the earliest specific designation of the fish.

The species described being in several respects essentially distinct from the genus *Hippoglossus*, to which it has generally been referred, Dr. Gill, so far back as 1861, saw fit to class it as the type of a new genus, *Reinhardtius* (Proc. Acad. Nat. Sci. Philad. 1861, App.); but the name of this genus being merely recorded in a Catalogue, and no characters enumerated, *Platysomatichthys*, established by Bleeker in 1862 for the same type (Med. Kon. Akad. Wet. Amsterdam, D. 13), must be the correct designation.

Descriptive Observations. — The individual obtained on the Expedition was comparatively young, and measured as follows: —

Total length	435 mm
Length of body to last caudal vertebra	378 -
Depth of body	120 -
Depth of tail at base	34 -
Length of head	104 -
Length of pectoral on blind side	40 -

The teeth on the coloured side, above, in this individual 15, the innermost exceedingly small; below 7, all long and acicular; on the blind side the number above was 22, below 6, similar in structure to those corresponding with them on the coloured side.

The fin-ray formula was as follows: — D. 92; A. 71; C. 20; V. 6; P. 14.

The colour of the skin on the blind side but a shade lighter than on the upper.

Interorbital space in this immature example rather narrow compared to the eyes, its width being about equal to the vertical diameter of the orbit, but less than the longitudinal diameter.

Distribution. — *Platysomatichthys hippoglossoides* is an Arctic species, first observed on the coast of Greenland, and described, so far back as 1780, by Fabricius; throughout that region it would appear to be a common fish at some depth. In North America its range southwards (according to Goode & Bean) extends to the depths lying off the shores of Essex and Massachusetts, in New England (in lat. 42° N.).

In the regions of Northern Europe, the species had been previously met with on the coast of Finmark only, where examples have in later years been taken and pre-

N. B. Af en Bemærkning i Leem's bekjendte Værk over Finmarkens Lapper (Kbhvn. 1767), p. 315, synes den allerede i forrige Aarhundrede at have været erholdt og kjendt af Fiskerne i disse Landsdele. Nordhavs-Expeditionens Individ var optaget paa Havet sydvest for Beeren Eiland, paa det betydelige Dyb af omtrent 450 Favne; sandsynligvis vil denne Art vise sig ikke at mangle paa nogen tilsvarende Dybde i de arctiske Trakter mellem Europa og America.

Gen. Hippoglossoides, Gottsche.

Wiegm. Arch. f. Naturg. 1 Jahrg. 2 B. p. 164 (1835).

Højrevendt. Tænderne smaa, tilspidsede, paa begge Sider lige udviklede, og danne i begge Kjæver en enkelt Række; Vomerin- og Palatintænder mangle. De nedre Svælgtænder danne en enkelt Række. Mundaabningen særdeles vid; Overkjæven gaar tilbage til under Øjets Midte. Analtorn tilstede. Sidelinien næsten ret. Caudalen afrundet. Skjællene temmelig store, paa Øjensiden kamtandede. Straaleantallet betydeligt.

29. Hippoglossoides platessoides. (Fabr.) 1780.

A. Nearctiske Synonymer.

Pleuronectes platessoides, Fabr. Fauna Groenl. p. 164 (1780).
Citharus platessoides, Reinh. Kgl. D. Vid. Selsk. Nat. Math. Afh. 7 D., p. 116 og 130 (1838).
Platessa dentata, D. H. Storer, (nec Mitch.) Bost. Journ. Nat. Hist. 1839—39, vol. 2, p. 480 (1839); Hist. Fish. Mass., Camb. Bost., p. 197, pl. 30, Fig. 3 (1867), teste Br. & Goode].
Drepanopsetta platessoides, Gill. Proc. Acad. Nat. Sci. Philad. 1861, App. p. 50 (1861).
Hippoglossoides dentatus, Gill. Proc. Acad. Nat. Sci. Philad. 1861, App. p. 50 (1861); Günth. Cat. Fish. Brit. Mus. vol. 4, p. 406 (1862).
Hippoglossoides platessoides, Gill. Proc. Acad. Nat. Sci. Philad. 1864, p. 217 (1864).
Pomatopsetta dentata, Gill. Proc. Acad. Nat. Sci. Philad. 1864, p. 217 (1864).
Hippoglossoides limandoides, Goode & Bean, Am. Journ. Sci. Arts, vol. 17, 1879, p. 39 (1879).

B. Palæarctiske Synonymer.

Pleuronectes linguatula, Müll. (nec Lin.) Zool. Dan. Prodr. p. 45, No. 377 (1776).
Pleuronectes limandoides, Bloch, Naturg. Ausl. Fische. B. 3, p. 24 (1787).
Hippoglossoides limanda, Gottsche. Wiegm. Arch. f. Naturg. 1835, B. 2, p. 168 (1835).

served, though hardly farther south than in lat. 70° N. From an observation in Leem's well-known work on the Lapps of Finmark (Copenhagen 1767), p. 315, it would appear to have been known and captured by fishermen in those localities as early as the last century. The example obtained on the Expedition was taken in the open sea, south-west of Beeren Eiland, at the very considerable depth of 450 fathoms; probably, the species is nowhere wanting at corresponding depths in any of the Arctic tracts stretching between Europe and America.

Gen. Hippoglossoides, Gottsche.

Wiegm. Arch. f. Naturg. 1 Jahrg. 2 B. p. 164 (1835).

Body dextral. Teeth small and pointed; on either side equally developed; one row in each jaw; vomerine and palatine teeth wanting. Lower pharyngeal teeth forming a single row. Mouth exceedingly wide; maxillary reaching back to the middle of the eye. Preanal spine present. Lateral line almost straight. Caudal rounded. Scales rather large, on the coloured side ciliated. Number of fin-rays considerable.

29. Hippoglossoides platessoides, (Fabr.) 1780.

A. Nearctic Synonyms.

Pleuronectes platessoides, Fabr. Fauna Groenl. p. 164 (1780).
Citharus platessoides, Reinh. Kgl. D. Vid. Selsk. Nat. Math. Afh. 7 D., p. 116 and 130 (1838).
Platessa dentata, D. H. Storer, (nec Mitch.), Bost. Journ. Nat. Hist. 1838—39, vol. 2, p. 480 (1839); Hist. Fish. Mass., Camb. Bost., p. 197, pl. 30, fig. 3 (1867), [teste Br. & Goode].
Drepanopsetta platessoides, Gill, Proc. Acad. Nat. Sci. Philad. 1861, App. p. 50 (1861).
Hippoglossoides dentatus, Gill, Proc. Acad. Nat. Sci. Philad. 1861, App. p. 50 (1861); Günther, Cat. Fish. Brit. Mus. vol. 4, p. 406 (1862).
Hippoglossoides platessoides, Gill, Proc. Acad. Nat. Sci. Philad. 1864, p. 217 (1864).
Pomatopsetta dentata, Gill, Proc. Acad. Nat. Sci. Philad. 1864, p. 217 (1864).
Hippoglossoides limandoides, Goode & Bean, Am. Journ. Sci. Arts, vol. 17, 1879, p. 39 (1879).

B. Palæarctic Synonyms.

Pleuronectes linguatula, Müll. (nec Lin.) Zool. Dan. Prodr. p. 45, No. 377 (1776).
Pleuronectes limandoides, Bloch, Naturg. Ausl. Fische, B. 3, p. 24 (1787).
Hippoglossoides limanda, Gottsche, Wiegm. Arch. f. Naturg. 1835, B. 2, p. 168 (1835).

Pleuronectes limandanus, Parn. Edinb. New Philos. Journ. 1835, p. 210 (1835).

Platessa limandoides, Jen. Man. Brit. Vert. Anim. p. 459 (1835).

Hippoglossoides limandoides, Günth. Cat. Fish. Brit. Mus. vol. 4, p. 405 (1862).

Hippoglossoides platessoides, Coll. Forh. Vid. Selsk. Chra. 1878, No. 14, p. 92 (1878).

Diagn. *Legemet glat, dets Højde indeholdes $3^1/_{10}$, hos ældre Individer $2^4/_{15}$. Hovedets Længde 4—$4^1/_2$ Gange i Totallængden. Dorsalens Afstand fra Caudalen er betydelig mindre, end Halestilkens Højde. Hovedet skjælbeklædt lige ud paa Kjæverne; Finnerne ligeledes skjælbeklædte. Interorbitalrummet smalt; Øjnene ligge fortil i samme Plan, og indeholdes 4, hos fuldt udvoxede Individer $4^1/_2$ Gange i Hovedets Længde. Underkjæven længst. Rødgraa, ofte med enkelte (4—6) utydelige større Pletter langs Grunden af Dorsalen og Analen; Blindsiden hvid.*

M. B. 8. D. 76—92 (93—101); A. 64—72 (60—79); P. 10—11 (9—12); V. 6.

Localit. fra Nordl. Exped. Tanafjord i Finmarken; Havet mellem Nordkap og Beeren Eiland, samt Havet sønden for Spitsbergen.

	Stat. 261.	Stat. 323.	Stat. 326.
Beliggenhed.	Tanafjord, Finmarken.	180 Kil. SØ. Beeren Eiland.	105 Kil. S. Spitsbergen.
Dybde.	127 Favne (232m).	224 Favne (409m).	123 Favne (225m).
Temp. paa Bunden.	+ 2,8° C.	+ 1,5° C.	+ 1,6° C.
Bunden.	Ler og Mudder.	Brungraat Ler.	Mørkt Ler.
Datum.	25de Juni 1878.	30te Juli 1878.	2den Aug. 1878.
Antal Individer.	6 halvvoxne Indiv.	1 Indiv.	15 Unger og yngre Indiv.

Bemærkninger til Synonymien. I 1780 opstillede og beskrev Fabricius i „Fauna Groenlandica" under No. 119 sin *Pleuronectes platessoides*, og i 1789 blev Arten opført under dette Fabricii Navn i Gmelin's 13de Udgave af Linnæi „Systema Naturae" (p. 1234). Endnu engang gjorde Fabricius den til Gjenstand for en temmelig udførlig Beskrivelse, der indførtes i Kgl. D. Vid. Selsk. Nat. Math. Afh. 1 Del, p. 40 (1824), ledsaget af en Tegning, der dog var af meget primitiv Natur.

Senere er Arten under denne Benævnelse kun sjelden, og aldrig med nogen Udførlighed eller efter Autopsi bleven omtalt, og specielt er dens rette Forhold til den europæiske *Pleuronectes limandoides*, opstillet af Bloch i 1787, ikke gjort til Gjenstand for nogen sammenlignende Undersøgelse[1], naar undtages, at Malmgren, der havde 2 spæde Unger af, hvad han antog var denne Art, fra Spits-

[1] Den udførlige Beskrivelse af „*Pleuronectes platessoides*, Fabr." fra Island, som Faber giver i sin „Naturg. Fische Islands", p. 140 (Frankf. 1829), vedkommer ikke denne Art, men *Pl. limanda*, Lin.

Diagnosis. — *Body smooth; depth to total length as 1 to $3^1/_{10}$, in full-grown examples as 1 to $2^4/_{15}$; length of head as 1 to 4—$4^1/_2$. Distance of dorsal from caudal considerably less than the height of the peduncle of the tail. Head scaled, out on the jaws; the fins, too, are covered with scales. Interorbital space narrow; the eyes equal in front; their diameter is to the length of the head as 1 to 4, in full-grown individuals as 1 to $4^1/_2$. Lower jaw longer than upper. Colour reddish-grey, frequently with a few (4—6) large, indistinct spots along the base of the dorsal and anal. The blind side white.*

M. B. 8. D. 76—92 (93—101); A. 64—72 (60—79); P. 10—11 (9—12); V. 6.

Locality (North Atl. Exped.): — The Tana Fjord (Finmark); the open sea, between the North Cape and Beeren Eiland; and the ocean tract south of Spitzbergen.

	Stat. 261.	Stat. 323.	Stat. 326.
Exact Locality.	The Tana Fjord, Finmark.	180 Kil. SE. Beeren Eiland.	105 Kilom. S. of Spitzbergen.
Depth.	127 Fathoms (232m).	224 Fathoms (409m).	123 Fathoms (225m).
Temp. at Bottom.	+ 2.8° C.	+ 1.5° C.	+ 1.6° C.
Bottom.	Clay and Mud.	Brownish-grey Clay.	Dark Clay.
Date.	25th June 1878.	30th July 1878.	2nd Aug. 1878.
Numb. of Specim.	6 Indiv. (half-grown).	1 Indiv.	15 Ind. (half-grown and young).

Remarks on the Synonymy. — In 1780, Fabricius established and described the species *Pleuronectes platessoides* in his "Fauna grœnlandica" (No. 119); and in 1789 it was classed with this name in Gmelin's 13th Edition of Linnæus's "Systema naturæ" (p. 1234). Once again Fabricius made *Pl. platessoides* the subject of a rather elaborate description, in Kgl. D. Vid. Selsk. Nat. Math. Afh. Part 1, p. 40 (1824); and on this occasion he furnished a drawing, which is however exceedingly primitive in character.

Under the name of *Pl. platessoides*, the species has since been rarely recorded, and never once described fully or from autopsy; nor has its true relation to the European form of *Pl. limandoides*, described by Bloch in 1787, been made the subject of comparative investigation,[1] saving that Malmgren, who was in possession of 2 very young examples (belonging, in his opinion, to this species), from Spitz-

[1] The "*Pleuronectes platessoides*, Fabr.," from the coast of Iceland, of which Faber gave a detailed description in his "Naturg. Fische Islands," p. 140 (Frankf. 1829), is not this species, but *Pl. limanda*, Lin.

bergen til Undersøgelse i 1864, troede indtil videre at burde opføre den som en fra *Pl. limandoides* distinct Art (Öfv. Kgl. Vet. Akad. Förh. 1864. p. 525), medens Günther (1862) i sin Cat. Fish. Brit. Mus. vol. 4. p. 405 (i Noten) kan sees at have været tilbøjelig til at betragte dem begge som identiske.

De Characterer, hvorved denne østlig-arctiske Art angives at kunne holdes ud fra den europæiske *Pleuronectes limandoides*, ere væsentlig et større Antal Straaler i de verticale Finner, samt en relativt større Legemshøjde. Jeg har allerede i 1878 i den foreløbige Beretning om Nordhavs-Expeditionens Fiske søgt at paavise, at disse Characterer ikke ere af nogen afgjørende Betydning, og fremsat den Formodning, at begge disse Arter vare identiske.

Efterat jeg i det sidstforløbne Aar, ved Dr. Lütken's Velvillie, har havt Lejlighed til at undersøge den Række typiske Exemplarer af Fabricii *Pleuronectes platessoides*, alle fra Grønland, der opbevares i Museet i Kjøbenhavn, har jeg fundet denne Formodning bekræftet. En directe Sammenligning mellem de nævnte Typ-Exemplarer og Nordhavs-Expeditionens Individer fra Havet søndenfor Spitsbergen udviste, at de vare fuldstændig overensstemmende indbyrdes, ligesom disse spitsbergenske Individer i ingen væsentlig Henseende ere forskjellige fra ligestore Individer fra Christianiafjorden, som nedenfor skal udvikles.

Af Slægten *Hippoglossoides*, opstillet af Gottsche i 1835 for Bloch's *Pleuronectes limandoides*, findes der idethele blot 3 bekjendte Arter, nemlig foruden den nordatlantiske *H. platessoides*, Fabr., tillige 2 Arter fra de nordlige Dele af det stille Hav (*H. jordani*, Lock. 1879, og *H. exilis*, Jord. & Gilb. 1880).

Bemærkninger til Beskrivelsen. De under Expeditionen erholdte Individer havde følgende Maal og Straaleantal:

Stat. 326. (Søndenfor Spitsbergen).

	Totallængde.	Legemets Høide.	Hovedets Længde.	Straaler i Dorsalen.	Straaler i Analen.
a.	80mm	25mm	20mm	89	70
b.	105 -	30 -	23 -	93	75
c.	105 -	30 -	24 -	91	74
d.	110 -	32 -	25 -	90	71
e.	149 -	43 -	33 -	88	71
f.	150 -	47 -	36 -	91	73
g.	172 -	55 -	39 -	84	68
h.	181 -	55 -	42 -	93	73
i.	182 -	56 -	41 -	92	74
k.	185 -	61 -	43 -	89	71
l.	189 -	59 -	43 -	94	73
m.	223 -	74 -	52 -	91	73
n.	225 -	73 -	54 -	101	79
o.	227 -	69 -	54 -	85	69
p.	235 -	75 -	59 -	94	74

bergen, saw fit to regard it preliminarily as distinct from *Pl. limandoides* (Öfv. Kgl. Vet. Akad. Förh. 1864. p. 525); and that Günther (1862), in his Cat. Fish. Brit. Mus. vol. 4. p. 405 (as appears from the note), was inclined to regard them as identical.

The characters which, as a rule, are said to distinguish this East Arctic species from the European *Pleuronectes limandoides*, consist chiefly in the vertical fins having a greater number of rays, and in the depth of the body being relatively greater. In my preliminary Report (1878) on the fishes from the North Atlantic Expedition, I sought to show that these characters were of no essential importance, and ventured to suggest the identity of the two species.

Since then, this view has received additional support, Dr. Lütken having kindly afforded me opportunity of examining, last year, the specimens of Fabricius's typical *Pleuronectes platessoides* (all from Greenland) preserved in the Zoological Museum of Copenhagen. On instituting a direct comparison between these typical specimens and the individuals collected on the North Atlantic Expedition south of Spitzbergen, they were found to exhibit the closest agreement; nor did the Spitzbergen individuals differ materially from examples of equal size taken in the Christiania Fjord, as will afterwards be shown.

In the genus *Hippoglossoides*, established by Gottsche, 1835, for Bloch's *Pleuronectes limandoides*, are comprised of known species only 3, viz: — the North Atlantic species *H. platessoides*, Fabr., and 2 species occurring in the northern tracts of the Pacific (*H. jordani*, Lock. 1879, and *H. exilis*, Jord. & Gilb. 1880).

Descriptive Observations. — Measurements of, and number of fin-rays in, the specimens obtained on the Expedition: —

Station 326 (South of Spitzbergen).

	Total Length.	Depth of Body.	Length of Head.	Rays in Dorsal.	Rays in Anal.
a.	80mm	25mm	20mm	89	70
b.	105 -	30 -	23 -	93	75
c.	105 -	30 -	24 -	91	74
d.	110 -	32 -	25 -	90	71
e.	149 -	43 -	33 -	88	71
f.	150 -	47 -	36 -	91	73
g.	172 -	55 -	39 -	84	68
h.	181 -	55 -	42 -	93	73
i.	182 -	56 -	41 -	92	74
k.	185 -	61 -	43 -	89	71
l.	189 -	59 -	43 -	94	73
m.	223 -	74 -	52 -	91	73
n.	225 -	73 -	54 -	101	79
o.	227 -	69 -	54 -	85	69
p.	235 -	75 -	59 -	94	74

Stat. 323. (Sydost for Beeren Eiland).

	Totallængde.	Legemets Højde.	Hovedets Længde.	Straaler i Dorsalen.	Straaler i Analen.
q.	350mm	125mm	87mm	87	69

Stat. 261. (Tanafjord, Øst-Finmarken).

	Totallængde.	Legemets Højde.	Hovedets Længde.	Straaler i Dorsalen.	Straaler i Analen.
r.	155mm	45mm	38mm	89	71
s.	170 -	49 -	40 -	89	69
t.	211 -	63 -	50 -	97	74
u.	214 -	64 -	48 -	94	73
v.	245 -	71 -	57 -	96	74
x.	254 -	78 -	60 -	91	74

Til Sammenligning vedføjes en Angivelse af Straaleantallet hos en Del Individer af „*H. limandoides*" fra et Par andre Punkter af den norske Kyst, hvoraf jeg personlig har kunnet undersøge Individer.

	Totall.	Legemets Højde.	Hovedets Længde.	Straaler i Dorsalen.	Straaler i Analen.
Ø. Finmarken	66mm	19mm	14mm	93	75
—	386 -	138 -	91 -	90	69
Tromsø	32 -	?	?	91	70
—	215 -	66 -	44 -	85	66
—	285 -	88 -	65 -	85	69
Christianiafjorden	185 -	57 -	42 -	86	64
—	210 -	66 -	49 -	87	64
—	218 -	64 -	49 -	82	63
—	220 -	69 -	45 -	86	66
—	246 -	79 -	59 -	82	62
—	258 -	75 -	59 -	80	66
—	298 -	94 -	63 -	79	64

Hvad først den almindelige Legemsbygning angaar, udgjør den gjennemsnitlige Højde af Legemet i Forhold til Totallængden hos et Antal omtrent ligestore Individer fra disse forskjellige Localiteter følgende:

Spitsbergen (9 Ind., Totall. 172—235mm) . . 3,10
Øst-Finmarken (5 Ind., Totall. 170—254mm) . 3,40
Tromsø (2 Ind., Totall. 215—285mm) . . 3,24
Christianiafjorden (7 Ind., Totall. 185—298mm) . . 3,26

Vistnok sees saaledes Individerne fra Spitsbergen at have havt en relativt meget større Legemshøjde, end Individerne fra Øst-Finmarken, men dette er ganske tilfældigt, da Individerne fra disse Localiteter ere absolut identiske; men mellem de nordligste (fra Spitsbergen) og de sydligste (fra Christianiafjorden) er Forskjellen atter ganske ubetydelig, saaledes at sikre Distinktionscharacterer ikke kunne hentes fra dette Forhold.

Det maa her bemærkes, at Legemshøjden er relativt større hos de fuldt udvoxede Individer, end den ovenfor anførte, der gjælder Individerne i et noget yngre Stadium. Hos 4 af de undersøgte Typ-Exemplarer fra Grønland,

Station 323 (South-east of Beeren Eiland).

	Total Length.	Depth of Body.	Length of Head.	Rays in Dorsal.	Rays in Anal.
q.	350mm	125mm	87mm	87	69

Station 261 (The Tana Fjord, East Finmark).

	Total Length.	Depth of Body.	Length of Head.	Rays in Dorsal.	Rays in Anal.
r.	155mm	45mm	38mm	89	71
s.	170 -	49 -	40 -	89	69
t.	211 -	63 -	50 -	97	74
u.	214 -	64 -	48 -	94	73
v.	245 -	71 -	57 -	96	74
x.	254 -	78 -	60 -	91	74

For comparison is annexed a list of fin-formulæ in divers examples of "*H. limandoides*" from other localities on the Norwegian coast which I have had an opportunity of examining.

	Total Length.	Depth of Body.	Length of Head.	Rays in Dorsal.	Rays in Anal.
East Finmark	66mm	19mm	14mm	93	75
—	386 -	138 -	91 -	90	69
Tromsø	32 -	?	?	91	70
—	215 -	66 -	44 -	85	66
—	285 -	88 -	65 -	85	69
Christiania Fjord	185 -	57 -	42 -	86	64
—	210 -	66 -	49 -	87	64
—	218 -	64 -	49 -	82	63
—	220 -	69 -	45 -	86	66
—	246 -	79 -	59 -	82	62
—	258 -	75 -	59 -	80	66
—	298 -	94 -	63 -	79	64

First, as regards the general structure of the body. The proportion borne by the depth to the total length in a number of specimens, about equal in size, from the said localities is as follows: —

Spitzbergen 9 Ind. (Total L. 172—235mm) as 1 to 3.10.
East Finmark 5 Ind. (Total L. 170—254mm) as 1 to 3.40.
Tromsø 2 Ind. (Total L. 215—285mm) as 1 to 3.24.
Christiania Fjord. 7 Ind. (Total L. 185—298mm) as 1 to 3.26.

The majority of the Spitzbergen individuals were, indeed, distinguished by a depth of body relatively greater than those from East Finmark: this, however, is merely casual, the latter having been in the strictest sense identical with the former; but between the examples from the most northerly locality (Spitzbergen) and those obtained farthest south (the Christiania Fjord), the difference is very inconsiderable, far too slight indeed to admit of its furnishing distinctive characters.

It may be noticed, that the depth of the body in full-grown individuals is relatively greater than that here given, which refers to examples in a somewhat earlier stage of growth. In 4 of the typical specimens from Greenland,

hvor Totallængden laa mellem 350mm og 451mm, var Legemshøjden gjennemsnitlig 2,73; omtrent samme Forholde udviste Nordhavs-Expeditionens store Individ fra Beeren Eiland, hvis Totallængde var 350mm, nemlig 2,80, og et stort Individ, som jeg erholdt i Juli 1878 i Varangerfjorden i Øst-Finmarken, hvis Totallængde var 386mm, nemlig 2,79.

Derimod vil unegtelig Straaleantallet vise sig at være constant større hos Individerne fra de nordligste Localiteter (Grønland, Spitsbergen), end fra de sydligste (Christianiafjorden), hvad der fremgaar af de nedenfor anførte Straaleantal hos Individer, hvoraf der fra nogen Localitet have foreligget en Række til Undersøgelse, og denne Forskjel bliver endnu større, om man undersøger de forskjellige Angivelser, der foreligge fra endnu sydligere Landsdele, saasom fra Sverige (Sundström[1]), Danmark (Gottsche[2] og Kröyer[3]), samt England (Yarrell[4]), og Skotland (Parnell[5]).

Grønland	(5 Ind.)	D. 93—83; A. 70—68.
Spitsbergen	(15 Ind.)	D. 101—84; A. 79—68.
Øst-Finmarken, Norge .	(8 Ind.)	D. 97—89; A. 75—69.
Vest-Finmarken, Norge .	(3 Ind.)	D. 91—85; A. 70—66.
Christianiafjord, Norge .	(7 Ind.)	D. 87—79; A. 66—62.
Sverige		D. 87—78; A. 66—64.
Danmark [Gottsche] . .	(6 Ind.)	D. 87—81; A. 65—64.
Danmark [Kröyer] . .	(9 Ind.)	D. 88—78; A. 68—60.
Storbritannien		D. 85—76; A. 69—64.

Straalernes Middeltal i de ovennævnte Individ-Rækker har jeg fundet at være følgende paa disse forskjellige Localiteter:

Grønland . . .	D. 88; A. 69.
Spitsbergen	D. 90; A. 72.
Øst-Finmarken, Norge	D. 92; A. 72.
Vest-Finmarken, Norge	D. 87; A. 68.
Christianiafjord, Norge	D. 83; A. 64.
Sverige	D. 82; A. 65[6].
Danmark [Gottsche]	D. 84; A. 65.
Danmark [Kröyer] . . .	D. 82; A. 64.
Storbritannien	D. 80; A. 66[6].

Mellem de Finmarken-Spitsbergenske Individer og Individerne fra Christianiafjorden er der saaledes en gjennemsnitlig Forskjel af omtrent 9 Straaler i Dorsalen, og 8 i Analen, og mellem de førstnævnte og Individerne fra Storbritannien for Dorsalens Vedkommende endog 12. Men Middeltallet fra de mellemliggende Stationer udviser tydelige Overgange, og disse ville utvivlsomt blive endnu klarere, naar Individer blive undersøgte fra flere af disse mellemliggende Localiteter (saaledes f. Ex. fra Nordland i Norge).

[1] Fauna öfver Sveriges Ryggradsdjur, p. 255 (1877).
[2] Wiegm. Arch. f. Naturg. 1835, B. 2, p. 168 (1835).
[3] Danmarks Fiske, B. 2, p. 378 (1843—45).
[4] British Fishes, ed. 2, vol. 2, p. 312 (1841).
[5] Mem. Wern. Nat. Hist. Soc., vol. 7, p. 368 (1838).
[6] Da her intet Individ-Antal kan opgives, har Middeltallet maattet uddrages direkte af de angivne Ydergrændser.

total length ranging from 350mm to 451mm, I found the proportional depth of the body to average 2.73, within a fraction that of the large individual taken on the Expedition off Beeren Eiland, viz. 350mm (total length): 2.80; and of a large individual which I obtained in the Varanger Fjord, East Finmark, in July 1878, viz. 386mm (total length): 2.79.

On the other hand, the number of fin-rays will be regularly greater in specimens from the most northerly localities (Greenland, Spitzbergen) than from those farthest south (the Christiania Fjord), as is shown by the numbers (given below) for series of individuals from several localities; and this difference becomes still more apparent on annexing the statements made for regions still farther south, for instance Sweden (by Sundström[1]), Denmark (by Gottsche[2] and Kröyer[3]), England (by Yarrell),[4] and Scotland (by Parnell[5]).

Greenland	(5 Ind.)	D. 93—83; A. 70—68.
Spitzbergen	(15 Ind.)	D. 101—84; A. 79—68.
East Finmark, Norway .	(8 Ind.)	D. 97—89; A. 75—69.
West Finmark, Norway .	(3 Ind.)	D. 91—85; A. 70—66.
Christiania Fjord, Norw.	(7 Ind.)	D. 87—79; A. 66—62.
Sweden		D. 87—78; A. 66—64.
Denmark [Gottsche] . .	(6 Ind.)	D. 87—81; A. 65—64.
Denmark [Kröyer] . .	(9 Ind.)	D. 88—78; A. 68—60.
Great Britain		D. 85—76; A. 69—64.

The mean number of rays in the said series of individuals from these localities I found to be as follows: —

Greenland	D. 88; A. 69.
Spitzbergen	D. 90; A. 72.
East Finmark, Norway . . .	D. 92; A. 72.
West Finmark, Norway	D. 87; A. 68.
Christiania Fjord, Norway	D. 83; A. 64.
Sweden	D. 82; A. 65[6].
Denmark [Gottsche]	D. 84; A. 65.
Denmark [Kröyer]	D. 82; A. 64.
Great Britain	D. 80; A. 66.[6]

Between the Finmark-Spitzbergen individuals and those from the Christiania Fjord, there is, accordingly, in the dorsal an average difference of about 9 rays, in the anal of 8; and between the former individuals and those from Great Britain, of 12, even in the dorsal. But the mean number for the intervening stations exhibits a distinct transition tendency, which will unquestionably be found still more striking when individuals shall have been examined from more of these intermediate localities (Nordland, in Norway, for instance).

[1] Fauna öfver Sveriges Ryggradsdjur, p. 255 (1877).
[2] Wiegm. Arch. f. Naturg. 1835, B. 2, p. 168 (1835).
[3] Danmarks Fiske, B. 2, p. 378 (1843—45).
[4] British Fishes, ed. 2, vol. 2, p. 312 (1841).
[5] Mem. Wern. Nat. Hist. Soc., vol. 7, p. 368 (1838).
[6] There being no enumeration of the individuals, the mean number has to be deduced from the two extremes.

Desuden faldt ikke sjelden de individuelle Variationer hos Individerne fra de nordligste og de sydligste Localiteter sammen, eller de kunne endog krydse hinanden. Saaledes udviste et af Individerne fra Havet mellem Beeren Eiland og Spitsbergen i Dorsalen 84, i Analen 68 Straaler, medens Kröyer hos et af sine Individer fra Danmark talte i Dorsalen 88, i Analen 67 Straaler.

Nogen Artsdistinction mellem de nordlige og sydlige Former, der kunde begrundes ved Straaleantallet i Finnerne, vil derfor neppe kunne forsvares.

I alle andre Forholde ere de arctiske Individer af Arten ikke til at adskille fra de sydligere. Det er dog en Selvfølge, at i Sammenhæng med det forøgede Straaleantal staar en tilsvarende Forøgelse i Antal af Skjælrækker, Porer i Sidelinien, samt af Hvirvler. Men fuldkommen constante Afvigelser lode sig ligesaalidt paavise i disse Forholde, som i Antallet af Straalerne.

Paa samme Maade altsaa, som *Liparis lineatus* (Lepech.) i de arctiske Landsdele optræder med et constant større Antal Straaler i de verticale Finner, end ved Norges og Sveriges Sydkyst, samt i Østersøen, og uden at herpaa kan begrundes en Adskillelse i Arter eller endog i constante Varieteter, er saaledes det samme Tilfældet med *Hippoglossoides platessoides*; og da Arten er beskreven under dette Navn allerede 7 Aar tidligere, end den sydligere, af Bloch opstillede *Pleuronectes limandoides*, maa dette sidste Navn vige for det ældre.

Som en Særegenhed ved en Del af de under Expeditionen erholdte Individer kan anføres, at Pectoralens Straaler paa Blindsiden havde en ret afskaaren Rand, og vare tillige kortere, end hos de øvrige Individer.

Føde. Blandt de mellem Beeren Eiland og Spitsbergen fra en Dybde af 123 Favne opbeutede Individer blev Ventriklen og dens Indhold undersøgt hos 11 af forskjellig Størrelse. Indholdet befandtes temmelig ensartet, hvad der ogsaa var at vente, da alle vare erholdte i det samme Kast med Trawlnettet.

Foruden *Themisto libellula*, Mandt, der neppe savnedes hos noget af de undersøgte Individer (hos enkelte fandtes næsten udelukkende denne Art, og i stor Mængde), var særdeles hyppig tilstede *Pecten grœnlandicus*, Sow., tildels i talrige Exemplarer, og med fuldkommen hele Skaller. Andre Crustaceer, end den ovennævnte Hyperide, fandtes ikke i nogen Mængde; enkelte Exemplarer af en *Anonyx* fandtes hos flere af Individerne, fremdeles flere *Mamaopsis typica*, M. Sars, samt enkeltvis *Syrrhoë crenulata*, Goës, en ung *Pasiphaë tarda*, Kr., en *Ampelisca*, samt en *Protomedeia fasciata*, Kr.

Endvidere fandtes af andre bestemdare Dyr flere hele Exemplarer af en *Nephthys*, samt Stykker af Rørene af andre Annelider, hvoriblandt kunde kjendes *Chlorœma pellucidum*, M. Sars; fremdeles et Par Exemplarer af *Ophioglypha sericeum*, Forb., en *Yoldia frigida*, Tor., en Pla-

Moreover, such individual differences in examples from the most northerly and examples from the most southerly localities, are not infrequently found to meet, or congrue, nay even to pass the differential limit. Thus, for instance, one of the specimens taken between Beeren Eiland and Spitzbergen has in the dorsal 84, in the anal 68 rays; and Kröyer counted in one of his Danish specimens 88 rays in the dorsal, and 67 in the anal.

A specific distinction between the northern and southern forms derived from the number of fin-rays, there is, accordingly, but little reason to assume.

In all other respects, the Arctic individuals of the species are not to be distinguished from individuals occurring in Southern localities. As a matter of course, however, the increased number of fin-rays involves a proportionate augmentation in the number of scales, vertebræ, and pores in the lateral line; but the variation observed in these characters is not more constant than in the number of fin-rays.

As is the case with *Liparis lineatus*, which in the Arctic regions has the vertical fins invariably furnished with a greater number of rays than when occurring on the coasts of Norway and Sweden and in the Baltic (this feature, however, not sufficing to warrant division into species or constant varieties even), so too with *Hippoglossoides platessoides*. And the species having been diagnosticated under this name 7 years before the southern form *Pleuronectes limandoides*, established by Bloch, the latter name must give way to the earlier designation.

As a peculiar feature in some of the individuals taken on the Expedition, may be noticed the straight margin of the pectoral rays on the blind side; these rays were shorter, too, than in the other individuals.

Food. — Of the numerous individuals collected between Beeren Eiland and Spitzbergen, at a depth of 123 fathoms, the stomach and its contents were examined in 11, of different dimensions. The contents exhibited very little disparity, as was indeed to be expected, all of the individuals having been brought up at one haul with the trawl-net.

Exclusive of *Themisto libellula*, Mandt, which can hardly have been wanting in any one of the individuals examined (in some the ventricle was distended almost wholly with this species), *Pecten grœnlandicus*, Sow., frequently occurred; and with the scales entire. The only crustacean observed in considerable numbers, was the above-mentioned Hyperid. In some of the ventricles were found a few specimens of an *Anonyx*, also several examples of *Mamaopsis typica*, M. Sars, and isolated examples of *Syrrhoë crenulata*, Goës, a young *Pasiphaë tarda*, Kr., an *Ampelisca*, and a *Protomedeia fasciata*, Kr.

Of other animals, occurred in one specimen several perfect examples of a *Nephthys*, also fragments of the tubes of other Annelids, amongst which *Chlorœma pellucidum*, M. Sars, admitted of being determined; moreover, one or two examples of *Ophioglypha sericeum*, Forb., a *Yoldia*

narie, samt hos de fleste af Individerne en Del Grus og Mudder.

Hos et af Individerne fra Tanafjord fandtes af Dyrelevninger intet uden *Pecten groenlandicus*, Sow., i flere Exemplarer.

Udbredelse. Da Bloch's *Pleuronectes limandoides*, efter hvad ovenfor er udviklet, maa antages blot at udgjøre den sydlige Stamme af Fabricii *Pleuronectes platessoides*, er Arten fundet fra Spitsbergen og Island ned langs Nordvest-Europas Kyster til den britiske Canal, fremdeles ved Nord-Americas Østkyst fra Grønland af ned til New-England Staterne.

Ved de scandinaviske Kyster har den hidtil væsentlig været kjendt fra det noget grundere Vand i Nærheden af Land; sandsynligvis er den dog udbredt paa passende Dybder overalt i de arctiske Have, men har hidtil paa Grund af mangelfulde Apparater ikke været erholdte i nogen betydelig Dybde, eller i nogen Afstand fra Land. At den dog her maa forekomme tildels i Mængde, fremgaar deraf, at den baade erholdtes (paa *Stat.* 323) i omtrent 200 Kilometres Afstand fra nærmeste Land, og ved en enkelt Lejlighed (paa *Stat.* 326) i et samlet Antal af 15 Individer, store og smaa, fra en Dybde af mellem 200 og 300 Favne.

frigida, Tor., a *Planaria*, and, in most of the individuals, a little gravel or mud.

In one of the Tana Fjord specimens, *Pecten groenlandicus* — several examples — constituted the sole contents of the ventricle.

Distribution. — From what has been stated above, Bloch's *Pleuronectes limandoides* must be regarded as the southern branch of Fabricius's *Pleuronectes platessoides*; and the species ranges therefore from Spitzbergen and Iceland along the north-western shores of Europe to the British Channel; and in America, from Greenland to the coasts of the New England States.

On the coasts of Scandinavia, *H. platessoides* has heretofore been chiefly taken in comparatively shallow water, a short distance from land; probably, however, its range extends throughout all parts of the Arctic Ocean, though it has not as yet, owing to the defective construction of the apparatus employed for capturing it, been met with at any considerable depth, or in the open sea. But that it does occur, and even abundantly, in such localities, may be inferred from its having been taken at Station 323, nearly 200 kilometres from the nearest land; nay, on one occasion (Station 326) as many as 15 individuals, large and small, were obtained at a depth of 200—300 fathoms.

Gen. Glyptocephalus, Gottsche.

Wiegm. Arch. f. Naturg. 1 Jahrg. 1835, B. 1, p. 156 (1835).

Legemet højrevendt, glat, særdeles langstrakt, med kort Halerod. Tænderne smaa, tætsiddende, mejselformede, talrigst paa Blindsiden, og danne i begge Kjæver en enkelt sluttet Række; Vomerin- og Palatintænder mangle. Mundaabningen særdeles liden; Kjæverne omtrent lige lange, og naa hos de adulte neppe hen under Øjets forreste Rand. Analtorn i Regelen tilstede. Sidelinien næsten ret. Caudalen afrundet. Skjællene smaa, af ulige Størrelse, glatte. Hovedet lidet, med en Række Gruber paa Blindsiden; Øjnene sammenstødende. Straaleantallet betydeligt.

30. Glyptocephalus cynoglossus, (Lin.) 1766.

Pleuronectes cynoglossus, Lin. Syst. Nat. ed. 12, tom. 1, p. 456 (1766).
Pleuronectes pola, Lacép. Hist. Nat. Poiss. suites à Buffon, tom. 4, p. 401 (1819) [teste Br. & Goode].
Pleuronectes saxicola, Faber, Tidsskr. f. Naturv. 5 B., p. 244 (Kbhvn. 1828); Isis 1828, p. 877 (1828).

Gen. Glyptocephalus, Gottsche.

Wiegm. Arch. f. Naturg. 1 Jahrg. 1835, B. 1, p. 156 (1835).

Body dextral, smooth, elongated, peduncle of tail short. Teeth small, closely set, incisorial, most numerous on the blind side, forming a continuous cutting edge on either side; vomerine and palatine teeth wanting. Mouth very small; jaws about equal in length, in adults scarcely reaching the anterior margin of the eye. Preanal spine as a rule present. Lateral line almost straight. Caudal rounded. The scales small, varying in size, smooth. Head small, with a series of foveæ on the blind side. Eyes approximate. Fin-rays numerous.

30. Glyptocephalus cynoglossus, (Lin.) 1766.

Pleuronectes cynoglossus, Lin. Syst. Nat. ed. 12, tom. 1, p. 456 (1766).
Pleuronectes pola, Lacép. Hist. Nat. Poiss. suites à Buffon, tom. 4, p. 401 (1819) [teste Br. & Goode].
Pleuronectes saxicola, Faber, Tidsskr. f. Naturv. 5 B., p. 244 (Kbhvn. 1828); Isis 1828, p. 877 (1828).

Pleuronectes nigromanus, Nilss. Prodr. Ichth. Scand. p. 55 (1832).
Glyptocephalus saxicola, Gottsche, Wiegm. Arch. f. Naturg. 1835, 1 B., p. 150 (1835).
Platessa pola, Jen. Man. Brit. Vertebr. Anim. p. 458 (1835).
Platessa elongata, Yarr. Suppl. to Brit. Fish. p. 7 (1839); Hist. Brit. Fish. ed. 2, vol. 2, p. 318 (1841).
Platessa saxicola, Kr. Danm. Fiske, 2 B., p. 338 (1843–45).
Glyptocephalus cynoglossus, Gill, Proc. Acad. Nat. Sci. Philad. 1873, p. 360 (1873).
Glyptocephalus acadianus, Gill, Proc. Acad. Nat. Sci. Philad. 1873, p. 360 (1873).
Glyptocephalus elongatus, Gill, Proc. Acad. Nat. Sci. Philad. 1873, p. 362 (1873).
Pleuronectes elongatus, Day, Proc. Zool. Soc. Lond. 1879, p. 755, Pl. LXI (1879).

Diagn. *Legemet glat; dets Højde indeholdes hos yngre Individer 4, hos ældre 3 Gange (eller derunder). Hovedets Længde $5^1/_4$ til $5^4/_5$ Gange i Totallængden. Tænderne paa Øjensiden 6–13 i Overk., 7–14 i Underkjæven, paa Blindsiden 17–26 i Overk., 19–28 i Underkjæven. Legemet skjælbeklædt indtil Øjnenes Forrand; Finnerne ligeledes mere eller mindre skjælbeklædte. Interorbitalrummet smalt, med ophøjet Kjøl. Øjnene store, indeholdes 3–$3^4/_5$ Gange i Hovedets Længde; det nedre Øje ligger $^1/_3$ Øjendiameter foran det øvre. Analtorn tilstede. Pectoralen paa Blindsiden ikke forlænget. Enfarvet rødagtig graa; Blindsiden hos de ældre mer eller mindre mørkfarvet. Pectoralen paa Øjensiden i sin ydre Halvdel sort.*

M. B. 7. D. 110 (95–120); A. 95 (87–102); P. 10–11 (9–11); C. 23 (18–26); V. 6.

Localit. fra Nordh. Exped. Lofoten; Tanafjord i Finmarken.

		Stat. 261.
Beliggenhed.	Røst, Lofoten.	Tanafjord, Finmarken.
Dybde.	150 Favne (274m).	127 Favne (232m).
Temp. paa Bunden.	+ 5,6° C.	+ 2,8° C.
Bunden.	Sandbund.	Mudder og Ler.
Datum.	27de Juni 1877.	24de Juni 1878.
Antal Indiv.	1 halvvoxent Indiv.	1 Indiv.

Bemærkninger til Synonymien. *Glyptocephalus cynoglossus* er, som det synes, Slægtens eneste Repræsentant i de atlantiske Have, efterat *Gl. acadianus*, Gill, fra Nord-Americas Østkyst har vist sig ikke at være artsforskjellig fra *Gl. cynoglossus*. Først i det stille Hav (California) optræde 2 andre, i afvigte Aar (1880) af Lockington beskrevne Arter.

Det yngste af Nordhavs-Expeditionens Individer, hvis Totallængde var 212mm ($8^1/_2$ eng. Tomme), tilhører øjensynlig det Stadium af Arten, hvori den af engelske Naturforskere er opstillet som en egen Art under Navn af *Pleuronectes elongatus* (Yarr.). Efterat denne Form, hvoraf blot enkelte Individer hidtil have været omtalte, alle fra de

Pleuronectes nigromanus, Nilss. Prodr. Ichth. Scand. p. 55 (1832).
Glyptocephalus saxicola, Gottsche, Wiegm. Arch. f. Naturg. 1835, 1 B., p. 150 (1835).
Platessa pola, Jen. Man. Brit. Vertebr. Anim. p. 458 (1835).
Platessa elongata, Yarr. Suppl. to Brit. Fish. p. 7 (1839); Hist. Brit. Fish. ed. 2, vol. 2, p. 318 (1841).
Platessa saxicola, Kr. Danm. Fiske, 2 B., p. 338 (1843–45).
Glyptocephalus cynoglossus, Gill, Proc. Acad. Nat. Sci. Philad. 1873, p. 360 (1873).
Glyptocephalus acadianus, Gill, Proc. Acad. Nat. Sci. Philad. 1873, p. 360 (1873).
Glyptocephalus elongatus, Gill, Proc. Acad. Nat. Sci. Philad. 1873, p. 362 (1873).
Pleuronectes elongatus, Day, Proc. Zool. Soc. Lond. 1879, p. 755, Pl. LXI (1879).

Diagnosis. — *Body smooth; its depth, in young individuals is to total length as 1 to 4, in adults as 1 to 3 (or less); length of head as 1 to $5^1/_4$–$5^4/_5$. Teeth on coloured side in the upper jaw 6–13, in the lower 7–14; on the blind side in the upper jaw 17–26, in the lower 19–28. Body scaled to the anterior margin of the eyes; the fins likewise more or less covered with scales. Interorbital space narrow, with a sharp ridge; the eyes large, their diameter being to the length of the head as 1 to 3–$3^4/_5$; the lower eye about one-third of its diameter in advance of the upper. Preanal spine present. The pectoral on the blind side not produced. Colour rufous brown; the blind side in adults more or less tinged with the same colour. Outer half of pectoral on the coloured side black.*

M. B. 7. D. 110 (95–120); A. 95 (87–102); P. 10–11 (9–11); C. 23 (18–26); V. 6.

Locality (North Atl. Exped.): — Lofoten; the Tana Fjord (Finmark).

		Stat. 261.
Exact Locality.	Røst, Lofoten.	The Tana Fjord, Finmark.
Depth.	150 Fathoms (274m).	127 Fathoms (232m).
Temp. at Bottom.	+ 5.6° C.	+ 2.8° C.
Bottom.	Sand.	Mud and Clay.
Date.	26th June 1877.	24th June 1878.
Numb. of Specim.	1 Indiv. (half-grown).	1 Indiv.

Remarks on the Synonymy. — *Glyptocephalus cynoglossus* is apparently the only species of the genus inhabiting the Atlantic Ocean, *Gl. acadianus*, Gill, from the east coast of North America, having been shown to be specifically distinct from *Gl. cynoglossus*. Two other species (described by Lockington in the current year [1880]) occur, however, in the Pacific (coast of California).

The youngest of the specimens taken on the Expedition, total length 212mm ($8^1/_2$ English inches), obviously represents the stage of development in which *Gl. cynoglossus* has been referred by English naturalists to a separate species, under the name of *Pleuronectes elongatus* (Yarr.). This form, of which up to the present time a few specimens

engelske Kyster, i Regelen har været anseet som identisk med *Gl. cynoglossus*, har Dr. Day i forrige Aar paany hævdet dens Artsberettigelse, efterat et nyt Individ var kommet ham i Hænde i 1879, ligeledes fra de engelske Kyster (Cornwall). I Proc. Zool. Soc. London 1879, p. 755, giver han en ny Beskrivelse og en correct Planche (Pl. LXI) af denne efter hans Mening distincte Art; Individets Længde var 9 eng. Tommer (omtr. 228^{mm}), saaledes noget nær af samme Størrelse, som det mindste af Nordhavs-Expeditionens.

Det fremgaar af Dr. Day's Beskrivelse af *Pleuronectes elongatus*, at den væsentligste Eiendommelighed, sammenlignet med *Glyptocephalus cynoglossus*, ligger i Skjælbeklædningens Udstrækning, idet denne hos den førstnævnte ikke strækker sig ud over Finnestraalerne (undtagen over Caudalen), hvilket derimod er Tilfældet hos den sidste.

Undersøges dette Forhold hos det mindste af Expeditionens Individer, vil det sees, at ogsaa her strækker Skjælbeklædningen sig blot til Grunden af de verticale Finner, og blot langs den nederste Del af enkelte Straaler ville de første Spor af Skjæl vise sig. Det ældste Exemplar, hvis Totall. er 401^{mm}, har derimod Skjælbeklædning ud over Finnerne, dog ingenlunde særdeles rigeligt, men hovedsagelig blot langs Straalerne, og væsentlig paa disses nedre Del; et Par Unger fra Norges Vestkyst, hvis Totallængde dog ikke overstiger 65^{mm}, (de eneste Unger, som jeg har kunnet undersøge), ere endnu ganske skjælløse.

De øvrige Forskjelligheder mellem *Pleuronectes elongatus* og *Glyptocephalus cynoglossus* ere ganske uvæsentlige, og kunne samtlige begrundes ved den førstnævntes yngre Alderstrin[1].

Bemærkninger til Beskrivelsen. Ingen Forskjel kunde opdages mellem Individet fra Finmarken, og ligestore Individer fra Christianiafjorden. De 2 under Expeditionen erholdte Individer havde følgende Maal:

	a. Lofoten.	b. Tanafjorden.
Totallængde	212^{mm}	401^{mm}
Længde uden Caudal	170 -	325 -
Hovedets Længde	37 -	69 -
Legemets Højde	52 -	141 -

Tændernes Antal var hos det største Individ paa Øjensiden oventil 10, nedentil 10, paa Blindsiden oventil 21, nedentil 19; hos det mindste paa Øjensiden oventil 10, nedentil 11, paa Blindsiden oventil 21, nedentil 23.

Straaleantallet var:

a. D. 113; A. 97; P. 11; C. 23; V. 6.

b. D. 109; A. 90; P. 10; C. 28; V. 6.

Udbredelse. Arten er udbredt fra Canalen op langs Europas Nordvestkyst, men var hidtil ikke funden længere

[1] „B. V." er sandsynligvis en Trykfejl for B. VII (hvis B. skal være samme Tegn, som i Almindelighed udtrykkes som M.B.).

only have been taken — all from the English coasts — has been generally regarded as identical with *Gl. cynoglossus*; but in 1879 its supposed claim to specific distinction was again asserted, by Dr. Day, who in that year had obtained a new specimen, and this one too from the English coast (Cornwall). In Proc. Zool. Soc. London, 1879, p. 755, that naturalist furnished a new description, with a good drawing (Pl. LXI), of this, in his opinion, distinct species. The total length being 9 English inches (about 228^{mm}), it is of very nearly the same dimensions as the smallest of the specimens collected on the Expedition.

The chief distinctive feature in *Pleuronectes elongatus*, as compared with *Glyptocephalus cynoglossus*, is derived, according to Dr. Day, from the scaled integument, which in the former does not extend over the fin-rays (saving those of the caudal); in the latter, however, it does.

But, on examining the smallest of the specimens obtained on the Expedition, the scaled integument is found to reach to the base of the vertical fins, a few rays only exhibiting on their lower part traces of scales. In the oldest example, total length 401^{mm}, the scaling extends out on the fins; it is not dense however, the scales occurring chiefly along the rays, and in particular on their lower part. Two very young specimens (from the west coast of Norway), with a total length of not more than 65^{mm}, the only young examples I have had an opportunity of examining, were still entirely scaleless.

The other distinctive peculiarities supposed to distinguish *Pl. elongatus* from *Gl. cynoglossus*, are none of them specific characters, but may all be referred to the immaturity of the former.[1]

Descriptive Observations. No difference could be detected between the individual from Finmark and examples of equal size taken in the Christiania Fjord. The specimens obtained on the Expedition, measured as follows: —

	a. Lofoten.	b. Tana Fjord.
Total Length	212^{mm}	401^{mm}
Length exclusive of Caudal	170 -	325 -
Length of Head	37 -	69 -
Depth of Body	52 -	141 -

Number of teeth on the coloured side in the largest individual 10 above and 10 below, on the blind side, 21 above and 19 below; in the smallest individual on the coloured side 10 above and 11 below, on the blind side 21 above and 23 below.

The fin-rays were as follows: —

a. D. 113; A. 97; P. 11; C. 23; V. 6.

b. D. 109; A. 90; P. 10; C. 26; V. 6.

Distribution. — The range of *G. cynoglossus*, which extends from the British Channel along the north-western

[1] "B. V" is probably a misprint for B. VII, assuming the signification of B. to be that usually attached to M.B.

mod Nord, end til Trondhjemsfjorden i Norge. Ved de engelske Kyster er den ikke sjelden, men den forekommer idethele sparsommere længere mod Nord; i Kattegat er den intetsteds talrig, og den gaar, saavidt bekjendt, ikke ind i Østersøen.

I Norge er den funden paa adskillige Localiteter, talrigst i Christianiafjorden, hvor den saagodtsom daglig i Høstmaanederne sees paa Fisketorvene; undertiden kunne 20–50 Individer erholdes i det samme Drat. Ved Landets Vestkyst er den idethele sparsom; først i 1875 blev den med Sikkerhed fundet ved Bergen, ligesom et Par Individer ere erholdte ved Florø og ved Christiansund. Nordhavs-Expeditionens Individer vare, som ovenfor nævnt, fra Lofoten og Finmarken, og vare optagne fra en Dybde af indtil 150 Favne; disse ere de nordligste Punkter, fra hvilke Arten hidtil vides erholdt (71° N. B.), ligesom den hidtil ikke, saavidt vides, er observeret paa større Dybde, end den ovenfor anførte.

Ved de egentlig arctiske Ølande er den endnu ikke paavist; derimod forekommer den atter paa Østkysten af Nord-America, hvor den i 1872 fandtes første Gang, og senere (i 1877) optoges i stort Antal udenfor Kysterne af New England-Staterne, af U. S. Fish-Commission, paa en Dybde af indtil 90 Favne. Den hører saaledes blandt denne Families Dybvandsformer.

shores of Europe, but the species had not previously been observed farther north than the Drontheim Fjord. On the English coast it is anything but a rare fish; in the Cattegat it nowhere occurs abundantly, and it does not enter the Baltic.

In Norway, it is met with in several localities, more particularly the Christiania Fjord; and may almost dayly during the autumn months be seen exposed for sale in the fish-markets; from 20 to 50 individuals are sometimes brought up at a single haul. Off the western shores of this country the species is on the whole but rarely met with; indeed its occurrence off Bergen was not ascertained with certainty till 1875; one or two individuals have likewise been obtained near Florö and Christiansund. The specimens brought home by the North Atlantic Expedition — taken at a depth of 150 fathoms — were, as previously observed, from Lofoten and Finmark, the most northerly localities and the greatest depths in which the species is as yet known to have been met with (71° N.).

On the islands in the Polar Sea the species has not been shown to occur; it inhabits however the eastern shores of North America, where it was first observed in 1872, and subsequently (1877) captured, in large numbers, off the coast of the New England States, by the U. S. Fish-Commission, at depths reaching 90 fathoms. Hence it must be classed among the deep-sea forms of this family.

Fam. Ophidiidae.

Gen. Rhodichthys, Coll. 1878 (n. gen.).

Forh. Vid. Selsk. Chra. 1878, No. 14, p. 99 (1878).

Legemet forholdsvis høit, uden Skjæl eller Sidelinie, halvt gjennemsigtigt, bag Bughulen stærkt sammentrykt. Hovedet bredt og tykt; Caudalen distinct, blot ved Roden tilvoxet Analen og Dorsalen. Anus foran Pectoralerne, lige under Gjellespalten. Ventralerne bestaa af 2 lange Filamenter, fastvoxede til Tungebenet, og kløvede i sin ydre Halvdel. Analen begynder langt bagenfor Anus; Dorsalen enkelt. Tænder tilstede paa Mellemkjæverne og i Underkjæven. Gjellelaagene ubevæbnede.

Fam. Ophidiidæ.

Gen. Rhodichthys, Coll. 1878 (n. gen.).

Forh. Vid. Selsk. Chra. 1878, No. 14, p. 99 (1878).

Body comparatively deep, without scales or lateral line, semi-translucent, posterior to the abdominal cavity much compressed. Head broad and thick; caudal fin distinct, at the base only connate with the anal and dorsal. The vent placed anterior to the pectorals, immediately beneath the branchial opening. The ventrals consisting of two long filaments attached to the hyoid bone, the exterior half bifid. The anal originating a considerable distance posterior to the vent. The dorsal single. Teeth on the intermaxillary and the lower jaw. Opercles unarmed.

31. **Rhodichthys regina**, Coll. 1878 (n. sp.).

Pl. V, Fig. 37—39.

Rhodichthys regina, Coll. Forh. Vid. Selsk. Chra. 1878, No. 14, p. 99 (1878).

Diagn. *Ensfarvet rød overalt. Hovedet indeholdes næsten 4 Gange, Legemets største Højde 4½ Gange i Totallængden. Legemet fortil højt, bagtil stærkt afsmalnende, med lang og smal Halerod. Overkjæven længere end Underkjæven. Dorsalen begynder umiddelbart over Gjællespalten; Caudalen rager med de ydre 3 Femtedele ud over Dorsalen og Analen. Øjnene smaa, indeholdes 7 Gange i Hovedets Længde; Interorbitalrummet bredt. Tænderne yderst fine, stillede i flere Rækker. Næseborene dobbelte. Appendices pyloricae 10. Størrelsen af det eneste undersøgte Individ, en Han, 297 mm.*

M. B. 6. D. 60; A. 57; C. 10; P. 11—12.

Localit. fra Nordh. Exped. Havet midt mellem Beeren Eiland, Jan Mayen og Finmarken.

	Stat. 297.
Beliggenhed.	465 Kil. NO, Jan Mayen.
Dybde.	1280 Favne (2341 m).
Temp. paa Bunden.	1.4° C.
Bunden.	Biloculina-Ler.
Datum.	16de Juli 1878.
Antal Indiv.	1 Indiv.

Alm. Bemærkninger. *Rhodichthys regina* er ikke nær beslægtet med nogen hidtil fundet nordeuropæisk Fiskeslægt. Hele Legemet er fuldstændig glat, uden Spor af Skjæl eller Sidelinie, og havde en intens rød Farve. Huden er særdeles tynd, og halvt gjennemsigtig; oprindelig var den tilvoxet Legemet, men efterat Individet har været opbevaret paa Spiritus, har den overalt løsnet sig, og lader sig med Lethed forskyde med Fingeren. Individet, der endnu levede, da det bragtes op fra den store Dybde af 1230 Favne, holdtes en Tid levende, men viste sig herunder dorsk og lidet bevægeligt. Hele Legemet var af særdeles blød, eller næsten gelatinøs Consistens; det var oprindelig halvt gjennemsigtigt, saa at flere af de indre Organer kunde sees, saaledes Hvirvelsøjlen, Hjernens forskjellige Afdelinger, Høreapparatet, Gjællerne, og de fleste af Indvoldene; endnu efterat Individet i længere Tid har været opbevaret paa Spiritus, har denne Gjennemsigtighed tildels vedligeholdt sig.

Udmaalinger.

Totallængde	297 mm
Legemets Længde til sidste Halehvirvel	267 -
Legemets Højde ved Begyndelsen af Dorsalen	63 -
Legemets Højde ved Begyndelsen af Analen	59 -
Hovedets Længde	77 -
Hovedets Højde lige bag Ventralerne	60 -
Hovedets Tykkelse over Kinderne	46 -

31. **Rhodichthys regina**, Coll. 1878 (n. sp.).

Pl. V, fig. 37—39.

Rhodichthys regina, Coll. Forh. Vid. Selsk. Chra. 1878, No. 14, p. 99 (1878).

Diagnosis. — *Colour a uniform bright red. The length of the head is to the total length nearly as 1 to 4, the extreme depth of the body as 1 to 4½. Anterior part of body deep, in the posterior region rapidly tapering; tail at base long and slender. Upper jaw longer than lower. The dorsal fin originating immediately above the branchial aperture; the caudal projecting to the extent of three-fifths of its length beyond the dorsal and anal. Eyes small, their diameter being to the length of the head as 1 to 7; interorbital space wide. The teeth exceedingly minute, arranged in several series. Nostrils double. Pyloric appendages 10. Length of the only individual obtained (a male) 297 mm.*

M. B. 6. D. 60; A. 57; C. 10; P. 11—12.

Locality (North Atl. Exped.): — The open sea, between Beeren Eiland, Jan Mayen, and Finmark.

	Stat. 297.
Exact Locality.	465 Kil. NE, Jan Mayen.
Depth.	1280 Fathoms (2341 m).
Temp. of Bottom.	1.4° C.
Bottom.	Biloculina Clay.
Date.	16th July 1878.
Number of Specimens.	1 Indiv.

General Remarks. — *Rhodichthys regina* is not nearly related to any known genus of North European fishes. The body perfectly smooth, with no trace of scales or lateral line; colour a bright red. The skin exceedingly thin, and quite transparent; originally it was firmly attached to the body; but it has now, the individual having been preserved some time in spirits, become loose over the whole surface, and may be readily displaced with the fingers. The individual came up alive, from the great depth of 1230 fathoms, and survived some time in a tub of sea-water; but its movements were sluggish. The whole of the body exceedingly soft; originally, it was semi-translucent, so that divers of the internal organs could be distinctly seen, for instance the gills, the vertebral column, the various divisions of the brain, the auditory apparatus and the greater part of the intestines. Even in the present state of preservation, this transparency is still obvious.

Measurements.

Total length	297 mm
Length of body to last caudal vertebra	267 -
Depth of body at the origin of the dorsal	63 -
Depth of body at the origin of the anal	59 -
Length of head	77 -
Depth of head immediately posterior to the ventrals	60 -
Thickness of head across the cheeks	46 -

Snudens Længde	25 mm
Øjets Diameter (Iris)	11 -
Hovedets postorbitale Del	42 -
Linsens Diameter	6 -
Afstanden mellem Øjnene (Interorbitalrummet)	30 -
Gjællespaltens Højde	46 -
Overkjævens Længde	39 -
Snudespidsens Afstand fra Ventralerne	52 -
Underkjævespidsens Afstand fra Ventralerne	42 -
Snudespidsens Afstand fra Anus	62 -
Underkjævespidsens Afstand fra Anus	52 -
Snudespidsens Afstand fra Beg. af Dorsalen	79 -
Snudespidsens Afstand fra Beg. af Analen	98 -
Anus's Afstand fra Analen	36 -
Dorsalens største Højde	19 -
Længden af sidste Dorsalstraale	10 -
Ventralens Længde	97 -
Pectoralens Grundlinie	16 -
Pectoralens Længde	43 -
Caudalens Længde	30 -
Analens største Højde	18 -
Længden af sidste Analstraale	11,5 -
Halerodens Højde	4 -
Fra Anus til Halespidsen (Halepartiets Længde)	235 -

Beskrivelse. *Legemsbygning.* Legemet er bagenfor Hovedet højt indtil Analens Begyndelse; herfra aftager hurtigt Højden, og Legemet løber i sin sidste Del ud i en lang og jevn Spidse, der yderst er særdeles lav (kun lidt over Halvdelen af en Linsediameter). Imidlertid ere de verticale Finner næsten overalt temmelig høje, saaledes at Individet ser forholdsvis højt ud i den største Del af sin Længde. Bagenfor Nakken og den umiddelbart under Nakken liggende Bugbule er Legemet overordentlig stærkt sammentrykt.

Anus er særdeles langt fremrykket, og ligger lige under Gjællespalten, saaledes i en Afstand fra Snudespidsen, der indeholdes ikke langt fra 5 Gange i Totallængden. Det ligger foran Pectoralerne, og i en betydelig Afstand fra Analens Begyndelse; ved dets bagre Rand findes en kort, tyk og stiv Papille.

Af Totallængden udgjør:

Hovedets Længde	3,85
Snudens Afstand fra Anus	4,79
Snudens Afstand fra Dorsalen	3,75
Snudens Afstand fra Analen	3,03
Halens Længde (fra Anus til Halespidsen)	1,21
Legemets Højde (ved Beg. af Dorsalen)	4,71

Hovedet er bredt og tykt; dets Længde indeholdes ikke fuldt 4 Gange i Totallængden (eller, Caudalen fraregnet, ikke fuldt $3\frac{1}{2}$ Gange). Dets Bredde over Kinderne er ubetydeligt større end dets postorbitale Del; Snuden er særdeles bred og stump.

Panden og Nakken ere stærkt hvælvede, med underliggende tykke Muskler; paa Hovedets øvrige Dele ere Knoglerne blot bedækkede med en tynd og løs Hud. Den øvre Profilrand er jevnt nedløbende, eller, hvor Huden

Length of snout	25 mm
Diameter of eye (iris)	11 -
Postorbital region of head	42 -
Diameter of the lens	6 -
Distance between the eyes (interorbital space)	30 -
Depth of branchial aperture	46 -
Length of upper jaw	39 -
From point of snout to ventrals	52 -
From extremity of lower jaw to ventrals	42 -
From point of snout to vent	62 -
From extremity of lower jaw to vent	52 -
From point of snout to origin of dorsal	79 -
From point of snout to origin of anal	98 -
Distance of vent from anal	36 -
Extreme depth of dorsal	19 -
Length of last dorsal ray	10 -
Length of ventral	97 -
Depth of pectoral at base	16 -
Length of pectoral	43 -
Length of caudal	30 -
Extreme depth of anal	18 -
Length of last anal ray	11,5 -
Depth of tail at base	4 -
From the vent to the tip of caudal (L. of tail)	235 -

General Description. *Structure of the Body.* — Depth of body considerable, as far as the origin of the anal fin; from thence it rapidly diminishes, the body terminating in a rather narrowish tail, the root very thin and slender, (the depth but slightly exceeding half the diameter of the lens); the vertical fins, however, are comparatively deep, and hence the height of the individual is throughout the greater part of its length considerable. Posterior to the nape and the abdominal cavity, placed immediately beneath, the body is remarkably compressed.

The vent far in front, immediately beneath the branchial aperture, the distance from the point of the snout being to the total length very nearly as 1 to 5. It is placed anterior to the pectorals, and at a considerable distance from the origin of the anal; at the posterior margin occurs a small papillary wart, thick and hard.

The Total Length contains: —

Length of head	3.85
Distance of snout from vent	4.79
Distance of snout from dorsal	3.75
Distance of snout from anal	3.03
Length of tail (from vent to tip of the caudal)	1.21
Depth of body (at origin of dorsal)	4.71

The head broad and thick; its length is to total length almost as 1 to 4, or, exclusive of the caudal, almost as 1 to $3\frac{1}{2}$; its breadth across the cheeks slightly exceeding the length of the postorbital region; snout extremely broad and obtuse.

The front and nape vaulted, with thick subjacent muscles; the bones in the other parts of the cranium merely invested with a thin and lax skin. The superior profile line sloping gently downwards, or slightly and

er indfalden mellem Knoglerne, svagt eller uregelmæssigt concav. Hovedet er uvæbnet; paa Præoperculum kan der under Huden føles enkelte lavere Knuder og Kamme, ligesom lignende Knuder findes over Øinene, paa Siderne af Nakken og paa hver Side af Snudespidsen.

Gjællelaagene ere ligeledes bekkedte med en løs Hud, og ende bagtil i en Flig, understøttet af en smal og krummet Benknogle; Suboperculum rager ud over Gjællehinden. Gjællespalten er særdeles vid; Afstanden mellem begge Spalters nedre Ende paa Hovedets Underside er blot lidt over en Øiendiameter.

Snudespidsen rager noget frem foran Over- og Mellemkjæven; Underkjæven er ikke ubetydeligt kortere, end Overkjæven, som strækker sig tilbage indtil forbi Øiets bagre Rand.

Næseborene ere dobbelte; det bagre Par ligger i omtrent en Øiendiameters Afstand fra Øiet, det forreste omtrent midt mellem det bagre og Snudespidsen. Den indbyrdes Afstand mellem det bagre Par Næsebor er lig Snudens Længde; mellem det forreste Par omtrent det halve.

Øinene ere forholdsvis smaa, og indeholdes 7 Gange i Hovedets Længde. Bredden mellem Øinene (Interorbitalrummet) er næsten 3 Gange saa stor, som Øiendiameteren.

Tænderne, der ere tilstede i Mellemkjæverne og Underkjæven, ere yderst fine; de danne her flere Rækker, og ere særdeles tætstaaende. Vomer og Palatinbenene ere glatte.

Finnerne. Dorsalen, der er enkelt, tæller 60 Straaler, som overalt, især i dens forreste Del, ere indbyrdes forbundne med en tyk, fedtlignende Mellemsubstans, over hvilken den løse Hud ligger slapt og bevægeligt; Straalernes Bygning er derfor vanskelig at angive med Sikkerhed. De forreste Straaler ere kløvede til Grunden; de bagre synes at være enkelte, men ere tydeligt articulerede. De første Straaler ere særdeles korte, og hæve sig næsten ikke op over Ryggen; derpaa tiltage de successivt i Længde, indtil Finnen omtrent midt paa Halepartiet har naaet sin største Høide, der omtrent er lig Overkjævens halve Længde. Paa Haleroden staa Straalerne temmelig tæt, men ere endnu forholdsvis lange; den sidste Straale paa Dorsalsiden er med hele sin Længde, der udgjør næsten en Øiendiameter, tilvoxet Caudalen. Dorsalen begynder umiddelbart over Gjællelaagets bagre Flig, saaledes, at dens Afstand fra Snudespidsen indeholdes, ligesom Hovedet, omtrent $3\frac{4}{5}$ Gange i Totallængden.

Analen indeholder 57 Straaler, der ere af Bygning temmelig overensstemmende med Dorsalens. De forreste Straaler ere dog ikke fuldt saa korte, som de tilsvarende i Dorsalen, men de længste have næsten samme Høide, som disse; den ophører, ligesom Dorsalen, umiddelbart paa Haleroden, og da dens sidste Straale, der ogsaa her med hele sin Længde er tilvoxet Caudalen, er ubetydeligt længere, end den sidste Dorsalstraale, rager Analen noget længere ud over Caudalen, end Dorsalen, saaledes at den bedækker omtrent $\frac{2}{5}$ af denne. Analen udspringer i en Af-

irregularly concave between the bones where the skin is shrunk. The head unarmed; on the preoperculum a few obtuse protuberances and ridges can be felt underneath the skin; similar protuberances occur above the eyes, on both sides of the nape, and at the end of the snout.

The gill-plates are likewise covered with a lax skin, and terminate at the posterior extremity in a rounded flap, supported by a slender and curved bone. The suboperculum extending beyond the branchial membrane. The gill-opening exceedingly wide; distance between its lower extremities on the under surface of the head but slightly exceeding the diameter of the eye.

The point of the snout projecting beyond the superior and the intermaxillaries; lower jaw shorter than upper, the latter extending backwards past the posterior margin of the eye.

Nostrils double; the posterior pair distant about the diameter of the eye from the eye; the anterior situated nearly midway between the posterior and the point of the snout. Distance between the nostrils of the posterior pair equal to the length of the snout, between those of the anterior about half that length.

The eyes comparatively small, their diameter being to the length of the head as 1 to 7. Width of interorbital space almost three times the diameter of the eye.

Teeth on the intermaxillaries and in the lower jaw, exceedingly minute and arranged in several series; the vomer and the palatine bones smooth.

Fins. One dorsal, furnished with 60 rays, which, more especially in the fore part of the fin, are all of them united together by means of thick adipous tissue, and enveloped in a lax and yielding membrane; hence the structure of the rays is difficult to determine. The anterior rays are cleft to the base; those in the posterior part of the fin appear to be simple, but are distinctly articulated. The foremost rays are exceedingly short, scarcely projecting above the surface of the back; the rest gradually increasing in length till the fin, about the middle of the caudal region, has attained its greatest height, which is about equal to half the length of the upper jaw. The rays at the base of the tail rather close, but here, too, comparatively long; the terminal ray on the dorsal side throughout its entire length, which is nearly equal to the diameter of the eye, connate with the caudal. The dorsal fin originates immediately above the flap of the gill-cover, its distance from the tip of the snout being to the total length about as 1 to $3\frac{4}{5}$.

The anal is furnished with 57 rays, in structure closely resembling those of the dorsal. The foremost rays, however, not quite so short as the corresponding rays in the dorsal; but the longest are almost equal in height with those of that fin; it terminates, like the dorsal, in immediate proximity to the caudal fin; and the last of its rays, also connate with the caudal throughout its entire length, being a trifle longer than the last dorsal ray, the anal extends somewhat farther beyond the caudal than does the dorsal, covering about two-fifths of that fin. The anal

stand af næsten en halv Hovedlængde fra Anus, dog forholdsvis langt fortil, idet dens Afstand fra Snudespidsen blot udgjør en Tredicdel af Totallængden, saaledes at det egentlige Haleparti kommer til at udgjøre 2 Trediedele af denne.

Caudalen er særdeles smal og langstrakt, samt ubetydeligt tilspidset. Den bestaar af 10 særdeles fine og tætstillede Straaler, hvoraf det yderste Par ere kortere, end de øvrige, der samtlige omtrent have samme Længde; de ere udelte, men fint articulerede. Caudalen, der, som ovenfor nævnt, ved Roden er bedækket af den sidste Dorsal- og Analstraale, har en Længde af omtr. $^1/_{10}$ af Totall.

Pectoralerne udspringe meget bagenfor Anus, lige bag Gjællespalten, saaledes, at deres Rod berøres af Gjællehinden. De tælle 11, paa den anden Side 12 Straaler, der ere delte omtrent fra Midten af. Pectoralens Grundlinie udgjør lidt over Halvdelen af Interorbitalrummets Bredde. De øverste Straaler ere de længste, de følgende efterhaanden kortere; deres største Længde indeholdes i Totallængden næsten 7 Gange. Hele Finnen er yderst blød og bøjelig, samt halvt gjennemsigtig, og indhyllet i den samme løse Hud, som den øvrige Del af Legemet.

Ventralerne ere tilstede som 2 lange Filamenter, hver indhyllet i en tyk Hud, og fæstede til Tungebenet, umiddelbart ved Gjællespaltens nedre Ende. I sin første Halvdel ere de udelte, men dele sig paa Midten i 2 Traade, hvoraf den ene er længere, end den anden. Ventralens hele Længde udgjør hos det eneste undersøgte Individ omtrent $^1/_3$ af Legemets Længde, men varierer sandsynligvis hos Individerne.

Slimporer. Sidelinie eller Skjæl findes ikke. Langs Underkjæven strækker sig en Række af 4 store, aabne Porer, hvoraf den første staar nærved Symphysen, den sidste paa Kjævens bagre Rand. Paa hver Side af Overkjæven, umiddelbart ved Randen, staa 3 lignende Porer, samt en enkelt paa hver Side hen under Øjet.

Farven var overalt mørkt kjødrød med enkelte lysere Skygninger; den var yderst fint og jevnt fordelt, saaledes at tydelige Pigmentpunkter vare ikke synlige. Gjællehinden var intens carmosinrød; Iris var ikke metalliskfarvet, men dybt blaasort. Denne smukke røde Farve er efterhaanden hos det paa Spiritus opbevarede Exemplar saagodtsom ganske forsvundet, saaledes at dette nu er blevet jevnt hvidagtigt overalt.

Appendices pyloricae, hvis Antal var 10, vare tykke og cylindriske; deres Længde varierede mellem 15mm og 18mm. Bughinden var sort.

Individet var en Han; *Testes*, der dog neppe for Tiden vare i sin fulde Udvikling, havde en Længde af 45mm (den venstre), og 55mm (den højre).

Føde. Ventrikelen, der var særdeles musculøs, indeholdt endnu gjenkjendelige Levninger af Crustaceer, skjønt Individet var ophentet fra den enorme Dybde af næsten 1300 Favne, hvortil var medgaaet flere Timer, og derpaa i en Tid holdt levende ombord. Disse vare 2 Individer

commences nearly half the length of the head posterior to the vent, but comparatively far in front, being distant not more than one-third of the total length from the tip of the snout; and hence the caudal portion of the body equals two-thirds of that length.

The caudal is narrow, elongated, and very slightly pointed. It consists of 10 exceedingly close and slender rays; the outermost pair shorter than the rest, which are nearly uniform in length; they are simple, but minutely articulated. The caudal, covered at the base (as stated above) by the terminal ray in the dorsal and anal, is equal in length to about one-tenth of the total length.

The pectorals commence a short distance posterior to the vent, immediately behind the branchial opening, their base in contact with the branchial membrane. They are furnished on one side with 11, on the other with 12 rays, divided from about the middle. The base of the pectorals measures rather more than half the width of the interorbital space. The uppermost rays are the longest, the rest becoming gradually shorter; their length is to total length nearly as 1 to 7. The whole fin exceedingly soft and flexible, also semi-transparent, and, like the rest of the body, enveloped in a lax integument.

The ventrals occur as two long filaments, each invested with a thick membrane, and attached to the hyoid bone, close to the lower extremity of the gill-openings. In their first half simple, but divided about the middle of the fin into two cirri, one longer than the other. The length of the ventrals in this haicum equals about one-third of the length of the body, but will probably be found to vary in different examples.

Mucous Pores. — No scales or lateral line. Along the under surface, however, extends a row of 4 large, open pores, the first in close proximity to the symphysis, the last on the posterior margin of the jaw. On either side of the upper jaw, contiguous with the margin, are three similar pores, and a solitary pore occurs under each eye.

Colour. — The whole body of a bright red colour, here and there with lighter-tinted cloudings; and this ground-colour being remarkably uniform, no distinct pigmentary specklets were observable. Branchial membrane the brightest of crimsons; irides a deep bluish-black, without metallic lustre. The beautiful red colour has gradually faded, from the action of alcohol (the specimen is preserved in spirits), the fish being now uniformly whitish.

Pyloric appendages 10, thick and cylindric, varying in length from 15mm to 18mm; ventral membrane black.

This individual was a male; length of *testes*, which, however, had hardly then attained their full development, 45mm (the left) and 55mm (the right).

Food. — The ventricle — exceedingly muscular — contained still determinable fragments of crustaceans (and yet the specimen was brought up from the great depth of 1300 fathoms, which took several hours; and it was kept, too, some time alive), viz. 2 examples of *Bythocaris leucopis*,

af *Bythocaris leucopis*, samt 1 af *Pseudomysis abyssi*, begge Arter beskrevne i 1880 af G. O. Sars fra Nordhavs-Expeditionens Indsamlinger, men ingen af dem tidligere fundne i en saa betydelig Dybde. Endelig fandtes et Individ af en endnu ubestemt Hyperide, der sandsynligvis er ubeskreven.

Udbredelse. Det eneste hidtil erholdte Exemplar af denne mærkelige Art havde en Længde af omtrent $^{1}/_{3}$ Meter, og optoges, som ovenfor nævnt, fra det iskolde Vand paa næsten 1300 Favnes Dyb midt ude paa Havet, den 16de Juli 1878, omtrent lige langt fra Spitsbergen, Jan Mayen og Finmarken.

and 1 of *Pseudomysis abyssi*, both species described (1880) by G. O. Sars from specimens collected on the North Atlantic Expedition, but not previously met with at so great a depth; finally, an example of a Hyperid, as yet undetermined, and probably undescribed.

Distribution. — The only example of this singular species yet obtained measured in length one-third of a metre, and, as previously mentioned, was taken in the frigid area at a depth of nearly 1300 fathoms, in mid-ocean, the locality being about equidistant from Spitzbergen, Jan Mayen, and Finmark, July 16th 1878.

Subord. Physostomi.

Fam. Scopelidae.

Gen. Scopelus, Cuv.

Règne Anim. éd. 1. tom. 2. p. 169 (1817).

32. Scopelus mülleri. (Gmel.) 1788.

Salmo mülleri, Gmel. Lin. Syst. Nat. ed. 13. tom. 1. p. 1378 (1788).
Scopelus glacialis, Reinh. Overs. 1835—36. Kgl. D. Vid. Selsk. Nat. Math. Afh. 6 Del. p. CX, Kjøbvn. 1837 (1835—36).
Scopelus mülleri, Coll. Norges Fiske. Tillægsh. til Forh. Vid. Selsk. Chra. 1874. p. 152. (Chra. 1875 (1874).

Diagn. *Legemets Høide meget mindre, end Hovedlængden, der indeholdes 4—4½ Gange i Totallængden. Overkjæven gaar tilbage forbi Øiet, og ender triangulært afslumpet ved Randen af Præoperculum. Dorsalen ligger over Mellemrummet mellem Ventralerne og Analen. Øiet overordentlig stort, indeholdes ikke fuldt 3 Gange i Hovedlængden, og er kun lidet mindre, end Hovedets postorbitale Del. 3 Skjælrækker ovenfor, 4 nedenfor Sidelinien. Skjællene glatte; Sidelinieus Skjæl større, end de øvrige. 21—23 Par Pletter langs Buglinien (5 mellem Struben og Ventralerne; 3—4 mellem Ventralerne og Analen; 7—8 langs Analen, 6 mellem Analen og Caudalen). Farven grønligbrun oventil, paa Midten gulagtig sølvglinsende, paa Bugen mørkere olivengrøn.*

D. 12—14; A. 16—18; P. 11; V. 8; C. 7 19 7.
Lin. lat. 36 (Günth.), 38 (Kr.).

Subord. Physostomi.

Fam. Scopelidæ.

Gen. Scopelus, Cuv.

Règne Anim. éd. 1. tom. 2. p. 169 (1817).

32. Scopelus mülleri. (Gmel.) 1788.

Salmo mülleri, Gmel. Lin. Syst. Nat. ed. 13. tom. 1. p. 1378 (1788).
Scopelus glacialis, Reinh. Overs. 1835—36. Kgl. D. Vid. Selsk. Nat. Math. Afh. 6 Del. p. CX, Kjøbvn. 1837 (1835—36).
Scopelus mülleri, Coll. Norges Fiske. Tillægsh. til Forh. Vid. Selsk. Chra. 1874. p. 152. (Chra. 1875 (1874).

Diagnosis. — *Depth of the body a trifle less than the length of the head, which is to total length as 1 to 4—4½. The maxillary extending backwards past the eye, and terminating in a triangular dilatation at the margin of the preoperculum. Dorsal fin placed above the space between the ventrals and the anal. Eyes remarkably large; their longitudinal diameter being to the length of the head very nearly as 1 to 3, and a trifle less than the postorbital region of the head. Above the lateral line 3 rows of scales, below 4. Scales smooth; those on the lateral line larger than the rest. Along the ventral line 21—23 pairs of spots (between the throat and the ventrals 5; between the ventrals and the anal 3 or 4; along the anal 7—8; between the anal and the caudal 6). Colour above a greenish-brown; in the medial region yellowish, with a silvery lustre; on the abdomen, a dark olive green.*

D. 12—14; A. 16—18; P. 11; V. 8; C. 7 19 7.
Lin. lat. 36 (Günth.), 38 (Kr.).

Localit. fra Nordh. Exped. Storeggen udenfor Aalesund (Norge); Havet vestenfor Finmarken.

	Stat. 33.	*Stat. 290.*
Fangststed.	Storeggen, 174 Kil. V. Aalesund.	153 Kil. V. Hammerfest.
Dybde.	Flydende i Vandskorpen.	1110 Favne (2030 m).
Temp. paa Bunden.		1.3° C.
Bunden.		Biloculina-Ler.
Datum.	30te Juni 1876.	18de Juli 1878.
Antal Indiv.	1 Indiv.	3 Indiv.

Bemærkninger til Synonymien. Spørgsmaalet om denne Arts Synonymi og rette Benævnelse kan blot løses efter en omhyggelig Prøvelse af en Del Data, hentede fra de af den lærde Præst og Naturforsker H. Strøm efterladte Dagbøger over hans naturhistoriske Observationer i Søndmør (paa Norges Vestkyst) i forrige Aarhundrede, hvilke Dagbøger, der opbevares paa Universitets-Bibliotheket i Christiania, endnu ere utrykte.

I disse Dagbøger[1], der omfatte Aarene 1756—1780, og som danne Grundlaget for de naturhistoriske Capitler i hans bekjendte Skrift, Søndmøres Beskrivelse (1762)[2], med Supplement (1784)[3], findes under Aaret 1766, § 38 anført, at han havde fundet i Stranden en liden Fisk af $2^{1}/_{2}$ Tommes Længde, hvilken han derpaa nøjere beskriver. Finnestraalernes Antal opgiver han at være: D. 9; A. 10; P. 15—16; V. 8. I denne Beskrivelse, hvori han især omhandler Hovedets Bygning, gjenkjendes uden Vanskelighed den senere *Maurolicus borealis*, (Nilss.) 1832.

Dernæst findes atter anført for Aaret 1774, § 4, at han den 3die Juni d. A. fangede en sjelden Fisk, der forfulgtes af de andre Smaafiske; ogsaa af denne giver han en temmelig udførlig Beskrivelse, og opfører som dens Straaleantal følgende: D. 11; A. 14; P. 11; V. 8. Han slutter Beskrivelsen med følgende Ord: „Den er saaledes *Coregonus mandibula inferiore majore*", idet han altsaa troede at have den af Artedi som No. 1 beskrevne *Coregonus* for sig.

Da dette sidste Exemplar faldt levende i Strøm's Hænder, maa det antages at have været forholdsvis complet, hvorfor Finnestraalernes Antal sandsynligvis er nogenlunde rigtigt angivet. Tages endvidere i Betragtning, hvad han anfører om Hovedets og Tunge-Apparatets Bygning, samt Sølvpunkternes Antal og Stilling, er det klart, at Strøm her har havt for sig en *Scopelus*, forskjellig fra den ovenfor nævnte *Maurolicus borealis*.

[1] „Annotations-Bog over forefaldende Merkværdigheder i Natur-Historien paa Søndmør" (2 Dele, 1756—1780).

[2] „Physisk og Oeconomisk Beskrivelse over Fogderiet Søndmør", 1ste Part (Sorø 1762).

[3] Nye Saml. Kgl. D. N. Vid. Selsk. Skr., 1 B., p. 105 (Kbhvn. 1784).

Locality (North Atl. Exped.): — The Storeggen bank, off Aalesund (Norway); the open sea, west of Finmark.

	Stat. 31.	*Stat. 295.*
Exact Locality.	Storeggen, 174 Kil. W. Aalesund.	155 Kil. W. Hammerfest.
Depth.	Found floating.	1110 Fathoms (2030 m).
Temp. at Bottom.	—	1.3° C.
Bottom.		Biloculina Clay.
Date.	30th June 1876.	18th July 1878.
Numb. of Species.	1 Indiv.	3 Indiv.

Remarks on the Synonymy. — This species cannot be correctly designated without carefully considering certain data from the posthumous Diaries of the Rev. H. Strøm (a scholar, naturalist, and divine) in which he has recorded his observations on natural history taken during the last century in the bailiwick of Søndmør, Norway. These Diaries, which are preserved in the University Library at Christiania, have not yet appeared in print.

In the said Diaries,[1] which extend from 1756 to 1780, and which form the substance of the chapters devoted to Natural History in Strøm's descriptive work on the bailiwick of Søndmør (1762),[2] with a Supplement (1784),[3] the author records (Section 38, *anno* 1766) his having found on the beach a small fish, $2^{1}/_{2}$ inches in length, of which he gives a description; the fin-ray formula was D. 9; A. 10; P. 15—16; V. 8. From this description, in which the author specially dwells upon the structure of the head, it is not difficult to recognise the species (afterwards established) *Maurolicus borealis*, (Nilss.) 1832.

Farther on (Section 4, *anno* 1774), it appears that on the 3rd June Strøm captured "a rare fish," which other fishes were in the act of pursuing. Of this specimen, in which the fin-ray formula is stated to have been: D. 11; A. 14; P. 11; V. 8, he also furnishes a comparatively detailed description, his concluding words being as follows: — "Hence it is *Coregonus mandibula inferiore majore*;" for he conceived the species before him to be identical with the *Coregonus* described by Artedi as No. 1.

Having been taken alive, this must in all probability have been a perfect example; and hence the fin-ray formula given by Strøm is no doubt comparatively correct. Assuming this to be the case, and regard being also had to the other salient characters, viz. the obtuse head, the large scales, the structure of the tongue, and the number and disposition of the argenteous spots, it is evident that Strøm had before him a *Scopelus*, essentially distinct from the above-mentioned *Maurolicus borealis*.

[1] "Annotations-Bog over forefaldende Merkværdigheder i Natur-Historien paa Søndmør" (2 Dele, 1756—1780).

[2] "Physisk og oekonomisk Beskrivelse over Fogderiet Søndmør," Part 1 (Sorø 1762).

[3] Nye Saml. Kgl. D. N. Vid. Selsk. Skr., 1 B., p. 105 (Kbhvn. 1784).

Strøm har ikke omtalt nogen af disse Fiske i sin Søndmøres Beskrivelse, eller i Supplementerne til denne. Derimod giver han i 1793 i Naturhistorie-Selskabets Skrifter[1] en Meddelelse om et Par sjeldnere norske Fiske, begge ledsagede af en kortfattet Beskrivelse og Afbildning. Den sidste af disse kalder han „en liden rar Fisk, som jeg tog med Haanden af Havstranden for mere end 20 Aar siden“; han nævner endvidere, at han strax havde ladet en Beskrivelse og Afbildning medsende til O. F. Müller, for at den kunde indtages i dennes „Zoologia Danica“, der netop skulde udkomme. Dette var efter hans Vidende ikke skeet, og han giver derfor paany dens Afbildning og Beskrivelse. Afbildningen fremstiller, som Enhver ser, en *Scopelus*, og ikke *Maurolicus*, men Beskrivelsen gjentager omtrent ordret hans Bemærkninger i Dagbogen af 1766, vedrørende denne sidste Art. Uoverensstemmelserne mellem Tegning og Beskrivelse kan derfor blot forklares paa den Maade, at Strøm ganske har forglemt sin Observation af *Scopelus* for Aaret 1774, men havde sin dengang udførte Tegning i Behold, som nu gjengives tilligemed den *Maurolicus* vedrørende Text fra Aaret 1766.

Müller havde i 1776 i sin „Zoologia Danica“[2] ikkedestomindre omtalt Strøm's Art, men, i Overensstemmelse med Strøm's egne Antydninger, og uden at give den et specielt Artsnavn, henført den blandt Coregonerne som No. 415 med følgende Ord: „*S(almo) maxillis edentulis, inferiore longiore, ventre punctato. Cl. Strøm misit.*“ Den første Del af denne Diagnose er, som det vil sees, Artedi's ordlydende Diagnose af den senere *Coregonus albula*.

I Overensstemmelse med Müller opfører endelig Gmelin i 1788 i sin 13de Udgave af „Systema Naturae“ Arten som *Salmo mülleri*, men giver ingen anden Oplysning om den, end Müller's Diagnose, der ordret gjengives.

Det kan efter det foranførte ansees for utvivlsomt, at Navnet *Salmo mülleri*, Gmel., ikke kan tilkomme nogen anden, end den af Strøm under Aaret 1774 beskrevne *Scopelus*, men ikke *Maurolicus borealis*, som Krøyer[3] har villet. Denne *Scopelus* er uden Tvivl identisk med Reinhardt's senere beskrevne *Sc. glacialis* fra Grønland, paa hvilken Art Strøm's første Beskrivelse og senere Afbildning i alle Dele synes at passe; sandsynligvis har Reinhardt ikke kjendt den sidste, og heller ikke ventet at gjenfinde sin Art i Gmelin's *Salmo mülleri*.

Bemærkninger til Beskrivelsen. Da Krøyer i 1847 i Naturh. Tidsskr.[4] har leveret en udførlig Beskrivelse af denne Art, og givet dens Afbildning i Gaimard's store Rejseværk, skal jeg nedenfor blot meddele et Par Bemærkninger vedrørende de nye Exemplarer, hvilke desuden ere samtlige i en saa slet Tilstand, at de ere ganske uskikkede til at beskrives i sin Helhed.

[1] Skr. af Naturh. Selsk. 2 B. 2 H., p. 45 (Kbhvn. 1793).
[2] Zool. Dan. Prodr., p. 49 (Havn. 1776).
[3] Danm. Fiske. 3 B., p. 114 (Kbhvn. 1846—49).
[4] Naturh. Tidsskr. 2 R. 2 B. 3 H., p. 230 (Kbhvn. 1847).

Neither in his descriptive work on Søndmør, nor in the Supplement, has Strøm recorded these fishes. But in 1793 a paper by that author on two rare Norwegian fishes, both of which were briefly described, and figured, appeared in the Journal of the Danish Society of Natural History.[1] One he terms "a singular little fish that I found more than 20 years ago on the sea-shore;" and goes on to mention his having forwarded without loss of time a description and drawing of the specimen to O. F. Müller, for insertion in that distinguished naturalist's forthcoming work "Zoologia Danica." No notice having, however, to the best of his knowledge, been taken of this communication, Strøm described and figured the species anew. The representation, as may be seen at a glance, is that of a *Scopelus*, and not of a *Maurolicus*, — but the description an almost verbatim transcript of the observations on the latter species in his Diary for 1766. Now, the manifest discrepancy between the drawing and the description, can be accounted for solely by assuming Strøm to have entirely overlooked his notice of *Scopelus* in 1774, and — the drawing executed on that occasion being still extant — to have annexed it to his diagnosis of *Maurolicus* from 1766.

Müller nevertheless did record the species in his "Zoologia Danica" (1776), but classed it in accordance with Strøm's views, and without assigning any special designation, among the *Coregoni* (No. 415), as follows: "*S(almo) maxillis edentulis, inferiore longiore, ventre punctato. Cl. Strøm misit.*" The first part of this diagnosis agrees, we see, word for word with Artedi's diagnosis of *Coregonus albula*, subsequently established.

In conformity with Müller's description, Gmelin records the species (1788) in his 13th Edition of "Systema Naturae" as *Salmo mülleri*, but furnishes no additional information; his diagnosis is a verbatim copy of Müller's.

From the data set forth above, it is obvious that the name *Salmo mülleri* should not, as proposed by Krøyer,[3] be given to *Maurolicus borealis*, but to the *Scopelus* described by Strøm in 1774; and doubtless that *Scopelus* is identical with Reinhardt's *Sc. glacialis*, from Greenland, afterwards diagnosticated, Strøm's description corresponding in every respect with the characters of that species. Probably Reinhardt knew nothing of Strøm's figure, and was not prepared to meet with his species in Gmelin's *Salmo mülleri*.

Descriptive Observations. Krøyer having furnished in 1847 a full description of this species in "Naturh. Tidsskr.,"[4] and figured it for the plates accompanying Gaimard's great work, I shall confine myself to a few observations on the new specimens, which, besides, are one and all in so mutilated a condition as to render them wholly unfit to serve as subjects for a general description.

[1] Skr. af Naturh. Selsk. 2 B. 2 H., p. 45 (Kbhvn. 1793).
[2] Zool. Dan. Prodr., p. 49 (Havn. 1776).
[3] Danmarks Fiske, 3 B., p. 114 (Kbhvn. 1846—49).
[4] Naturh. Tidsskr. 2 R. 2 B. 3 H., p. 230 (Kbhvn. 1847).

Det første Exemplar, fra Expeditionen i 1876, optoges med det fine Overfladenet fra Vandskorpen paa Fiskebanken Storeggen udenfor Christianssund (Norge), og var øiensynlig udkastet i halvfordøiet Stand af en Fiskemave. Skjælbeklædningen manglede saagodtsom overalt, ligesom mindre Dele af Legemets Sider vare fortærede; derimod vare Finnerne forholdsvis vel vedligeholdte, ligesom de sølvglindsende (phosphorescerende?) Pletter langs Bugen næsten overalt vare i Behold.

De 5 Exemplarer fra Expeditionen i 1878 vare alle noget over halvt udvoxede, og optoges fra Havet langt vestenfor Hammerfest med Trawlnettet, der her naaede Bund paa 1110 Favnes Dyb. Ogsaa her mangler Skjælbeklædningen saagodtsom fuldstændig, og flere Finner ere afbrudte; især er Caudalen defect, saa at Individernes Totallængde ikke nøiagtigt kan opgives.

De langs Ventrallinien liggende sølvglindsende Pletter ere (forsaavidt de kunne sees, eller ere i Behold) fordelte paa følgende Maade:

Mellem Struben og Ventralerne 5 Par; det øverste er bedækket af Gjællelaagene, naar disse ere helt tilsluttede.

Mellem Ventralerne og Analen 4 Par; dette Tal er constant hos alle de af mig hidtil undersøgte Exemplarer. (Krøyer angiver 3 i ovenfor anførte Beskrivelse).

Langs Analen findes 7 Par; hos et i Universitets-Museet opbevaret nogenlunde fuldstændigt Exemplar fra Hasvig ved Hammerfest er der mellem den 5te og 6te Plet et noget større Mellemrum, end mellem de øvrige; hos de 2 af Exemplarerne fra Nordhavs-Expeditionen, hvor disse Pletter ere blevne bevarede, er der derimod et lignende Mellemrum mellem den 6te og 7de Plet.

Mellem Analen og Caudalen findes 6 Par, der alle staa tættere sammen, end i de foregaaende Rækker.

Ved Roden af Caudalen nedenfor Midtlinien findes 1 Par.

De forskjellige enkeltstaaende Pletter eller kortere Rækker, der findes hist og her paa Legemets Sider, kunne ikke efter de forhaandenværende Exemplarer beskrives.

De erholdte Exemplarer havde følgende Maal og Straaleantal:

	a. Stat. 295.	b. Stat. 295.	c. Stat. 295.	d. Stat. 33.
Totallængde (omtrent)	57 mm	61 mm	62 mm	78 mm
Længde uden Caudalen	50 -	53 -	54 -	70 -
Hovedets Længde .	14 -	15 -	15,2 -	18 -
Straaler i Dorsalen	14	13	14	12
Straaler i Analen . .	17	?	?	16

Straaleantallet i Analen kan blot hos 2 af Individerne med nogenlunde Sikkerhed angives. Hos det ene Exemplar er den sidste Analstraale dobbelt, hvilket er utydeligt hos det andet.

Føde. I Ventriklen af det ene af de paa Stat. 295 erholdte Individer fandtes Dele af en *Themisto libellula*, Mandt, samt flere Exemplarer af *Conchoecia borealis*, G. O.

The first individual, obtained on the cruise in 1876, was taken in the fine-meshed surface-net, on the Storeggen fishing-bank, off Christiansund (Norway), and had evidently been ejected in a half-digested state from a fish's stomach. The scales were almost everywhere wanting; moreover, small portions of the sides of the body had disappeared; the fins, on the other hand, were comparatively uninjured, as also the argenteous (phosphorescent?) spots extending along the abdomen.

The 5 specimens taken on the last cruise of the Expedition, in 1878, were all a little more than half-grown; they were captured at sea, far west of Hammerfest, in the trawl-net, which had been sunk to the depth of 1110 fathoms. On these specimens, too, hardly a scale remains, and several of the fins are broken, more especially the caudal; hence the total length cannot be accurately stated.

The silvery spots along the ventral line were disposed (so far as the condition of the individuals admitted of observing them), in the following order.

Between the throat and the ventrals 5 pairs, the uppermost covered by the gill-plates when the latter are closed.

Between the ventrals and the anal 4 pairs; this number is constant in all the examples I have hitherto examined (Krøyer gives 3 in "Naturh. Tidsskr.").

Along the anal 7 pairs; in a specimen, comparatively perfect, preserved in the University Museum, from Hasvig near Hammerfest, the space between the 5th and 6th spots is somewhat wider than that between the others; 2 of the individuals obtained on the North Atlantic Expedition in which these spots are visible, have a similar space between the 6th and 7th spots.

Between the anal and the caudal 6 pairs, more closely arranged than in any of the foregoing series.

At the origin of the caudal, below the mesial line, 1 pair.

The various isolated spots or shorter series occurring here and there on the sides of the body cannot be determined from the specimens taken on the Expedition.

The measurements and fin-ray formulæ in the specimens obtained were as follows: —

	a. Stat. 295.	b. Stat. 295.	c. Stat. 295.	d. Stat. 33.
Total Length (about) .	57 mm	61 mm	62 mm	78 mm
Length excl. of Caudal	50 -	53 -	54 -	70 -
Length of Head .	14 -	15 -	15,2 -	18 -
Rays in the Dorsal	14	13	14	12
Rays in the Anal .	17	?	?	16

The number of fin-rays in the anal could be determined with comparative accuracy in but two of the individuals; one of them had the terminal anal ray double; in the other specimen this character is not distinct.

Food. — The stomach of one of the individuals taken at Station 295 contained fragments of a *Themisto libellula*, Mandt, together with several examples of *Conchoecia borealis*,

Sars 1865 (en Ostracode, der hidtil kun er funden langs den norske Kyst paa en Dybde af 300 Favne eller derover).

Udbredelse. Denne arctiske Repræsentant for Slegten var hidtil kjendt fra Grønland og fra de norske Kyster. Overalt er den kun sparsomt erholdt, enten som døde, ilanddrevne Individer, eller udtagne af Sælernes Maver. Af Nordhavs-Expeditionens Individer vare de 3 optagne fra Havet vestenfor Hammerfest; sandsynligvis er Arten udbredt paa gunstige Localiteter over hele Polarhavets Dyb, og vil med mere fuldkomne Redskaber oftere kunne erholdes.

Fra Grønland havde Museet i Kjøbenhavn, ifølge Reinhardt sen., allerede i 1836 erholdt 6 Individer fra de nordligste Colonier Omenak (Umanak), Ritenbank og Jacobshavn. Senere er flere Exemplarer nedsendte til samme Museum fra Syd-Grønland.

Fra de norske Kyster kjendtes tidligere blot 3 Individer, hvoraf det første var det, der af Strøm toges ved Volden i Søndmør i 1774; det andet hjembragtes til Bergens Museum, angivelig fra Hardangerfjorden, af Stiftamtmand Christie mellem Aarene 1830 og 1840. Det tredie, der opbevares paa Universitets-Museet i Christiania, er indsendt fra Handelspladsen Hasvig ved Hammerfest, og befinder sig, ligesom foregaaende, i mindre god Stand, skjønt ulige bedre, end Nordhavs-Expeditionens Exemplar fra Storeggen; sandsynligvis er ogsaa dette udtaget eller udkastet af en Fiskemave.

En anden Art, *Scopelus resplendens*, Rich. 1845, oprindeligt beskreven fra Guineakysten, har i de sidst forløbne Aar, 1879 og 1880, vist sig at være stationær i Trondhjemsfjorden (63° N. B.), og adskillige Exemplarer ere allerede fundne, hvoraf flere opbevares paa Museerne i Trondhjem og Christiania[1].

Af en tredie nordisk Art, *Sc. kröyeri*, Malm 1860, er et enkelt Exemplar funden i Maven af en *Gadus morrhua* udenfor Skagen i 1856[2].

G. O. Sars 1865 (an Ostracod hitherto not met with on the Norwegian coast at a depth of less than 300 fathoms).

Distribution. — The coast of Greenland and the northern shores of Norway were the only localities in which this Arctic representative of the genus had previously been met with, and but sparingly, for instance floating dead or washed ashore, or found in the stomachs of seals. Of the individuals obtained on the Expedition, 3 were taken in the open sea west of Hammerfest. Probably the species occurs everywhere throughout the depths of the Polar Sea, and with improved apparatus will no doubt be more frequently captured.

According to Reinhardt sen., the Zoological Museum in Copenhagen had obtained 6 individuals so far back as 1836, from the most northerly colonies in Greenland, viz. Omenak, Ritenbank, and Jacobshavn. Subsequently, divers examples were sent to the same Museum from South Greenland.

On the shores of Norway, but 3 individuals had previously been observed, one of which was the example taken by Strøm at Volden in Søndmør, 1774; the second, stated to have been captured in the Hardanger Fjord, was presented to the Bergen Museum by the Stiftamtmand Christie, between 1830 and 1840. The third, preserved in the University Museum, Christiania, was sent from Hasvig near Hammerfest; its state of preservation is far from perfect, though better than that of the specimen obtained on the Expedition from the Storeggen fishing-bank; probably this individual too had been in a fish's stomach.

Quite lately (1879 and 1880), another species, *Scopelus resplendens*, Rich. 1845, originally described from the Guinea coast, has been met with as stationary in the Trondhjem Fjord (lat. 63° N.), and several specimens, preserved in the Museums of Trondhjem and Christiania,[1] have been already collected.

A single example of a third Northern species, *Sc. kröyeri*, Malm 1860, was found in the stomach of a *Gadus morrhua*, taken off the Scaw in 1856.[2]

Forklaring over Plancherne.

Pl. I.

Fig. 1. *Raja hyperborea*, Han. Oversiden; halv Størrelse.
— 2. *Raja hyperborea*, Han. Undersiden; halv Størrelse.
— 3. *Sebastes marinus*, Yngel; 5 Gange forstørret.
— 4. *Sebastes marinus*, Yngel; 3 Gange forstørret.
— 5. *Cottunculus microps*.
— 6. *Cottunculus microps*. Oversiden.
— 7. *Centridermichthys uncinatus*.
— 8. *Icelus hamatus*, Han.
— 9. *Triglops pingelii*, Han.
— 10. *Triglops pingelii*, Hun.

Pl. II.

Fig. 11. *Agonus decagonus*, Hun.
— 12. *Agonus decagonus*, Han; Undersiden.
— 13. *Eumicrotremus spinosus*.
— 14. *Liparis bathybii*, Hun.
15. *Careproctus reinhardi*, yngre Individ.
— 16. *Careproctus reinhardi*, yngre Individ; Undersiden.
— 17. *Lumpenus medius*.
— 18. *Lumpenus maculatus*, Hun.
— 19. *Lycodes esmarkii*, Unge.
— 20. *Lycodes esmarkii*, yngre Han.
— 21. *Lycodes esmarkii*, yngre Hun.

Pl. III.

Fig. 22. *Lycodes esmarkii*, gammel Han; $^2/_3$ Størrelse.
— 23. *Lycodes frigidus*, Yngel.
— 24. *Lycodes frigidus*.
— 25. *Lycodes lütkenii*, Hun.
— 26. *Lycodes pallidus*, Unge.
— 27. *Lycodes pallidus*, yngre Individ.

Explanation of the Plates.

Pl. I.

Fig. 1. *Raja hyperborea*, male (from above); half size.
— 2. *Raja hyperborea*, male (from beneath); half size.
— 3. *Sebastes marinus*, fry; magnified 5 diameters.
— 4. *Sebastes marinus*, fry; magnified 3 diameters.
— 5. *Cottunculus microps*.
— 6. *Cottunculus microps* (from above).
— 7. *Centridermichthys uncinatus*.
— 8. *Icelus hamatus*, male.
— 9. *Triglops pingelii*, male.
— 10. *Triglops pingelii*, female.

Pl. II.

Fig. 11. *Agonus decagonus*, female.
— 12. *Agonus decagonus*, male (from beneath).
— 13. *Eumicrotremus spinosus*.
— 14. *Liparis bathybii*, female.
— 15. *Careproctus reinhardi*, young specimen.
— 16. *Careproctus reinhardi*, young specim. (from beneath).
— 17. *Lumpenus medius*.
— 18. *Lumpenus maculatus*, female.
— 19. *Lycodes esmarkii*, very young.
— 20. *Lycodes esmarkii*, young male.
— 21. *Lycodes esmarkii*, young female.

Pl. III.

Fig. 22. *Lycodes esmarkii*, old male; two-thirds of nat. size.
— 23. *Lycodes frigidus*, fry.
— 24. *Lycodes frigidus*.
— 25. *Lycodes lütkenii*, female.
— 26. *Lycodes pallidus*, very young.
— 27. *Lycodes pallidus*, young specimen.

Pl. IV.

Fig. 28. *Lycodes seminudus*, yngre Individ.
— 29. *Lycodes muraena*. Yngel.
— 30. *Lycodes muraena*. yngre Indiv. (Typ-Exemplaret).
— 31. *Lycodes muraena*. yngre Hun.
— 32. *Gymnelis viridis*, yngre Indiv.
— 33. *Gadus saida*.
— 34. *Onos reinhardi*.
— 35. *Onos septentrionalis*. Unge.
— 36. *Onos septentrionalis*. (Typ-Exemplaret).

Pl. V.

Fig. 37. *Rhodichthys regina*. Han.
— 38. *Rhodichthys regina*. Do. Oversiden.
— 39. *Rhodichthys regina*. Do. Undersiden.

Pl. IV.

Fig. 28. *Lycodes seminudus*, young specimen.
— 29. *Lycodes muraena*, Fry.
— 30. *Lycodes muraena*, young specim. (type of the species).
— 31. *Lycodes muraena*, young female.
— 32. *Gymnelis viridis*, young specimen.
— 33. *Gadus saida*.
— 34. *Onos reinhardi*.
— 35. *Onos septentrionalis*, very young.
— 36. *Onos septentrionalis*, (type of the species).

Pl. V.

Fig. 37. *Rhodichthys regina*, male.
— 38. *Rhodichthys regina*, „ (from above).
— 39. *Rhodichthys regina*, „ (from beneath).

Indhold.

Index.

Errata.

Page 5, line 4, from foot of page, *for* '349 m' *read* '817 m'
— 5, line 3, from foot of page, *for* 'grey-green sand' *read* 'grey-green clay.'
— 21, line 57 (the last) *for* 'alimentary canal' *read* 'tubiform house.'

Translated into English by **John Hazeland.**

[illegible]

PLANCHER.

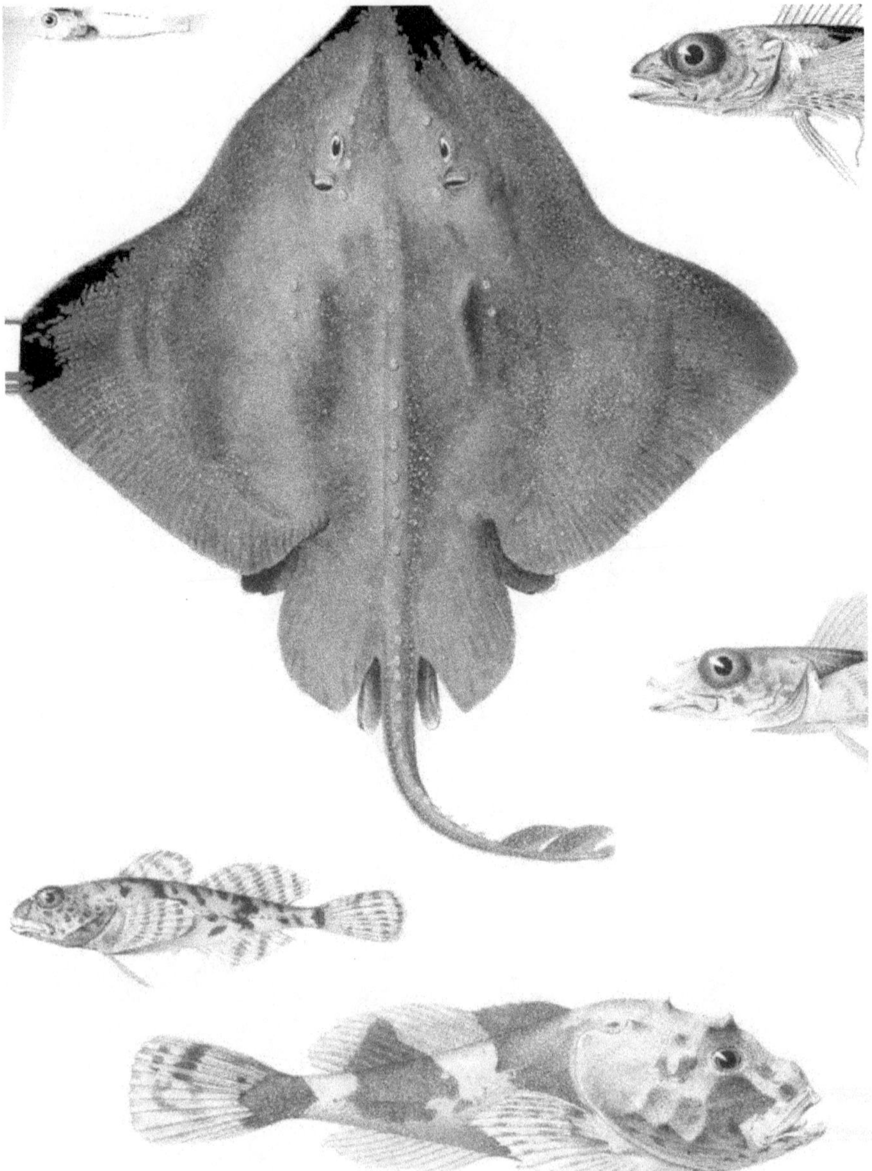

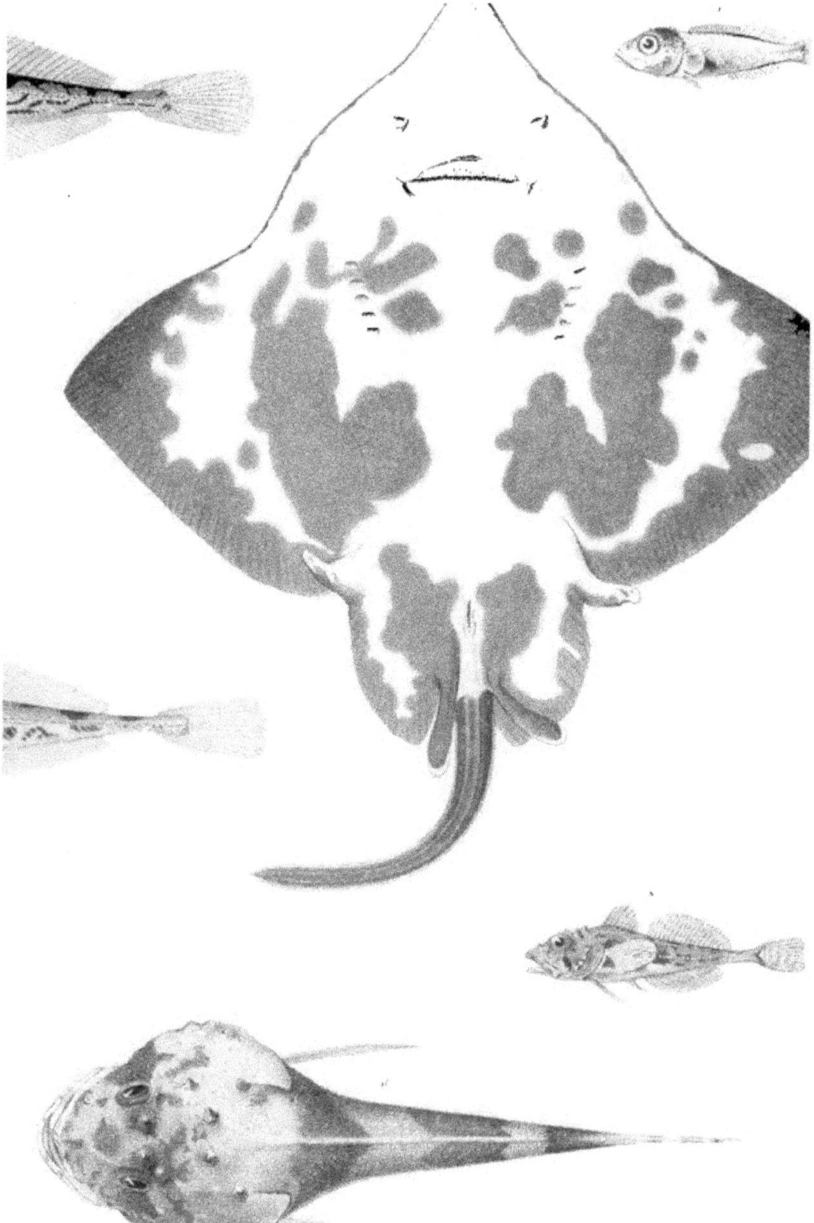

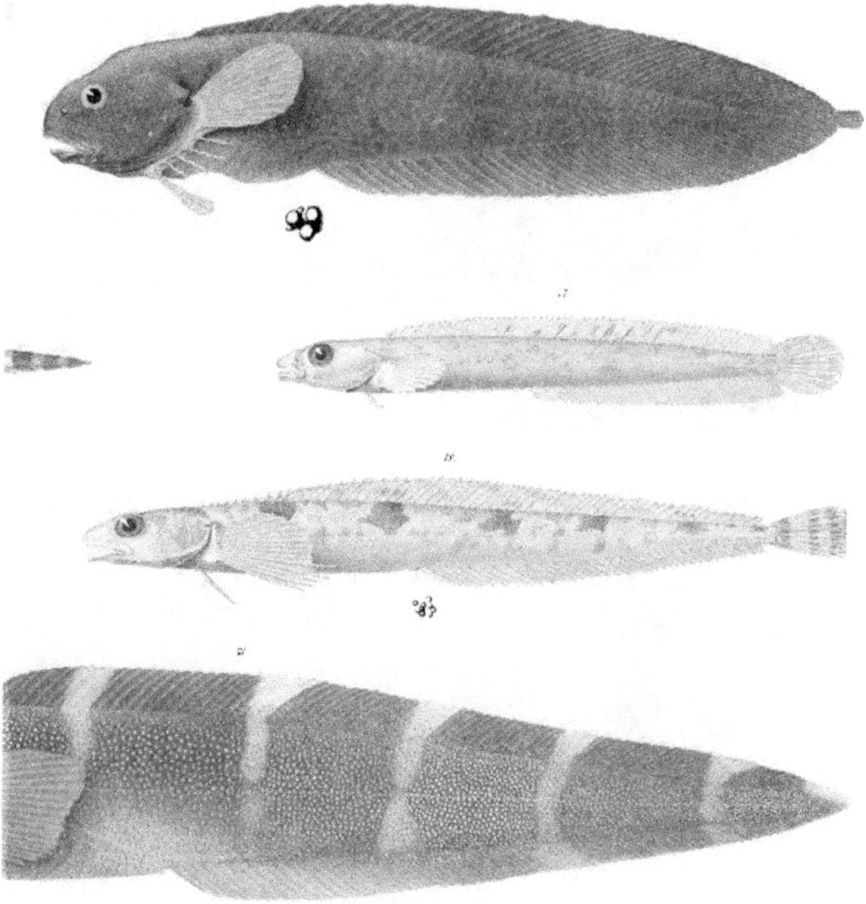

28.

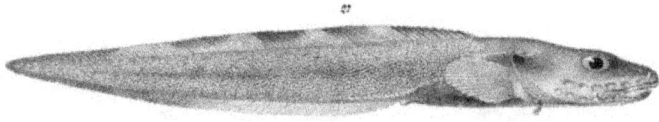

28

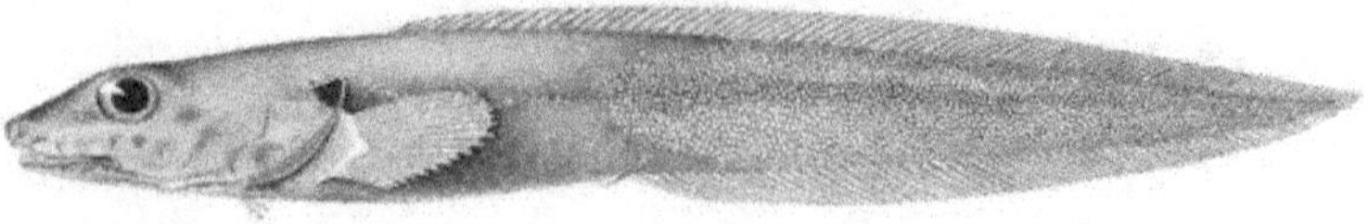

29

30

31

32

33

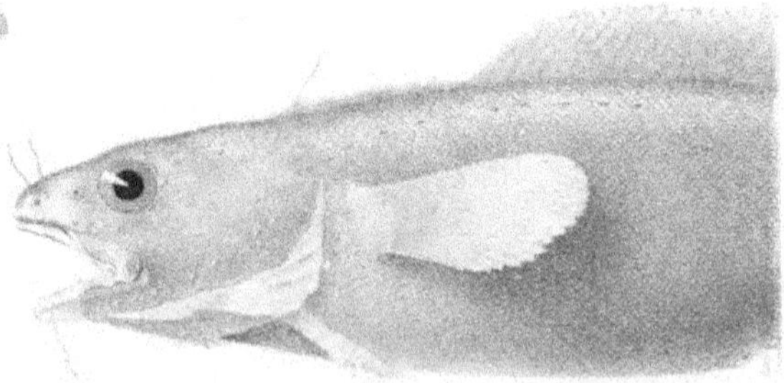

36

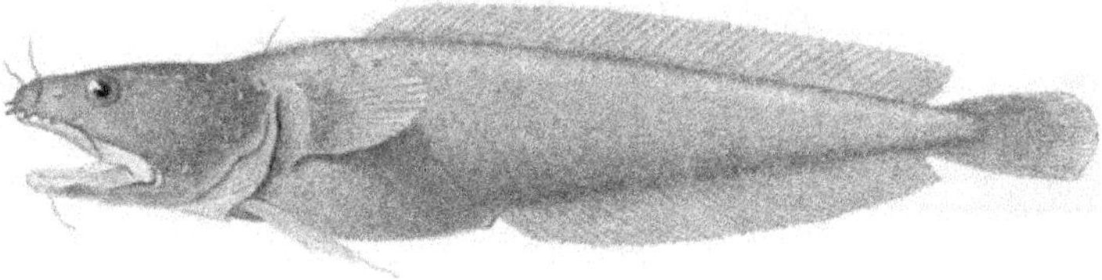

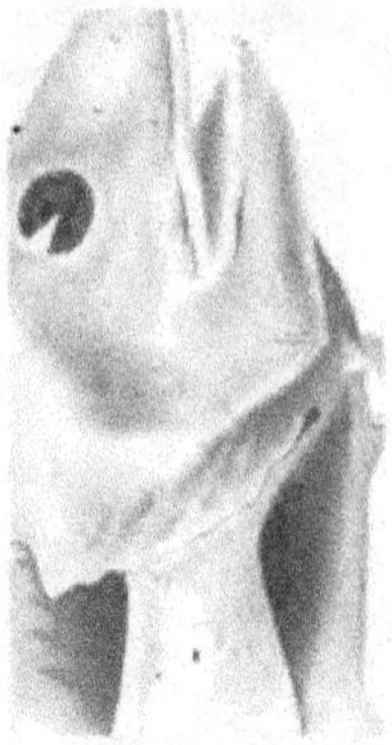

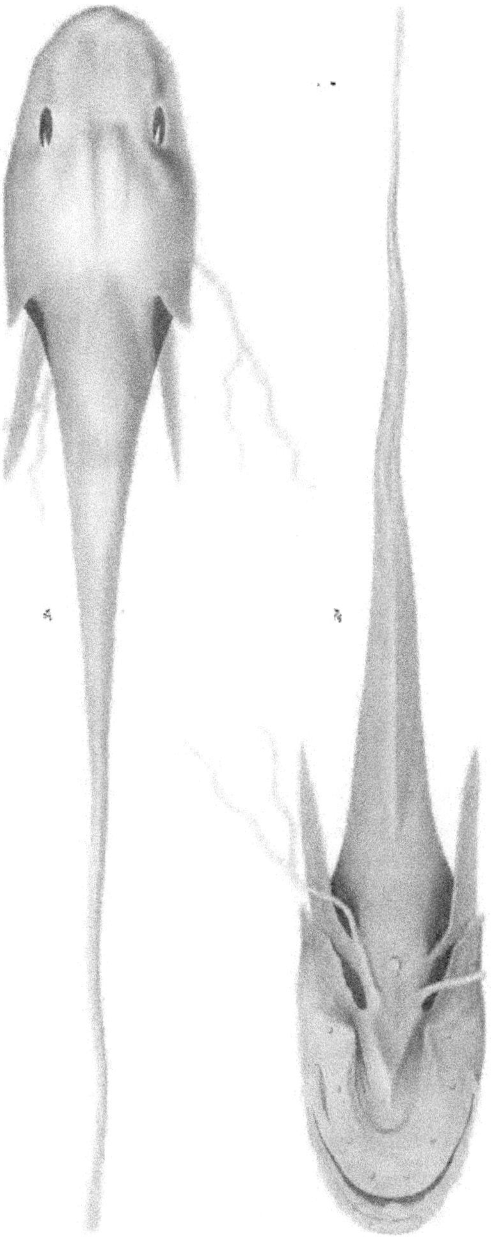

www.ingramcontent.com/pod-product-compliance
Lightning Source LLC
Chambersburg PA
CBHW021803190326
41518CB00007B/428
9783337329037